失敗から学ぶ ユーザインタフェース

明治大学 総合数理学部
先端メディアサイエンス学科
中村聡史

技術評論社

●免責

本書に記載された内容は，情報の提供だけを目的としています。したがって，本書を用いた運用は，必ずお客様自身の責任と判断によって行ってください。これらの情報の運用の結果について，技術評論社および著者はいかなる責任も負いません。

本書記載の情報は，2014年12月現在のものを掲載していますので，ご利用時には，変更されている場合もあります。

また，ソフトウェアに関する記述は，特に断わりのないかぎり，2014年12月現在でのバージョンをもとにしています。ソフトウェアはバージョンアップされる場合があり，本書での説明とは機能内容や画面図などが異なってしまうこともあり得ます。本書ご購入の前に，必ずバージョン番号をご確認ください。

以上の注意事項をご承諾いただいた上で，本書をご利用願います。これらの注意事項をお読みいただかずに，お問い合わせいただいても，技術評論社および著者は対処しかねます。あらかじめ，ご承知おきください。

●商標，登録商標について

・本書に登場する製品名などは，一般に各社の登録商標または商標です。なお，本文中に™，®などのマークは特に記載しておりません。

目次

プロローグ：ようこそ

ようこそ楽しいBADUI（バッドユーアイ）の世界へ！

とはいえ、まだここは「楽しいBADUIの世界」の入口です。この重厚な扉（下図）の奥に、楽しいBADUIの世界が広がっています。どうぞ、扉を開けて、中にお入りください。

さて質問です。あなたならこの「楽しいBADUIの世界」への扉をどうやって開けますか？ 以下の選択肢の中から選んでください。

1. 黒い輪を握り引いて開ける
2. 押して開ける
3. 黒い輪を握り左右方向にスライドさせて開ける
4. その他

「何故、こんな質問をするのだろう？ もしかしたら罠があるんじゃないか？」「この本は失敗を扱う本だから何かあるんじゃないだろうか？」などと穿った見方をしないで、素直に自分ならどうやって開けるかなと予想してください。そして、次に何故その方法を選択したのかをなるべく詳しく考えてください。選択した理由を考えたら、次のページにお進みください。

なお本書では、これから何度もこうした質問をさせていただきますが、正解したから偉いとか頭がいいとかそういうことはありません。質問を深読みすることなく、この状況で自分ならどうするかを考え、思ったまま、感じたままに回答いただければと思います。

図0-1 楽しいBADUIの世界へようこそ。どうやって開けますか？
この扉の奥には「楽しいBADUIの世界」が広がっております。
扉を開け、中にお入りください。

図 0-2　押して開けるが正解

答えは、2 番の**「押して開ける」**でした（上図）。

どうでしたか？ 予想は当たりましたか？

1 番の「黒い輪を握り引いて開ける」と回答して予想が外れた方は気にする必要はありません。私はこの扉の前でしばらく観察していたのですが、多くの方が引いて開けようとし、開けることができずに悩んでいました。もちろん私も同じように、黒い輪の部分を持って扉を一生懸命手前に引いていました。また、これまでに様々な講義でこの写真を提示し、受講生にどうやって開けるかということを質問していますが、9 割近い受講生が「黒い輪を握り手前に引いて開ける」と答えており、「楽しい BADUI の世界」に一発で入ることはできませんでした。そのため、この扉の開け方を間違ってしまうのは自然なことだと思います。

本書は、この扉のように、すべてではないけれども多くの人が間違ってしまう、悩んでしまう、そういった BADUI（悪いユーザインタフェース）を紹介することで、多くの人に「ユーザインタフェース」に対して興味をもっていただくことを目的としています。また、本書を通じて、読者のみなさまに「何故 BADUI になってしまったのか」「どうしたら BADUI を改善できるのか」「自分が BADUI を作らないようにするにはどうしたらよいか」といった視点から、人やユーザインタフェースについての理解を深めていただくのも目的の 1 つです。さらにその中で、「使いにくい、わかりにくいとは何なのか」「その原因はどこにあるのか」を考えていただければと思います。一方、ユーザインタフェースや、デザインやものづくりを専門とされる方には、事例集とその一解釈として本書を使っていただければと思っています。

本書を読み終わった頃には、ユーザインタフェースにまつわる諸問題を多少なりとも理解し、周囲の BADUI を発見し、何が問題であるのかを判断できるようになっていると思います。また、BADUI を作らないようにするために気を付けるべきことは何か、どういうことをおろそかにすると BADUI になってしまいがちなのかを知ることができているはずです。

この扉、第 1 章（p.16）で再度紹介します。何故押して開けるのだろうかと不思議に思われるかもしれませんが、まずはこの扉を押して、中にお入りください。そして、是非「楽しい BADUI の世界」をお楽しみください。

さて、入場いただける方は、まず右ページの入場申請書に名前や生年月日、住所や連絡先などの情報を記入して提出してください。この入場申請書、困ったことに書き間違えが非常に多くなっております。用紙の予備があまりありませんので、間違えないよう気を付けて記入してください。そうそう、後ろにも待っている人が多くいらっしゃいますので、なるべく早く記入して提出してくださいね。

この「楽しい BADUI の世界」への入場を拒否される方は、とても残念なのですが右ページ下図の扉からお帰りください。ただし、帰ることができるのは扉から出る方法を間違えなかった人だけです。さて、この扉はどうやったら開けることができるでしょうか？

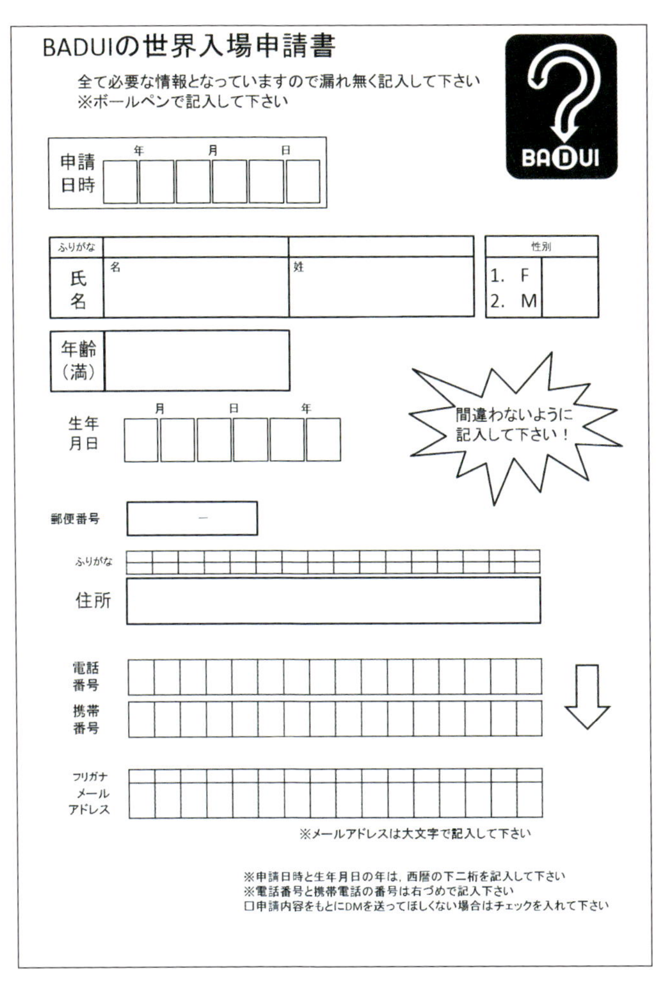

BADUIの世界入場申請書

全て必要な情報となっていますので漏れ無く記入して下さい
※ボールペンで記入して下さい

BADUI

申請日時　年　月　日

ふりがな

氏名　名　姓

性別　1. F　2. M

年齢（満）

生年月日　月　日　年

間違わないように記入して下さい！

郵便番号　－

ふりがな

住所

電話番号

携帯番号

フリガナ
メール
アドレス

※メールアドレスは大文字で記入して下さい

※申請日時と生年月日の年は，西暦の下二桁を記入して下さい
※電話番号と携帯電話の番号は右づめで記入下さい
口申請内容をもとにDMを送ってほしくない場合はチェックを入れて下さい

図 0-3　「楽しい BADUI の世界」への入場申請書（詳しくは第 9 章（p.216）で紹介）

図 0-4　お帰りはこちらの扉から。この扉の開け方は第 1 章（p.16）で紹介

こんな経験ありませんか？

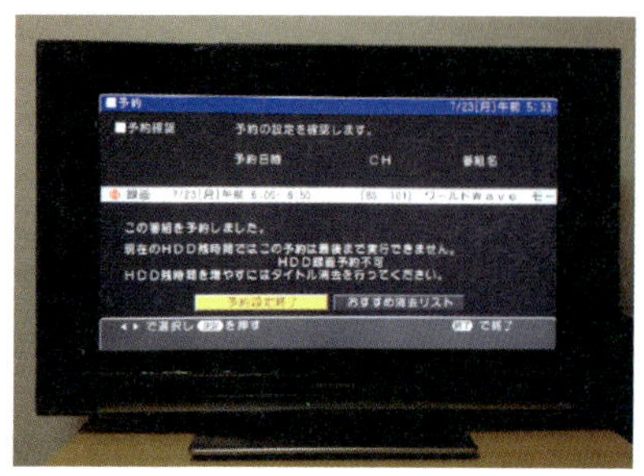

図 0-5 (左) 目的のラーメンを購入することができず悩んでしまう自動券売機 (p.62 で紹介) ／
(右) 録画予約に失敗してしまう HDD レコーダ (p.44 で紹介、提供：奥野伸吾 氏)

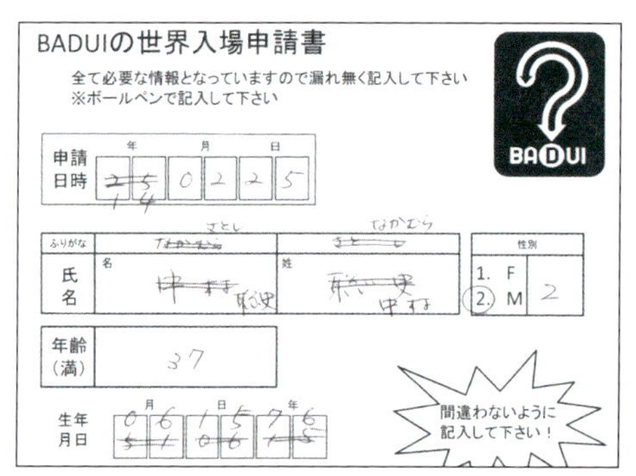

BADUIの世界入場申請書

全て必要な情報となっていますので漏れ無く記入して下さい
※ボールペンで記入して下さい

申請日時

氏名

年齢(満)

生年月日

間違わないように記入して下さい！

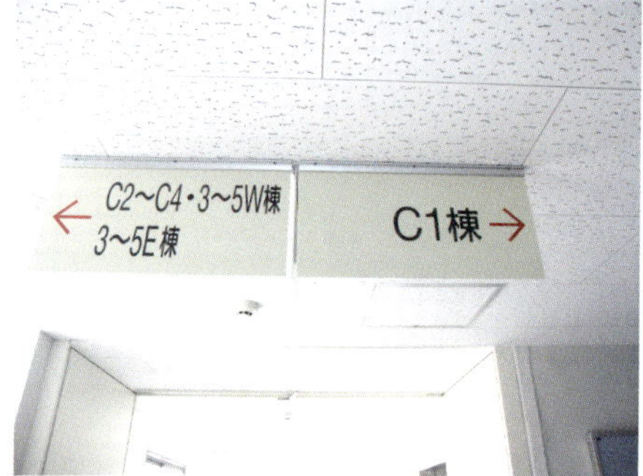

図 0-6 (左) 書き間違えだらけの書類／ (右) とある大学の建物の案内板。どこに目的の部屋があるの？ (p.125 で紹介)

「この自動券売機、どうやって使ったらいいんだろう？ えっと何故注文できないの？ もしかしたら売り切れ？ お金が足りないのかな？ 私が遅いから待っている人の行列が長くなってしまった。本当にスミマセン (上図 0-5 (左))」

「えっ？ 録画したはずの番組が最後まで録画できていない!? テレビ番組の録画予約さえできないなんて、やっぱり私は機械音痴なんだ…… (上図 0-5 (右))」

「ああ、また書き間違えてしまった。さっきも書き間違えて書類をもらいにいったのになぁ……。また書類をもらいにいかなくちゃ。あの人機嫌が悪かったから気まずいんだよなぁ…… (上図 0-6 (左))」

「ここはどこなの？ 目的地はどこ？ また迷子になってしまった…… (上図 0-6 (右))」

そんな経験はないでしょうか？

人は何かの作業に失敗したとき、「ああ、これは自分には向いていないんだ」「こんなことさえできないなんて、自分はダメな人間だ」などと思ってしまいがちです。しかし、その人は本当にその作業に向いていないのでしょうか？ 本当にダメな人間なのでしょうか？ 利用する人の問題ではなく、自動券売機、テレビ番組の録画予約機、書類や案内板がわかりにくいものであり、そのために困ったり間違ったりするのではないでしょうか？

本書でこれから色々紹介しますが、世の中には、右ページの図に示すように「開けようとしているのに誤って閉じてしまうエレベータのボタン」「どの照明と対応するのかわからないため混乱してしまう照明のスイッチ」「蛇口からお湯を出そうとしているのにシャワーヘッドから出てしまい、服を着たままお湯を浴びてしまうお風呂の切り替えハンドル」「どちらが男子トイレでどちらが女子トイレかがわからず、入口で悩んでしまうトイレのサイン」「どういう順序で並んでいるのかわからず、目的の項目を探すのに時間がかかる Web システム」「回答に困ってしまうセキュリティに関する質問」など、使いにくい、わかりにくい、ついつい間違ってしまうモノがあふれています。つまり、ユーザが悩んでしまう原因は使っ

図 0-7 (左) ドアを開け続けようとしてついつい閉めてしまうエレベータのボタン（p.96 で紹介）／
（右）スイッチと照明の対応がわからないため混乱してしまう照明のスイッチ（p.70 で紹介）

図 0-8 （左）お風呂にお湯をためようとしてシャワーヘッドからお湯が出てきてびっくりする切り替えハンドル（p.80 で紹介）／
（右）どちらが男性用？（p.112 で紹介、提供：綾塚祐二 氏）

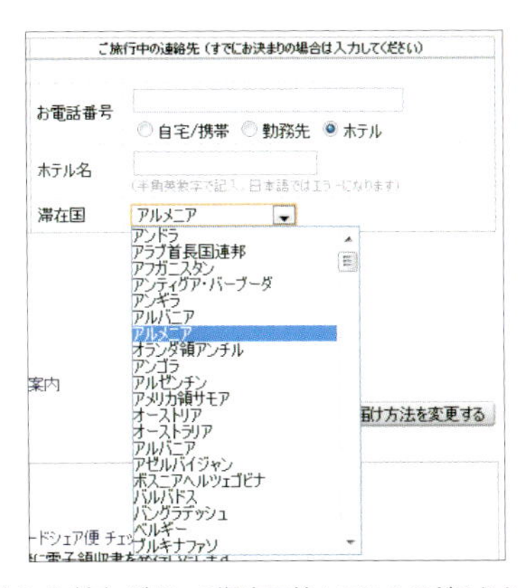

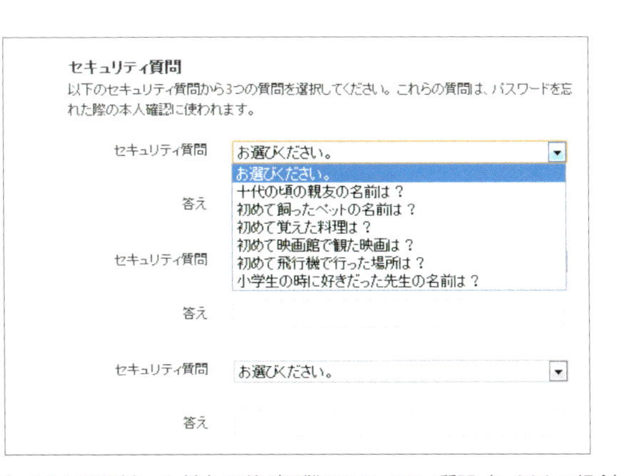

図 0-9 (左) どういう順序で並んでいるのだろうか（p.144 で紹介）／（右）回答が困難なセキュリティ質問（p.209 で紹介）

ている本人だけにあるのではなく、モノ自体にあることも多いのです。

実際に多くの方が、使いにくい自動券売機やテレビ番組の録画機に出会って不満をもった経験があると思います。しかしそのようなとき、それらのモノが何故使いにくいのか、何故そうなってしまったのかを考えたことはあるでしょうか？ そこには様々な理由が潜んでいます。本書では、そういった「人が操作方法を悩んだり間違えたりして、利用に失敗してしまう様々なモノ（ユーザインタフェース）」を紹介し、何故間違えるのか、何故悩むのかについて説明していきます。

そもそもユーザインタフェースとは？

さて、ユーザインタフェース（User Interface = UI）とは何でしょうか？

通常、ユーザ（User）は利用者、そしてインタフェース（Interface）は界面（境界、接面）などと訳されます。「界面」はあまり聞きなれない単語ですが（洗剤の界面活性剤くらいでしょうか？）、あるAとB（例えば水と油）の間にある境界のことです。そのため、インタフェースとはAとBという2つのものが接続する箇所や、AとBとのやりとりの手順やルールといった意味で使用されます。例えば、「パソコン」と「マウス」や、「パソコン」と「キーボード」の間にあるインタフェースはUSB端子やUSBケーブルなどになります（下図0-10）。

つまり「ユーザ」インタフェースとは、Aがユーザ（人）、Bがユーザが操作する対象である場合に、これらの間に存在するものを指します。例を挙げると、次のようなユーザインタフェースがあります。

- 「人」と「パソコン」の間にあるインタフェースには、マウスやキーボード、ディスプレイおよびディスプレイ上で表示される内容などがあります。
- 「人」と「自動券売機」の間にあるインタフェースには、コイン投入口や購入金額を指定するボタン、ディスプレイ上で表示される投入金額などの情報があります。
- 「人」と「テレビ」との間にあるインタフェースには、リモコンとそのリモコンの上に取り付けられているボタンや説明などがあります（下図0-11（左））。
- 「人」と「照明」との間にあるインタフェースには、その照明を操作するスイッチと、スイッチ周辺に提示されている情報などがあります（下図0-11（右））。
- 「人」と「ドア」との間にあるインタフェースには、そのドアを開けるためのドアノブや取っ手などがあります。
- 「人」が「何らかの申請」を行おうとする際に間にあるインタフェースには、申請書類や記入するペン、申請書類を受け取ってくれる窓口などがあります。

図0-10　USBのインタフェース

ちなみに、USBのインタフェースはどちらが上でどちらが下かわからず悩むことも多い。私はまずこちらだと思って差し込もうとして差し込むことができず、逆かと思ってひっくり返して差し込むものの、また差し込むことができない。おかしいなぁと思って端子と差込口を覗きこんで確認し、再度ひっくり返して差し込むとうまくいくことがよくある。なお、USB Type-Cと呼ばれる次世代USB規格では、上下どちらでも差し込める機構が採用されたため、向きを気にする必要がなくなった[1]

図0-11　（左）とある会議室にあった3つのリモコン ／ （右）現在の状態（どの照明がどういう状況にあるのか）がわかりにくい照明のスイッチ

1　http://www.usb.org/press/USB_Type-C_Specification_Announcement_Final.pdf

整理すると、「ユーザ」インタフェースとは、何らかの目的をもつユーザ（利用者）と、そのユーザの目的の達成を可能とする対象（コンピュータや照明など）との間にあるモノで、ユーザが目的のために操作したり、ユーザに対して何らかの情報を伝えたりといったように手助けしてくれるモノであると言えます。

ただ、本書では人が何らかの目的を達成するために触れるもの、頼りにするものも重要であると考え、本来の「ユーザインタフェース」という言葉とは違う広義の意味で、下記のような、イラストや文章などで静的に提示される、ユーザとのやりとりがないサインなども扱います。

- 「人」と「トイレの入口」との間にある男性用・女性用を示すトイレのサイン（ピクトグラム）
- 「人」と「目的地」との間にある矢印や案内板など

さて、本書のタイトルにも含まれている「BADUI（バッドユーアイ）」とは、「Bad User Interface」の略であり、ユーザの目的を達成するための手助けにならず、場合によっては達成の邪魔をしてしまうユーザインタフェースということになります。この「BADUI」という表記について、何と読むのか分かりにくい。「BAD␣UI」や「BadUI」、「Bad␣UI」などにするべきだとの声をよくいただきます。確かに「BADUI」という字面は読みにくいものですが、あえてこの表記にすることでその BADUI の特性を表現しています。また、「BAD」「UI」だとやや攻撃的に感じてしまうというのも理由の1つです。ご理解いただければと思います。

BADUI には、わかりにくい書類、使いにくいリモコン、悩んでしまう自動券売機など様々なものがあります。本書では、そうした BADUI を次から次へと紹介していきますが、それにしても、何故世の中はそんなに BADUI であふれているのでしょうか？

それは、まずユーザインタフェースの設計者は、ユーザが困っていても、そのたびに直接使い方を説明できないからということが大きな理由です。

例えば、いかにわかりにくいテレビ番組録画用のリモコンであっても、ユーザの隣にその録画機とリモコンを設計した人がいて、ことあるごとに使い方を説明してくれれば、ユーザは何の問題もなく利用できるでしょう。ついつい書き間違いが発生する書類だったとしても、その書類の様式を作成した人が書類を記入している人の隣に座り、随時アドバイスしてくれれば、書き間違ったり戸惑ったりすることなく、書類を書き上げることができるでしょう。トイレの男女のサインをデザインした人や、それを設置した人がトイレの前に待機し、「こちらが男性用で、こちらが女性用です」と案内してくれたら、どんなにわかりにくいサインであったとしても、トイレを間違うことはないでしょう。しかし、そういったことに人手をかけるのは現実的ではありませんし、仮にできたとしてもコストが膨らんでしまいます。また、ユーザ自身に嫌がられるかもしれません。

以上のように、ユーザインタフェースは設計者（作成者）から離れ孤独に存在しています。そして、それらのユーザインタフェースは、基本的には誰の力も借りずにユーザと直接向き合うことになります。そのため、設計者は自分自身がユーザにアドバイスできない状況において、そのユーザインタフェースがどのように使われるかを想像し、設計する必要があります。だからこそ、ユーザインタフェースを作るのは簡単ではないのです。

また、設計者は一般的にそのユーザインタフェースの使い手として達人クラスになっています。人は慣れてしまうとどうしても問題に気付きにくく、操作に必要な情報が十分に提示されていなくても使用できてしまいます。そうした設計者にとって、初めて使う初心者の立場になってユーザインタフェースを考えることはとても難しいものです。

一方、ユーザインタフェースの作成を設計者に依頼した発注者が、そのユーザインタフェースの実際のユーザであるとは限らないため、ユーザのことをまったく考えていない発注者が、設計者に好き放題な指示を出すこともよくあります。そうした場合、設計者が発注者に「こうしたほうがユーザにとって良いものになりますよ」とアドバイスしても、聞く耳をもたず、結果的にユーザにとって使いにくいシステムができあがることも珍しくありません。BADUI は、このような様々な事情から生まれてしまうのです。

さて、ここから6ページほど前説のような話が入ります。わかりにくい、またはくどいと感じたら気にせず飛ばして第1章から読んでください。最後まで読んだ後に戻ってきて続きを読んでいただければと思います。

「私はデザイナじゃないから関係ない！」それ本当？

さて、ここまで読んで「私はデザイナじゃないから関係ない！」「私はクリエイタじゃないから関係ない！」「私はプログラミングなんてしないから関係ない！」、そう思っている方は多いのではないでしょうか？

また、「BADUIを作った人ひどいなぁ。もっと注意してくれたらこんなトラブルに巻き込まれることもないのに！」「もっとしっかりデザインしてくれていれば、こんなに苦労することもないのに！」と思っている方も多いのではないでしょうか。しかし、BADUIを作ったのはデザイナやクリエイタ、エンジニアなどの仕事をしている、自分とは違うどこかの誰かなのでしょうか？

確かに、世の中で販売されている商品の多くはプロダクトデザイナによってデザインされたものです。Web上の有名な商用サービスの多くもWebデザイナがデザインして、それに従ってプログラマやエンジニアなどが開発したものでしょう。しかし、皆さんが出会うユーザインタフェースはそうしたものだけでしょうか？ ここでまず、右ページの色々な図をご覧ください。

皆さんは、通学先や勤務先、役所などの公的機関で書類を渡され記入を要求された際に、どこに何を書いたらよいのかわからず、悩んだり、書き間違えたりしてしまい、新しく書類をもらい直した経験や、間違いを指摘されて書き直した経験はないでしょうか？ 手に持っているゴミを捨てようとゴミ箱の前に向かったものの、どのゴミ箱に捨てればよいのかわからず、悩んでしまったことはないでしょうか？ また、予備のトイレットペーパーが変な形でセットされているために、トイレットペーパーがすぐに切れてしまって困った覚えはないでしょうか？ レンタルショップでどのCDを借りるかを悩んでいたときに、収録曲のリストを隠すようにシールが貼られており、困った覚えはないでしょうか？ 学校や職場の共用の本棚が整理されておらず、目的の本を探すのに困ったことはないでしょうか？

こうした学校や会社、役所やお店など様々な場所で目にする書類やゴミ箱に貼られたシールなどは、デザイナが作成したものでしょうか？ ふらっと入った食堂に設置された食券の自動券売機に貼られた情報（メニューの名前や値段表示）は、デザイナが作成したものでしょうか？ サークルのイベントがどこで開催されているかを案内するポスターはデザイナが作成したものでしょうか？ 職場などで共用の本棚を管理しているのは、司書の資格をもった人でしょうか？

もちろん、こうした書類や券売機の表示をデザイナなどの専門家が作成することもあるでしょう。しかし、パソコンとプリンタの普及によって、このような書類や商品情報シールなどを誰でも簡単に作れるようになったこともあって、実際には圧倒的に多くのケースで、デザインに関する教育をまったく受けたことのない人たちが作成しています。ちなみに、私もそうしたデザインに関する教育をまったく受けずに、ソフトウェアを開発したり、Webサイトを作ったり、ポスターを作ったり、この本を書いたりしています（ですので、本書で紹介する知識は本と経験から得ています）。

人が何らかの目的を達成しようとするときに、人と目的との間にあるものがユーザインタフェースです。そのため、「誰かの何らかの行為を手助けする何か」を作成したことがある人はすべて、「ユーザインタフェースを作成した経験がある」と言っても過言ではありません。

皆さんも、記入用の書類を作成したり、案内板やゴミ箱を設置したり、本棚を整理した経験はおもちではないでしょうか。これらはすべて「ユーザインタフェースの作成」と言えるのです。つまり、多くの人は無自覚にユーザインタフェースを作成しており、ユーザインタフェースの作り手になっていると言えるのです。ここで重要なのは、そうしたユーザインタフェースを作成する際に、利用する人（ユーザ）のことを少しでも気に留め、「こうしたほうがわかりやすいかな？」「こうしたら間違いは少なくなるかな？」と考え、自問自答しつつ試行錯誤したことはあるかということです。

本書は、すべての人がユーザインタフェースの専門的な知識を得ることを目的としているわけではありません。ただ、上述のように世界中の誰もがBADUIの作り手になりえます。そんな中で少しでも多くの作り手が、使う人のことを考えてユーザインタフェースを作成すれば、人々が悩まされる機会は減り、不満を募らせる人の数も減らせると期待しています。そのため本書では、ユーザインタフェースで悩んでしまうもの、間違ってしまうもの、困ってしまうものなどをBADUIという形で紹介し、多くの人が他者のために何らかのものを作る際に、少しでも手を止め考えて、参考にしてもらえるような情報を提示するよう心がけました。そして、本書を通じて多くの読者の方々にユーザインタフェースを身近な話題としてもらい、社会全体のユーザインタフェースレベルが底上げされることを期待しています。

世の中には、ユーザインタフェースの専門的知識を得られる良書が多数あります。本書はユーザインタフェースの入門書にすぎませんので、もし本書を読んでより深くユーザインタフェースについて知りたいと思った方は、そうした本を手に取っていただければと思います。これらの関連書籍については、関連の深い各項目で取り上げるとともに、エピローグでも紹介します。

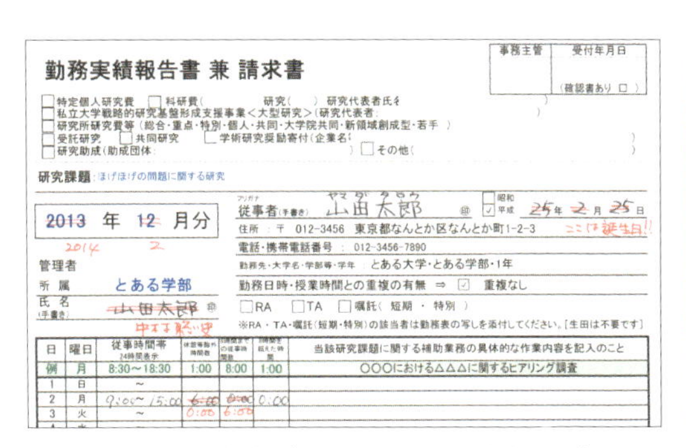

勤務実績報告書 兼 請求書

事務主管	受付年月日
	（確認書あり □）

□特定個人研究費 □科研費（　　研究（　）研究代表者氏名　　）
□私立大学戦略的研究基盤形成支援事業＜大型研究＞（研究代表者：　　）
□研究所研究費等（総合・重点・特別・個人・共同・大学院共同・新領域創成型・若手　）
□受託研究 □共同研究 □学術研究奨励寄付（企業名：　　）
□研究助成（助成団体：　　）□その他（　　）

研究課題：ほげほげの問題に関する研究

~~2013~~ 年 ~~12~~ 月分
2014　2

管理者
所属　とある学部
氏名（手書き）　~~山田太郎~~ ㊞
中村聡史

フリガナ　やまだ たろう
従事者（手書き）　山田太郎 ㊞　□昭和 ☑平成 ~~25~~年 ~~2~~月 ~~25~~日　ここは誕生日!!
住所：〒 012-3456 東京都なんとか区なんとか町1-2-3
電話・携帯電話番号：012-3456-7890
勤務先・大学名・学部等・学年：とある大学・とある学部・1年
勤務日時・授業時間との重複の有無 ⇒ ☑ 重複なし
□RA □TA □嘱託（短期・特別）
※RA・TA・嘱託（短期・特別）の該当者は勤務表の写しを添付してください。[生田は不要です]

日	曜日	従事時間帯 24時間表示	休憩等除外時間数	8時間までの従事時間数	8時間を超えた時間	当該研究課題に関する補助業務の具体的な作業内容を記入のこと
例	月	8:30～18:30	1:00	8:00	1:00	○○○における△△△に関するヒアリング調査
1	日	～				
2	月	9:00～15:00	~~6:00~~ 0:00	~~0:00~~ 6:00	0:00	
3	火	～				

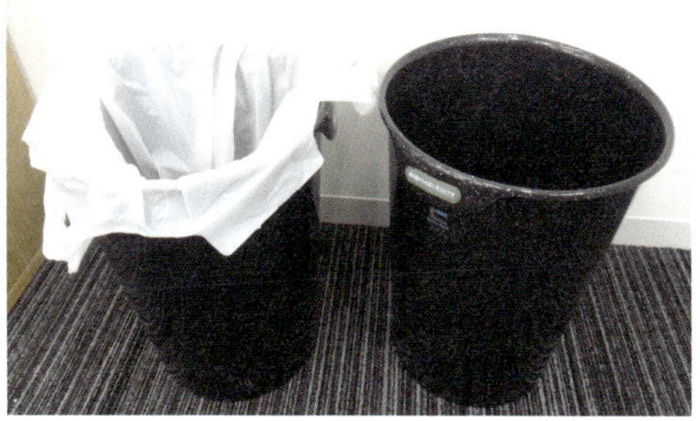

図 0-12 （左）バイトで雇用している学生さんが何度も書き間違える報告書類／（右）研究室においてあるゴミ箱
（右）どちらのゴミ箱が燃えるゴミなのか、燃えないゴミなのか情報がなかったため、よく間違ったゴミが捨てられていた。
このことにゴミ箱の処理をする研究室の学生さんは不満を抱いていたが、間違ったゴミが捨てられる理由はなかっただろうか？

図 0-13 トイレットペーパーがセットされている場所に予備のトイレットペーパーが入れられており、
それが邪魔でトイレットペーパーがすぐに切れてしまう

図 0-14 （左）どの CD を借りるかを悩んでいるときに、CD ケースに収録曲を隠すようにシールが貼られており、中を取り出さないと収録曲がわからない（提供：遠藤平 氏）／（右）整理されていないため、どこにどの本があるのかがわかりくい本棚

作らなくても選ぶことはある！

ここまで読んで、「他人のためのユーザインタフェースを作ることはないから、自分はどっちにしろ無関係だ」と考える方もいらっしゃるかもしれません。ただ、皆さんはユーザインタフェースを作らずとも、知らず知らずのうちに選んでいます。そして選んでしまったユーザインタフェースに悩まされている人が少なくないのも事実です。

例えば、テレビを購入しようとした際、大きさや価格の他に、そのテレビの操作に関するリモコンの使いやすさを考慮した経験はあるでしょうか？ エアコンを購入しようとした際、そのエアコンを制御するリモコンがどのようなものなのかを確認した経験はあるでしょうか？ 使い勝手のことを考えずに購入したテレビやエアコンのリモコン（下図 0-15）の使い方がわからず／使いにくすぎて、うんざりしてしまった経験はないでしょうか？ 部屋探しのときに、部屋自体の使いやすさ、台所の使いやすさ、お風呂の使いやすさをチェックした方はどれくらいいらっしゃるでしょうか？ 新居に引っ越して、色々なものの使いにくさにうんざりしたことはないでしょうか？（下図 0-16）

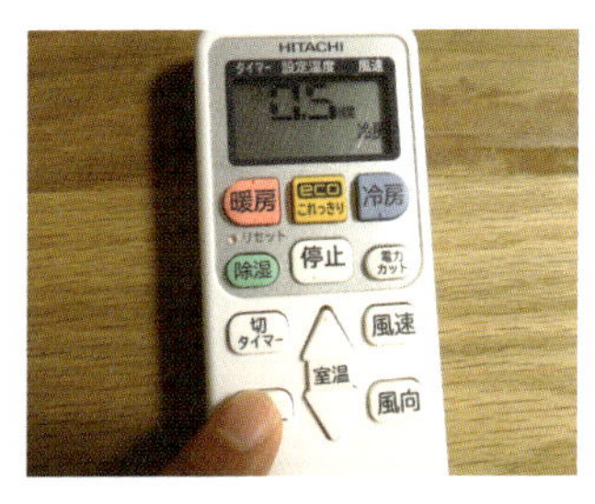

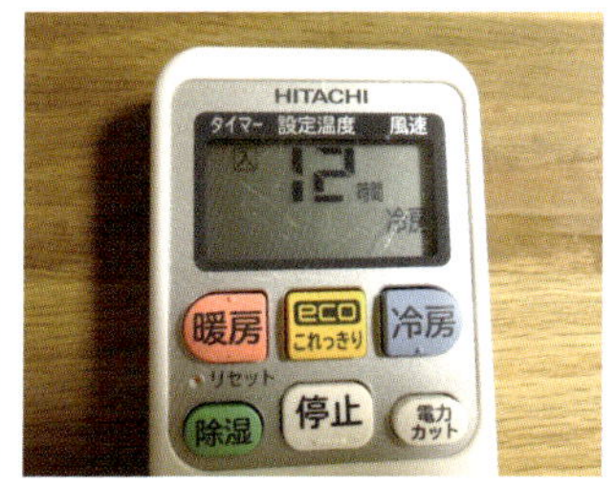

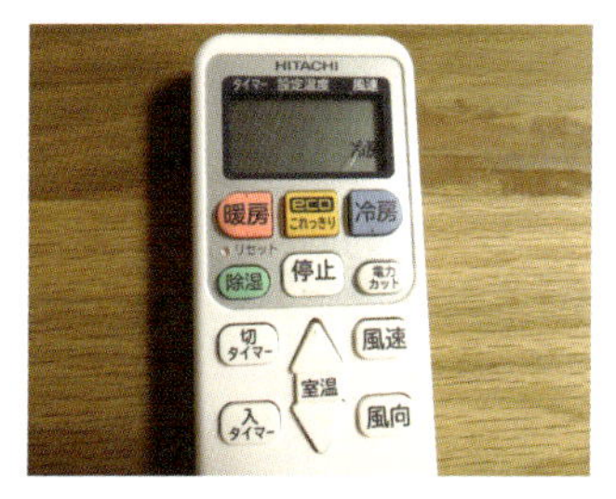

図 0-15　子どもがいたずらして面倒なことになるエアコンのリモコン

暖房や冷房をONにされるだけなら停止や他のボタンを押せばよいのだが、「入タイマー」ボタンを押されて冷暖房が指定時間後にONになるようにセットされてしまうと、12 回「入タイマー」を押して、1 → 12 時間後とセットする時間を増やし、さらにもう一度「入タイマー」ボタンを入力することで入タイマー機能をOFFにしなければならず、とても面倒。ちなみに子どものいたずらでなくても、入タイマーのセット時間が行きすぎてしまい、もう一周しなければならないことも……

図 0-16　（左・中央）扉を開けると照明に当たる戸棚 ／（右）天井につっかえるシャワー

（左・中央）戸棚の中身を取り出そうとすると照明に当たってしまう。なおこの部屋には、玄関近くの棚を開けると扉がブレーカーに当たるため、家中の電源が OFF になってしまうという問題もあるのだとか（提供：松田滉平 氏）／
（右）シャワーを 2 段あるフックのうち上段のフックにセットすると天井につかえてしまい、お湯を出すとシャワーヘッドが落ちてしまうため、下段にセットし、しゃがんで利用しなければならない（提供：荒木圭介 氏）

もちろん、モノを比較検討して購入する場合には、値段や大きさなどに左右されることが多いでしょう。ただ、購入したモノとはずっと付き合っていくことになるので、購入時にはユーザインタフェースについて少しでも考慮しておいたほうが、精神衛生上良いと思います。特に、機能や価格、本体のデザインを比較して差がほとんどないと感じたのであれば、ユーザインタフェースに着目してみるのも手ではないでしょうか。

一方、部屋探しをする際に重視されるのは、立地（アクセスや周辺環境）や賃料、部屋の広さなどでしょう。また、窓からの眺めやユニットバスかセパレートかといった点を考慮することも多いと思います。そんな中、部屋のユーザインタフェースを多少なりとも考慮する人はどれくらいいるでしょうか？ もちろん、立地や値段、広さに比べると優先度は低いかもしれませんが、部屋のユーザインタフェースとはその部屋に住んでいる限りずっと付き合っていくことになります。その悪さゆえに色々と不便な思いをすることもあるため、家を選ぶ際には、家の中のユーザインタフェースについても注目し、使いにくい部屋ではないかと考えることをお勧めします。

なお、ユーザインタフェースの悪さというものは、説明してくれる人がいないときでないとなかなか気付きにくいものです。先述したとおり、説明してくれる人（この場合は販売員や不動産屋の人）がいればBADUIであっても悩まずに使えます。ですので、なるべく説明してくれる人がいないときに操作してみて、自分一人でも使えるかどうか試すとよいかもしれません。ユーザインタフェースのことをしっかり考えて商品を購入するユーザが増えれば、企業の側もユーザインタフェースを重視するようになり、デザインがどんどん改良され、結果的に家電製品などが全般的に使いやすくなるのではないかと期待しています。もし、家を探している人の多くがユーザインタフェースについて考慮するようになれば、世の中の住宅全般のユーザインタフェースも徐々にレベルアップしていくかもしれません。

以上のように、日常生活の中では、ユーザインタフェースを作る機会がなくても、選ぶ機会は多々あります。また、本書でも何度か紹介しますが、生活空間の中にあるBADUIを直して、自分自身や他人が困ったり迷ったり、間違ったりしないようにする機会も意外と多いものです（下図（左））。そうした場合に、本書で得た知識を活かしていただければと思います。

ちなみに、選ぶという意味では、BADUIは詐欺などに利用されることもよくあります（下図（右））。どういったときに人はどう間違うのかという事例を通し、ユーザインタフェースに対する理解を深めることで、そうした詐欺を少しでも回避していただければと願っています。

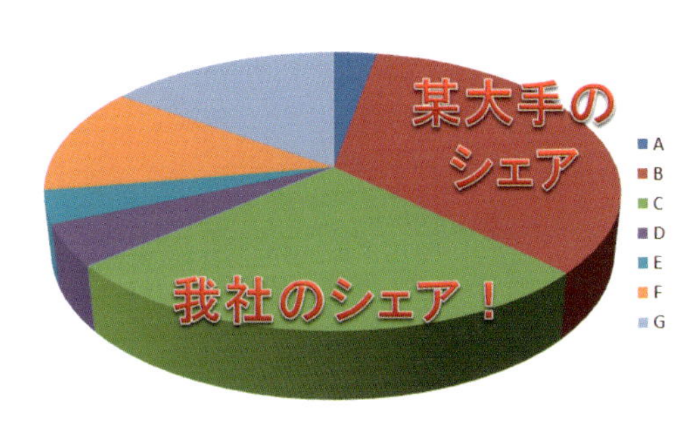

図 0-17 （左）扉が手すりを支えるコンクリートにぶつかってしまい全開できないため、コンクリート部分が削られている（提供：西條瞳 氏）／（右）「我が社のシェア」は「某大手のシェア」に比べて多い？ 少ない？（p.226 で紹介）

何故BADUIなのか？

BADUIについてこれまで何度となく講義や講演で扱っていますが、「何故良くできたユーザインタフェースではなくBADUIを扱うのですか？」という質問を受けることがあります。確かにその疑問はもっともだと思います。私があえてBADUIを取り上げるのは、ユーザインタフェースの学習において重要なのは、観察して何らかのことに気付き、そして考察することだと考えているためです。人を惑わせない良くできたユーザインタフェース（右ページ図0-18）は、ほとんどのユーザが悩むことなく利用できてしまうため、よほどユーザインタフェースに興味がない限りその良さに気付きにくく、印象に残りにくいものです（例えば、こういったところに気配りがあるのだとか、間違わないようにするためこういった工夫がなされているのか、などと感心することは、よほど興味がない限りなかなかありません）。一方、BADUIは困ったり悩んだりしてしまうため、何が悪いのかという点に気付きやすく、印象に残りやすいものです。

例えば、電車の切符の自動券売機で、「目的地までの運賃を確認し、お金を投入し、目的地への切符を購入するボタンを押し、切符を受け取る」という一連の動作を何も悩むことなく自然に行えた場合、その券売機のユーザインタフェースの良さには気付きにくいはずです。一方、目的地までの運賃がわかりにくい場合やお金を投入する場所がわかりにくい場合、目的地までの切符の購入ボタンがどれなのかわかりにくい場合や購入した切符がどこから出てくるかわかりにくい場合などでは、その券売機のユーザインタフェースの問題に気付きやすく、どこが問題なのかという点も説明しやすいと思います。BADUIは、実際に触れることで問題に気付き、あらためて観察し、考察することができるものです。そのため、ユーザインタフェースを学ぶとても良い教材になるのです。「失敗は成功の母」の言葉どおり、人は失敗から多くのことを学びます。本書のタイトル『失敗から学ぶユーザインタフェース』の「失敗」には、作った人の失敗だけでなく、発注した人、設置した人、買った人、使った人の失敗など、色々な立場の「失敗」が含まれています。このような様々な失敗事例を提供してくれるBADUIについて学ぶことは、良くできたユーザインタフェースと比べて得るものが大きいと考えています。

さらに、BADUIの良いところは、「何故BADUIなのか？」「何故このBADUIは生まれてしまったのか？」「予算的な都合か、それとも発注者自体のミスか？」「今そこにあるBADUIを、コストをかけずに修正するにはどうしたらよいか？」といった考えにつながることです。こうしたことは、ユーザインタフェースについて興味をもち、学習するうえでとても良いことです。

そういった点から、私は講義や講演などでは、人を惑わすことのない良くできたユーザインタフェースではなく、BADUIを扱っています。そして、本書でもこのBADUIをできるだけその状況を想像しやすいように紹介しつつ、考えてもらうことで、ユーザインタフェースについて知っていただきたいと思っています。

なお、BADUIは重箱の隅をつつき、粗探しをすることや、それを設計した人を非難し攻撃することを目的とするものではありません。そもそも、ユーザインタフェースを作るというのは難しく、勇気のいることです。また、BADUIができてしまうのはその設計者だけに理由があるのではなく、そこには経済的な事情、納期的な事情、急な仕様変更、設置者の不勉強、ユーザの無茶な要求など様々な原因が隠れています。仮にできあがったものがBADUIになってしまったとしても、その失敗が他の人の参考になるのであれば、社会的にとても有意義であると言えます（ただし、何度も同じBADUIを生み出している場合は問題ですが）。これからユーザインタフェースを作る人が、「こういったことをするとユーザが悩む」という事例として参考にし、自らがより良いユーザインタフェースを実現するために利用するには、BADUIは素敵な失敗集であると言えます。なお、そうやってBADUIについて考え、楽しんでいくと、BADUIは超芸術トマソン[2]のように何とも言えない愛らしいものに見えてきます。皆さんも、是非BADUIを愛していただければと思います。

一方、下記のようなものはBADUIとは呼びません。

- そもそも操作系統が複雑であるためにその操作を行うには学校に通うなど修練が必要で、それを使いこなすことがある種のかっこよさや収入につながるもの（自動車の運転、パソコンの操作、楽器の演奏など）
- 安全面やセキュリティなどを考慮して操作が難しくなっているもの（火傷防止のため、お湯を出すのに複数の操作が必要な給湯器や、重要なものの保管場所へアクセスする際に必要な複数の鍵、幼児にとって届かない高さにあるボタンや鍵（右ページ図0-19）など）
- 難しいことが楽しみを増幅するもの（難易度が高くて難しいアクションゲームやシューティングゲームなど。ただし、ゲームの本質とは異なる部分での操作の難しさはBADUIと言えます）

なお、趣味の一環として作られているようなWebサイトは、基本的にどれだけ操作性が悪くてもBADUIとはしませんが、公的なWebサイトや商用のWebサイトなどで使い

2 『超芸術トマソン』（ちくま文庫）赤瀬川源平（著）、筑摩書房

にくいものはBADUIとして取り上げます。また、製品として販売されているものや公共の場所にあるものも、BADUIとして取り上げます。

人によってそのユーザインタフェースが使いやすいか、使いにくいか、わかりやすいか、わかりにくいかなどの受け取り方は異なります。本書で紹介するBADUIはある一定の割合を超える人が間違えたものを選んでいますが、「これはBADUIじゃないのでは？」と感じることもあるかと思います。しかし自分がBADUIでないと思うものをBADUIだと判断する人がいることを知り、そこから人がどのように対象を捉えるのか、自分は使いやすいと思っているものが他者にとっては使いにくいものになる可能性があるのかどうかを知ることができます。それがBADUIの面白い点でもあります。

昨今のAppStore[3]やGoogle Play[4]などの評価コメントなどを見ると、アプリケーション開発者にはまったく非のない事柄について、ひどいコメントが書かれているのをよく見かけます。個人的に気に入らないというだけで、その対象を悪し様に言い、「BADUI」と呼ぶような世界が来ないことを祈っています。

なお、本書で紹介するBADUIの多くは、「楽しいBADUIの世界」（http://badui.org/）にて公開中です。長く続けているサイトですので、私自身の「BADUI」という言葉の使い方にも変化があり、特に古い事例については事例への愛が薄いと感じられる記事もあるかもしれません。しかし、ここに掲載しているものは、全部お気に入りのBADUIです。また、「BADUIタレコミサイト」（http://up.badui.org/）では、みなさまからのタレコミを募集しています。投稿を心よりお待ちしております。

3 Apple社が提供するiOS向けアプリケーションダウンロードサービス。
4 Google社が提供するAndroid向けアプリケーションダウンロードサービス。

図0-18　オランダのスキポール空港にあるゲートを示す案内板。
各ゲートを示す文字の中に、移動に要する時間の情報が埋め込まれている

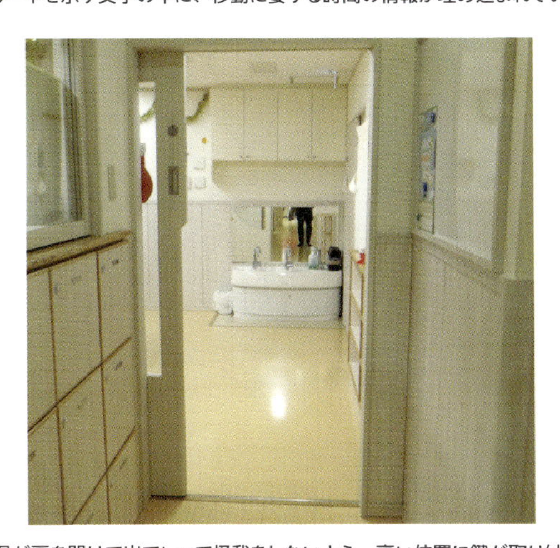

図0-19　園児が扉を開けて出ていって怪我をしないよう、高い位置に鍵が取り付けられている。
なお、園児の手が届く高さには隙間があいており、手を挟む心配がない。

この本の構成について

この本はどの章から読み始めていただいても大丈夫なように構成しています。したがって、パラパラとページをめくって、目に止まった写真を中心に読んでいただいてもよいかと思いますが、以下にこの本の各章のテーマを簡単に紹介しておきます。

第1章 手がかり

ドアの取っ手や蛇口のハンドルなどの事例から、ユーザが間違ったり、困惑したりしやすいものを紹介し、ユーザにとっての手がかりの重要性について解説します。

第2章 フィードバック

自動券売機やパソコン上のシステム、風呂の自動湯はりシステムなどを取り上げ、ユーザに返すフィードバックがわかりにくいとユーザがどのように困惑するかということを、多くのBADUI事例を示しながら解説します。

第3章 対応付け

部屋のスイッチと照明の関係、ハンドルを倒す方向と操作する対象の関係、トイレのサインとその対象となるドアの関係などの事例から、困ったり、間違ったりしやすいものを紹介し、対応関係（マッピング）の重要性について解説します。

第4章 グループ化

対象と矢印との関係がわかりにくい案内板や勘違いしやすい時刻表などを取り上げ、どこからどこまでが同じグループなのかがわからないとき、ユーザがどのように戸惑うかを紹介し、グループ化の重要性について解説します。

第5章 慣習

トイレのサインや稼働状態を示すランプの色などを取り上げ、今までユーザが経験してきたものとギャップがあるために使いにくかったり間違ったりしてしまう例を紹介し、慣習とかけ離れたユーザインタフェースがユーザを混乱させてしまうということを解説します。

第6章 一貫性

ある生活空間において、同じ意味なのに違う色が利用されていたり、登録フォームで項目によって入力形式が変わってしまうことでユーザが困惑する事例を紹介し、一貫性の重要性について解説します。

第7章 制約

自動券売機の操作順序やUSBメモリの差し込み方向など、複数の操作の可能性によってユーザが困惑する事例を紹介し、制約を提示することの重要性を解説します。

第8章 メンテナンス

ユーザインタフェースは、作った後、設置した後に放置しておけばよいのではなく、定期的なメンテナンスが必要になることについて、経年劣化や文化の変容によってBADUI化した事例を紹介しながら解説します。

第9章 人に厳しいBADUI

第8章までに紹介できなかった「記憶力を試すようなBADUI」「人の心を折るようなBADUI」「詐欺的なUI」などを、五月雨的に解説します。

それでは、次々と登場するBADUIを楽しみながら、ユーザインタフェースについて興味をもち、学んでいただければと思います。

Chapter 1 手がかり

扉を押し開けようとしたのに扉が開かず、ぶつかりそうになってしまったことや、思わぬ手ごたえに驚いてしまったことはないでしょうか？ 蛇口から水を出したいのにハンドルの操作方法がわからず、どうすれば水が出るのか悩んでしまった経験はないでしょうか？ 家電などの電源ボタンがどれかわからず、困り果ててしまった経験はないでしょうか？

世の中は多種多様なモノにあふれており、それぞれが独自のユーザインタフェースをもっています。おまけに、同じ種類のモノであっても、そのユーザインタフェースはそれぞれ微妙に違っています。例えば、扉ならば、押し開けるタイプ、引き開けるタイプ、横にスライドするタイプ、蛇口ハンドルならば、回すタイプ、手前に倒すタイプなど、操作の方法は様々です。それでも人は多くの場合、特に悩まずに扉を開けたり、蛇口から水を出したりできます。

人が初めて見た扉やハンドル、コンピュータ上のソフトウェアなどを、不自由なく使用できる理由は、その場に行為の可能性に関する「手がかり」があるからです。このような「手がかり」には、「ひねることができる」「押すことができる」「引くことができる」「スライドすることができる」など様々なものがあります。

本章では、扉の取っ手や蛇口のハンドル、コンピュータソフトウェアなど様々なものの「手がかり」にまつわるBADUIを紹介します。ここで紹介するBADUIについて、何が問題なのかを考えることは、ユーザインタフェースの問題点を見つけるためのとても良い練習になります。是非とも解説を読む前に、まずは写真を観察して問題点を考えてみてください。

それでは、手がかりにまつわるBADUIを楽しんでください。

間違った行為を引き出す手がかり

扉の手がかり：引いて開ける？ 押して開ける？

図 1-1　重々しい木の扉。どちら方向に開けるだろうか？

プロローグでも登場しましたが、皆さんがお店を訪れたとき、上図のような重々しい木製の両開きの扉に出会ったとします。皆さんでしたら、この扉をどうやって開けようとするでしょうか？

私はこの写真の扉に、東京のとあるおしゃれなお店を訪れたときに出会いました。これほどまでに重厚な扉に出会う機会は少ないので、店内はどんな内装なのか、どんな料理が出されるのか、どういったサービスを受けることができるのかと、期待が膨らんでいました。

さて、いざ扉を開けようとして問題が起こりました。なんと、扉が開きません。この扉、写真中央部の隙間があるため両開きの扉であることがわかります。また、その隙間を挟んだ両側の扉（木の板）には握ることができそうな（握りたくなるような）黒い輪が付けられています。さらに、この黒い輪は上部が固定されており、それ以外の部分を手前に持ち上げることが可能であるように見えます。黒い輪を手前に持ち上げ、その状態で扉を押し開けるのは難しいので、手前に引いて開ける扉だと考えるのが自然ではないかと思います。

私はこうした理由に基づき、黒い輪に手をかけ、下図（左）のようにおもいっきり手前に引きましたが、この扉はびくともしませんでした。さすが重厚な扉、もっと力を込めて手前に引かなければならないのかと、力を込めるもののやはり動きません。もしかしたら、両方の扉を同時に引かなければ開かないタイプの扉なのかと思い至り、両手でそれぞれの扉を引くものの、まったく開く気配がありません。あまりに扉が開かないので、もしかしたら横にスライドさせる扉なのかと試してみたものの、それでも扉はびくともしませんでした。

しかし、色々な BADUI との出会いを繰り返してきた私は、これくらいのことでは動じません。「もしかしたら、これは『引くと見せかけて実は押す』というトラップではないだろうか？」と思いこの扉を押してみたところ、見事、扉が開きました（下図（右））。

図 1-2　店外から見た扉　（左）手前に引いても反応しない ／（右）押したら開いた！

図 1-3　店内から見た扉　（左）引くための取っ手もなく、押して開けられそうな見た目だが、押しても反応しない ／（右）引いて開ける扉だった。この扉、結構重く、つかみづらい構造なので、開けるのは大変

　ちなみに、この扉を店内から撮影したものが上図です。内部から見てもやはり重厚です。店内からこの扉を見ると、横にはスライドできなさそうであること、手前に引くにしては取っ手などがないこと、角柱の部分は押しやすそうに見えることから、押して開けたくなります。ただし、どれだけ力を入れても押して開けることはできません。先ほどの扉の逆ですからお気付きの方も多いと思いますが、この扉は上図（右）のとおり手前に引いて開けるものでした。見た目にわかりづらいだけでなく、この写真で手をかけている部分は成人男性の手でもつかみづらい大きさなので、片手で握って力を込めるのは困難です。おまけにこの扉、かなり重いため、私が見かけた女性のお客さんは自力で扉を開けることができず、周りの人に助けてもらっていました。

　この扉があまりに面白いのでしばらく店内で観察していたのですが、多くの人がこの扉を押して開けようとして、扉にぶつかりそうになっていました（お酒が入っていたせいか、一部の人は実際にぶつかっていました）。何とも興味深い BADUI と言えます。

　さてこの扉ですが、何故 BADUI になってしまったのでしょうか？ BADUI はただそれを見て面白がるのではなく、何が問題なのか、何故生まれたのかを考えることが重要です。そこから色々な知識を得られるからこそ、ユーザインタフェースの学習における最高の先生となるのです。

　まず、この扉が何故 BADUI なのかという点ですが、それはこの扉を開けようとする人（ユーザ）が頭に思い描く「この扉がどう開くのか？」というモデルと、「実際に扉がどう開くのか？」という現実の動きにギャップがあるためです。

　左ページの扉の開け方を間違えてしまう人がどう考え、どう振る舞うのかを詳しく見ていくと次のようになります。

1. **対象の認識：** 目の前にある扉は木でできている。自動扉ではなさそうなので手動で開ける扉だろう。両開きの扉なので、手前に引く、奥に押す、横にスライドさせるのどれかだろう。
2. **力を加える場所の判断：** 2 つの大きな戸が中央でぴったりと合わさっており、それぞれに取っ手のようなものがある。取っ手は輪っかのような形状であり、上部が固定されていることから、この取っ手を握って、扉を開けるのであろう。
3. **力を加える方向の判断：** 取っ手の上部が固定されており、取っ手を握って引き上げることができるようだ。そこから扉を動かすには、手前に引いたほうがよさそうだ。
4. **力の強さの判断：** がっしりとした大きな扉で重そうなので、ある程度力を込める必要がありそうだ。
5. **問題の認識と判断の修正：** あれ？ 動かない？ 引く扉じゃなかったのかな？ となると、押して開ける扉だろうか？

　先述のとおり、この扉は「押して開ける扉」だったため、人は操作に失敗してしまいます。この扉では、手をかけて手前に持ち上げることができる輪があるため、これを行為の可能性の手がかりとして、「手前に引く」扉だと予想する人が多くなるのですが、実際は左ページ下図のように「奥に押す」扉であり、予想は外れてしまいます。

　一方、同じ扉を裏から見た場合（上図）では、縦に取り付けられた角柱に手をかける部分がなく、握るには大きすぎるという手がかりから、「奥に押す」扉と考える人が多くなりますが、実際は上図（右）で示したとおり「手前に引く」扉でした。

　世の中にはこうした、利用者が頭で考える振る舞いと実際の振る舞いが異なるユーザインタフェースがあふれています。このようなユーザインタフェースは BADUI になりがちです。

　さて、次に何故この BADUI が生まれたのか考えてみましょう。ここからは推測になりますが、この扉、当初は外向きに開く扉として発注、生産および納品されたのではないかと思います。実際これと同じタイプの扉を海外などでよく見かけます。しかし、レストラン前のスペース（複数のお店が共同で使うオープンカフェのようになっていた）の都合などで内向きに開く扉にせざるを得ず、結果として多くの人を困惑させる BADUI が生まれたのではないかと思います。オーナーさんの理想と、そこに突きつけられた現実を見るようで少し悲しくなってしまいますが、その過程を考えると興味深い事例だと思います。

同一の手がかり：開けるにはどちらから押す？

図 1-4　（左）部屋の外から撮影した扉 ／（右）部屋の中から撮影した扉。どちら側から押すと開くだろうか？

さて、お次も扉に関するBADUIを紹介しましょう。上図は、とある大学の講義室の扉です。部屋の外から撮影した様子が上図（左）、部屋の中から撮影した様子が上図（右）になります。この扉、中からまたは外からのどちらか側からしか押して開けることができないのですが、どちら側から押して開けるのでしょうか？ また、その理由は何故かを考えてみてください。

答えは下図（左）のとおり、「部屋の外から押して開ける」でした。つまり、上図（左）の側からは押して、上図（右）の側からは引いて開けるものです。前ページで紹介した扉は、外から見たときと内から見たときで手がかりが異なっていましたが（手がかりが悪い方向へ働いていましたが）、この扉の場合は両側に「握って引く／握って押す」の両方の可能性がある取っ手が取り付けられており、行為の可能性に関する手がかりがまったく同じです。また、「PUSH（押す）」「PULL（引く）」などのサインもないため、押すのか引くのか判断ができず、ついつい間違った方法で扉を開けようとしてしまいます。この部屋をよく使う学生に尋ねたところ、1年以上経ってもなかなか慣れず、いまだによく間違えてしまうとのことでした。

例えばこの扉の押す側のユーザインタフェースを、持ち手を付けず、押すことしかできない平板（下図（中央））などにしておけば、少なくとも引く扉であると間違うことがないため、押す側の間違いはなくせます。こうした例からも、扉の開閉における（行為の可能性に関する）手がかりの重要性をご理解いただけるのではないかと思います。

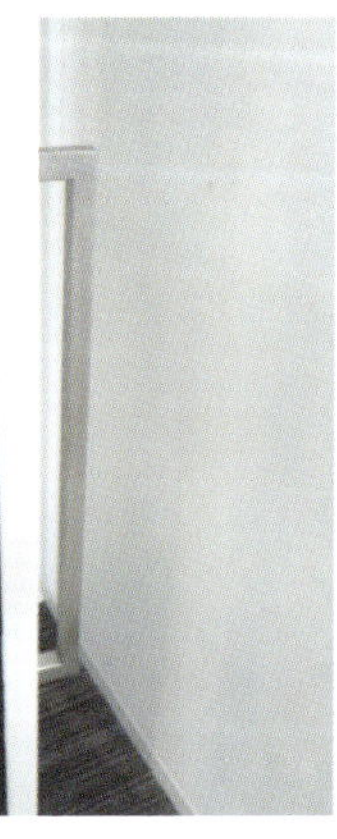

図 1-5　（左）部屋の中に向けて扉が開く ／（中央）開け方が明確な扉。握る部分がないため「押す」しか操作の可能性がない ／（右）引くべきか押すべきか悩むところだが、取っ手の内側の削れなどから、引く可能性が高いことがわかる

浴室のユーザインタフェース：お湯を出すにはどうする？

図 1-6　ホテルのお風呂に設置されていた蛇口。お湯を出すにはどう操作したらよいだろうか？

ハンガリーのとあるホテルに宿泊したときのこと。浴室に上図の蛇口がありました。さて、どうやったらこの蛇口からお湯を出すことができるかわかるでしょうか？ また、そう判断した理由も考えてみてください。

当時はこのような本を書くことを想定していなかったため画像が粗くて申し訳ないのですが、写真の上部に赤色と青色の丸が付いた、丸みを帯びた三角形のハンドルらしきものが 2 つあります。そのため、この赤色のハンドルをひねるとお湯が出そうです。実際、講義などでこの事例を紹介すると、全員がこのハンドルらしきものを操作すると答えます。私もこの赤色のハンドルをひねろうとがんばってみたのですが、びくともしませんでした。その後、赤色のハンドルを押したり、引いたりしてみましたが、まったく動きません。蛇口中央にあるレバーを上方に持ち上げると水は出るのですが、やはりお湯は出ません。私は海外のホテルにありがちな故障かなと思ってホテルのフロントに電話し「蛇口からお湯が出ないのだけれど」とつたない英語で尋ねたところ、「レバーを持ち上げてから左に動かしたかい？」との回答が返ってきました。「えっ」と思って、指示どおりにやってみたところ、確かにその方法でお湯を出すことができました。

その後、ホテルのフロントに行く機会があったときに、「お風呂に付けられているあの赤と青のハンドルは一体何なの？」と尋ねたところ、「ああ、あれは『レバーを左側に動かすとお湯が、右側に動かすと水が出る』というサインだよ！」と言われ、あまりのことにネタではないかと疑ってしまいました。

もちろん、赤色と青色のマークがあるので、赤色はお湯、青色は水に対応することはわかるのですが、それなら単にレバーにそのサインを付けてくれればよいのにと思います。人はこのような三角形のユーザインタフェースを見ると、これまで出会った多くのハンドルを思い出し、「それを握って時計回りまたは反時計回りに回す」という行為の可能性を見出します。何故なら、壁から飛び出たこのハンドルがいかにも握りやすそうに見え、また、その握りやすそうな部位の凸凹が力を入れてひねるのに適しているように感じるからです。そしてそこに赤色のマークが付与されていると、赤色のマークが付いているハンドルらしきものをひねればお湯が出るのではと期待してしまいます。レバーを動かす方向を示したいだけなのに、行為の可能性を感じさせる形状のモノをサインとして使っているため、困った操作を引き出してしまうという面白い BADUI でした。

洗面所のユーザインタフェース：水を出すにはどうする？

図 1-7　水の出し方がわからず悩んでしまうトイレの洗面所の蛇口
多くの人がひねったり、押したりしていたが、結果水を出せず諦めていた。さて、どうやって操作すればよいだろうか？

国際会議でニュージーランドを訪れたとき、トイレの洗面所で上図の蛇口に出会いました。私にとってこの蛇口を利用して水を出すのはかなり難しいものであり、随分悩んでしまったのですが、是非皆さんもこの蛇口でどうやったら水を出すことができるか予想してみてください。

色々な可能性が考えられると思いますが、これまで講義などで紹介し、受講生に予想してもらった結果は、「時計回りまたは反時計回りにひねる」が最も多く、次いで「押す」という回答でした。他にも、「ハンドルを手前に引き上げる」「青色の丸い部分を押す」「真ん中の穴に棒を刺す」など様々な予想が出ましたが、どれも実際の方法とは違います。

私も色々と試行錯誤しつつ悩んだのですが、奮闘すること2～3分、ようやく「青色の方向にハンドルを倒す」という当初私がまったく予想しなかった答えにたどりつき、水を出すことができました。つまり、これはジョイスティックのように倒す方向で水またはお湯を出すユーザインタフェースだったのです。今まで300人近い受講生にこの写真を見せてきましたが、その操作方法にたどりつけた受講生はわずか3人（それも予想を何度か外した後、ようやくたどりついた人数）ですので、かなり操作の難易度が高いユーザインタフェースだと言えます。このハンドルがもう少し長かったり、細かったりすれば気付く人もまだ多いでしょうが、そこまで長くも細くもないため非常にわかりづらいものになっているのだと思われます。ちなみに、このハンドルの中央には六角形の穴が空いているため、もしかしたら以前はこの部分にもっと倒しやすくするための部品が付いていたのかもしれません（よく見ると六角形の穴の周辺にも、操作によって削れたような跡があります）。もしこの蛇口の謎についてご存じの方がいらっしゃいましたら、ご一報いただければ幸いです。

この後、何度かこのトイレに来て利用者の様子を観察してみましたが、多くの男性が故障していると判断したのか手を洗わずトイレから出て行っており、何とも言えない気分になってしまいました。色々と示唆に富んでおり面白いBADUIであるのですが、あのときほどトイレのドアの取っ手に触りたくないと思ったことはありませんでした。

この蛇口のケースも、ユーザには行為の可能性に関する変な手がかりを用意しないほうがよいということを体現してくれていると思います。ちなみに、これから先何度も登場しますが、扉と同じようにトイレにはBADUIがあふれています。是非、皆さんもトイレに行く際にはBADUIがないか探してみてください。

切符の挿入口：マナカを入れないで !!

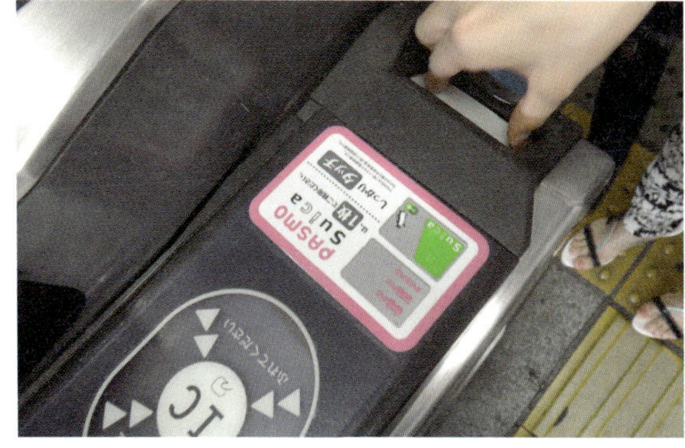

図 1-8　（左）マナカを入れないで !! ／（右）妻が誤って PASMO を入れてしまい取り出せなくなった様子。駅員さんを待っている間に撮影

上図（左）は名古屋のとある駅で出会った電車の自動改札機のユーザインタフェースです。自動改札機に、「マナカを入れないで !!」という悲痛なメッセージが貼られています。

マナカ（manaca）とは、Suica や ICOCA、PASMO、PiTaPa などと同じ非接触型の IC カードであり、読み取り機に近接させることで決済可能な電子マネー機能をもっています。この手の非接触型 IC カードは、自動改札の読み取り部分に近づけるだけで自動で運賃を支払えるため、利用者にとって便利なだけでなく、鉄道会社にとっても膨大な乗客を手早くさばくことができる良い仕組みと言えます。この写真では見切れていますが、写真の上部には「しっかりタッチ」と書かれた部分があり、そこがマナカをタッチする場所になっています。

さて、この「マナカを入れないで !!」というメッセージが貼られた黄色く囲まれた部分を見てください。ここは切符やプリペイドカードを挿入する場所です。電車の自動改札機はどんどん進化しており、これまで使われてきた乗車券や定期券、プリペイドカードや非接触 IC カードが 1 つの機械で扱えるようになっています。色々なタイプの切符やカードを即座に処理できる素晴らしいシステムなのですが、乗車券、定期券、プリペイドカード用の挿入口は IC カードと同じくらいの幅であるため、乗客にとってはいかにも IC カードを挿入したくなる魅力的な入口に見え、ついつい間違って挿入し、カードを詰まらせてしまうというトラブルが発生しているようです（両者の大きさがほぼ同じなのは、財布などのカードケースの都合が大きいのでしょう）。実際、私の妻も 2 度ほど自動改札機に IC カードを挿入し、カードを詰まらせてしまっていました（上図（右））。妻の場合、京都で暮らしていたときに仕事柄よくプリペイドカードを利用していたため、そのクセが出てしまったのだと思います。

こうした IC カードは、カードと読み取り機を接触させずに近づけるだけでも利用できるため、財布などに入れたまま使っていれば間違ってカードを挿入することもないはずです。しかし、財布越しではうまく認識しないことがあったり、複数の IC カードを入れているときには認識できないことが多かったりするため、財布から取り出して利用しようとし、結果的に IC カードを挿入してしまう人がいるのだと思います。

全員が IC カードを利用するようになれば、従来型の挿入口は不要になり、こういったトラブルはなくなるでしょう。また、挿入口のサイズを調整して切符とプリペイドカードのみ挿入できるようにすればこの問題を防げますが、IC カードとプリペイドカードはほぼ同じサイズであるためそういう回避方法もなさそうです。改札機を IC カード専用と、それ以外専用に分けることも考えられますが、コスト面や一度にさばく客の数を考えると難しいと思います。この例を BADUI というのは簡単なのですが、色々なものに対応できるようにするとユーザインタフェースはどうしてもわかりづらくなるという好例であり、この問題を解決するのはかなり難しいと思われます。今もどこかで IC カードを改札機に投入してしまった人がいるはずですので、是非とも良い解決方法を考えてみてください。もし安価でできる良い解決方法が実現できたらお金もうけができるかもしれません。

そう言えば IC カードのタッチ部分については、読み取り部分の角度などのデザインにかかわった山中俊治先生の工夫の話がとても面白いです。『デザインの骨格』という本で一部紹介されているので、興味のある方は手に取ることをおすすめします [1]。

1　『デザインの骨格』山中俊治（著）、日経 BP 社

自動券売機の言語変更：どうやって言語を変更する？

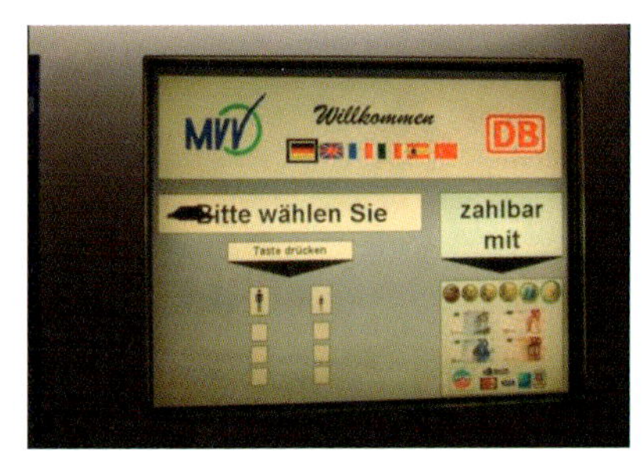

図 1-9（左）ドイツで出会った券売機 ／（右）券売機のディスプレイから数十センチ下にあったユーザインタフェースらしきもの
（左）表示言語を英語に変更するにはどうすればよいだろうか？ タッチパネルではないため、ディスプレイに触って言語を変更することはできない ／（右）さて、どうやって言語を変更するのだろうか？

日本の自動券売機でも困っている人をよく見かけますが、私が日本人だからか海外では日本以上に使いにくいものが多いように感じます。ここで紹介するのは私がドイツの国際空港で出会った切符の自動券売機です（上図）。この自動券売機、国際空港から市の中心へと移動する際に利用するものなので、様々な言語（ドイツ語、英語、フランス語、イタリア語、スペイン語、トルコ語）に変更できるようになっています（画面上部にそれぞれの言語に対応する国旗が並んでいます）。私としては日本語に変更したかったのですが、さすがに日本の国旗はなかったので、イギリスの国旗を確認し、英語に変更することにしました（なお国旗で言語の選択を促すのは適切ではありません）。さて、どのような操作をすれば英語モードに変更できるか予想してください。また、そう予想した理由についても考えてみてください。

古い自動券売機ということもあって、ディスプレイにタッチしても反応がないため、このディスプレイはタッチパネルではないことはすぐにわかりました。そこで、色々と手がかりを探したところ、ディスプレイから数十センチ下に、上図（右）のような言語を変更できそうなユーザインタフェースがありました。「なるほど、この国旗がボタンになっているのか」と、イギリスの国旗を押してみたのですが反応しません。私は他に色々と可能性を探ってみたのですが、どうしても言語を変更できませんでした。後ろに人が並び始めたこともあって、いったん様子を見ようと、別の自動券売機の列の後ろに並び、他の人がどう操作しているのかを観察することにしました。

しかし、しばらく見ていたのですが、他の人も同じように悩んで諦めるか、ドイツ語のまま買っていくかのどちらかで、操作方法に関する情報を得ることができません。そうこうしているうちに自分の順番が回って来たので、再度チャレンジしたのですが、ディスプレイの下にある国旗の並びがボタンでないことを確認できただけで、後ろに並ぶ人のプレッシャーに耐えかねて（勝手に感じているだけですが）購入を諦めてしまいました。

その後、人が少なくなったタイミングを狙って 3 度目の正直とばかりに再挑戦し、試行錯誤の末に、並んだ国旗の横にある黒色の旗マークが切り替えボタンであることに気付きました（下図）。膨らんでいるためボタンに見える国旗とは違い、この旗のマークは一見するとボタンに見えないのですが、実際は押し込むタイプのボタンでした。そして、この旗のマークを 1 回押すたびに、表示言語がドイツ語から英語、英語からフランス語と左から右に変更されていくのでした。

図 1-10　ボタンは国旗の右側にある旗マークだった
右側のボタンを押すたびに、表示言語がドイツ語から英語、フランス語へと左から右に順にシフトする。
イギリスの国旗が特にかすれているのは、多くの人が言語を英語に変更しようとして間違えて押したからだろう

図 1-11　(左) 雪道は人が何度も行き来することによって徐々にできてくる／
(右) 多くの人が触ってテカテカになった結果、さらに多くの人に触られるようになるケース

言語を変更した後は、無事、切符を購入することができたのですが、何故私を含め多くの人が言語を変更するだけのことでここまで苦戦していたのでしょうか？ ここで問題なのは、ボタンであるかのように立体的にせり上がり、それなりに大きな存在感を放つ国旗群に対し、その隣にある旗マークのボタンがちっともボタンに見えないこと。そして、膨大な人がその国旗群をボタンと勘違いして押したため国旗の印刷がかすれており、ここが操作対象であると勘違いしやすいということです。例えば、この国旗群がもう少し小さくここまで立体的でなかったり、一番右の旗マークがボタンらしくもう少し立体的に盛り上がっていたり、これが旗ではなく、もっと言語を変更できそうなマークになっていたり、適切な説明がシールなどで付与されたりしていたら、ここまで混乱しなかったと思います。

さて、この BADUI がとても興味深いのは、手がかりがないことの難しさに加え、人の行為によってユーザインタフェースが変容し、行為の可能性に関する間違った手がかりが生まれた（または強化された）ことにあります。多くの人の行為が、他者の行為を引き出すことはよくあります。例えば、上図は降り積もった雪の上を人が歩いたためできた雪道と、多くの人が触ったため表面の一部が削れてテカテカしている彫刻であり、人の行為によって手がかりができています。

下図（左）は、レストランのレジ上に置かれたアンケート提出用ボックスなのですが、誰かがこれを募金箱と勘違いして小銭を入れてしまい、それに影響を受けて他の人も小銭を入れ続けたため、「アンケート用紙入れ」という説明文が付与されたようでした。この写真を撮影したのは説明文が貼られた後、随分時間が経ってからなのですが、悲しいことに募金は続く一方、アンケートは集まっていませんでした。下図（右）は、砂金すくいの展示なのですが、硬貨を投げ入れると願いが叶うと考えた人がいたのか、それとも単に面白がった人がいたのかわかりませんが、そこに投入されている硬貨を見て、その後の人が続けてどんどん硬貨を投げ入れてしまったようでした。これはタイで見かけた展示なのですが、様々な国の色んな種類の硬貨が放り込まれていました。

以上のように、人は他人の痕跡を手がかりとして受け取ることがあり、この痕跡による間違った手がかりが後に続く人の行動を左右することもあります。そもそも痕跡が残る前に間違いを食い止めたほうがよいのですが、間違った痕跡が残され他人もそれに続き始めたら、すばやく対処し、流れを食い止めることが重要になるというお話でした。

図 1-12　(左) アンケート用紙入れ ／ (右) 硬貨を投げ入れると願いが叶う？
(左) 多くの人の行動によってアンケート用紙入れが募金箱になってしまった／ (右) 砂金すくいの展示に様々な硬貨が投げ入れられ、「何かの願いを叶えてくれるのでは？」と期待されるものになっている

悲しくなる手指乾燥機：他者の行動によって……

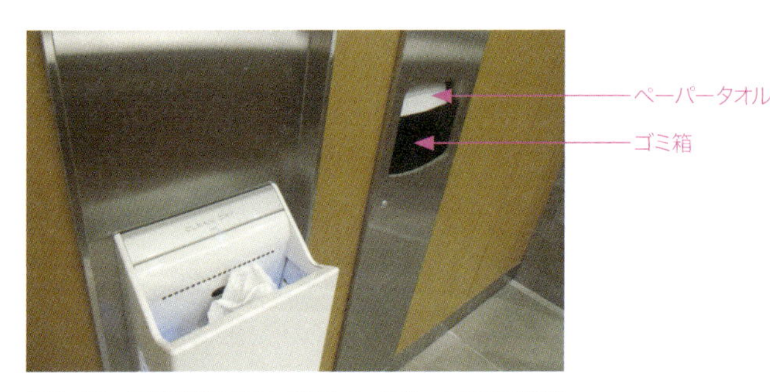

図 1-13　国際空港のラウンジのトイレにあった手指乾燥機

上図は、とある国際空港のラウンジに備えられた手指乾燥機（ハンドドライヤー）です。手指乾燥機は、トイレなどで手を洗った後、ハンカチなしで衛生的に手を乾かせるとても便利な機械です。さて写真をよく見てください。何だか悲しいことになっているのに気付かれたでしょうか？

そうです。手指乾燥機にペーパータオルが捨てられています。しかも、1 枚だけではなく何枚も捨てられています。国際空港のラウンジ内のトイレですので、イタズラでこういったことをする悪質な人がいるとはあまり考えられません。ちなみに、このペーパータオル用のゴミ箱はどこにあるかというと、ペーパータオルが出ているところのすぐ下になります。つまり、ペーパータオルを取って手を拭いて、そのまま下に捨てればよいはずです。では、何故このように、ペーパータオルが手指乾燥機に捨てられているのでしょうか？

これはおそらく、私と同じようなやや注意力に欠ける人が、洗面所で手を洗った後にペーパータオルで手を拭き、その下にあるゴミ箱の存在に気付かず、手指乾燥機をゴミ箱と勘違いしてペーパータオルを捨ててしまったのではないかと思います。

目につくところに明らかにゴミ箱とわかるものがあれば、そこにペーパータオルを捨てるでしょうが、この例ではなかなかゴミ箱の存在に気付かない人が多かったようです。また、誰か一人がこの乾燥機にゴミを捨ててしまったため、後から来た人にとっては手指乾燥機をゴミ箱として認識しやすくなり、結果、複数のペーパータオルが捨てられてしまったのだと思います。これも他者の行為によって BADUI が増幅された好例と言えます。

ちなみにこの手指乾燥機の問題ですが、後日、同じ航空会社の別のラウンジに行ったところ、ペーパータオルの目の前に新たなゴミ箱が置かれ、もともとゴミ箱だった部分に「手前のゴミ箱をご利用ください」という案内が貼られていました（下図（左））。ペーパータオルの下にあるゴミ箱に気付かず手指乾燥機にペーパータオルを捨ててしまう人が後を絶たなかったため、明らかにゴミ箱とわかるものを置かざるを得なくなったのかもしれません。下図（右）も同じような事例で、「ジェットタオルにものを入れないようお願いいたします」との注意書きが貼られています。色々な意味で示唆に富んだ事例と言えます。

図 1-14　（左）手前のゴミ箱をご利用ください／（右）ジェットタオルにものを入れないようお願いいたします（提供：小渕豊 氏）

空港の案内板：3 番と 18 番どちらが近い？

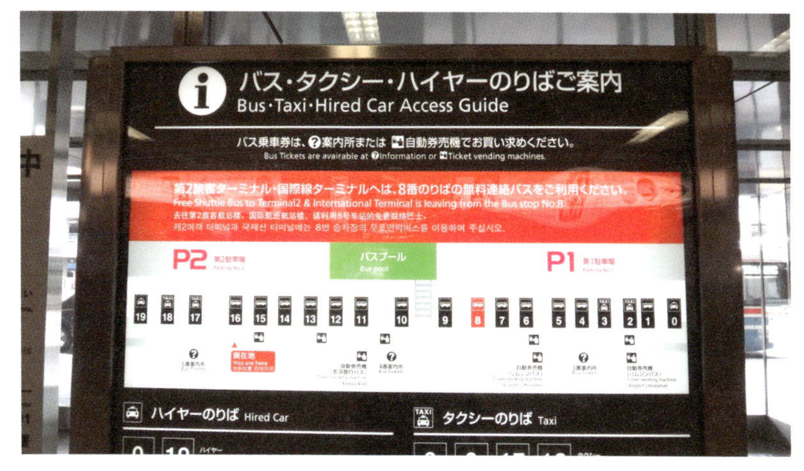

図 1-15　3 番乗り場と 18 番乗り場どちらが近い？

娘が生まれて 1 歳くらいになるまでは通勤電車などに乗せることは難しかったので、飛行機を利用するときには空港までの往復のため定額タクシーを利用していました。その定額タクシーを利用するときに出会った手がかりにまつわる興味深い BADUI を紹介したいと思います。

皆さんが飛行機でとある空港に到着し、迎えに来てくれたタクシーに電話したときに「3 番乗り場または、18 番乗り場で待てますがどちらが良いですか？」と質問され、上図の写真に示す案内板に出会った場合、3 番乗り場と 18 番乗り場のどちらが近いと運転手に伝えるでしょうか？ また、その理由は何故でしょうか？

この質問をすると、半数以上の人が 3 番乗り場が近いと回答します。実際にこのときの私も 3 番乗り場のほうが近いと判断し、「3 番乗り場でお願いします」とタクシーの運転手さんに連絡したのですが、本当に近いのは 3 番乗り場ではなく 18 番乗り場であったため、私は妻と娘とともに、かなり長い距離を歩くはめになってしまいました。

何故このような間違いが起きたのでしょうか？ 私と同じく 3 番乗り場が近いと判断した方は、何故 18 番乗り場のほうが近いのかを、また 18 番乗り場が近いと判断した方は、何故 3 番乗り場のほうが近いと間違える人がいるのかを考えてみてください。

さて、私と妻が 3 番乗り場が近いと間違えてしまった理由ですが、私と妻は現在地が 8 番乗り場であると勘違いしていました。案内版の左下に「現在地」という説明が付けられた赤い三角があることからわかるように、本当の現在地は 16 番乗り場付近です。しかし、0 番から 19 番まで並んだ乗り場情報を見て、その中でも赤色で目立つ「8 番乗り場」に注目した結果、「現在地」の情報を見落とし、8 番乗り場にいると思い込んでしまったわけです。ちなみに私は、このときだけでなく、この場所で他の機会に待ち合わせをしたときにも、同様のミスを繰り返してしまいました。

よく見ると、この案内板の上部には赤背景に白い文字で「第 2 旅客ターミナル・国際線ターミナルへは、8 番乗り場の無料連絡バスをご利用ください」とあるので、8 番乗り場の赤色はこれに対応しているようです。しかし、何番乗り場かということを回答しようとすると、どうしても数字の並びに目が行ってしまいます。また、この案内と 8 番乗り場が赤色で示されているということについて関係を見出しにくいため、間違ってしまうというものでした。

今回の事例の場合は、上部の赤背景の部分から 8 番乗り場を指す矢印などが出ていれば、まだ間違いは少なくなるかもしれません。目立つ色で情報提示を行う場合、何かを強調する場合は、その効果を考えたいものです。

手がかりが弱すぎる

シャワーと蛇口の切り替え：シャワーからお湯を出すにはどうするか？

図 1-16　シャワーと蛇口を切り替えるにはどうしたらよいだろうか？（提供：鈴木優 氏）

上図は、アメリカのとあるホテルの浴室の写真だそうです。一番左の写真には浴槽と蛇口（カラン）、ハンドル、シャワーヘッドが写っています。真ん中の写真は蛇口、右の写真はハンドルを拡大したものです。さて、現在蛇口からお湯が出ていますが、シャワーヘッドからお湯を出すよう切り替えるにはどうしたらよいでしょうか？ また、そう判断した理由は何でしょうか？

まず多くの人がハンドルに注目するのではないでしょうか。このハンドルには、「時計回りに回す」「反時計回りに回す」「押し込む」「引っ張る」「ジョイスティックのように倒して操作する」などなど、色々な操作の可能性があります。しかし、ここに挙げたどの操作でもシャワーヘッドからお湯を出すことができません（ちなみに、このハンドルは左に回すとお湯が、右に回すと水が出るそうです）。

答えは下図の矢印の部分（少しの出っ張り）を、下に引っ張るというものでした。この蛇口の下の出っ張りは、下に引っ張ったり、上に押し込んだりできるようになっており、その操作によって水の出口を蛇口からシャワーへと切り替えられるのだそうです。シャワーを使おうとしているのに蛇口を操作する必要があるというのは、かなり難易度が高いユーザインタフェースだと思います。私は、ハンドルじゃないなら、上図（中央）の下部に写っているレバーを操作するのかなと予想したのですが、これは浴槽の栓を開閉するものだということでした。もし私がこの浴室を利用した場合、かなり悩んでしまいそうです。

なお、上図（中央）のハンドルは、時計回りまたは反時計回りに回すだけのシンプルなものなのに、かなりグラグラしていたそうです。多くの人がジョイスティックのように倒したり引き起こしたりしようとした結果、接合部が劣化してしまったのかもしれません。

図 1-17　蛇口とシャワーを切り替えるには、矢印で示した部分を下に引く。よほど旅慣れた人か、BADUI を見てきた人しか気付かないと思われる（提供：鈴木優 氏）

図 1-18　シャワーと蛇口を切り替えるにはどうすればよいだろうか？

シャワーと蛇口の切り替えで悩むことは本当によくあります。上図は私がアメリカで出会った浴室です。さて、この浴室で水や湯を出す場所としてシャワーと蛇口を切り替える場合、どこを操作するでしょうか？

こちらは先ほどのものよりはまだましだと思いますが、シャワーと蛇口の切り替え操作に関する手がかりが少ないため、ついついハンドルを色々な方向にひねろうとしてしまいます（このハンドルも先述の事例同様、色々な人に誤った操作をされたためか、取り付けが甘くなっており、グラグラしていました）。

操作方法は下図のとおり。蛇口の上に取り付けられたつまみを持ち上げるとシャワーから、押し下げると蛇口から水（湯）が出る仕組みでした。一般的に、蛇口の上部にあるつまみは、排水口の開閉に使われることも多いため、少し悩んでしまいました。とはいえ、この浴室には他に手がかりがまったくなかったため、蛇口の上のつまみを操作してみて、結果的にシャワーと蛇口の切り替え方法に気付くことができました。

2 つの事例をここでは紹介しましたが、手がかりが弱すぎる（またはないように見える）場合に、ユーザがいかに悩んでしまうのかということをご理解いただけたのではないでしょうか？ ここで紹介した事例に限らず、浴室内でのシャワーと蛇口の切り替えで悩むことはよくあります。是非皆さん、旅先で宿泊するときなどに使いにくいものがないか探してみてください。そして、そのようなものを見つけたときは、タレコミサイトにご投稿いただければと思います。

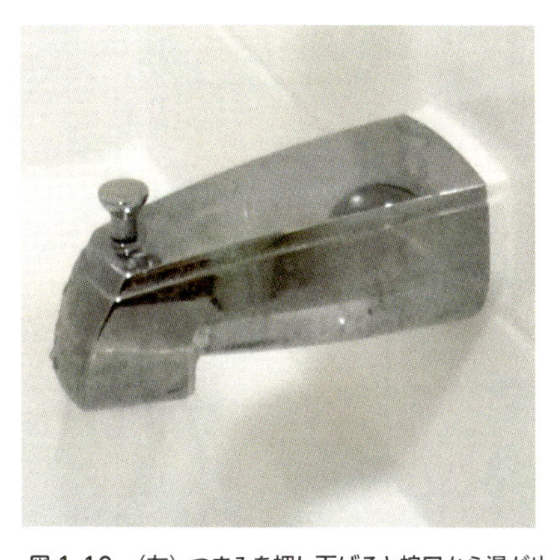

図 1-19　（左）つまみを押し下げると蛇口から湯が出る ／（右）つまみを持ち上げるとシャワーから湯が出る

パソコンの電源ボタン：どうやって起動する？

図 1-20　パソコンをどうやって起動するか？ 起動のための電源ボタンはどこにあるのだろうか？

とあるインターネットカフェを訪れたとき、しばらくパソコンの起動方法がわからず悩んでしまいました。

上図は、そのインターネットカフェで出会ったパソコンです。皆さんは起動方法がわかるでしょうか？ ちなみに私は、マウスを動かしたり、キーボード上に電源ボタンがないか探したり、キーボードを押してみたり、側面を見たり、背面を覗きこんだり色々と試してみましたが、これらの操作ではこのパソコンを起動することができませんでした。

十数分の試行錯誤の末、ようやく私は本体ケースの右端にある横長の銀色のパーツを押すという操作に気付き、パソコンを起動することができました（下図）。実はこのパーツが電源ボタンだったわけです。なお、左右対称で左端にも同じパーツがありますが、こちらを押すと、前面の LED ランプの色が切り替わりました。一度わかってしまえば次からは戸惑うことなく起動できるので、このパソコンを自宅で使うのであれば問題ありません。ただ、色々な人が入れ替わり立ち替わり使うことが前提となっているインターネットカフェのような場所に設置するには、このデザインは適切でないように思います。

このとき、私は試行錯誤の末にパソコンを起動することができましたが、同じパソコンについて、インターネット上の質問応答サイト「Yahoo! 知恵袋」にて「電源の入れ方がわからない」と質問している人もいました[2]。知恵袋に投稿するほどですので、かなり悩んでいたのだと思います。そういった意味で、とても興味深い BADUI だと言えます。

2　「フロントパネルのランプ「GTUNE ってメーカー？ の電源スイッチの場所がわかりません(´・ω・`) 全体が黒くて真 ...」http://detail.chiebukuro.yahoo.co.jp/qa/question_detail/q1191609456

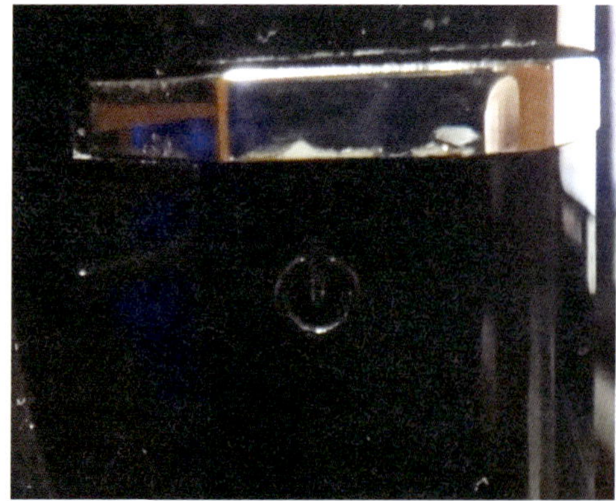

図 1-21　（左）起動ボタンは右端の銀色のパーツ／（右）実はうっすらと電源であることを意味するマークがある

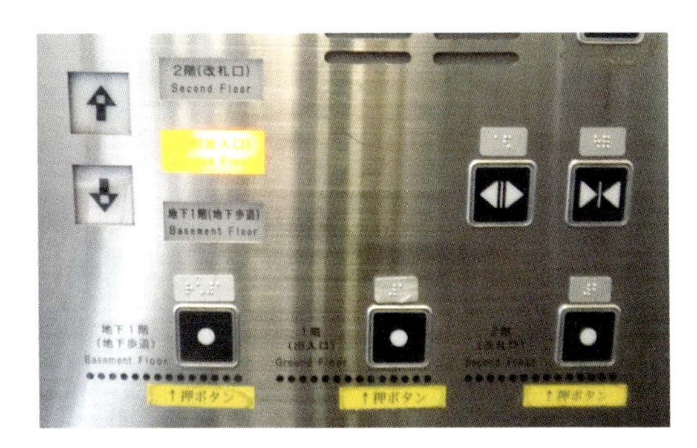

図 1-22　どれがボタンなのか悩んでしまうユーザインタフェース。わざわざ「押しボタン」と説明が付与されている

さて、どれがボタンかわからず悩んでしまう事例を続けましょう。上図は、とある電車の駅にあるエレベータの操作パネルです。上の階にある改札口に向かうとき、どこを押せばよいかわかるでしょうか？

答えは、下部に 3 つ並んだ、黒地に白い丸の付いたボタンの右端です。この 3 つのボタンの下に「↑押ボタン」と書かれた黄色のラベルシールが貼られているおかげで、これらが押しボタンであることはわかりますが、単なる丸記号が 3 つ並んでいるだけで、これが目的階を指定するボタンだということがわかりにくく、ついつい左上にある上向きの矢印を押してしまいそうになります。ボタンがどれかわからず悩む人が多いためこのラベルシールが付け加えられたのでしょうが、もう少し何のボタンかを示してあげたほうがよいような気がします。

下図もエレベータの操作インタフェースです。1 階に行くには、どこを操作したらよいかわかるでしょうか？

この図では、矢印がいくつもあるために、どれがボタンなのかわかりづらくなっています。矢印が付け加えられていたり、説明が変更されていたりと様々な工夫がなされているのは、どれを押せばよいのか悩んでしまう人が続出した結果だと思われます。ちなみに答えは写真中央および最下部にある黒色のボタンでした。

以上のように、ユーザに手がかりを用意するときは、その手がかりを目立たせる工夫が必要です。今回の事例において、どうすれば明確な手がかりを与えることができるか、是非とも考えてみてください。

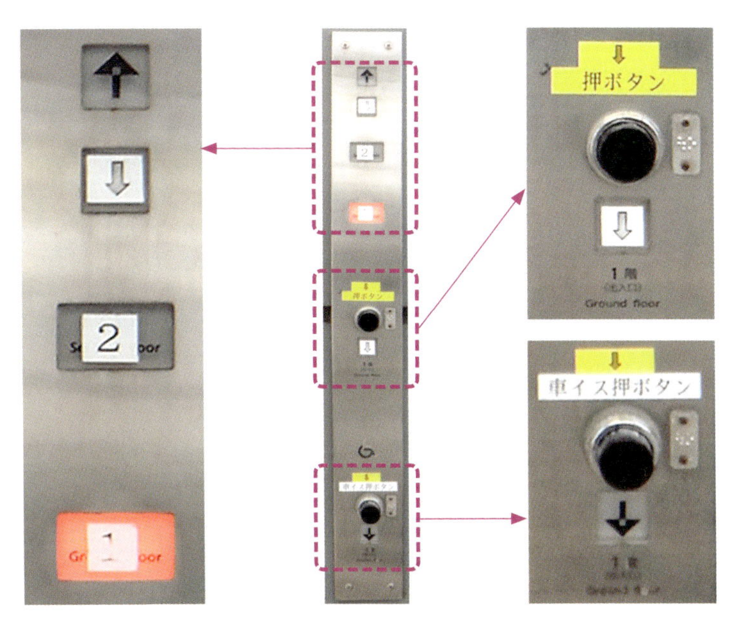

図 1-23　どれが 1 階に行くためのボタンだろうか？

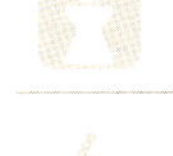

無線 LAN の ON/OFF：ON にするにはどうする？

図 1-24　無線 LAN を ON にするにはどうすればよいだろうか？
無線 LAN ランプがオレンジ色なので現在 OFF であることは確認できるが、
周囲にボタンもなく、どうやってこれを ON にできるかがわからない（提供：MK 氏）

上図は、とある学生さんが購入したノートパソコンだそうです。このパソコンの無線 LAN の ON と OFF を切り替えようと思った場合、どのように操作するでしょうか？ 是非考えてみてください。

学生さんは無線 LAN に接続しようとしたときに、まずパソコン本体に無線 LAN の ON ／ OFF を切り替えるハードウェアスイッチがないか探したらしいのですが、見つけることができなかったそうです。そこで、ハードウェアスイッチがないならソフトウェアで制御できるのかなと、パソコン上でネットワーク設定のソフトウェアを探してみたのですが、やはり見当たらなかったため、しばらく無線 LAN の利用を諦めていたそうです。

ところが、ある日気付くと、無線 LAN が使えるようになっていたのだとか。しばらくは理由がわからなかったそうですが、この写真中央の無線 LAN のマークを触ってみたところ、触るたびにランプがオレンジ色から緑色、緑色からオレンジ色へと変化し、それによって無線 LAN 機能の ON ／ OFF が切り替わることに気付いたとのことでした。つまり、現在の状態を示すサインだと思っていたものが、実はスイッチだったというものでした。これは、私もしばらく気付かないだろうと思います。

スイッチであることを示すには、周辺を少し膨らませたり凹ませるなど様々な方法があると思うのですが、そうしたデザイン上の工夫がないためにユーザから気付いてもらえず、結果として BADUI となってしまった例でした。

技術の進歩によって、物理的に上下する（押し込む）ボタンを用意しなくても、ユーザが触るだけで操作できるタッチ式のボタンが増えています。従来型の物理的に上下するボタンを使わずにタッチ式のユーザインタフェースを採用すると、見た目がシンプルになり、かっこ良く感じることがありますし、掃除が楽になるというメリットもあります。メーカーにとっても、製造コストを抑えることができるのかもしれません。一方で、タッチ式のユーザインタフェースは手がかりが弱くなりがちで、工夫しないと操作方法がわかりづらいままになってしまいます。つまり、BADUI にしてしまわないためには、押すという操作の可能性をわかりやすく提示する必要があります。

最近私が購入したディスプレイの操作パネルも、ボタンがタッチ式であるために操作に気付きにくいユーザインタフェースでした（下図（左））。この写真を見て、右端に電源の ON ／ OFF を切り替えるボタンがあるのは皆さんすぐ気付かれるのではと思います。ただこの電源ボタンに加え、四角で囲まれた 1 と 2、上向きと下向きの三角形マークがあり、これもタッチ式のボタンとなっていました。何となく溶け込んでいることと、そのタッチボタンの反応があまりよくないこともあり、これらがボタンであることにしばらく気付きませんでした。

余談ですが、この凹んでいる電源ボタンも実はタッチ式であり、素手で使うことを前提としているため、ペンなどの人工物で操作することはできません。そのため、冬の日に手袋をしたまま操作しようとして反応せず、壊れたのかとしばらく悩んでしまいました。そういう意味では、凹みなどでボタンを目立つようにしても、反応がないためボタンと気付かないというケースもあり得るかもしれません。

下図（右）は、とあるパン屋さんに設置されていたコーヒーメーカーと、それに付けられていた説明です。写真右下に「コーヒー」という文字があり、その左横に丸があります。ついつい「コーヒー」という文字の部分を押したくなるのですが、これはボタンではなく、本物のボタンは左横の白い丸となっています。この白い丸を押す（触る）とコーヒーが出てくるのですが、ボタンであることを匂わせない作りとなっているため、説明がなければボタンに気付かない人が多かったのでしょう。また、押してすぐにコーヒーが出るわけではないため、ボタンを押した後、不安になってしまい、再度ボタンを押してコーヒーをあふれさせる人がいたようです。その結果、「こちらのボタンを 1 回押してください」という説明が矢印付きで付加されたものと思われます。

以上の事例から、ユーザにボタンを押してもらうには、押したくなるような何らかの手がかりが必要であることをご理解いただけたのではないでしょうか。タッチボタンを使ったユーザインタフェースはこれからますます増えていくと思いますが、前にも説明したとおり、手がかりとして弱いことが多いため何とかしてほしいものです。押したかどうか不安になるという問題については、操作に対する反応（フィードバック）が即座に提示されれば解決できるので、せめてそうした工夫をお願いしたいところです（フィードバックについては、第 2 章で取り上げます）。

ちなみに、娘が 9 ヶ月の頃には、立体的なボタンが取り付けられたものは嬉々としてイタズラするものの、タッチ式のものにはあまり興味を示さず、思うように使うこともできないようでした。そういう意味で、子供にイタズラされたくないシステムのユーザインタフェースは、タッチ式を採用するという手もあるかもしれません。ただし、大人も使いにくくなるかもしれませんが……。

図 1-25　（左）ディスプレイの操作パネル ／（右）操作がわかりにくいため説明が付けられたコーヒーメーカー
（左）1、2 という四角で囲まれた数字と上下逆転した 2 つの三角マークと丸型のやや凹んだ部分がボタンになっている。押し込むことができないので、本当に操作できているのか不安になる。また、実際に反応も悪いため、操作が重複してしまうという問題もあり、ディスプレイの設定ではずいぶん悩ませられた。ちなみに、1 と 2 の意味はいまだによくわからない ／（右）白い丸がコーヒーを注ぐためのボタン。説明がなければ気付かないかもしれない

スクロールの可能性：他の情報はどこにある？

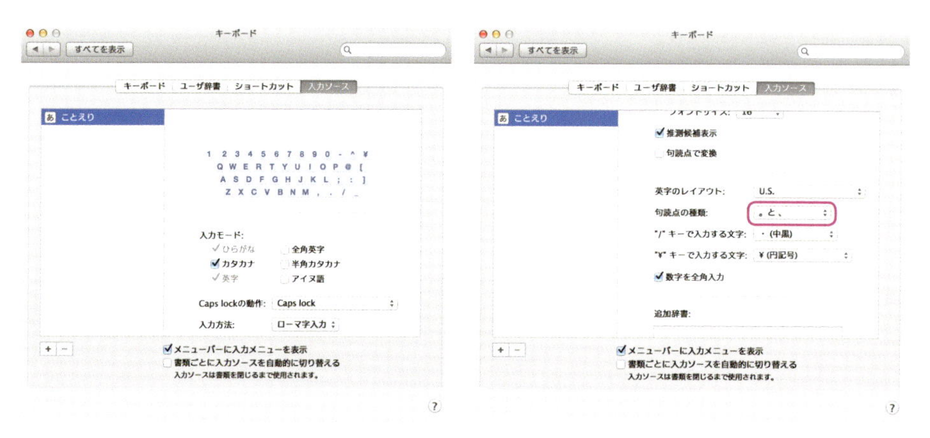

図 1-26　(左) ことえりの環境設定／(右) まさかスクロールした先に情報があるとは (2014 年 8 月時点)

　コンピュータ上のソフトウェアでも、手がかりがなくて困ることがよくあります（余談ですが、随分昔に Windows 用のアプリケーションを開発していたとき、私はフラットなボタンやフラットな入力ボックスが何とも魅力的なユーザインタフェースだと感じ、それを多用したアプリケーションを作って配付していたのですが、ユーザさんから「どこがボタンかわかりにくい」と不評を買った覚えがあります）。

　上図（左）は、Mac OS X 10.9 上で動作する「ことえり」という日本語入力システムの設定画面です。この入力システムで、句読点の入力を「、」「。」から「,」「.」に変更するにはこの画面で設定すればよいはずですが、設定項目が見当たりません。また、上部にあるタブを切り替えても見つかりません。実は、この設定項目、画面をスクロールした先にあります（上図（右））。さてここでもう一度上図（左）をよく見てください。ここにスクロールのための手がかりはあるでしょうか？ また、ここでスクロール操作を行おうと考えるでしょうか？（情報提供：福地あゆみ 氏）

　スクロールした先に情報があれば、下図のように何らかの情報が隠れていると思わせる仕組みが必要です。コンピュータ上であれば、スクロールバーのようなものを用意すれば

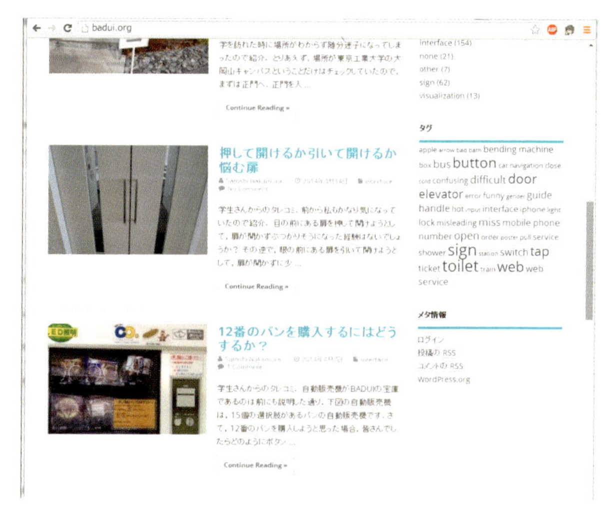

図 1-27　スクロールバーはこの前後に情報があることを教えてくれる

画面がスクロールできることがわかるので、まだ下に情報があることを正しく伝えられます。今ユーザがどこにいて、この先にどの程度の情報があるのかをわかりやすく示すのは本当に重要です（そういった意味で、古くから存在する巻物という形式は、前後にどれくらいの情報があるかを教えてくれる優れたユーザインタフェースと言えます）。今回紹介した「ことえり」の設定はこうしたスクロールに関する手がかりがないため困ったBADUIと言えます。

この事例は、情報提供者がたまたま見つけた「Appleサポートコミュニティ」というQAサイト[3]に記載されていたそうですが、このQAにおける質問者はスクロールに気付かなかった自分に非があるよう発言しています。しかし、これはユーザインタフェースに責任があるものであり、気付かなくても何ら不思議はないと思います。スクロールバーを表示しないのであれば、左ページ上図（左）の「入力方法」という部分を上半分しか表示しないなど、下に何らかの情報があることを示唆するのが望ましいと思います。そういった点で、現状では、スクロールの可能性に気付くことがかなり難しいユーザインタフェースでした。

一方、スクロールの先に別の情報があることが、スクロールバーという手がかりがあっても気付きにくいことがあります。下図は、Windowsノートパソコンのバッテリの駆動時間の設定です。私は、ノートパソコンを自動的にスリープ（休止状態）にしないように、下図（左）のように、電源に接続中は「コンピュータをスリープ状態にする」という設定を「なし」にしました。しかし、数時間後確認すると、コンピュータがスリープ状態になっています。そこで、設定をミスしたのかなと確認すると、確かに設定内容が元に戻っていました。

設定したのに元に戻るという体験を何度か繰り返した後でようやく、設定を変更したら、ウィンドウ内部をスクロールして、その先にある「設定の保存」ボタンをクリックしないと設定が反映されないことに気付きました（下図（右））。下図（左）を見たとき、スクロールバーの長さがウィンドウの長さとあまり変わらなかったので（この微妙にスクロールバーが出るウィンドウサイズが標準の大きさでした）、この先に有用な情報はないと勝手に思い込んでいたのが気付かなかった理由でした。これをBADUIと言ってしまうのはさすがに酷ですし、どうせこの先には情報がないだろうと思い込んだのは私の責任なのですが、なかなか興味深い事例です。

繰り返しになりますが、あとどれくらい情報があるかということをわかりやすく提示し、さらにその情報に対する操作の手がかりを用意することは本当に重要です。皆さんも今後ソフトウェアを作る機会があれば、そのときはこれらのことに十分にご注意ください。

3 「Appleサポートコミュニティ」https://discussionsjapan.apple.com/message/100811262

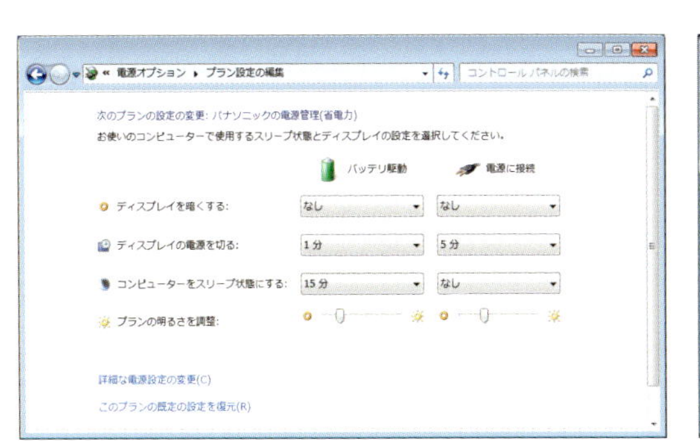

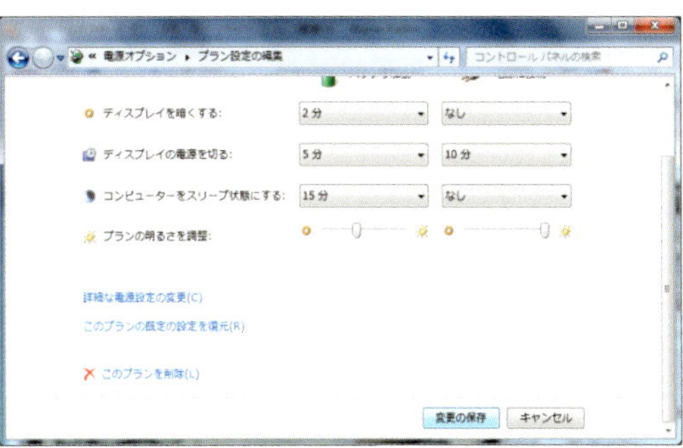

図1-28 （左）バッテリの駆動時間の設定 ／（右）スクロールした先に「変更の保存」「キャンセル」ボタンを発見（2009年11月時点）
ウィンドウの初期サイズがこの大きさだったため、まさかこれをスクロールした先に変更などのボタンがあるとは思わなかった

タブレットの操作：ビデオへの切り替え方法は？

図 1-29　写真とビデオを切り替えるにはどうするか？（2014 年 1 月時点）

タブレットコンピュータのようにペンや指で触って操作するユーザインタフェースは、これまでパソコンで親しんできたマウス操作（左クリックや右クリック、シングルクリックやダブルクリック）とは操作方法が大きく異なり、物理的なボタンや、画面上のカーソルなどの明確なユーザインタフェースがないため、わかりづらいことがよくあります。ここで紹介するのも、そうしたタブレットコンピュータの BADUI です。

両親に iPad mini をプレゼントしたときのこと、とても喜んでもらえたのは良かったのですが、しばらくすると母はカメラアプリケーションでビデオを撮影しようとして、写真モードからビデオモードに変更することができずに悩んでいるようでした（上図）。さて、皆さんならどうやって写真撮影モードからビデオ撮影モードに切り替えるかわかるでしょうか？ 是非、切り替え方法を考えてみてください。

見てみると、母は画面上の「ビデオ」の文字を一生懸命タップしているのですが、ビデオモードには切り替わりません。その後、変更方法について質問されたのですが、私も操作方法を知っているわけではないので試行錯誤することに。私もまずは「ビデオ」という文字をタップしてみたのですがやはり反応しませんでした。長押しやダブルタップ（同じ場所をすばやく 2 回タップする操作）など、いくつかの操作方法を試した後、もしかしたらと思って、「写真」という文字に触って、そのまま下方向にスライド（スワイプ操作）したところ、やっとビデオモードに変更することができました。使い慣れた人ならばすぐにわかるのかもしれませんが、画面上でそうした操作の手がかりが提示されていないため、慣れていない人にとっては結構わかりづらい操作だと思います。実際、母はいまだに「ビデオ」から「写真」の切り替えで悩むことがあるようです。

なお、母を観察していたところ、この操作インタフェースに慣れていない人がスワイプ操作に気付きにくい理由は他にもありました。このアプリでは写真を撮影する際、上図の右上の丸いボタンを押すのですが、このボタン、しっかり押そうとして押し続けると「カシャカシャカシャ」という連写音とともに連写撮影が始まります。そのため、母はカメラアプリケーションでの長押し操作をすることに対する恐怖心が芽生えており、スワイプのような一定時間、画面に触れ続ける操作を避けがちになっているようでした。また、iPad mini（iOS）では、ホーム画面（アイコンが並んだ画面）でアイコンを長押しするとアプリの削除や移動モードに移行するのも、長押しに対する恐怖の原因であるように思います。何とも悩ましいユーザインタフェースです。

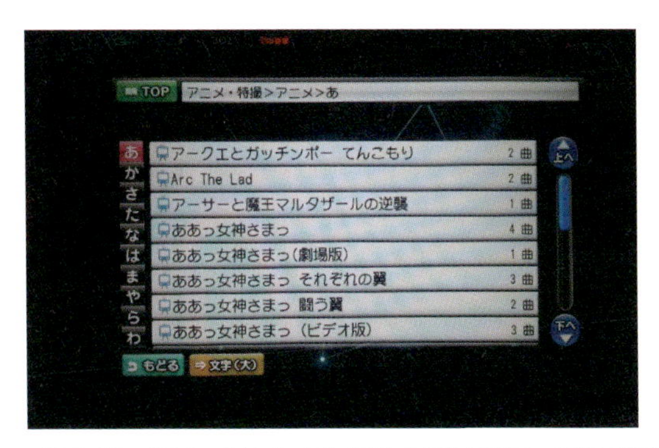

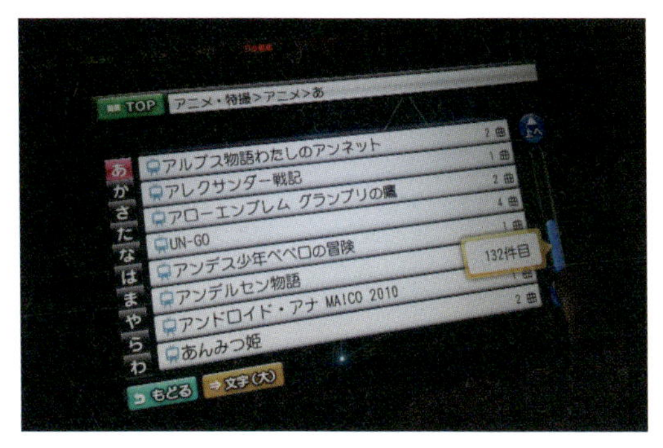

図 1-30　どうやったら「い」や「き」から始まる曲を一覧化できるのか？（左）カラオケの選曲用リモコンのユーザインタフェース ／（右）「あ」を選択した状態で一番下までスクロールした様子（提供：くらもといたる 氏）

（左）一番左に「あかさたなはまやらわ」と並んでおり、行を選択するように見える ／
（右）「あ」行を選んで一番下までスクロールすると「あんみつ姫」で終わっており、「い」で始まる曲が選べない

タブレットつながりでもう１つ、操作がわかりづらいタッチパネルのユーザインタフェースを紹介します。上図はカラオケ店に置いてあった選曲用のリモコンだそうです。指で操作するタッチパネルのリモコンなのですが、このリモコンを利用して「い」や「き」で始まる曲を選ぶにはどうしたらよいでしょうか？ ちなみに、「あ」の段を選んで一番下までスクロールさせると「あんみつ姫」で終わっており、スクロールしても「い」で始まる曲は現れません（上図（右））。

答えは、「あ」や「か」を長押しする（一定時間押し続ける）と「いうえお」や「きくけこ」という候補メニューが現れるので、そこから「い」や「き」を選ぶ、というものでした（下図）。他の選択操作はタップするだけなのに、「い」や「き」などを選択するときだけ長押しが必要というのは、難易度が高く、普段からタブレットなどの様々なタッチ操作に慣れ親しんでいるユーザにとってもわかりづらいものであるように思います。

ユーザに長押し操作を要求するときは、その可能性（操作の手がかり）を可視化するのが難しいため、かなり工夫が必要です。そうしたユーザインタフェースを用意するのであれば、十分注意してデザインしなければなりませんし、できるならそうした操作はなくしたほうがよいと思います。例えばこの事例の場合、「あ」や「か」を押した瞬間に、押している間だけ「いうえお」や「きくけこ」を表示し、一定時間押し続けると表示を固定するといった方法や、アニメーションなどで「長押しで他の文字を選択！」とガイド表示して操作を示す方法なども考えられるかもしれません。ただ、どちらにせよユーザにとっては簡単ではないかもしれません。

どうやったらこのユーザインタフェースをより良いものにできるのか、是非とも考えてみてください。

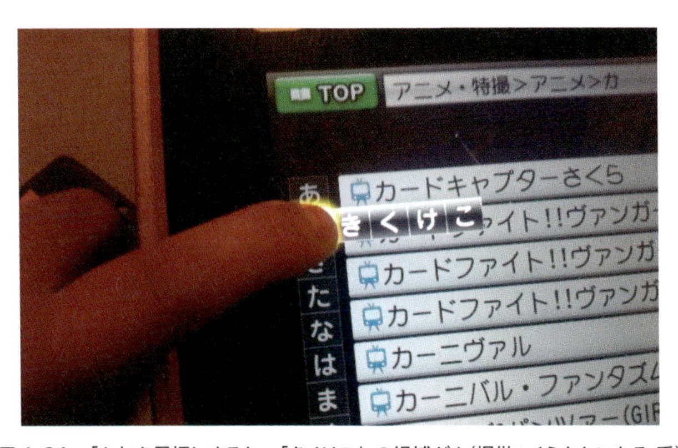

図 1-31　「か」を長押しすると、「きくけこ」の候補が！（提供：くらもといたる 氏）

ここから「き」を選ぶと、「き」で始まる曲を選択できるようになる

悲しくなるコーヒーサーバ：カップをセットするべき場所はどこ？

図 1-32　（左）アメリカ滞在時にお世話になった半自動販売機 ／（中央）カップが隣にたくさん積んであったので、半自動販売機の真ん中にセット ／（右）カップをセットした様子

私がアメリカの大学に滞在していたとき、上図のようなコーヒーの半自動販売機に出会いました。写真では見づらいですが、コーヒーやエスプレッソ、カフェオレやホットチョコレートは 25 セントで、それ以外のドリンクは 50 セントで買うことができます。なお、紙幣の挿入口はなく、硬貨しか使えません。私がこの半自動販売機に初めて出会ったとき、財布の中には硬貨が 30 数セントあったので、カフェオレを飲もうとその半自動販売機に 25 セント分を投入しました。

お金を投入しているとき、上図（中央）のように隣にたくさんカップが積んであるのを見つけ、「なるほどこのカップをセットしてからコーヒーを購入する半自動販売機か」と思い、上図（右）のように真ん中にセット。そして、カフェオレのボタンを押しました。

結果は下図（左）のとおり。カフェオレのミルクがカップの外側に当たり、一切カップの中に注がれていません。私は深く考えずに真ん中にカップをセットしたのですが、実際にセットすべき場所は右端であり、セット場所を間違えるとせっかくのドリンクがすべてこぼれてしまうというシロモノだったわけです。この日はもう手元に小銭が数セントしかなかったため、温かい飲み物は断念せざるを得ず、悲しく仕事に戻りました。

私が何故カップを真ん中にセットしたかと言うと、セットすべき場所のわかりやすい手がかりがなかったためです（後からよく見てみると、右端に微妙な凹みがあったのですが、影になっており、凹みに気付きにくくなっていました）。このコーヒーの半自動販売機はボタンも一列に並べられており、注ぎ口が 2 つあるようにも見えないため、中央にセットすればよいだろうと考えた結果の失敗でした。

ちなみに、その大学で知り合ったドイツ人は、カップが自動で出てくると思って、カップをセットしないでコーヒーのボタンを押してしまったそうです。その結果、ただただコーヒーが流れていくのを見つめるという悲しい経験をしたのだと嘆いていました。少なくとも私はカップをセットしなければいけないことには気付けたので、何でだろうと思って自販機を見に行ったところ、下図（右）のようにカップのストックがなくなっていました。知り合いはカップという手がかりを見つけることができなかったため、カップは自動で出てくると考え、お金を無駄にしてしまったわけです。

これらの事例からも、手がかりがいかに重要か、適切な手がかりがどれだけユーザの助けになるかを、ご理解いただけたのではないでしょうか。皆さんも、ユーザインタフェースを用意するときは、適切な場所にわかりやすい手がかりを用意するよう心がけていただければと思います。

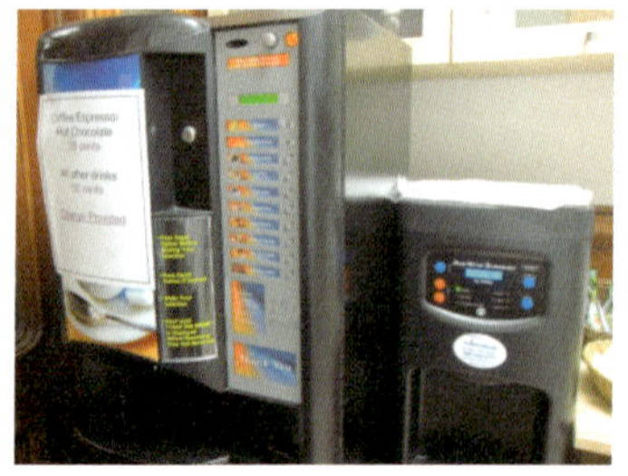

図 1-33　（左）無情にもカフェオレがカップに入らずこぼれていく ／（右）後日カップが切れていた

（左）カフェオレが無情にもカップに入らずこぼれている様子。悲しいけれどこの失敗を記録に残さねばと思って泣く泣く撮影。ここでは、コーヒーの後に、ミルクが注がれている ／（右）知人は、カップが切れていたため自分でカップをセットしなければならないことに気付かず、そのまま購入ボタンを押してしまったのだとか。結果はもちろん……

手がかりとシグニファイア

本章では手がかりにまつわる様々なユーザインタフェースを紹介してきました。

引いて開けるのか、押して開けるのか悩んでしまう扉、水やお湯を出す方法で悩んでしまう蛇口のハンドル、シャワーと蛇口の切り替え操作との関係が弱い浴室内の切り替えスイッチ、ついつい IC カードを挿入してしまいたくなる切符の挿入口、どこがボタンかわからず悩んでしまう券売機やパソコンの筐体、ゴミが捨てられてしまう手指乾燥機、スクロール可能であることに気付きにくいソフトウェア、無線 LAN の ON ／ OFF の切り替え方法がわからず悩んでしまうフラットインタフェース、コーヒーが悲しくこぼれ落ちていってしまうコーヒーサーバなど、この章で紹介した事例の一部を見るだけでも、数々のバリエーションが存在します。

本章で紹介した BADUI が BADUI となってしまった理由は、これらのユーザインタフェースがいずれも「押す」「引く」「ひねる」「スライドする」「倒す」「入れる」「触る」「スワイプする」「長押しする」などの実際の操作と対応していないためです。

さて、人にとって知覚可能な行為の可能性（デザイン上の手がかり）を、D.A. ノーマンは「知覚されたアフォーダンス」や「シグニファイア（signifier）」と呼びました [4]（当初、ノーマンは「アフォーダンス（affordance）」の一語でこの概念を表していましたが [5]、これはアフォーダンスという用語を作成した J.J. ギブソンの意図に沿ったものではなかったため、上記のように言い換えられることとなりました [6]）。

例えば、冒頭で紹介した扉（下図（左））について再度説明すると、その扉および扉に取り付けられたものの造形、そして影などから、扉には 2 つの黒い輪が扉からややせり出すように取り付けられていることがわかります。また、輪の部分の上部が別の輪によって落ちないよう固定されており、その上部の固定された部分を中心として、輪が回転するのではということが想像できます。そして、この黒い輪の下部を握って持ち上げ、扉を手前に引くことができるという行為の可能性を感じ取ることができます。つまり、ここには「扉を手前に引くことができる」というシグニファイアが存在していると言えます。

下図（右）は、当時、生後 11 ヶ月であった娘が、窓の鍵を操作している様子です。娘はこの棒状のものが何かは当然わかっていないのですが、ここには娘にとって「握って倒すことができる」というシグニファイアが存在しており、そしてその動きも面白いのか、娘はずっとこの鍵で遊んでいました。

本書で取り上げた多くの BADUI は、こうしたシグニファイアが存在しなかったり、弱かったり、シグニファイアが誤って働いてしまったりしているようなものが大半を占めています。まぁ、シグニファイアという言葉を無理に覚える必要はありませんが、皆さんがユーザインタフェース、特に BADUI を見かけたときには行為の可能性に関する手がかりに注目してみてください。

4 『複雑さとともに暮らす —— デザインの挑戦』D.A. ノーマン（著）、伊賀聡一郎、岡本明、安村通晃（訳）、新曜社

5 『誰のためのデザイン？ —— 認知科学者のデザイン原論』D.A. ノーマン（著）、野島久雄（訳）、新曜社

6 『ギブソン心理学の核心』境敦史，曾我重司，小松英海（著），勁草書房

図 1-34　（左）どんなシグニファイアがあるのだろうか？／
（右）当時、生後 11 ヶ月の娘が窓の鍵を開け閉めしている様子。本人はそれが何かを理解していないが、操作自体を楽しんでいる

まとめ

本章では、手がかり（特に、行為の可能性に関する手がかり）にまつわる様々なBADUIを紹介しました。手がかりが悪い方向に働いているため開閉が難しい扉、手がかりがないために悩んでしまう洗面所の蛇口、手がかりがわかりづらいフラットなユーザインタフェースなど、手がかりにまつわるBADUIは多岐にわたります。

手がかりがうまく用意されていれば何の問題もなく使えるものであっても、手がかりがなければユーザを大いに悩ませることになります。また、誤った手がかりは、ユーザをさらに混乱させてしまいます。そして、人の行為によって誤った手がかりが生まれ、ユーザインタフェースが変容することもあります。

皆さんがユーザインタフェースを作ることになった場合は、手がかりの重要性を心に留め、可能な限りわかりやすい手がかりを用意し、間違った手がかりを配置しないよう心がけてください。また、誰かが間違った行為の痕跡を残し、他のユーザがその痕跡に惑わされていることが判明したときは、早め早めに対処することが重要です。

なお本章で紹介した「手がかり」という考え方は、本書で取り上げるその他のテーマとも大きく関連しています。次章以降では、各章のテーマに沿った事例を順に取り上げ説明していきますが、それぞれの事例について、手がかりについての問題がないかという点も考えながら読み進めていただければと思います。

実習・演習

- ☞ ドアの取っ手の例を集めてみましょう。また、そのドアは押して開けるドアなのか、引いて開けるドアなのか、それとも横にスライドして開けるドアなのかなどを分類し、ドアを開けるために必要な操作と、デザイン上の手がかりが適合しているかどうか調べてみましょう。
- ☞ 押したくなるもの、引きたくなるもの、入れたくなるもの、ひねりたくなるものなど、様々な行為の可能性を持つユーザインタフェースを集めてみましょう。また、そのユーザインタフェースが、他の行為を引き起こす可能性を持っていないか議論してみましょう。
- ☞ お風呂や洗面所などにある蛇口ハンドルの例を集め、その操作方法について調べ、操作の種類によって分類してみましょう。また、そのわかりやすさ、わかりにくさ、それらの理由について議論してみましょう。
- ☞ 世の中にあるユーザインタフェースの様々な手がかりを探してみましょう。また、それらの手がかりによって、もともと意図されていない使われ方、遊ばれ方をしているものを探してみましょう。
- ☞ それぞれのユーザインタフェースについてさらに細かく分類し、何が問題なのかを整理してみましょう。

Chapter 2 フィードバック

テレビのリモコンの電源ボタンを押したのに反応がなく、おかしいなとボタンを再度押したら、ちょうどついたテレビをその瞬間に消してしまって、「しまった！」と思った経験はないでしょうか？ お金を自動販売機に投入して、目的のドリンクのボタンを押しても反応がなく、「あれっ？ 故障しているのかな？ それとも売り切れかな？」などと悩んでしまった経験はないでしょうか？ パソコン上でエラーメッセージが表示されたけれど、「4649 エラー」などとわけのわからない数字が表示され、何の問題が発生しているのかがわからず、頭を抱えてしまった経験はないでしょうか？

ユーザの操作に対するシステムからの反応のことを、「フィードバック」と呼びます。ユーザはシステムに対して何らかの操作を行ったとき、システムから妥当な時間で適切なフィードバックが返ってくることを期待しており、上記のように、操作対象から何の反応もなかったり、わけのわからないフィードバックが返ってくると困惑してしまいます。つまり、適切なフィードバックが返ってこないシステムは、途端に使いにくい BADUI となってしまうのです。

本章では、このようなフィードバックにまつわる様々な BADUI を紹介しながら、フィードバックの重要性について説明します。また、フィードバックが適切でないとどういう問題が生じるかということについても解説します。

それでは、引き続き BADUI の世界をお楽しみください。

伝わらないフィードバック

自動券売機のエラー：切符を購入できないのは何故？

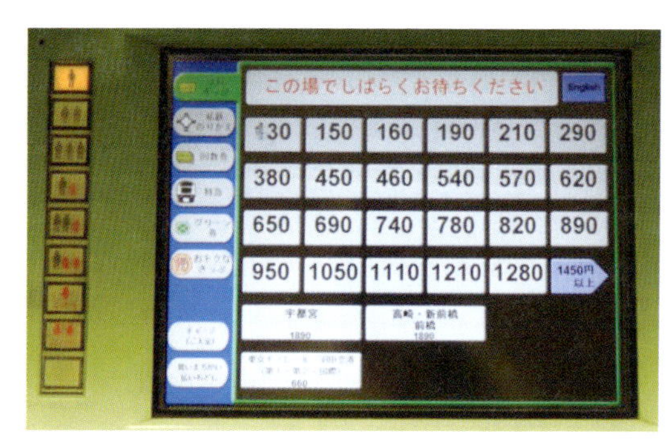

図 2-1　女性が困惑していた自動券売機のユーザインタフェース。何故困惑していたのか？（2013 年 3 月時点）

とある駅の切符売り場での出来事です。若い女性が焦った様子で自動券売機に何度も紙幣を出し入れしていました。きっと、電車の時間が迫って焦っていたのでしょう。しかし、何度紙幣を差し込んでも、紙幣がそのまま挿入口から返却されてしまいます。その方は、紙幣の表裏を入れ替えたり、折り曲がっている部分を伸ばしたり、他の紙幣と入れ替えたりしながら、何度も紙幣を挿入しようとしていました。最後はややイライラしながら、紙幣を挿入して戻ってくるまでの短い時間に、金額ボタンを叩いたりしていました。

隣の券売機に並んでいた私は、横から見ていてこの自動券売機の問題に気付いたので、その方に問題が発生していることを伝え、別の券売機を使うよう促しました。その券売機を撮影したのが上図です。さて、問題は何でしょうか？

冷静に観察すれば、多くの方が「『この場でしばらくお待ちください』というエラーが出ている」という問題に気付くと思います。しかし、このユーザインタフェースと対面していた女性は、なかなかこのエラーメッセージに気付きませんでした。私も当事者だったら気付かなかったでしょう。その理由としては下記のものが挙げられます。

- **通常時との差が少ないこと：** 一見すると画面上のほとんどのユーザインタフェースは通常時と変わらないため、ユーザインタフェースと直接対面しているユーザには、問題が発生しているように見えない
- **問題を伝えるフィードバックが小さいこと：** エラーメッセージが小さく、あまり自己主張していないため、問題が発生していることに気付きにくい
- **誤解を生むフィードバックであること：** 問題発生に関するフィードバックとして、挿入した紙幣を返却しているが、多くの場合、紙幣が返却されるのは読み取りに失敗した場合なので、ユーザは「紙幣に問題があるのでは？」と考えてしまう

ユーザは自分自身の興味と異なる情報（注目している場所以外に提示された情報）にはなかなか気付くことができません。これを「選択的注意」と呼びます。例えば、多くの人がいて賑やかな場所では、周囲で話されている自分に無関係な内容については、耳に入っているはずですが無視できます。その一方、自分と話している相手の言葉は普通に聞き取れますし、自分の名前を呼ばれれば反応できます（この現象をカクテルパーティ効果と呼びます）。このように、人の知覚は自分の興味に応じて選択的に働くため、BADUI を防ぐにはユーザの注意を引くような適切なフィードバックを返すことがとても重要です。

今回の場合、「金額部分が灰色になり、いかにも選択できなさそうな雰囲気を醸し出す」「エラーメッセージを中央に大きく表示する」「エラーメッセージを上下・左右にアニメーションする」「『システムにエラーが発生しています。駅員をお呼びください』などの音声案内をする」などのわかりやすいフィードバックがあれば、この女性も問題に気付いたと思います（ただし、音声のみのフィードバックは聴力に障害のある方を無視することになるため、その他の手段と組み合わせる必要があります）。しかし、そうした仕組みがなかったため、問題に気付くことが難しくなっていました。

デジカメのエラー：1 枚も記録できていないのは何故？

以前私が愛用していたデジタルカメラは、オートモード（フォーカスや絞りなどの設定を自動で行うモード）できれいに撮影できるうえ、撮影可能となるまでの時間が短いので重宝していました。ある重要なイベントでのこと、このデジタルカメラでイベントの様子などを数百枚撮影し、家に帰って確認したところ、何故か最後に撮影した 1 枚の写真しか表示されません。「もしかしたらデジタルカメラに何か重大なエラーが発生したのか？」「SD カード（写真記録用のカード）が壊れたのか？」と焦って色々調べてみましたが、カメラが故障したわけでも、SD カードが壊れたわけでもありません。原因は、SD カードを取り出そうとしたとき判明しました。単に SD カードを挿入し忘れていたのです。私は 10 年近く毎日のようにデジタルカメラを利用して日常を記録し、1 年間の撮影枚数が 3 万枚を超えるヘビーユーザです。それなのに何故、SD カードの挿入を忘れたまま撮影するという凡ミスをやらかしてしまったのでしょうか？

下図（左）は、撮影中のカメラのユーザインタフェースをイラストで再現したものです。よく見ると、ディスプレイの左上にちゃんと「NOCARD」と表示されています。しかしこの表示、画面の端に目立たない小さな文字で書かれているため、とても気付きにくいものとなっています。実際この日、私だけでなくイベントに参加した方々と交替でこのデジタルカメラを利用していたのですが、誰一人 SD カードが挿入されていないことに気付きませんでした。

撮影者は基本的に被写体が写る画面中央（この図では、白背景の部分）に注目してしまうため、なかなか左上の「NOCARD」には目を向けません。もし下図（右）のように画面中央に「NOCARD」と表示されていれば、必ず目に入るためこういった問題は起こらなかったでしょう。実際、今まで多くのデジタルカメラを利用しましたが、たいていのデジタルカメラでは右側の図のように、カードが入っていないというメッセージを大きな文字にしたり、点滅させたりして表示するため、これまでこういった失敗をしたことはありませんでした。

また、このデジタルカメラで特に問題だったのが、SD カードが挿入されていない状態でも撮影できるだけでなく、撮影したものをデジタルカメラのディスプレイで確認したり、さらにそれを拡大縮小までできてしまうことでした。カードが挿入されていなくても撮影や閲覧が通常どおりできるので、普通に撮影できていると勘違いしてしまいます。この手のデジタルカメラの中には、カメラ本体にもある程度の記録スペースが用意されており、数十枚は写真を保存できるものもあります（例えば、パナソニックの LUMIX DMC-TZ7 は内部メモリが 40MB あり、解像度によっては 40 ～ 50 枚程度記録できます）。しかし、このデジタルカメラの場合は、カードが挿入されていない場合、次に撮影した写真によってどんどん上書きされてしまううえ、その最後に残った 1 枚もデータとして取り出すことができないという仕様でした。

何故このような機能があるのかは不明ですが、私の予想は次のとおりです。店頭で実際に撮影してみて、その写真を確認できるようにしておくと、購入を考えている人にとってはありがたいですし、それによって売り上げも上がるかもしれません。一方で、店頭に並ぶ誰でも触れるデモ機に SD カードを挿入しておくと、SD カードの盗難のリスクがあります。つまり、購入を検討している客と販売店にとっては、この「一時的に 1 枚だけ写真を撮影し、その写真を手元で確認できる」機能は有用と言えます。しかし、それは購入前のみ役立つものであって、購入後はまったくもって役に立たない（むしろ困った問題を引き起こしてしまう）機能です。

「このカメラの開発者は、営業からの要望に押し切られる形でこのような機能を付けたのだろうか？」など、ついつい色々な事情を想像してしまう BADUI でした。何が本当の理由かはわかりませんが、実際に商品を購入して愛用してくれるユーザが失敗しないようなユーザインタフェースであってほしいものです。

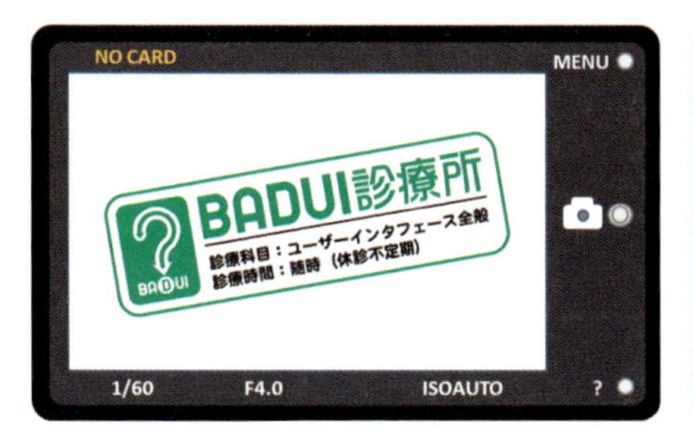

図 2-2 （左）デジタルカメラのディスプレイ部分（再現イラスト）／（右）エラーはこんな感じで出してほしい

Webサービスの営業時間：まもなく営業時間外ですが……

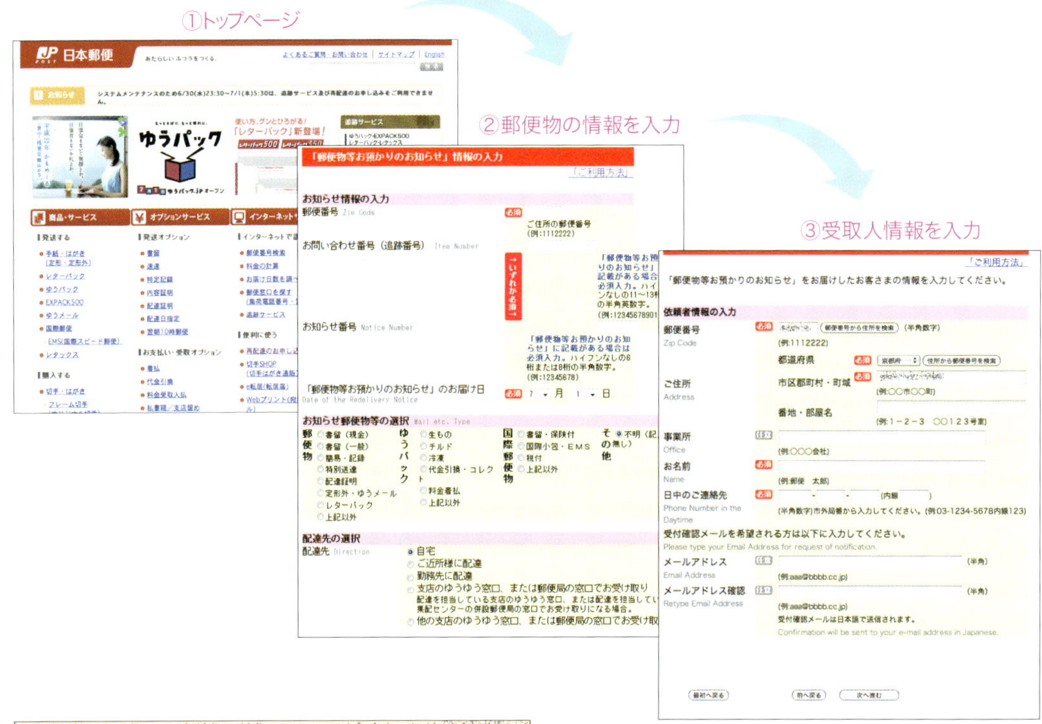

https://trackings.post.japanpost.jp/delivery/delivery_request_myinfo.do;jsessionid=

郵便追跡サービスをご利用のお客さまへ　メンテナンスのお知らせ

現在、システムメンテナンス中のため、郵便追跡サービスをご利用いただけません。
サービス再開は、メンテナンス終了の7/1(木)5:30を予定しております。
ご不便をおかけいたします。
※なおサービス再開の予定時間が、予告なく延長される場合があります。

⑤メンテナンス中だった……

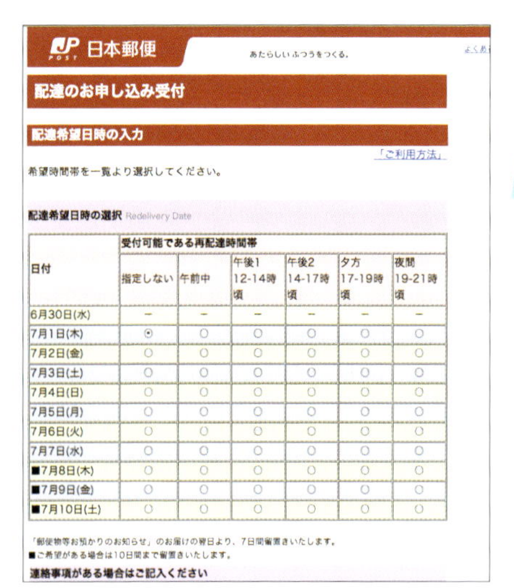

④再配達希望日時を入力

図 2-3　郵便物再配達の申し込み（2010 年 6 月時点）
再配達の番号、受け取った日時、郵便番号と住所、名前と電話番号、さらに配達希望日時を入力したところ、「システムメンテナンス中のため、郵便追跡サービスをご利用いただけません」というメッセージが表示された。

左ページの図は、日本郵便の Web システムで郵便物の再配達の申し込みをしている様子です。出張などで家を留守にする機会が多いため、インターネットで日にちや時間を指定して再配達を手配できるこのサービスは、本当に便利に使わせていただいています。この日も不在票が入っていたので、Web ページにアクセスして再配達の申し込みをしようとしていました。

まず、不在票にある情報をもとに郵便局の Web ページにアクセスし、次に再配達の申し込みを選んで「再配達申し込みページ」へ（①）。そこにお知らせ番号と、不在票が入っていた日、種類を入力（②）。次に、郵便番号、住所、氏名、電話番号を入力し（③）、いくつかの候補日の中から再配達の希望時間を入力し終えた後（④）、⑤のようなページに遷移しました。「現在、システムメンテナンス中のため、郵便追跡サービスをご利用いただけません。サービス再開は、メンテナンス終了の 7/1（木）5:30 を予定しております」というメッセージが表示されています。

インターネット上のサービスにもメンテナンスは必要でしょうし、それ自体に文句を言うつもりはないのですが、「メンテナンス中ならば、そもそも最初から再配達のための情報を入力できないようにしてくれるとか、間もなくメンテナンスがあるということを伝えてくれたらよいのに……」と思っていました。

しかし、この本を執筆するために左ページの図①をじっくり見ていたときに、このページに下図のように「システムメンテナンスのため 6/30（水）23:30 ～ 7/1（木）5:30 は、追跡サービスおよび再配達のお申し込みをご利用できません」とメンテナンスのお知らせが表示されていることに初めて気付きました。それぞれのページにアクセスした正確な時刻（スクリーンショットを撮影した時刻）はオリジナルの画像が残っていないため確認できないのですが、少なくとも①のページにアクセスしたのは 23:30 以前なので、一応ユーザには、メンテナンスが始まる前にメンテナンスについて通知されていたことになります。しかし私は、講義などでこれまで何度もこの画像を目にしてきたはずなのに、この通知に気付いていませんでした。さて、何故気付かなかったのでしょうか？

この日本郵便のサイトでは、ロゴがあるページ上部やメニューなどに大きく赤色を使っている一方、問題のお知らせの背景は黄色となっています。赤色と黄色を比べると、赤色のほうが目立つ色であるため、お知らせがあまり目立たず、気付きにくいのだと思われます。赤色背景に白色の文字という組み合わせより目立たせるためには、アニメーションを使うことが考えられますが、今度はうっとうしく感じるかもしれません。

今システムがどういう状況にあるのか、これからどうなるのかをユーザに伝えることは、本当に重要です。ただ、今のシステムの状態やこれからどうなるかといったことを時間に応じて適切に提示するのはかなり難しいことであり、その開発コストも馬鹿になりません。特に今回のシステムの場合はせいぜい少しの時間を無駄にするだけですので特に大きな問題はありませんが、お金の振り込みや商品の受発注など、急にメンテナンスに入ってしまうと問題が起きるような場合や、メンテナンスがそれなりの頻度で発生する場合は、こういった点もしっかり考慮する必要があります。

! お知らせ　システムメンテナンスのため6/30(水)23:30~7/1(木)5:30は、追跡サービス及び再配達のお申し込みをご利用できません。

図 2-4　システムメンテナンスのため 6/30（水）23:30 ～ 7/1（木）5:30 は、追跡サービス及び再配達のお申し込みをご利用できません

HDDレコーダの罠：予約録画に失敗しているのは何故？

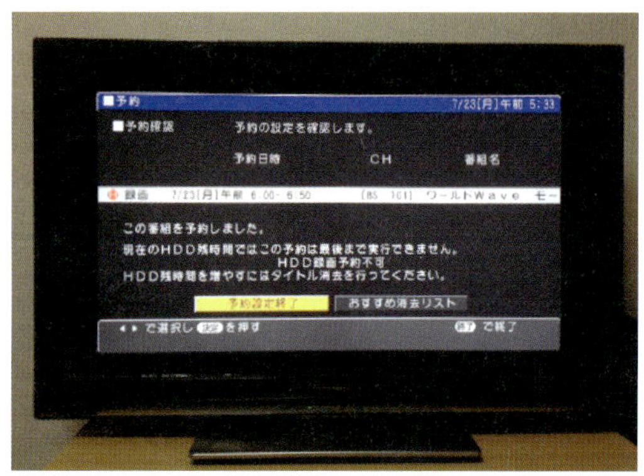

図 2-5　HDD レコーダの録画予約インタフェース
（左）番組表から目的の番組を選ぶだけで番組情報が自動入力される ／
（右）「番組を予約しました」というメッセージが表示されているが……（提供：奥野伸吾 氏）

HDD レコーダ（ハードディスクレコーダ）の登場により、今までのテープ型ビデオレコーダに比べるとはるかに長時間、テレビ番組を手軽に録画できるようになりました。また、電子番組表（新聞などのテレビ欄を電子化し、そのまま操作できるようにしたもの）などから直接録画したい番組を指定できるなど、録画予約の手順も本当に楽になりました。ただ、それでもなお色々な失敗があるのが HDD レコーダでの録画予約です。録画予約は未来の時間に対する操作であることから、どうしても BADUI になってしまいがちなのかもしれません。

上図は学生さんの自宅にあった HDD レコーダのユーザインタフェースです。電子番組表から録画する番組を指定すると、上図（左）の状態になります。少し文字が小さく見づらいですが、録画日や開始時間、終了時間、録画先、録画モード、延長の有無などが自動で入力されています。後は、リモコンの「決定」ボタンを利用して、現在すでに選択状態となっている（黄色に変化している）画面上の「完了」ボタンを押すだけで録画予約完了となります。以前であれば、番組が放送されるチャンネル番号、開始時間、収録時間などを調べて入力する必要があったことを考えると、何とも便利な世の中になったものです。しかし、このシステムには罠がありました。

上図（左）をよく確認すると、画面中央部に白色の文字で「HDD 残時間：0 時間 07 分」「今回の予約時間：0 時間 50 分」とあります。つまり、残時間が予約時間に比べて足りていません。しかし、ここで「完了」ボタンを押すと、上図（右）のように予約が完了できてしまいます。上図（右）では「この番組を予約しました。現在の HDD 残時間ではこの予約は最後まで実行できません。HDD 録画予約不可。HDD 残時間を増やすにはタイトル消去を行ってください」と表示され、最後まで録画できないという警告は出ています。しかし、ユーザは最初の「この番組を予約しました」というメッセージと、すでに選択状態になっている「予約設定終了」というボタンにしか目が行かないため、なかなか問題に気付きません。

ちなみに、この状態で「予約設定終了」を押して録画予約を実行した場合、最初の 7 分だけが録画されます。とても楽しみにしている番組が最初の 7 分で終わってしまったら、かなりがっかりしてしまうでしょうね。

このように何らかの問題が発生した場合は、ユーザにその問題が明確に伝わるフィードバックを返す必要があります。特に今回の事例の場合、最初の数分だけ記録できても良いことは何もないので、問題が正しく伝わるような、わかりやすいフィードバックが重要になります。例えば、警告メッセージを他と同じ色ではなく別の色に変更したり、「最後まで録画できませんが大丈夫ですか？」などのアラートを表示し、「承認」ボタンを押さなければ録画できないようにするなどの工夫ができると思います。また、残時間に余裕がない場合は、「この番組を予約しました」の状態（上図（右））で「予約設定終了」ではなく「おすすめ消去リスト」が最初から選択状態になるように設定しておくだけでも、まだ問題に気付きやすくなると思います（予約設定を完了するために、ボタンの選択を変更する必要が生まれるため）。

人は自分の興味のある部分以外にはなかなか目を向けません。興味がないものに興味をもってもらい、注意を喚起することが、ユーザを傷つけないためには必要です。

慌てる自動発券機：2 枚受け付けません！

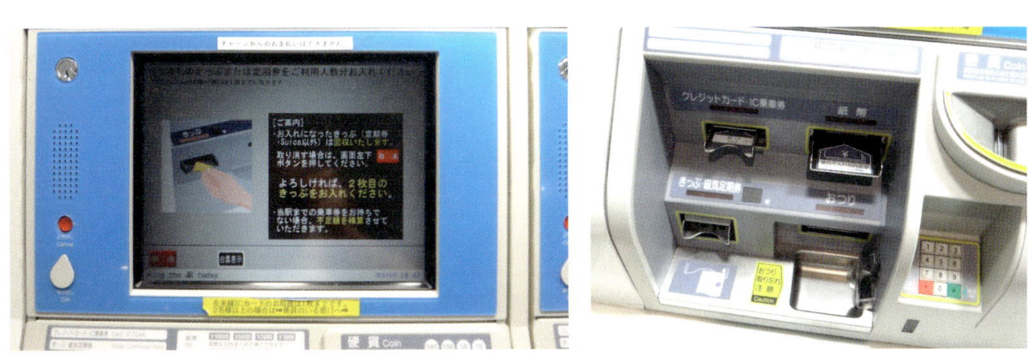

図 2-6　IC カードを 2 枚挿入できない自動発券機　(左) 操作インタフェース ／ (右) 投入口

新幹線の会員制予約サービスであるエクスプレス予約を利用して、私と妻 2 名分の新幹線座席を予約し、品川駅の自動発券機（上図）で切符を受け取ろうとしたときのこと。私と妻は品川駅までは在来線を利用したため、その精算のため、品川駅までの切符や定期券、在来線 IC カード（Suica や ICOCA、PASMO など）を要求されました。私も妻も IC カードを利用していたため、私は妻の IC カードを受け取り、2 枚の IC カードを挿入しようとしました。しかし、IC カードを 1 枚入れるとカードの挿入口が閉まってしまい、2 枚目を入れることができませんでした。電車の時間が迫っていたこともあり、「故障？」「カードの挿入場所を間違えた？」などと慌ててしまいました。

一度操作を取り消し、挿入口を確認して再度試しても 2 枚目の IC カードが挿入できません。そこで、仕方なく窓口に向かい、時間ギリギリで切符を受け取ることができました。このときは新幹線の時間が迫っていたこともあり気付かなかったのですが、別の機会にその発券機をよくよく観察してみたところ、下図（左）に示すとおり、「在来線 IC カードのお取扱は 1 枚までです。2 名様以上の場合は係員のいる窓口へ」と注意書きがありました。さらに、下図（右）のように、画面上には「Suica のお取り扱いは 1 枚までになります」という注意書きがありました。つまり、私はこの 2 つの注意書きに気付いていなかったということです。

これまでに何度も説明しているとおり、ユーザは何かに気を取られているときには、どうしてもこういった案内を見落としがちです。特にユーザがその操作に慣れているときや、焦っているときは注意書きに目が行かないものです。そういった状況において、ユーザにいかにわかりやすくフィードバックを返すかということはインタフェース設計者の腕が試される事例と言えます。

なお、システムとしては、IC カードを 1 枚受け取った後 IC カード挿入口を閉めることで、2 枚目は挿入できないということ自体は伝えています。しかし、画面上に示された「Suica のお取り扱いは 1 枚までになります」というメッセージが小さすぎて目に入らず、ユーザはまさかそんな制限があるとは思いもしないため、フィードバックが効果的に働かず、ユーザを困惑させただけになってしまったのでした。

この問題を安価に改善するには、IC 乗車券の挿入口のそばに下図（左）のようなラベルを貼るとよいのではないかと思います。ユーザに問題の発生を伝えるにはどうしたらよいか考える良い事例だと思いますので、皆さんも是非改善策を考えてみてください。

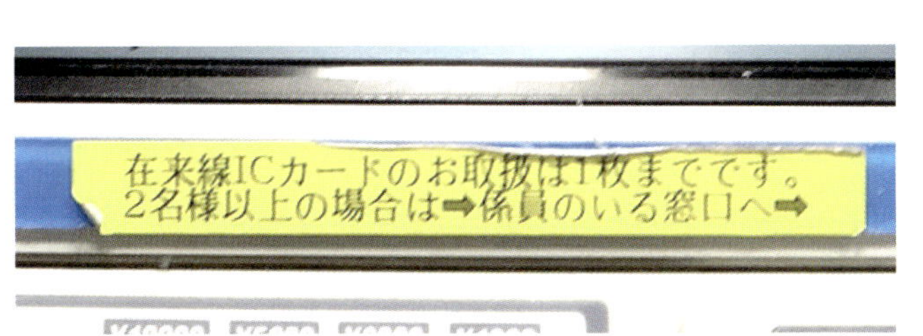

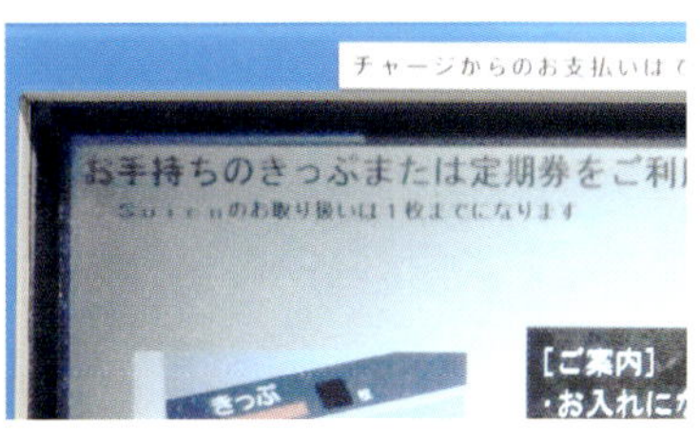

図 2-7　(左)「在来線 IC カードのお取扱は 1 枚までです。2 名様以上の場合は 係員のいる窓口へ」
という説明があったが、やはり操作中には気付きにくい ／ (右) 小さく示された「Suica のお取り扱いは 1 枚までになります」

自動券売機の注意書き：間違ったら罰金なのに……

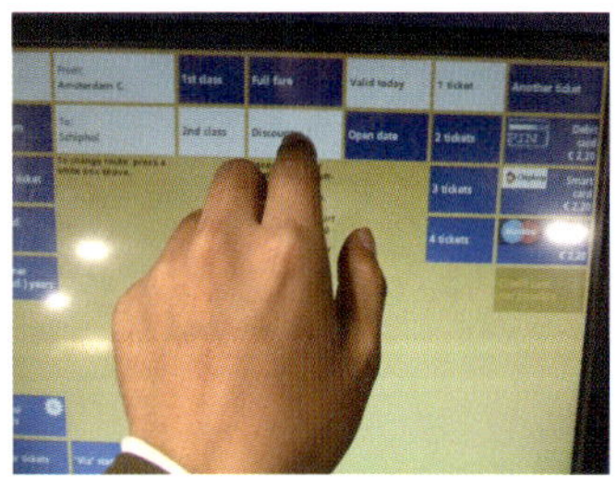
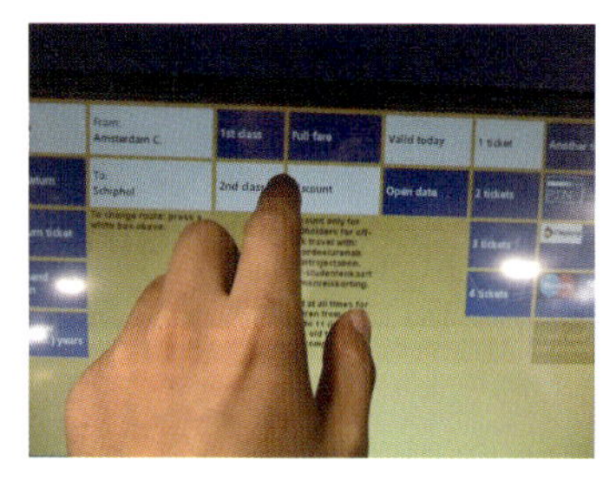
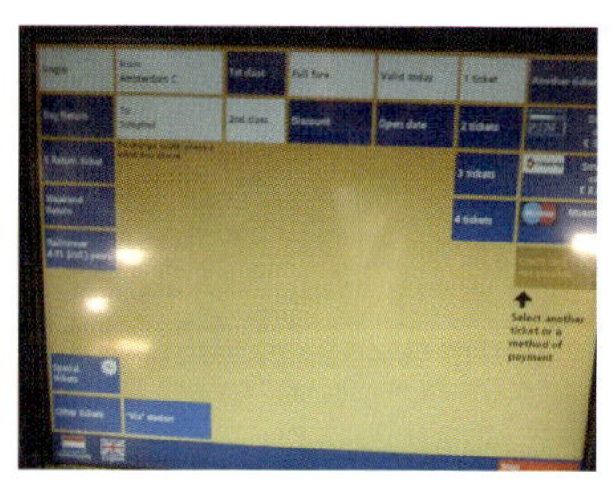

図 2-8　間違った切符を購入すると罰金になる自動券売機（2007 年 7 月時点）
（左）「Full fare（正規料金）」を押すべきところを、「Discount（割引料金）」を押してしまった ／
（中央）手の下に注意書きが表示されていた。しかし、黒文字で特に強調もされていない ／
（右）Discount を選択しなかった場合、注意書きは表示されない

オランダでは日本と違い、電車に乗る際、どんなに大きな駅でも改札での切符のチェックがありません（オランダに限らず、ヨーロッパの多くの国では、駅構内には自由に入れることが多く、長距離の特急などを除き電車に乗るまでに切符のチェックがないことが多いです。日本でも私の地元のように無人駅であるため改札でのチェックがない駅もありますが、有人の駅では改札でチェックされます）。一方、無賃乗車や不正な切符購入は厳しく取り締まり、電車内にたまに来る検札でこうしたことが発覚すると、その場で高い罰金を請求されます。つまり、「罰金制度によって、不正乗車を抑止する」という方針になっています。

さて、上図は私がオランダの国際空港の駅で出会ったのと同じタイプの切符の自動券売機です（別の機会に別の駅で撮影）。私はこの券売機で数百円の切符を買い間違えたことにより、オランダに着いた日のうちに 8000 円相当の罰金を払うことになってしまいました。上図（左）ではすべてのメニューが展開され表示されていますが、実際には、左から項目を選択していくと、その右隣に次のメニューが順に表示されていく仕組みとなっています。ここでは「From（乗車駅）」と「To（降車駅）」、「2nd class（座席タイプ）」を入力した後、「Discount」を選択しています。

私が間違えたのは「Full fare（正規料金）」を選択しなければならないのに、「Discount（割引料金）」を押してしまったことです（上図（左））。「Discount」を押した直後に、この列の下、手で隠れている部分に今まで表示されていなかったメッセージが小さく表示されています。上図（中央）は、手をずらしてメッセージを読めるようにしている様子です。解像度が低いため、この部分を書き起こすと「Discount チケットは該当するカードを持っている人が利用者の少ない時間帯に乗車する場合のみ利用可能です（Discount only for cardholders for off-peak travel with：Voordeelurenabo. Jaartrajectabon. OV-studentenkaart. Samenreiskorting）」とあります。しかしどこにも罰金が科せられるなどの情報は提示されていないようです。

このメッセージの問題は、小さな黒文字で表示されており、表示された瞬間は手に隠れているということです。そのため、次の項目を選択しようと手をずらしたときは、元からそこにあったかのように錯覚してしまい、メッセージが出現したことに気付きにくいものとなっています。ちなみに、「Full fare」を選択した場合は、上図（右）のように何のメッセージも表示されません。

間違ったチケットを購入すると罰金を払わなければならないのですから、大きく WARNING と表示するとか、赤色で「カードホルダでない場合は罰金を科せられます !!」と表示するなどして注意を喚起してほしいと思います。不注意で間違った切符を買ってしまった私が悪いのですが、罰金制度は意図的に悪いことをする人を取り締まるためのものですから、悪いことをするつもりがない人にはやさしくあってほしいものです。例えば観光客などは、そもそもそこまで来て悪いことをするケースは稀なはずで、間違っているときにはそれをわかりやすく伝えてあげるのが重要です。何とも観光客にやさしくない BADUI でした。

この話をオランダに長らく住んでいる日本人の方にしたところ、「現地の人間にとってもあの自動券売機は使いにくくて、私もこの前、罰金を払わされたんだよ」とおっしゃっていたので、観光客以外にもやさしくない BADUI なのかもしれません。この事例からも、誤った判断や操作によってユーザが不利益を被ることがないように、注意書きなどを出すときはユーザのことをよく考え、目につく場所にはっきりと表示すべきことがおわかりいただけたかと思います。

iPhone の電卓：2500 ÷ 50 = ?

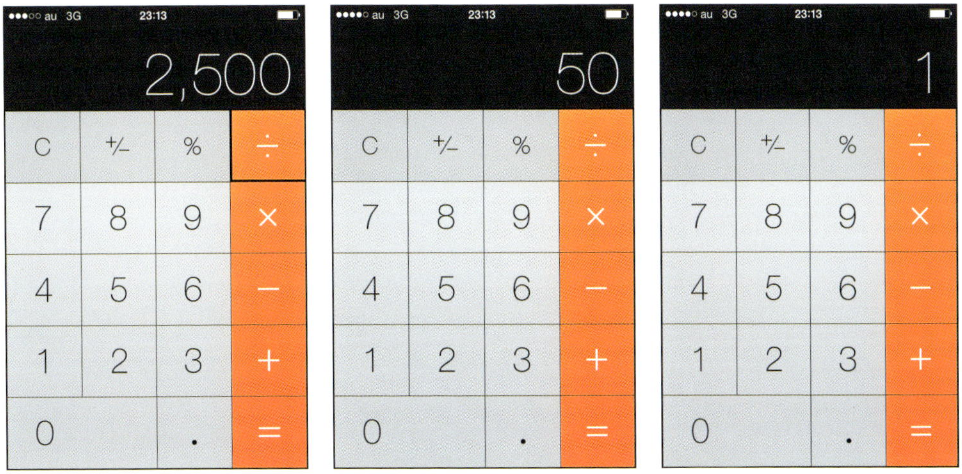

図 2-9　2500 ÷ 50 を実行すると 1 になる !?（2014 年 7 月時点）

iPhone や iPad が iOS7 で動作していた頃、電卓アプリケーションに、「2500 ÷ 50」の計算結果が 1 になるという問題がありました（上図）[1]。これまで講義などでこの話を紹介して試してもらうと、多くの人が「1 になった !」と驚きながら回答します。さてその理由は何でしょうか？ もちろん電卓アプリケーションのバグではありません。

iPhone の電卓アプリケーションで「2500 ÷ 50」を実行する場合、まず「2500」と数値を入力し、次に「÷」を押すことになります。このとき画面は特に変化しません。次に「50」という数値を入力すると、もともと表示されていた「2500」が消え、「50」という数字が表示されます。最後に計算結果を表示するときは「=」を押すことになりますが、押しても画面はまったく変化しません。「おかしいな？ 押しそびれたかな ?」と思って再度「=」を押すと、結果が「1」と表示されます。

これは、1 回目の「=」を押したときに「2500 ÷ 50」の計算結果「50」が表示されているのですが、「50」と入力した状態から計算結果の「50」にかけて画面が変化しません。そのため、計算結果が表示されたとは思わず、タッチ操作が認識されなかったのかなと勘違いして再度「=」を押してしまい、その結果「50 ÷ 50」が実行され、答えである「1」が表示されるというものでした（一般に、計算機では「=」を押すと最後に行った計算（この例では「÷ 50」）が繰り返されます）。タッチ操作が認識されないことも珍しくないスマートフォン（タブレット端末）ならではの問題でもあり、なかなか興味深いところです。

「=」を押したときに、少しでも人が認知できるレベルの画面の変化（一度「50」という数値が消えて、数十ミリ秒後に再表示されるなど）があれば、こうした問題は起こりにくいと思います。フィードバックは人間の能力を考えて提示する必要があり、遅すぎるとイライラさせるためダメですが、早すぎてもユーザが把握できないため問題が生じてしまうというものでした。

何らかの操作によって表示内容に変化がある場合（この場合は入力した「50」と計算結果の「50」）は、ユーザに変化が伝わるようにしてほしいところです。必ずしも高速な処理が良いとは限らないという面白い事例だと言えます。今後、コンピュータの性能がますます上昇するのは間違いないため、皆さんがユーザインタフェースを作るときは、この事例のような BADUI を作ってしまわないように注意していただければと思います。

1　「iPhone の電卓で 2500÷50 を計算してみた結果ｗｗｗｗｗｗ」 http://hayabusa.2ch.net/test/read.cgi/news4vip/1390299779/

自動券売機のランプ：売り切れと勘違いしてしまうのは何故？

図 2-10　500 円投入した状態の自動券売機。売り切れ？（2013 年 3 月時点）

とある大学の食堂に行ったときのこと、知人は食券の自動券売機にお金を投入して目的の料理を選ぼうとしていたのですが、「目的の料理ばかりかほとんどの料理が売り切れている？」と戸惑っていました（上図）。実際は売り切れていないのですが、何故その知人は売り切れであると勘違いしてしまったのでしょうか？

通常、食券の自動券売機にお金を投入すると、購入可能な食券のボタン部分にランプが灯ることで示されます。この券売機にも黒いスペースがあり、これまではお金を投入するとそこに赤いランプがついていました。しかし、この日は、500 円を投入したのに、400 円の「H&V バランス」や 430 円の「チキン唐揚げ定食」、300 円の「カレーライスセット」などのランプがつきません。そのため「もしかしたら売り切れか？」「故障か？」などと悩んでしまったようでした。

この食券の自動券売機を少し下から撮影したのが下図（左）です。これを見るとわかると思いますが、ラベルで「購入可能」を意味する赤いランプが隠されていました。もともとはこのラベルが貼られていなかったので、何らかの理由で後から追加されたのだと思いますが、何でこの「赤いランプ」がきれいに隠れるようにラベルを貼ってしまったのでしょうか……。ラベルの追加によってシステムからのフィードバックが隠されてしまい、結果的に BADUI が生まれてしまった面白い事例でした。今でもこの自動券売機をしばしば使うのですが、戸惑うことが多くなかなか慣れません。このラベルにはあまり意味がないように見えるので、ラベルを剥がすか、もう少し小さいものにするなどの改善をしてくれればと思ってしまいます。

ちなみに、売り切れの場合は、下図（右）のようにバツ印が表示されます。こちらはラベルに隠れていないので普通に確認することができます。フィードバックはユーザにとってとても重要なものです。何らかの目的でラベルが必要なのであれば、フィードバックと重ならないように貼ってほしいと思います。ラベルを貼る場所にも気を付ける必要があることを教えてくれる BADUI でした。

図 2-11　（左）ラベルで隠れていた ／（右）売り切れは普通に確認できる（2013 年 3 月時点）

音の停止ボタン：呼び出しを解除するにはどうする？

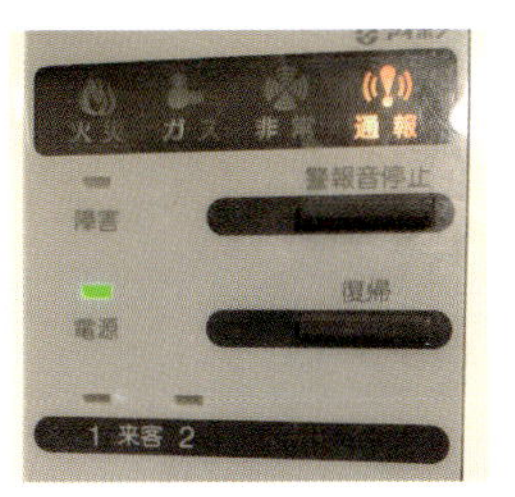

図 2-12　（左）トイレの呼出ボタン／（右）リビングの操作パネル（提供：山本黎氏）

上図（左）は、とある学生さんの自宅のトイレ内に設置されている呼び出しボタンだそうです。トイレットペーパーがなくなったときや、トイレで調子が悪くなったときにこのボタンを押すと、家中に呼び出し音が流れ、家族の誰かをトイレに呼び出すことができます。

一方、上図（右）は、同じお宅のリビングに設置された家庭内の各種情報（来客情報、火災、ガス漏れなど）を管理するシステムのコントローラです。先ほどのトイレの「呼出」ボタンはこのコントローラにつながっており、ボタンを押すとモニターの「通報」サインがオレンジ色に点灯し、呼び出し音が家中に鳴り響きます。残念なことに、この「呼出」ボタン、ちょうど手などが当たる場所にあるらしく、意図せず押してしまうことがよくあるのだそうです。

さて、問題はこの通報（呼び出し音）の解除方法です。上図（右）のコントローラを利用して通報を解除するにはどのようにしたらよいでしょうか？

多くの人が「警報音停止」というボタンに注目し、このボタンを押せばよいと考えるのではないでしょうか？ 実際私もそう思いましたし、この事例を報告してくれた学生さんもそのように考えていたそうです。何故なら「呼出」ボタンが押された後、フィードバックとして返されているのは「通報」サインの点灯と呼び出し音であり、このサインと音を消すには「警報音停止」というボタンを押すのが妥当に見えるからです。

しかし、実際にこの音を止めるには、「警報音停止」ボタンではなく「復帰」ボタンを押す必要があります。フィードバックとしてシステムから提示された情報（「通報」サインの点灯と音）と操作の手がかり（「復帰」というラベル）の間にギャップがあるために、操作方法がわかりづらくなっているというものでした。

おそらく「警報音」のほうは、火災やガス漏れなど緊急時に鳴る音を指しており、トイレの呼び出し音はそれに含まれないということだと思います。しかし、「通報」という言葉のイメージ（本来は「情報を告げ知らせること、またはその知らせ自体」という意味ですが、「警察に通報する」場合に使用されることが多いため、同じように緊急時に使われることが多い「警報」という言葉と近い印象があります）から、ついつい「通報」による音を停止するには「警報音停止」を押せばよいと考えてしまいます。最初から「復帰」ボタンのほうを選ぶ人は、少ないのではないでしょうか。

ユーザに情報を提示するときは、適切な表現を選ばなければいけないという面白い例でした。この手のセキュリティ管理、監視系のシステムはBADUIの宝庫であるように思います。部外者の侵入を防いだり、機密情報を守るために重要なものではありますが、もう少し使いやすくなってほしいと願っています（下図）。

図 2-13　私が毎日のように利用している解錠／施錠システム。部屋の「解錠／施錠」という 2 つの状態と、「解錠の維持／解錠の維持解除」という 2 つの状態の組み合わせによって、2 × 2 の計 4 つのモードがあるが、操作順序の制約やフィードバックのわかりづらさもあって、なかなか操作に慣れない

メッセージの内容の重要性

入力フォームのエラー：受け付けできない文字とはなんだろう？

図 2-14　転送先情報入力ページ　(左) エラーが表示された ／ (右) 入力内容の確認ページ (2013 年 4 月時点)
(左)「＊＊番地・部屋名に受付できない文字が入力されました。ご確認の上、訂正してください」との
エラーメッセージが表示されている。受付できない文字とはなんだろう？ ／
(右) エラーが出なかったということは、受付できない文字とは半角英数字と半角スペースのようだ

フィードバックの重要性が一番わかりやすいのは、様々なシステムで表示されるエラーメッセージだと思います。ここで紹介するのもそうしたエラーメッセージにまつわるBADUIです。

上図は、日本郵便が開設している郵便物転送サービスの受け付けサイトです。前にも登場しましたが、このWebシステムはインターネット経由で郵便物の再送依頼や、配達先の変更などができるのでとても助かります。

自宅に届いた荷物を受け取ることができず、その後も仕事で忙しかったため、私は郵便物を大学の研究室に転送してもらおうとこの転送サービスの入力を開始しました。郵便番号を指定して、配送先の都道府県および市区町村名、番地、事業所、名前、電話番号など必須項目を順に入力。このサイトの場合、どの項目が必須で、どの項目が必須でないのかが、赤色でわかりやすく示されているので、入力し忘れて再入力を求められることもなく助かります。さて、ひととおり入力して「次へ」ボタンを押したところ、上図(左)の状態になりました。少し見づらいですが、画面上部に「＊＊番地・部屋名に受付できない文字が入力されました。ご確認の上、訂正してください」というエラーメッセージが表示されています。ここに入力した内容は「4-21-1 明治大学中野キャンパス 1007号室」だったのですが、受け付けできない文字とは何でしょうか？ 是非考えてみてください。

私は最初、機種依存文字[2]を入力してしまったのかと考えました。しかし、入力した文字を調べても特にそのような文字が混入しているわけではなさそうですし、日本のサイトなので日本語が問題なわけはありません。

これもダメあれもダメと色々試し、数字やハイフン記号(マイナス)などすべての文字を全角で入力し、半角の空白を削除したところ、ようやく上図(右)のように登録する

2　特定のコンピュータ環境(OSなど)以外で使用することができない文字。その環境以外で使用すると文字化け(文字が正しく表示されずに、意味不明な記号の羅列として表示される状態)を引き起こす。例えば、英語圏のWebサイトでは日本語の漢字などを入力すると文字化けすることがある。また、かつてはWindows上で入力された半角カタカナ「ｱｲｳｴｵ」は、MacOS上では文字化けしていた。

ことができました。どうやら登録できなかった理由は、「半角文字が含まれているから」だったようです（あくまで色々と試した結果推定される答えであり、実際の答えとは限りません）。例えば、半角文字の「123-456」ではなく、全角文字の「１２３－４５６」で入力しなければいけないわけです。半角の数字やハイフン、スペースは機種依存文字ではないため、コンピュータを使い慣れている人でも、これらを受け付けてくれないとは気付きにくいと思います。また、この欄に入力する文字の種類について「全角で入力してください」などの指定もありませんでした。配送先の郵便番号や電話番号などは半角で入力するように明確に要求していながら、配送先の住所については注意書きもないのに全角で入力しなければエラーになるというのは、かなり難易度が高いユーザインタフェースだと言えます。

第６章の一貫性でも紹介しますが、半角と全角に限らず、ハイフンの有無や、ひらがなとカタカナが混在しているなどの問題のあるユーザインタフェースは巷にあふれています。システム側で半角を全角に、全角を半角に変換するのは難しくないですし、システム側でできることはなるべくシステム側で処理していただきたいという事例でした。仮に全角で入力させなければならない事情があるとしても、せめてエラーメッセージではどの文字がおかしいのかをはっきりと示してほしいものです。

下図（左）は、オーストラリアの入国に関する申請で個人情報を登録したときに表示されたエラーメッセージ、「姓（名字）に不適切な文字が含まれています！」です。一瞬、「えっ？」と思って、その後すぐに「ああ、日本語などの全角文字は受け付けないのか」と気付いたのですが、これも仕組みがわからない人は「何が悪いの？」と疑問に思うのではないでしょうか。もちろん、「パスポートの記載通りに」とあるのですから、そのとおりにアルファベットで入力すればよいのですが、発行官庁などと違って姓や名は覚えており、そのまま入力できます。また、入力ボックスの左側に「姓（名字）」「名（下の名）」と日本語で示されているため、ついつい日本語で入力したくなるというものでした。何にせよ「不適切」とメッセージを出すのではなく、「半角英数字で入力してください」とするなど、メッセージを工夫してほしいものです。

下図（右）は、Twitter でダイレクトメッセージを送ろうとして表示されたエラーメッセージ、「メッセージを送信できませんでした」です。ここには送信できなかった理由が説明されていないため、何が問題なのか調べるのに面倒な思いをしましたが、Twitter のダイレクトメッセージ機能で URL を送信できなくなっていたことが原因でした。それならそうと、理由を示してほしいものです（なお、2014 年 11 月現在、この制限はなくなっているようです）。

以上のような事例から、フィードバックとして表示されるメッセージの内容は重要であり、メッセージがわかりづらいとユーザがいかに困惑するかということを、理解していただけたのではないかと思います。

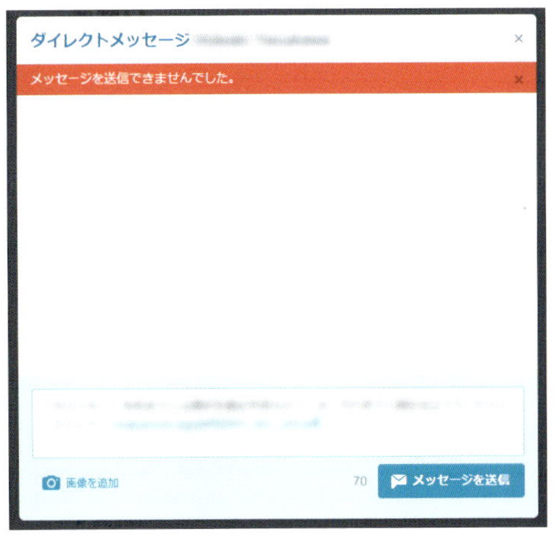

図 2-15　（左）「姓（名字）に不適切な文字が含まれています」（2011 年 9 月時点）／（右）「メッセージを送信できませんでした」（2014 年 10 月時点）

確認メッセージ：本当に「OK」を押してよいのだろうか？

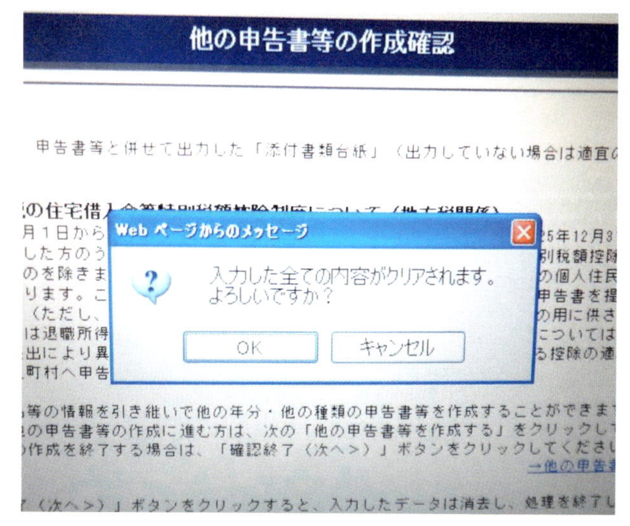

図 2-16　不安感を煽るメッセージ（2014 年 3 月時点）

次に取り上げるのも、メッセージの内容がいかに重要かということを示す事例です。上図は私が確定申告をしたときに出会った申請システムの画面です。慣れないシステムに対し、操作を手助けしてくれる補助員の方の力を借りつつ十数分かけて様々な情報を入力した後、次に進もうとボタンを押したときに「入力したすべての内容がクリアされます。よろしいですか？」というインパクトのあるメッセージが表示されました。さて、皆さんはこのダイアログボックスで「OK」を押す勇気はあるでしょうか？

補足的な説明もなく、ここで「OK」か「キャンセル」のどちらかを選ぶ必要があるため、十数分の作業が消えてしまったら困ると思って私はしばらく悩んでしまいました。補助員の方は一人で十数人に応対しており、てんやわんやの状態だったので呼ぶのは心苦しかったのですが、悩みが解決しなかったため声をかけて画面を見てもらったところ、「もう修正がないようでしたら OK を押してください」と指示されたので、私は「やっぱり OK でよかったのか」と思いつつ「OK」ボタンを押しました。このダイアログで「OK」ボタンを押すとすべての操作が完了となり、画面が初期メニューに戻るため「入力したすべての内容がクリアされる」わけですが、それならば「OK ボタンを押すと、すべての作業が完了します。入力した内容がクリアされますがよろしいですか？」などのメッセージにしてくれればよいのにと思います。

警告を出すときは、ユーザにわかりやすく、不安感を煽らないメッセージにしたほうがよいという好例でした。なお、私の隣の人も、私の後にまったく同じ質問をしていましたので、日本全国で同様の質問が頻発していたのかもしれません（実を言うと、このダイアログボックスが表示される前に「確認終了（次へ >）ボタンをクリックすると、入力したデータは消失し、処理を終了します」と書かれているのですが、長い文章は読み飛ばされることが多いものです）。

皆さんもコンピュータ上で、「深刻なエラーが発生しました」「404 エラー」などのメッセージを目にしたことがあるのではないでしょうか。こういったわかりづらいメッセージは巷にあふれています。システムを作る側の人間は誤った操作をすることが少なく、問題が起こっても本人には原因が理解できているので、他人がそのメッセージに出会ったとき、どう感じるかということにどうしても鈍感になりがちです（私も自分の開発しているソフトウェアのメッセージについて色々と心当たりがあります）。また、どういったユーザが使うのかということを想像するのは難しく、ついつい専門的な言葉を使ってユーザを困らせてしまうこともあります。ユーザに何らかのメッセージを出す場合は、その意味がきちんと伝わる表現を心がけていただければと思います。人と人とのコミュニケーションと同じで、使う言葉には注意したいものです。

キャンセルボタンの意味：「キャンセルしますか？」「キャンセル／ OK?」

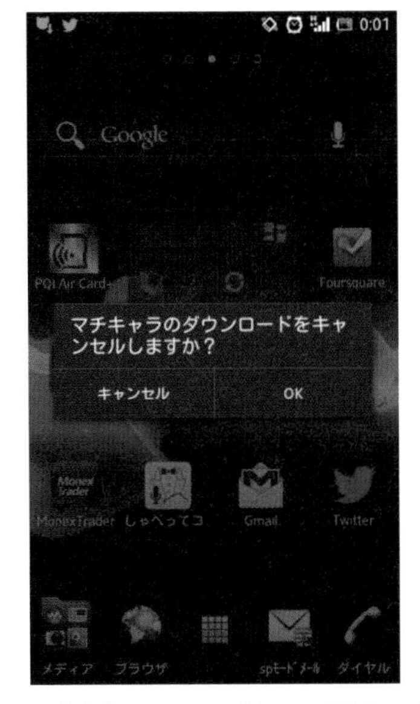

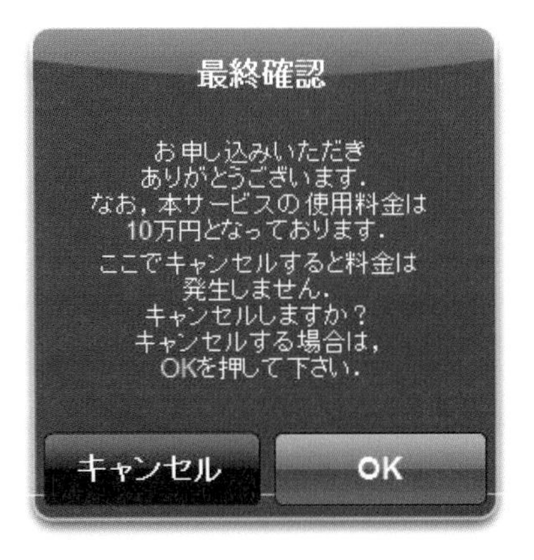

図 2-17 （左）「マチキャラのダウンロードをキャンセルしますか？」「キャンセル／ OK」（提供：鈴木涼太 氏）／（右）申し込みの最終確認（再現）

上図（左）はあるスマートフォンのアプリケーションにおいて、ダウンロードをキャンセルしようとしたときに表示されたダイアログボックスだそうです。「マチキャラのダウンロードをキャンセルしますか？」という確認メッセージと一緒に、「キャンセル」ボタンと「OK」ボタンが提示されています。さて、このダウンロードをキャンセルしたい場合、「キャンセル」と「OK」のどちらのボタンを押すべきでしょうか？ また、その理由は何でしょうか？

この事例がややこしいのは、一般的なユーザインタフェースとして利用される「OK」と「キャンセル」というボタンのラベルと、アプリケーションの動作に関するメッセージ「キャンセルする」を混同してしまうところです。ちなみにダウンロードをキャンセルしたい場合は、「OK」ボタンを押す必要があったようです。メッセージとその応答ボタンのラベルは、組み合わせに注意が必要ということを教えてくれるBADUIでした。

これは、どのように修正したらユーザが混乱しないかを考えさせる、とても面白い事例だと思います。このBADUIの場合、例えばボタンのラベルを「キャンセル」と「OK」ではなく「いいえ」と「はい」に変更するとか、メッセージのほうを「マチキャラのダウンロードを取りやめてよいですか？」とするなどの解決策が思いつきます。皆さんも、どうしたら混乱しないダイアログボックスになるかを考えてみてください。

なお、上図（左）の場合はそこまで大きな問題はありませんが、この手のメッセージと選択ボタンの組み合わせによる混乱が詐欺的なWebサイトなどで利用されたりします。上図（右）は、とあるサービス申し込みの確認画面を再現したものです。それまでサービスの使用料金についてまったく明らかにされていなかったのに（むしろ、無料であるかのように謳っていたのに）、最後の確認画面においていきなりこの図のようなメッセージが表示されます。こういうメッセージを見ると、ユーザはつい「キャンセル」ボタンを押してしまいがちです。しかし、メッセージボックス上に「キャンセルするならOKを押してください」と書かれているとおり、キャンセルしたいのであれば「OK」ボタンを押す必要があります。明らかにユーザのうっかりミスを利用してだまそうとしています。皆さん、くれぐれもこうした詐欺的なユーザインタフェースにはお気を付けくださいませ（詐欺的なユーザインタフェースについては、第9章でも詳しく取り上げます）。

お店の前の案内板：今日は営業終了？

図 2-18　ゴメンナサイ終了しました。今日は営業していない？

職場の近くにあるカレー屋さんにカレーを食べに行こうとしたときのこと。上図のように店のドアに「ゴメンナサイ終了しました」と書かれた看板がかかっていました。カレーが食べたかったのに残念だなと思いつつ、他のお店に行って食事をし、そのお店から帰る途中に上図のカレー屋さんが営業しているのに出くわしました。その日はカレーをどうしても食べたかったので「お休みじゃなかったの？」とがっかりしてしまいました（このお店、日によって営業開始時間が違うのも私が勘違いした理由の１つですが……）。また、別の機会には「本日売り切れました」という案内板が掲示されていたので食事を諦めたのに、後で通りかかったら通常どおり営業していたということもありました。前回の営業日に営業終了や売り切れを伝えるために提示された「ゴメンナサイ終了しました」「本日売り切れました」という案内板が、次の営業日になっても営業開始までそのまま提示されていたため生まれてしまった勘違いでした。

このように、飲食店などの前に提示されている「本日の営業は終了しました」や「本日定休日」などの案内板が適切なタイミングで掛け替えられておらず、まだ営業を開始していないだけなのに、客が勘違いして帰ってしまうことは珍しくありません。

またある日、インフルエンザの予防注射を受けようと、とあるクリニックに電話したところ、電話の自動応答で「本日の診療時間は終了しました。お手数ではございますが明日の 11 時以降にご連絡ください」と案内されました。「今日は診療がない？」と思って時計を確認したところ、午前 10 時半でした。自動応答なのでもしかしたら昨日セットされたものかもしれないと 11 時以降に電話してみたところ、ちゃんと診療しており電話がつながりました。

このような店頭の案内板や電話の自動応答などはとても些細なことですが、これで商売の機会を逸してしまう可能性もあるため注意が必要です。そのため、案内板にどういったことを書くのか、電話の自動応答にどういったメッセージを吹き込んでおくのかというのはよく考える必要があります。

自分でユーザインタフェースを作る機会は、こうした状況においても生まれます。その際は、売り上げを減らさないためにも、こちらが想定しているのとは別のタイミングや状況でそのユーザインタフェースに接するユーザがいる可能性について考慮していただければと思います。

メッセージの送信エラー：文字数オーバーです！

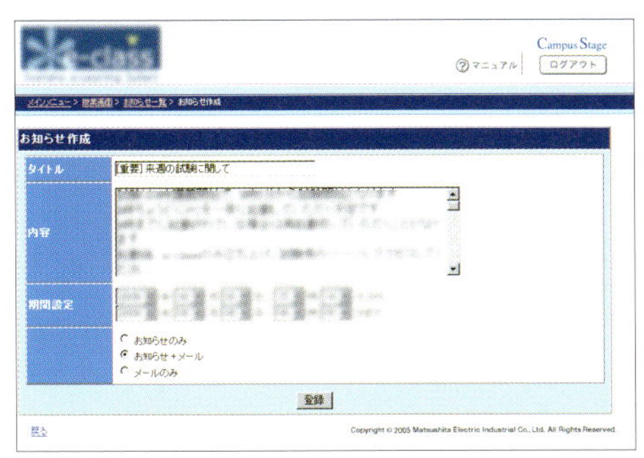

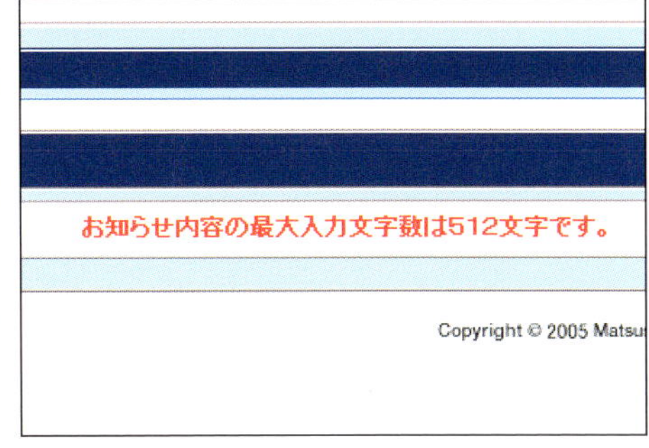

図 2-19　(左) お知らせ作成ページ ／ (右) エラーメッセージ「お知らせ内容の最大入力文字数は 512 文字です」(2009 年 6 月時点)

とある大学の授業支援システムで、受講生に一斉連絡する必要があり、ひととおり連絡内容を入力して推敲し、間違いないかを確認して「送信」ボタンを押したところ、「お知らせ内容の最大入力文字数は 512 文字です」とのエラーメッセージが表示されました（上図）。せっかく文章を練ったのに、文字数制限があるならば最初から提示しておいてくれよと思いつつ、Microsoft Word の文字数自動カウント機能を利用して 500 文字程度まで減らし、再度送信しようとしたところ、またしても「お知らせ内容の最大入力文字数は 512 文字です」というエラーが……。そこで「もしかしたら全角文字が半角文字 2 文字分としてカウントされており、その分、文字数が超過していると見なされたのでは？」と思い、大幅にカットして短く編集したところ、無事送信することができました。

色々と試すことができなかったため正確な仕様は不明ですが、このシステムでは、半角文字の場合は 512 文字以内、全角文字の場合は 256 文字以内にしなければいけないのかもしれません [4]。文字数の制限がある場合は、それがどのような制限なのか（半角なのか全角なのか）、また現在何文字入力されているのかを表示したほうが、ユーザの混乱は少なくなります（例えば、Twitter では入力可能な文字数に制限があるため、あと何文字入力できるかをリアルタイムに表示してくれます）。

ちなみに、他の大学の授業支援システムでも「内容は 1300 文字以下にしてください」というエラーが表示されて難儀しました（下図）。色々検証してみた結果、このシステムでは全角文字、半角文字に関係なく合わせて 1300 文字入力できるという仕様でした。ただ、このシステムが問題だったのは、URL を入力すると、その URL が勝手にリンクに置き換えられてしまうため（例えば、「http://badui.org/」と記入すると自動で「<a href="http://badui.org">http://badui.org/</a>」という文字列に変換される）、見た目より文字数が増えてしまうことでした。私はこの仕様になかなか気付かずに苦労してしまいました。

皆さんがユーザインタフェースを作るときは、こうした BADUI を作らないよう配慮してください。

4　日本語の文字コードでよく使われる Shift-JIS では、全角文字が 2 バイト、半角文字が 1 バイトとなっているため。

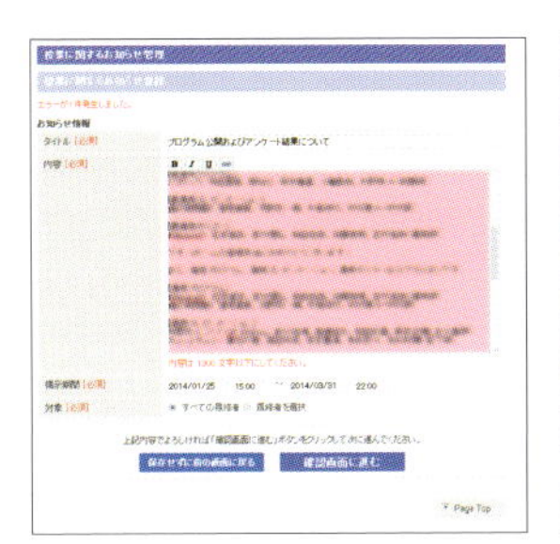

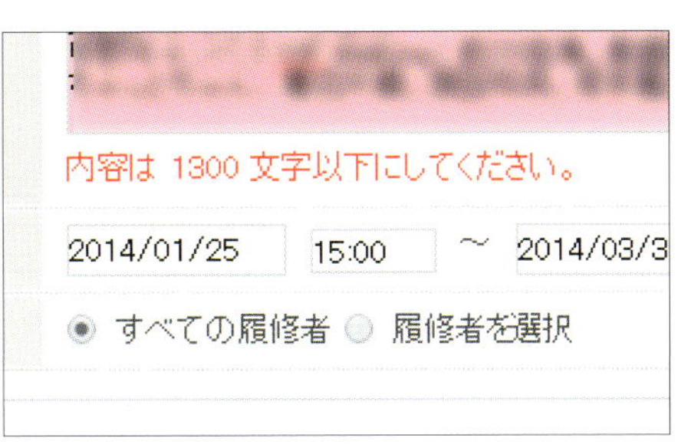

図 2-20　「内容は 1300 文字以下にして下さい」(2014 年 1 月時点)

伝えるタイミングの重要性

悩ましいATM検索システム：町を選んで丁目を選んで番地を選んで……

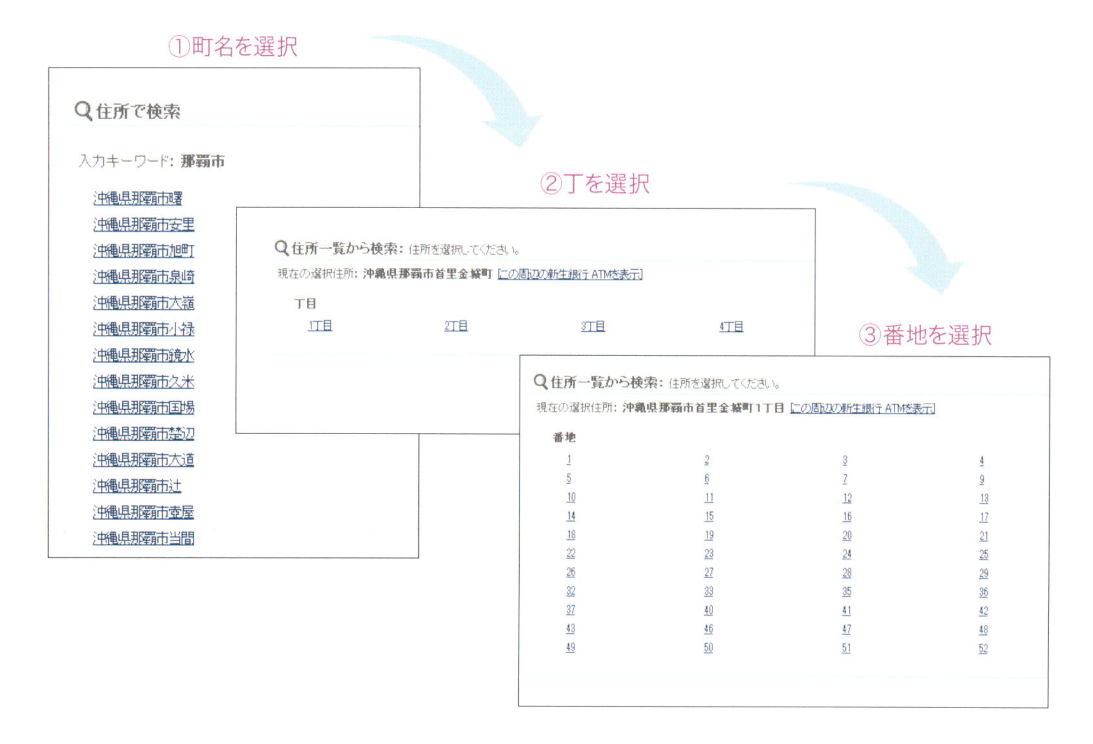

図2-21 新生銀行の検索インタフェースとインタラクション（2014年9月時点）

ある日、妻から「沖縄の首里城のそばで新生銀行のATMがあるか調べてほしい」と頼まれ、新生銀行の公式Webサイトにアクセスしたところ、「ATMの住所を指定した検索」という検索フォームを発見しました（上図）。

世の中便利になったなと感心しつつ、「那覇」と入力して検索開始したところ、「沖縄県那覇市」にある町名の一覧が候補として提示されました。凄いなと思いつつ、首里城の町名「首里金城町」を指定すると「丁目指定」のインタフェースが現れました。さすがに各丁目のすべてに新生銀行があるわけはありませんし、「もしかしたらコンビニや郵便局なども検索可能なのかな？」などと思いつつ、何となく丁目を指定。すると、今度は「番地指定のインタフェース」が提示されました。ここら辺でかなり悪い予感がしていたのですが、適当に番地を指定すると、「指定した住所の5km圏内に該当する情

図 2-22　セブン銀行の ATM 検索システムでは、検索結果が「地名（件数）」の形式で提示される（2014 年 11 月時点）

報が見つかりません」と表示されました（ちなみに、首里金城町には号がありませんが、住所に号が含まれる場合は、ここからさらに号指定のインタフェースが現れます）。5km 圏内にないのであれば、丁目や番地を指定させる意味はなかったろうにと思いつつ、元のページに戻って「那覇市」で周辺を検索したところ、那覇市の 5km 圏内という広い単位で調べても「該当する情報が見つかりませんでした」との結果が表示されました。その後、色々と調べてみたのですが、そもそも沖縄県には新生銀行の ATM が 1 つもありませんでした。

そもそも 1 軒もないならば、最初から候補として表示すべきではありません。そういった意味で、何でこうなっているのか不思議な BADUI でした。もしかしたら、日本全国の住所リストと緯度経度の対応関係を手に入れてきて、それを検索システムに適用しただけなのかもしれません。こういうのを作りたくなる気持ちはわかりますし、何でこうなったかを考えるのは面白いのですが、大手企業がサービスとして運用するのであればもう少しユーザのことを考えてほしいものです。

このようなユーザインタフェースで情報を検索する場合、上図のように現在の検索結果数、絞り込んだ場合の検索結果数などをキーワードと一緒に提示して、情報が存在する候補にのみ探索できるようにしておけば、悩まされる人も少なくなります。

ちなみに ATM 検索の初期画面は下図 2-23 のようになっており、「例）東京都中央区日本橋室町」「例）東京駅」と提示されています。ここでそのまま検索ボタンを押すと「該当する駅／空港が見つかりませんでした」と表示されます（下図 2-24）。しばらく何ごとかと考えていたのですが、「例）東京駅」の「例）」の部分も含めて検索してしまっているようでした。実際の検索時には、この「例）」の部分をカットするなど、もう少し工夫がほしいところです（なお、2014 年 11 月 1 日にアクセスした時点では、初期値が「例）東京駅」ではなく「東京駅」となっており、この問題については改善されていました）。

最近は Web で何でも調べられる世の中になってきました。従来型の検索エンジンによる Web ページ検索や画像検索だけでなく、料理のレシピやレストラン、各種の製品情報、証明写真機やトイレの場所など様々な検索に特化したサービスも増えており、使いこなせる人間にとってはとても便利な世の中と言えます。そういった意味で、このような検索システムが用意されているのはありがたいのですが、ユーザインタフェースをおろそかにすると困ったことになるという事例でした。

図 2-23　ATM 検索の初期画面（2014 年 8 月時点）

図 2-24　「例）東京駅」の検索結果（2014 年 8 月時点）

悩ましい予約システム：満席です！ 満席です！ それも満席です！

私は仕事柄、新幹線での出張が多いので、乗車直前まで乗車時間や座席を変更できるJR東海のエクスプレス予約を重用しています。そのエクスプレス予約を利用してチケットを購入しようとしたときのこと。最初に出発地と目的地、そして日時を指定して検索を実行。次に、表示された新幹線のリスト（右ページ①）から適当な新幹線を選び、「次へ」を押して予約条件指定ページへ遷移。その後、「普通車禁煙」「大人1名」と、自分で座席を指定できる「席番リクエスト」を選択し、「次へ」を押しました（②）。

画面左に提示されたシーケンス表示（現在どの手順にいて、次はどんな手順で、この後どれくらいの手順が必要かを示すもの）から「次は予約完了かな？」と思っていたのですが、突如シーケンス表示が変化して「料金種別選択」という「EX-ICサービス」と「IC早特」のどちらかを選択させるページに遷移しました（③）。値段が提示されておらず、どちらが安いのかがわからなかったため、いったんWeb検索をして値段の目安を確認し、安い値段だった「IC早得」を選択し、さらに「次へ」を押しました。今度こそ座席の指定をと思ったところ、「ご希望の列車または商品は、残席数が少ないか満席のため、お選びいただけません。座席位置を「指定なし」等に設定し条件を広げていただくか、列車または商品を変更していただくことにより、ご予約いただける場合がございます」とのメッセージが提示され、座席を指定することができませんでした（④）。

予約をしようとしていた日が1月4日だったので帰省ラッシュの影響もあるだろうし仕方ないと、2つ前のページまで「戻る」ボタンで戻り、「座席を指定しない」を選択し、同じく料金種別選択を行いました。しかし、表示されるのは先ほどとまったく同じ満席に関するメッセージです。「そもそも席がないのであればその便を選択できなければよいのに」と思いつつ他の新幹線を選んで、同様に座席を指定なしにして調べるものの、またしても満席のメッセージ。その後、朝早い時間や、遅い時間など、時間を色々変えつつ10数件の新幹線を調べてみたのですが、1つも指定席に座れる新幹線を見つけることができませんでした。

「残席数をリアルタイムで取得する方法がないからこうなってるのかなぁ？ みどりの窓口などで表示されている指定席の大まかな予約状況（「○」「△」「×」）を教えてくれればよいのに」などと思いつつ、他の便を探していると突如⑤のように「夜間受付サービス時間に入ったため、処理を中断しました」という無慈悲なメッセージが表示されました。私は、あまりの面倒くささと、突然の中断に心が折れてしまい、翌日みどりの窓口を訪れました。

みどりの窓口で調べてもらったところ、窓口の人に「始発と2番目の新幹線と、最終および最終の1つ前、そして夕方のこの新幹線には残席がありますね。どれにしますか？」と案内されました。操作しているコンピュータのディスプレイが見えたので少し観察してみたところ、みどりの窓口で使っているシステムのユーザインタフェース上にはリアルタイムで残席数が表示されており、それを見ればどの新幹線が選択できるか、すぐにわかるようになっていました。

このようにリアルタイムで座席数がわかる仕組みがあるのなら、オンライン予約システムでも提示してくれたらよいのに……と悲しくなってしまいます。もちろんオンライン予約システムの場合、一斉にアクセスが集中することがあるので、正確な残り座席数を表示するのは難しいと思います（例えば、1席空いていると表示されたところに10人が一斉に申し込みをするケースもあるでしょう）。もしかしたら、空席が一定数以下になると窓口のみでしか受け付けないのかもしれません。ですが、「○」「△」「×」程度の大雑把な情報だけでもWebのユーザインタフェース上で提示してくれれば、ユーザの手間が少なくなるばかりか、システムへの問い合わせ量を減らすこともできるので、結局お互いにとって良いと思います。また、そもそも座席数に余裕がない場合には、無駄な商品選択（料金種別選択）ページを出さないなど工夫してほしいものです。

なお、ユーザの手間を考えるときは、右ページ下図のようにページのジャンプ回数をグラフ化すると、ナビゲーションのコストが可視化され、どこに問題があるのかがわかりやすくなります。皆さんがこうしたサイトを作るときには、是非試してみてください。

①新幹線を指定

時刻指定予約　ご案内
メインメニュー
時刻指定
列車選択
予約条件指定
予約内容確認
購入申込
予約結果
[選択]ボタンで、ご希望の列車を選んでください。
よろしければ、[次へ]ボタンを押してください。
1月4日(金) 14 00 →→ のぞみ 38号 →→ 16 35
博多　新大阪
13:50 → のぞみ176号 (N700系／全席禁煙) ◇特割設定有 → 16:25 選択
14:00 → のぞみ 38号 (N700系／全席禁煙) ◇特割設定有 → 16:35 選択
14:04 → さくら556号 (N700系／全席禁煙) → 16:44 選択
14:15 → のぞみ178号 ◇特割設定有 →
14:22 → こだま750号 (グリーン車なし) ◇特割設定有 →
14:30 → のぞみ 40号 (N700系／全席禁煙) ◇特割設定有 →
後の列車を検索
■EX－ICサービスやe特急券等では、途中下車はできません。ご乗車される区間ごとにご購入ください。
■5:30～23:30の間に予約が完了した場合、予約結果は画面上でご案内いたします。
■(N700系／全席禁煙)と表示されている列車は、全席禁煙です。
・おタバコを吸われるお客様は、喫煙ルームをご利用ください。
・都合により別の車両で運行する場合は全車禁煙となります。この場合は、列車内には喫煙できる場所はありません。
全席禁煙列車に関するご案内はこちら
■現在のグリーン特典ポイント数は3,430ptです。
[必要ポイント数]
(片道1名あたり)
のぞみ：1,000pt
ひかり：800pt
こだま：600pt
※必要ポイントは、ご利用区間等に関わらず同一です。
※列車を乗り継ぐ場合、ご利用列車に必要なポイントのうち、高い方を適用します。
グリーンプログラムのご案内はこちら
■全区間または一部区間に「みずほ」「さくら」「つばめ」を含む行程では、IC早特等を含む特割設定商品およびグリーン車はご利用いただけません。
終了　次へ　戻る

②予約条件を入力

時刻指定予約（EX－ICサービス）　ご案内
メインメニュー
時刻指定
列車選択
予約条件指定
予約内容確認
購入申込
予約結果
お申込内容をご確認ください。
よろしければ、[次へ]ボタンを押してください。
1月4日(金)
博多　14:00 → のぞみ 38号 (N700系／全席禁煙) → 新大阪　16:35
予約条件
設備　普通車 禁煙　グリーン特典申込
ご案内
座席位置　座席リクエスト
喫煙ルーム付近の席を希望
人数　大人 1 名 小児 0 名
EX-ICサービス申込画面です
e特急券等きっぷ購入に変更の方はこちら
■5:30～23:30の間に予約が完了した場合、予約結果は画面上でご案内いたします。
■e特急券をご購入の方、複数名のきっぷを[illegible]
の方はこちら」を選択してください。
■e特急券とEX-ICサービスの運賃比較はこ[illegible]
■現在のグリーン特典ポイント数は3,430pt[illegible]
(最新の情報を照会するには、「ポイント残
グリーンプログラムのご案内はこちら
■N700系で運行する列車は、全席禁煙です。
喫煙ルーム近くのお席をご希望の方は「喫[illegible]
全席禁煙列車の設備案内については、こち[illegible]
■EX-ICサービスは運賃込／他人使用不可の[illegible]
但し、上記のご利用区間以外のJR運賃・料[illegible]
■操作方法については、こちらをご覧ください[illegible]
終了

③割引サービスの選択

時刻指定予約（EX－ICサービス）　ご案内
メインメニュー
時刻指定
列車選択
予約条件指定
料金種別選択
ご希望の商品をお選びください。
よろしければ、[選択]ボタンを押してください。

選択　EX－ICサービス(指定席)
・会員様ご本人(大人1名)のみご利用になれます。
・年間を通していつでもお得なおねだんでご利用いただけるチケットレスサービス用の通常の商品です。
※一部の列車・区間を対象に特別に割引するきっぷを除きます。
・EX-ICカード等での改札入場前またはIC乗車票の受取前で、予約した列車の時刻表に表示された発車時刻前かつ変更後の列車の時刻表に表示された発車時刻の6分前までであれば、何度でも予約の変更ができます。
・EX-ICカード等でご乗車いただけます。ただし、一部EX-ICカード等で乗車できない場合があります。予約結果画面に「EX-ICカードではご乗車になれません」(夜間受付サービス時間帯はeメールにて【IC乗車不可】)と表示された場合または他のきっぷと組み合わせてご利用される場合等は、IC乗車票を受け取ってご乗車ください。
・EX-ICサービスは、乗車券と特急券の効力が一体となった東海道・山陽新幹線各駅相互間のチケットレスサービスです。新幹線乗車駅までのアクセス費用は、別途必要です。

選択　IC早特
・会員様ご本人(大人1名)のみご利用になれます。
・ご乗車3日前(23時30分)までのご予約(変更も含む)で大変お得な、区間・列車・席数限定の早期割引のEX-ICサービスです。
※全区間または一部の区間に「みずほ」「さくら」「つばめ」を含む行程では、IC早特をご利用いただけません。
※IC早特の設定されている区間・列車・設備についてはEX予約ホームページ等をご覧ください。
・EX-ICカード等での改札入場前またはIC乗車票の受取前、かつご乗車の3日前(23時30分)までなら、何度でも予約の変更ができます。
・IC早特でご利用いただける席数には、列車ごとに限りがあります。そのため、ご希望の列車に空席がある場合でも、IC早特をご予約いただけないことがあります。
・予約を変更される場合、変更後の列車・設備がIC早特の設定対象外であった場合や、ご利用条件に該当しない場合は、通常のEX-ICサービスまたはe特急券等のきっぷの中から、操作日・区間・列車・設備により、購入可能な商品をお選びください。
・EX-ICカード等でご乗車いただけます。ただし、一部EX-ICカード等でご乗車できない場合があります。予約結果画面に「EX-ICカードではご乗車になれません」(夜間受付サービス時間帯はeメールにて【IC乗車不可】)と表示された場合または他のきっぷと組み合わせてご利用される場合等は、IC乗車票を受け取ってご乗車ください。
・ご予約いただいた列車・設備に限り有効です。他の列車は自由席であってもご乗車になれません。他の列車またはご予約いただいた列車の他の設備にご乗車された場合、改めて特急料金、グリーン料金が必要になります。
・IC早特は乗車券と特急券の効力が一体となった東海道・山陽新幹線各駅相互間のチケットレスサービスです。新幹線乗車駅までのアクセス費用は、別途必要です。
・グリーン車のご利用区間が全予約区間の一部の場合、グリーン車のご利用区間が短い方が、長い場合に比べて高くなるときがあります。なお、いずれの場合でも、全予約区間をグリーン車ご利用の場合のおねだんを上回ることはありません。
終了　戻る

⑤予約可能な時間が過ぎてしまった

時刻指定予約

夜間受付サービス時間(23:30～5:30)に入ったため、処理を中断しました。
お手数をおかけしますが、「メニューに戻る」ボタンを押して、再度予約操作をしてください。
※予約の受付結果は、5:30以降順次メールにて回答いたします。

④満席だった……

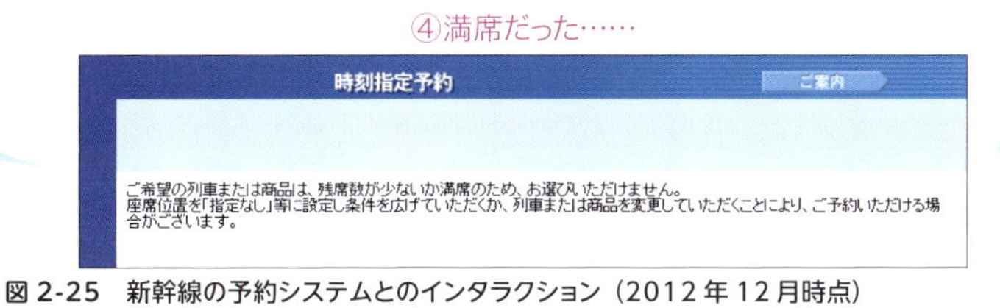

図 2-25　新幹線の予約システムとのインタラクション（2012 年 12 月時点）

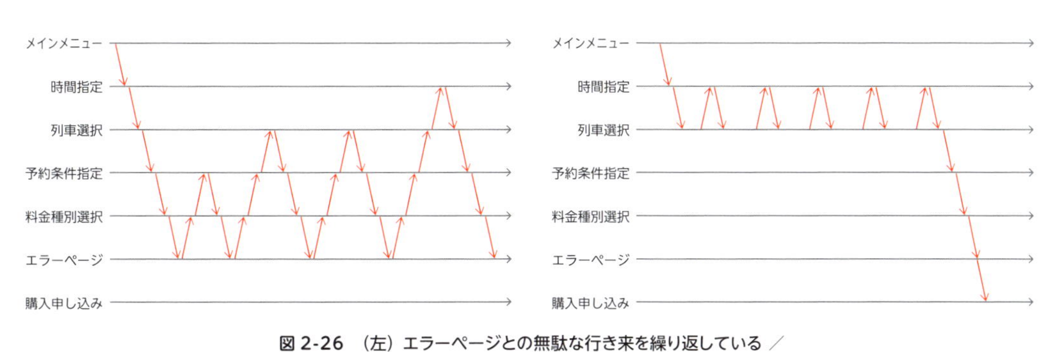

図 2-26　（左）エラーページとの無駄な行き来を繰り返している ／
（右）列車選択ページに座席の残数が提示されていれば行き来は随分少なくなる

状態・状況の可視化

ストーブの ON/OFF：ストーブを OFF にし忘れたのは何故？

図 2-27　ストーブが ON の状態であるのはどれだろうか？（提供：西村優里 氏）

図 2-28　斜めから撮影してボタンを拡大した様子。どれがストーブが ON の状態だろうか（提供：西村優里 氏）

上図は、学生さんの家に昔からあるストーブのユーザインタフェースとそのスイッチ部分を拡大した写真だそうです。3 枚の写真がありますが、違いがわかるでしょうか？ それぞれの写真の中央右手に赤色のスイッチがあります。中央の状態ではこのスイッチが赤く光っており、それ以外の 2 つではランプが消えています。さらに、左の写真ではスイッチの下部が、中央と右の写真ではスイッチの上部が押し込まれている状態です。さて、この 3 つの状態のうち、どれが「ストーブが ON」になっている状態だと思いますか？ その理由についても考えてみてください。

中央の状態が ON であると答えた方は正解です。これを間違う人はあまりいないと思います。さて、中央と右の状態を比べてみましょう。両方ともスイッチの上部が押し込まれていますが、右のスイッチは光っていません。これはどういうことでしょうか？

この写真の提供者によると、このストーブはスイッチの上部を押し込むとスイッチが赤く光り、ストーブが稼働状態（ONの状態）になり、部屋が暖まるのだそうです。そして、部屋の温度が一定以上まで上がると、自動的に停止状態（OFFの状態）になり、スイッチのランプが消えます。その後、部屋の温度が一定以下に下がると、ストーブが自動的に稼働状態（ONの状態）になり、再びスイッチが光るとのことです。つまり、左ページ図（右）は条件付きのON（スリープ）という状態でした。

このストーブ、遠目ではON／OFFの状態がわかりにくく、外出する際にランプが消えているとOFFにするのを忘れてしまい、帰宅したときに部屋が暖かいため電源を切り忘れていたことに気付くという困ったユーザインタフェースだそうです。ON状態だけれど一時的に停止しているということをユーザにわかりやすく伝えるには、その状態に対応した別の表現が必要となります。最近はLEDでランプの色を変えるなどの方法が考えられますし、光を点滅させるなどの方法もあります。システムが現在どのような状態／状況にあるのかを、ユーザにわかりやすく伝えないと困ったことになるという好例でした。

現在ONなのかOFFなのかわからず困る事例をもう1つ紹介しましょう。下図は充電式の電気カミソリなのですが、一方はスイッチが「ONの状態」、他方はスイッチが「OFFの状態」です。さて、AとBのどちらがONでどちらがOFFでしょうか？ なお、ON、OFFを切り替えるスイッチは、中央左側の青色のボタンになります。

答えはBが「ONの状態」で、Aが「OFFの状態」でした。撮影角度によって微妙にボタンが「押し込まれている／押し込まれていない」の差があるようにも見えますが、実際は見た目の変化はないそうです。

電動カミソリなので、ONのときは動作し、OFFのときは停止しているはずで、その違いは動作から明らかなので一見問題ないようにも思えます。しかし問題は、バッテリが切れているときです。この電動カミソリはある程度充電されるまで使用可能にならないものらしく、一度バッテリが切れてしまうと、充電を開始してしばらくは、電源を入れても動作しないそうです。そして、見た目では現在ONになっているのかOFFになっているのかを知るすべがないため、充電を開始してしばらくした後に、急に稼働し始め、そこでようやく電動カミソリがONの状態だったと気付くことがあるそうです。そのため、充電していることを忘れて外出してしまい、帰宅時に虚空に対してひげそりを続ける電動カミソリとご対面ということもあるのだとか。

ボタンの押し込み具合などでON/OFFが示されていればこうした問題は発生しにくいと思うのですが、そうなっていないためにBADUIとなっていたものでした。繰り返しになりますが、現在どういった状態にあるかをユーザに伝えるのは本当に重要です。

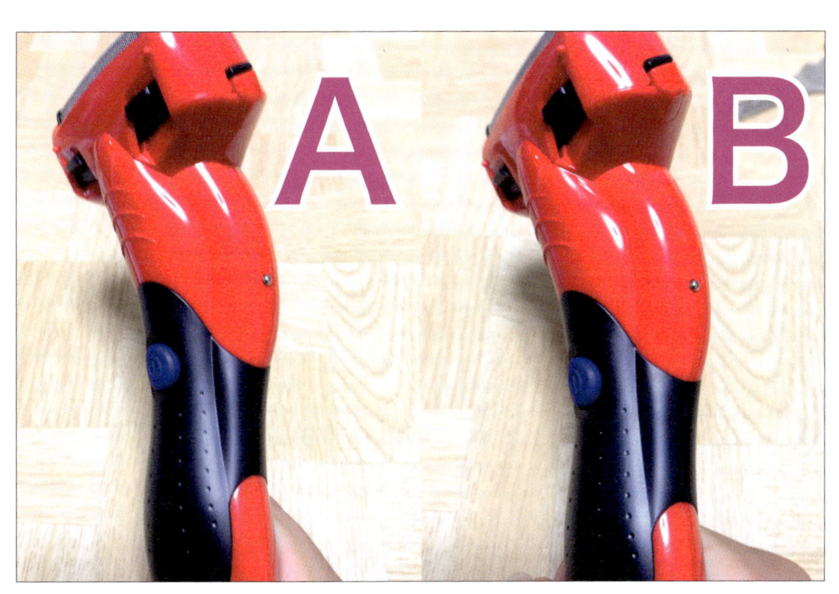

図2-29　どちらがONでどちらがOFFか（提供：山田道洋 氏）

食券券売機の操作順：ラーメンを購入するにはどう操作する？

図 2-30　ラーメンの自動券売機。1000 円を投入した様子。味玉つけそばはどうやって買う？

とある食券制のラーメン屋に行ったときのこと、私はお金を投入した後、目的のラーメン（味玉つけそば）を購入しようとしていたのですが、購入方法がわからず途方にくれてしまいました。上図は、そのラーメン屋の食券の自動券売機にお金を 1000 円投入した状況です（なお、お金を投入する前は、そのメニューが売り切れていることを示す「売切」ランプ以外はついていません）。この自動券売機を利用して目的のラーメンを購入するにはどうすればよいか考えてみてください。また、私が悩んでいた理由についても想像してみてください。

写真からチャーシューやネギ、メンマなどのボタンに赤色のランプがついており、それらが購入可能であることがわかります。しかし、中華そばやつけそばなど目的とするラーメンのボタンにはランプがついておらず、購入できないように見えます。当然ですが、ボタンを押しても反応はありません。私は「投入したお金が券売機に認識されず戻ってきたのかな？」とか「売り切れなのかな？」と悩んでいたのですが、どうやらそういった問題ではなさそうでした。しばらくすると、後ろに他のお客さんが並びだし、私が焦り始めたところで、ラーメン屋の店長らしき人から、「あっ、最初にラーメンの量を選んでください」と声をかけられました。その指示に従って「中盛」を押した状態が右ページ上図です。ようやく「味玉つけそば」が選択可能になっています。つまり、この券売機でラーメンを購入する場合、最初に「普通」「中盛」「並盛」のいずれかのボタンを押して量を指定する必要があったというわけです。

この手のある一定の順序で操作しなければならないユーザインタフェースは、世の中に数多く存在します。今回の場合は、先にサイズを指定しなければいけませんでしたが、種類を選んでからサイズを選ぶもの、お金を先に投入することができないものなど、その順序は様々です。こうした順序があるときに、いかにユーザにわかりやすくフィードバックを返すかということは本当に重要となってきます。

この例の場合、赤いランプが段によって異なる意味をもち、異なる振る舞いをしていたことが特に悩んでしまった原因でした。この段ごとの振る舞いの違いを整理すると、次のようになります。

- **最上段：**お金が投入され「普通」「中盛」「大盛」が押されたときにそのボタンのランプが灯る。ボタンが押されるたびにランプが灯るボタンが変更され、ラジオボタンのように振る舞う。何か購入されると最上段のランプは消える。
- **二段目：**お金が投入され、最上段で「普通」または「大盛」が選ばれているときに、投入額より安い（投入額で購入可能な）メニューのランプが灯る。ランプが灯っているメニューのボタンを押すと、その食券が発券される。何か購入されるとこの段のランプは消える。
- **三段目：**お金が投入され、最上段で何かが選ばれているときに、二段目と同じ振る舞いをする（「中盛」が選ばれているときもメニューのランプが灯る点が二段目とは異なる）。
- **四〜六段目：**お金が投入されたときに、投入額より安

図 2-31　ラーメンの自動券売機（「普通」「中盛」「大盛」のいずれかを指定するとこの状態になる）

い（投入額で購入可能な）メニューのランプが灯る。ランプが灯っているメニューのボタンを押すと、そのメニューの食券が発券される。

赤いランプの意味の違いをご理解いただけたでしょうか？ お金を入れたときに、選択可能という意味で「普通」「中盛」「大盛」ボタンに赤いランプがつくようにしておけば、これを選択してからラーメンを選ぶということが少しはわかりやすくなる気がします。また、単純にこの「普通」「中盛」「大盛」ボタンを目立つ色に変更するという手もあるかもしれません。最初に量を指定する必要があることに気付きにくいのは、人はまず、自分が食べたいメニューの名前を探してしまうため、必ずしも上から順にインタフェースを見るわけではないということが理由の１つです。また、人の視線は赤色のランプに引きつけられてしまうため、ついつい下にあるトッピングやライスなどに目を奪われ、なかなか最上段の「普通」「中盛」「大盛」ボタンには気付きません。

ユーザに適切なフィードバックを返すことがいかに重要かご理解いただけたのではと思います。皆さんもこの自動券売機をどう改善したらよいか考えてみてください。

なお、食券券売機と言えば下図もなかなか困ったBADUIです。こちらも改善について考えてみてください。

図 2-32　店内→タイプ→盛りを選択したところで「お金を入れて下さい」というメッセージとともに最初に戻される（提供：八木康輔 氏）
なお、この券売機はレスポンスが悪く、タッチ操作してもなかなか画面が遷移しないため、「タッチしそびれたのかな？」と再度タッチしようとすると急に画面遷移して、別のメニューも注文してしまうこともあるのだとか（情報提供：山浦祐明 氏）

トイレの鍵：用を足しているときに他人に見られてしまうトイレ

図 2-33 「ボタンを押しただけでは鍵はかかりません」

トイレの個室では、用を足すためにそれなりのかっこうをしているため、その姿を他人に見られたらとても恥ずかしいものです。当然、そうした状況を人に見られないようにトイレのドアをロックするわけですが、そうしたプライベートなスペースが、本当にプライベートな環境になっているのか不安になることがしばしばあります。

上図は、ある電車内のトイレに貼られた「ボタンを押しただけではカギはかかりません」という案内です。このトイレの扉は「閉（close)」ボタンを押すことで閉まるようになっており、「開（open)」ボタンで扉が開くようになっています。ここで「閉（close)」ボタンを押すと扉が自動的に閉まり、そして「カシャッ」という音が鳴ります。この「カシャッ」という音で、自動的に鍵もかかったと勘違いしてしまい、写真右上にある鍵に気付かずロックを忘れてしまう人がいるため、このような案内が付けられているのでしょう。トイレの外にいる人は、鍵がかかっていないため、中にまさか人が入っているとは思わずドアを開けてしまい、お互いに驚いてしまうというものでした。

実際に私も、他人が入っているときにこのトイレを開けてしまい、「すみません」と謝ったことがあります（相手が男性ですでに用を足した後だったのでまだよかったのですが……)。トイレに人がいるのにドアを開けてしまうというのは、開けた方にとっても、開けられた方にとっても何とも言えない気分になってしまうので困ったものです。この事例の場合、「カシャッ」というフィードバック音によってついつい鍵がかかったと勘違いするため、こうした音を鳴らさないか、いっそのこと自動で鍵まで閉めてしまえばよいのにと思ってしまいます。ただ、子供が遊んで中に入り、閉じるボタンを押して閉じ込められてしまうのを防いでいるのかもしれません。何にせよ、自動化する場合には、色々と配慮が必要という好例です。

トイレの事例をもう少し紹介しましょう。下図は私がアメリカで出会ったトイレのドアハンドルとその鍵です。さて、どうやって鍵をかけるかわかるでしょうか？

図 2-34 （左）アメリカで出会ったトイレのドアハンドル ／（中央）ロックされた状態 ／（右）ロックされていない状態
ドアノブの突起をスライドしたくなるが、これはスライドできない

図 2-35　さて、どちらがロックされた状態だろうか？

何やらスライドしそうな突起が付いています。「これを上にスライドしたらロックがかかるのかな」と思い、試してみましたが動きません。動かし方が悪いのかと試行錯誤するもののやっぱり動かないので、「壊れてるのかな？」と考えていたところ、この突起を押すと少しだけ引っ込むことに気付きました。どうやらこれを押すと鍵がかかるようでした。

わかりにくいですが、左ページ下図（中央）はロックされた状態で、左ページ下図（右）はロックされていない状態です。写真で見てもわかりづらいですが、実際もほとんどの差がありません。ちなみにこのドア、ロックがかかっているのかどうか確認するためにドアノブをひねるとロックが解除されてしまうため、本当にロックされているのかどうか確認することができず不安な気持ちになり、用を足している間、ずっとドアノブを握りしめていました。

上図も、とあるトイレのドアハンドルです。ドアハンドルにボタンが付いているのでこれが鍵だと思うのですが、押してみてもペコッと軽く押し込まれるだけで、本当にロックがかかっているのかどうか不安になります。このドアも内部からハンドルを回すとロックが解除されてしまうため、正しく施錠されたかどうか確認する方法がなく、用を足している間ずっとハンドルを握りしめていました。

プライベートなスペースを確保することが必要なトイレのドアでは、下図 2-36 のように物理的にロックされていることが一目でわかったり、実際にドアを開けようとしてロックがかかっていることを自分の手で確認できたりすることが重要です。世の中のトイレのドアには、本当にロックがかかったかどうか不安になる BADUI が多いように思います。

最後に紹介するのは、ネタみたいな例ですが、アメリカで数泊した宿のトイレです（下図 2-37）。何と扉がちゃんと閉まりません。これはもうスタイルの違いとしか言えませんので BADUI ではありませんが、カルチャーショックを受けてしまいました。

何にせよ、わかりやすく伝えることの重要性をご理解いただけたのではないでしょうか。

図 2-36　物理的に一目でロックの有無がわかるドア。こういうのはわかりやすい

図 2-37　扉がちゃんと閉まらないトイレ

自動風呂給湯システム：浴槽にお湯をためたつもりが……

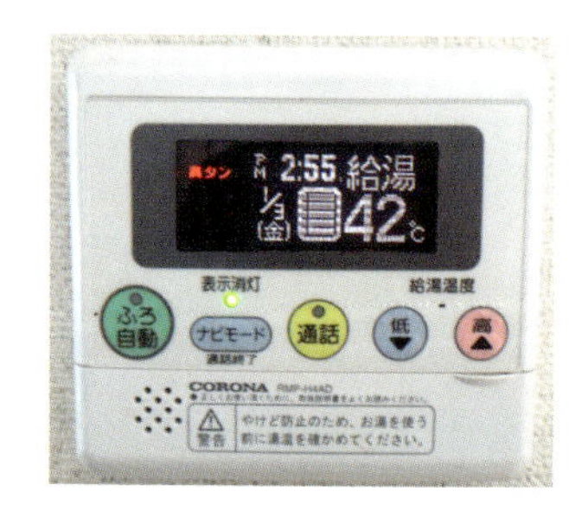

図 2-38　自動風呂給湯器のリモコン

操作対象と操作用のユーザインタフェースが離れた場所にあり、リアルタイムに状況を確認できないために操作に失敗したり、操作に難儀したりする状況もよくあります。

上図は、私の実家の台所にある給湯器のリモコンで、遠隔操作で浴槽に湯をはったり、温度を調節することができます。例えば「ふろ自動」ボタンを押すと、「お湯はりをします」という音声案内が流れ、自動で浴槽に湯はりをしてくれます。また、指定の深さまで湯がはられると「ピピッ」と音が鳴り、「湯はり完了しました」という音声案内とともに湯はり（給湯）を停止します。

ここまで読んでいただいた方はよくご存知かと思いますが、私はかなりのうっかり屋です。これまでにも風呂を沸かしていることを忘れて風呂の湯を沸騰させてしまい、大変なことになったことが数回あります。その私にとって、この音声ガイダンスによる注意喚起&自動停止はとてもありがたいものです。

しかし、このシステムでは、下記のことをやらかすうっかり屋を完全にはサポートできていないようでした。

1. 浴槽の栓を開けて、浴槽を洗う
2. 浴槽を洗ってすぐに湯はりしないで、夜になってからリモコンの「ふろ自動」ボタンを押して湯はりをする
3. 湯はりが完了するまで時間をつぶそうと、テレビを見たり、本を読んだりする
4. 音声案内がないためおかしいなぁと思って風呂場に行くと、浴槽の栓を閉め忘れており、給湯された湯がそのまま排水溝へと流れていくのに出くわす

私は 20 ～ 30 分これに気付かず、かなりの湯を無駄にしてしまいました。母も同様のことをしたことがあるとか。

この給湯器では湯はり時の湯の深さを変更することができ（下図）、通常は設定に応じて自動的に給湯が止まりますが、栓を忘れたときは給湯が止まらないようでした。つまり、この風呂には、湯の深さを検出する仕組みがありそうです。もしそうなら、一定量給湯しても水位に変化がない場合は、注意を喚起する機能を追加してほしいところです。「ふろ自動」ボタンを押したときに、「お湯はりをします」に合わせて、「浴槽の栓をしましたか？」と注意喚起する音声が流れるだけでも少しは違うかもしれません。ただし、これは毎日使うと余計なお世話と感じてしまうでしょうから難しいところです（人は、同じメッセージを毎回聞かされると、メッセージを無視するようになってしまいます）。いずれにしても、遠隔操作を行うインタフェースでは、操作対象がどういった状態にあるのかがわからないため、なるべくユーザにフィードバックとして情報を伝えることが重要です。

図 2-39　リモコンで浴槽にためる湯の量（深さ）も調整できる。ちなみに、赤色のバーが浴槽にためる湯の深さを示す

メンタルモデルと無力感

さて、ここまで色々とBADUIを紹介しつつ「フィードバックの重要性」について説明してきました。フィードバックが必要なのは、ユーザにシステムの情報を伝えるためなのですが、もう少しこのことについて掘り下げてみましょう。

ユーザは、何らかのシステムを操作するとき、自身のもっているイメージどおりに動作することを期待しています。このようなユーザがもつ「あるシステムに対して頭の中に思い描き、信じているイメージ（動作モデル）」のことをメンタルモデルと言います。

例えば図2-1（p.40）で紹介した自動券売機の例を思い出してください。多くのユーザは「挿入された紙幣を自動券売機が返却するのは、紙幣の読み取りに失敗したためだ」というイメージ（メンタルモデル）をもっているため、画面上の変化などに特に気付かない限り、紙幣が返されるとそのように解釈してしまいます。このようなイメージは、ユーザによっても微妙に異なるものであり、さらにシステムの実際の動作「自動券売機自体に問題が発生しているため紙幣を返却した」とも一致しないことが珍しくありません。このとき、ユーザのメンタルモデルが実際の動作から遠ければ遠いほど（それらのギャップが大きいほど）、ユーザにとってはそのシステムが使いにくい、悩んでしまうものとなり、BADUIとなりやすいと言えます。

ユーザはこのようなメンタルモデルを、これまで触れたことのあるシステムやユーザインタフェースをベースにして作り上げています。例えば、図2-1の事例で登場する「挿入された紙幣を自動券売機が返却するのは、紙幣の読み取りに失敗したためだ」というメンタルモデルは、ジュースの自動販売機や銀行のATMなどの挙動（動作）から学んだ可能性があります。

さて、世の中には膨大なバリエーションのドアノブや蛇口のハンドルなどがありますが、そのほとんどにおいてユーザは困ることなく使うことができています。これは、第1章で紹介した「行為の可能性を示す手がかり」が効いているからです。シンプルなユーザインタフェース（例えば、押す／引く、ON／OFFを切り替える、どこを押すかなど）であれば、手がかりを用意するだけでユーザは問題なく使えるようになるのですが、少し複雑なシステム（どうやって購入するか、どうやって入力するかなど）となると単純な手がかりだけでは操作が難しくなります。そうしたときに、システム内部の挙動がわからないと、「現在の状況はどうなっているのだろうか？」「どういった処理がなされているのだろうか？」「そもそも私がとっている行動は正しいのだろうか？」などのように不安になってしまいます。

そのため、本章で示したような「フィードバックによって、ユーザに状態を適切に伝えること」が重要となります。例えシステムの挙動としてユーザが想像していたものが、そのシステムの設計者が思い描き実現したものと異なっていたとしても、フィードバックでそのことを適切に伝えることができれば、ユーザは動作に関するメンタルモデルを修正して、問題なく操作できるようになります。本章で紹介したような「フィードバックが適切でないユーザインタフェース」がBADUIになる理由は、この点が欠けているからということが大きいと言えます。

皆さんが何らかのシステムを設計するときには、ユーザから見たらどのようなシステムに見えるのかという点を是非考えていただければと思います。また、何かしら使いにくいユーザインタフェースがあったとき、自分が抱いたシステムの動作モデルはどのようなものか、実際のシステムの動作はどのようなものかという点を考察してみてください。これはユーザインタフェースを学ぶうえでとても良い練習になります。

人はBADUIに出会い、それを使いこなせなかったときに、「ああ、自分は向いていない」「自分は何て馬鹿なんだ」などと思いがちです。このような現象を、D.A.ノーマンは「学習された無力感（learned helplessness）」や「教えられた無力感（taught helplessness）」と呼んでいます[5]。そのように、人が無力感に苛まれずに済むユーザインタフェースを作成したいものです。

5　『誰のためのデザイン？――認知科学者のデザイン原論』D.A.ノーマン（著）、野島久雄（訳）、新曜社

まとめ

本章では、ユーザにシステムの状況をフィードバックとして適切に伝えることがいかに重要か、これをおろそかにするとどんなBADUIが生まれるかを紹介しました。フィードバックがないことでBADUIになるものがある一方で、余計なフィードバックを返すことでBADUIとなるものもあります。フィードバックのポイントについて整理すると次のようになります。

- ユーザの置かれた状況を考慮し、適切なフィードバックを返すこと
- ユーザの注意は選択的に働くので、フィードバックは隠さず、目立つようにすること（警告などの重要なフィードバックには音声や色、アニメーションなどを使い目立たせること）
- ユーザが理解可能な言葉や変化でフィードバックを返すこと

皆さんがユーザインタフェースを作成する際には、この点についてしっかり考えていただければと思います。また、各種の製品を購入する際には、その製品が適切なフィードバックを返すかどうかについて検討すると、失敗が少なくなるかもしれません。特に、コンピュータ上でのフィードバックについて詳しく知りたい方には、『マイクロインタラクション』[6]という本をおすすめします。

なお、本章で何度か登場した「人の注意は選択的に働く」という事象を実際に体験できる動画を、私のWebページでいくつかまとめて紹介しています[7]。いずれの動画も、比較的聞き取りやすい英語でわかりやすく解説されているので、是非、ご試聴いただければと思います。また、この事象に関する内容を扱った書籍として、『錯覚の科学』[8]、『インタフェースデザインの心理学』[9]という本も面白いですので、是非お手に取っていただければと思います。

6 『マイクロインタラクション―― UI/UXデザインの神が宿る細部』Dan Saffer（著）、武舎広幸／武舎るみ（訳）、オライリージャパン

7 http://badui.info

8 『錯覚の科学』クリストファー・チャブリス／ダニエル・シモンズ（著）、木村博江（訳）、文藝春秋

9 『インタフェースデザインの心理学――ウェブやアプリに新たな視点をもたらす100の指針』Susan Weinschenk（著）、武舎広幸／武舎るみ／阿部和也（訳）、オライリージャパン

演習・実習

☞ 身近な自動券売機や自動販売機を観察し、どんなフィードバックがユーザに提示されているか調べてみましょう。また、それらの機械が使いにくいと感じた場合は、フィードバックをどのように改善すればよいかを考えてみましょう。

☞ 様々なユーザインタフェースについて、どんな音がフィードバックとして用いられているかを調べてみましょう。音によるフィードバックには、「ピピッ」や「ブー」などの機械音以外に、言葉を話す音声アナウンスもあります。それらがわかりやすく有効に機能しているかどうかについて議論してみましょう。さらに、気付きやすい音、気付きにくい音、気に障る音、心地良い音などについても考えてみましょう。

☞ 様々なユーザインタフェースについて、どんな色がフィードバックとして用いられているかを調べてみましょう。また、どの色がどんな用途に使われているかについて整理し、そのわかりやすさ、わかりにくさについて議論してみましょう。

☞ 様々なユーザインタフェースについて、エラーが発生したときにどのようなエラーメッセージが表示されているかを調べてみましょう。また、そのメッセージがわかりにくい場合、どのように修正するべきか改善案を考えてみましょう。

Chapter 3

対応付け

教室や会議室などの大きな部屋で、前方の照明を消してと頼まれたのに、うっかり反対側の照明を消して焦ってしまった経験はないでしょうか？ 3つ口のコンロを使うとき、火をつけようと思ったバーナーとは別のバーナーに火をつけてしまい、空っぽの鍋を火にかけてしまったことはないでしょうか？ ホテルや知人宅などで、顔を洗おうと蛇口から水を出したつもりがシャワーヘッドから水が出てきて、服がびしょ濡れになった経験はないでしょうか？

ある場所に、複数の操作対象と、その対象を操作する（対象の数と同数の）操作インタフェースがあるとき、その対象と操作インタフェースがどう対応しているかが明確でわかりやすい場合を「対応付け（マッピング）がうまくいっている」、わかりにくい場合を「対応付け（マッピング）がうまくいっていない」と言います。例えば、複数のスイッチと複数の照明がある場合、どのスイッチがどの照明に対応しているかがわかりやすいものは「対応付けがうまくいっている」、どのスイッチがどの照明に対応しているかわかりにくいものは「対応付けがうまくいっていない」と言えるわけです。

対応付けがうまくいっていないと、そのユーザインタフェースはBADUIになりがちです。本章では、この対応付けをテーマに、数々のBADUIを紹介しながら、どうして操作を間違ってしまうのか、どうしてそのようなBADUIが生まれたのか、どうしたら改善できるのかといったことについて考えていきたいと思います。

それでは対応付けにまつわるBADUI、ごゆっくりお楽しみください。

1 対 1 の対応付け

スイッチと照明の対応付け：間違った照明を消してしまうのは何故？

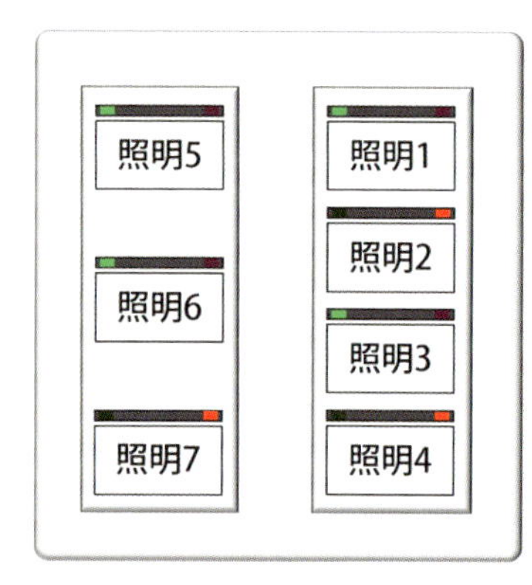

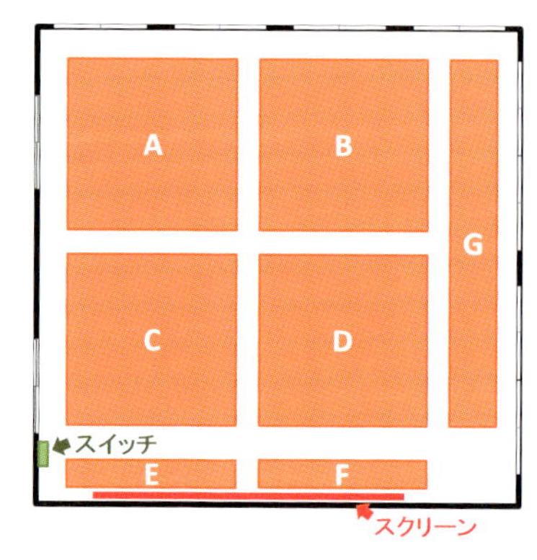

図 3-1　どのスイッチがどの照明と対応しているだろうか？
（左）「照明 1」「照明 2」「照明 3」... というラベルがスイッチに貼られている ／（右）部屋内の照明の位置

自宅や勤務先、通学先や宿泊先などで、どのスイッチがどの照明と対応しているかわからず困ってしまった経験はないでしょうか？ ここではそうしたスイッチと照明にまつわる BADUI を紹介します。

上図は、私がとある高校で出会った照明のスイッチと照明がどのように区切られているかを示す見取り図です。スイッチには右上から順に、「照明 1」「照明 2」「照明 3」「照明 4」「照明 5」「照明 6」「照明 7」と貼られているのですが、この照明のスイッチが上図（右）の見取り図の A ～ G のどれと対応しているでしょうか？ 是非予想してみてください。私は講義中、スクリーン上に映しているものを見やすくするためや、メモをとりやすくするため部屋の照明を何度か操作していたのですが、そのたびに間違った場所の照明をつけたり消したりしてしまいました。

さて答えですが、「照明 1 → E、照明 2 → F、照明 3 → C、照明 4 → D、照明 5 → A、照明 6 → B、照明 7 → G」でした。どれくらいの方が正解されたでしょうか？

講義の後に、この高校で教えている先生にお話を伺ったのですが、「長く勤めているけれどいまだにこの照明の ON/OFF をよく間違うんです」とのことでした。この照明の操作を間違ってしまう理由としては、まず照明の空間的な配置とスイッチが対応していないことが挙げられます。また、スクリーンのある前方の照明（E、F）を操作しようとしてこのスイッチに正対したときに、E、F は左側後方にあるため、ついつい左側にあるスイッチ（5、6、7）が E や F の操作を行うものだと期待してしまい、間違った場所の照明を操作してしまうのです。

もう 1 つ事例を紹介しましょう。下図は私がタイのとあるホテルに泊まったときに部屋にあった照明のスイッチと、照明の配置を図示したものです。A ～ D の照明のスイッチが、図示された部屋の 1 ～ 4 の照明のどれかに対応しているのですが、どのスイッチがどの照明と対応しているか予想してみてください。

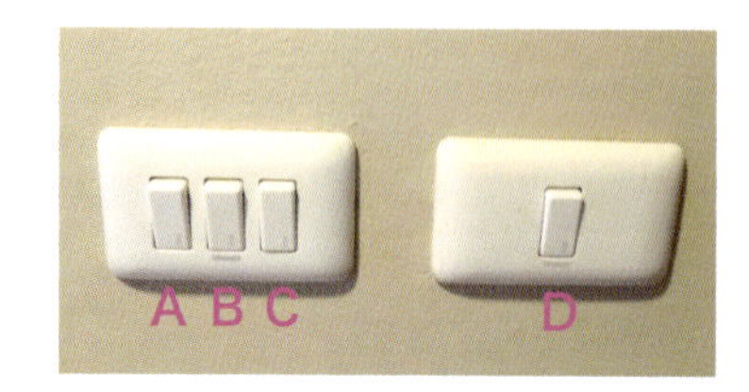

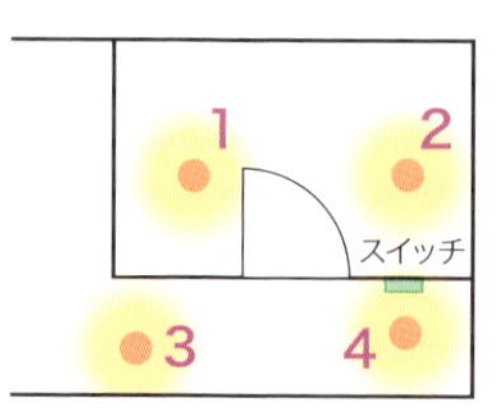

図 3-2　スイッチ A ～ D が照明 1 ～ 4 のどれに対応しているか？

図 3-3　文字サインでスイッチと照明の対応が示されている。こうするだけでも、多少は対応付けの問題が解決する（赤色の線や赤色のシールは常用する人のためのヒントだろうか？）が十分とは言えない

答えは、「A → 1、B → 2、C → 3、D → 4」でした。どれくらいの方が正解したでしょうか？ ちなみに、私は 4 日間このホテルに滞在していたのですが、毎回違う照明を操作してしまい、チェックアウトするまでほとんど思ったとおりに操作することができませんでした（特に、3 番の照明をつけようとして浴室（1、2）の照明の ON/OFF をしてしまったり、浴室（トイレ）を利用しようとしているのにスイッチそばの照明の ON/OFF を切り替えてしまったりしました）。さて、何故間違ってしまうのでしょうか？

私にとってこのスイッチが使いにくかったのは、次のことが原因でした。

- 照明は 2 つの部屋に 2 つずつ分かれているのにもかかわらず、スイッチは 3 つと 1 つに分割されている。
- スイッチの前に立ったとき、空間的には左から 3、1、2 の順番で照明を把握しているため、これがそのまま ABC と対応しているように感じる。
- 1 と 2 については、ドアが閉まっているときには照明の ON/OFF を確認できない。また 1 の照明については、ドアを開けてもドアの影になってしまい状態を確認できないため、対応付けの学習が難しい。

1 と 2、3 と 4 は別の部屋に設置されているため、スイッチも A と B、C と D に分割してあれば、もう少しわかりやすくなるかもしれません。

さて、何故このような BADUI が生まれたのでしょうか？ これを設置した人が深く考えなかったというのも理由の 1 つと言えそうですが、しっかり考えたとしても、スイッチと照明の対応関係をユーザにうまく提示するのは難しいものです。まず、照明が設置されている面（天井など）と、スイッチが取り付けられている面（壁など）は平行ではなく垂直になっていることが多く、空間的な配置のねじれがあります。また、照明のスイッチは壁の端に取り付けられていることが多いため、スイッチを操作しようとしたときに照明を背にすることになります。操作対象である照明が後方に、ユーザインタフェースであるスイッチが前方にあるため、ここでも空間的なねじれが発生します。例えば、部屋の外からガラス越しに中の様子を見ながら操作できるスイッチであれば、空間的なねじれが少ないため操作ミスは減りますが、そういった環境はそれほど多くはないでしょう。

上図はそれぞれのスイッチに説明を付与しており、何とか対応付けようとしている様子です。文字で説明されていてもスイッチと照明の対応はわかりにくいものですが、ないよりはあったほうがはるかに戸惑うことが少ないので、多数のスイッチが並んでいる場所には是非こうした説明を付けてほしいところです。また、左ページ上図の例には、適切なラベル（例えば、照明 1、2 を前方手前、前方奥、照明 3、4 を中央手前、中央奥とするなど）を付けてほしいものです。

いくつか照明とスイッチの例を紹介してきましたが、対応付けが難しい問題であることをご理解いただけたのではないでしょうか？ 皆さんも、自宅や勤務先、通学先などのスイッチと照明を見比べて、空間的にどんな関係になっているか、どのような配置やどのようなラベルを付与したらわかりやすくなるかを考えてみてください。

難しい神経衰弱：違う対象を選んでしまうのは何故？

図 3-4　墓石の神経衰弱　（左）操作対象の墓石／（右）操作用のユーザインタフェース（提供：今城直樹 氏）

上図はとあるアミューズメントパークに設置された墓石を模した神経衰弱ゲームです。神経衰弱の対象が墓石で、これを手前のユーザインタフェースで指定するものだそうです。この神経衰弱ゲーム、ついつい間違った墓石を指定してしまうらしいのですが、何故でしょうか？

少し写真が暗くてわかりにくいかもしれませんが、墓石を見てみると、奥の列には「一、二、三、四」、手前の列には「五、六、七、八」と書かれています。また、操作インタフェースでは、上の行（奥の行）には「一、二、三」、下の行（手前の行）には「四、五、六、七、八」というボタンが並んでいます（下図）。つまり、墓石は奥、手前ともに 4 つずつ並んでいますが、操作インタフェースは、奥に 3 つ、手前に 5 つという並びになっています。

もう、ほとんどの方がおわかりだと思いますが、通常、ユーザは 1 つの行をひとまとまりと考えます。しかし、この例では、操作対象と操作インタフェースの行のまとまりが一致していません。そのため、対象を見ながら操作しようとすると混乱してしまい、四番の墓石を指定しようとして三番のボタンを押したり、五番の墓石を指定しようとして、四番のボタンを押してしまうといったように操作ミスをしてしまいます。もちろん、この程度のボタン数でしたらそこまで混乱しないかもしれませんが、数が増えれば操作ミスはどんどん増えていきます。

操作インタフェースの左上にスペースがあるので、上の行に「一、二、三、四」を、下の行に「五、六、七、八」を配置するだけで空間的な対応付けがわかりやすくなり操作ミスがなくなると思うのですが、ゲームだからこそ、このようにあえて操作しにくくしているのかもしれません。対応付けの重要性をわかりやすく教えてくれるという意味で、とても興味深い事例でした。

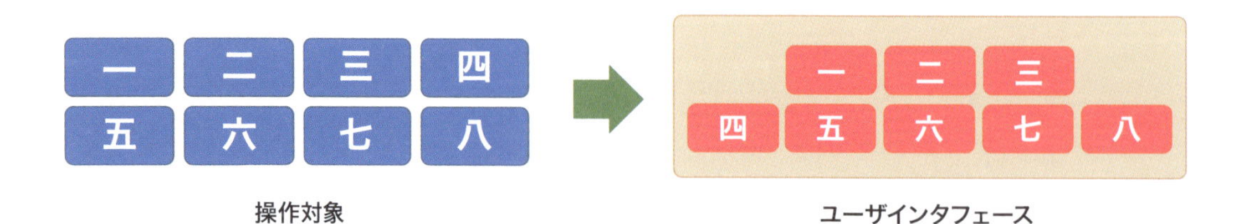

図 3-5　操作対象とユーザインタフェースの関係

操作対象は横に 4 つずつ並んでいるのに、ユーザインタフェース上には 3 つ、5 つと並んでいるため、ついつい操作ミスをしてしまう

料理とボタンの対応付け：あの料理はどのボタン？

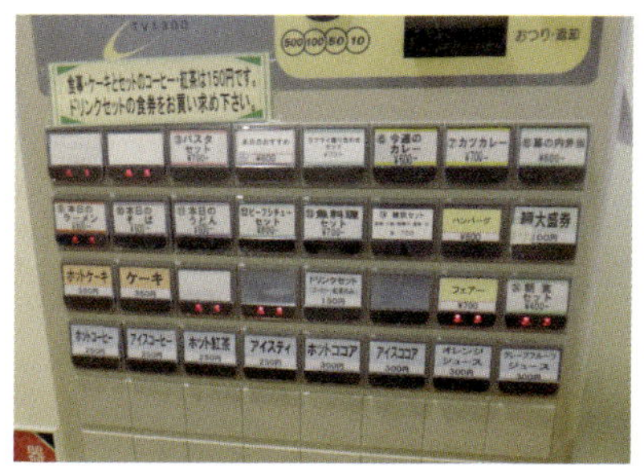

図 3-6　料理のディスプレイと券売機のボタン。あの料理はどのボタン？

私がしばしば訪れるある食堂は、自動券売機の前に料理がディスプレイされており、どの料理を購入するかを決めてから券売機の前に並ぶというシステムなのですが、券売機前で悩んでしまい、店員さんに助けてもらう人をよく見かけます。私も、この券売機前で目的のボタンを見つけることができずに悩んでいるときは、店員さんに助けてもらっています。

上図はその食堂の料理ディスプレイと自動券売機です。料理のディスプレイはどんなものが入っているかわかりやすいものですし、券売機にも特に大きな問題はなさそうに見えます。しかし、とある理由でこの自動券売機は人を悩ませるものとなっています。

その理由は、この章の他の事例と同じで、対応付けがうまくいっていないことです。下図にこの日の料理と券売機上でのボタンの並び順をイラストで示しました。料理の並びと、自動券売機のボタンの並びがまったく違います。そのため、ハンバーグを食べたいなと思っても、券売機では「ハンバーグ」のボタンがどこにあるのかすぐにはわからず悩んでしまうというものでした。

料理のディスプレイの並び順と券売機のボタンの並び順を同じにすれば、券売機前で悩む人の数を減らすことができると思います。また、この券売機上には使われていないボタンもあるので、ボタンの配置を整理し、ボタン表示もわかりやすくすれば、悩む人を減らせるのではと思います。さらに、現在は料理のディスプレイで各料理の説明に用いられているポップの色と、券売機上のボタンの色が対応していないのですが、これらの色に意味を持たせて両者の色をそろえるとさらに効果があるはずです。もっとも、このように券売機ボタンが歯抜け状態になっているのは、ボタンの並べ替えができないなどの運用上の理由があるのかもしれません。何にせよ、面白い事例です。

図 3-7　ディスプレイの並び順と券売機上でのボタン配置。並びが対応しておらず、わかりにくい

パッケージと個包装の対応付け：違う味を選んでしまうのは何故？

図 3-8　食べたいと思ったものと違う味を手に取ってしまうパッケージ。何故だろう？

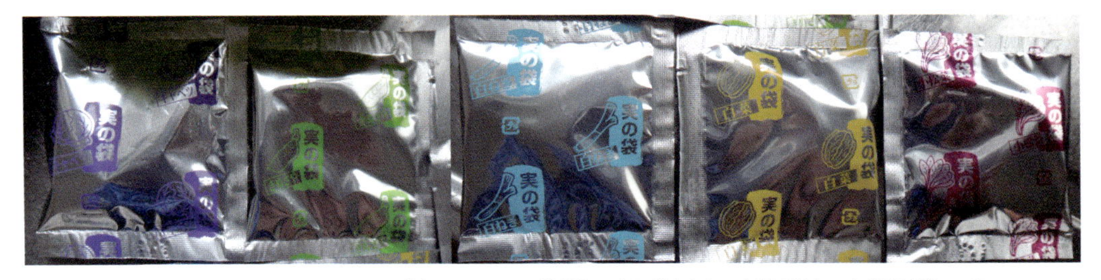

図 3-9　個包装の写真。キャベツは紫色、きぬさやは黄緑色、白ねぎは水色、白菜は黄色、小松菜はピンク色

ある日、私も妻も料理をする元気がなかったため、弁当を買い、家にあった味噌汁のレトルトパックを作って飲もうとしていました。上図は、その味噌汁のレトルトパックの外袋パッケージと、その中に入っていた個包装です。5 種類の味があることが、パッケージのイラストと文字からわかります。また、個包装にもそれぞれ何味であるかが描かれています。さて、この味噌汁、私も妻もパッケージで目星を付けたのと違う味のものを作ってしまったのですが、何故間違ってしまったのでしょうか？

外袋にはそれぞれの味と、何食分入っているかが白色の文字で書かれており、その背景は 5 種類それぞれ違う色で塗りつぶされています。一方、個包装についても文字で味が示されており、またそれぞれの味に違う色が割り当てられています。そのため、しっかり確認しておけば間違いようがないものに見えます。さてここで、それぞれの色を確認すると、外袋はキャベツが黄緑色で、きぬさやがピンク色、白菜が青色で、白ねぎがオレンジ色、小松菜が濃い緑色です。一方、個包装はキャベツが紫色で、きぬさやが黄緑色、白菜が黄色で、白ねぎが水色、小松菜がピンク色となっています。つまり、その色の割り当てが外袋と個包装で一致していません。

味噌汁を食べようとしたとき、ユーザは外袋のパッケージでどんな味があるかを確認し、目を付けた味の名前だけでなく色も頭の中にインプットしています。そのため、個包装の色を見て、パッケージで見た色（に近い色）が目的のものだと考えてしまい、ついつい間違えてしまうのです。もちろん個包装にも文字や絵で何味かということは示されているのですが、銀色のパッケージが光を反射して文字や絵を認識しづらくなっているため、人はついつい色を頼りにしてしまいます。

色は対応付けにおいて効果的に働くため、上手に使えば使いやすく間違いにくいユーザインタフェースとすることができます。一方、この事例からもわかるように、誤った使い方をするとユーザを混乱させてしまいます。何故、同じ色を使おうとしなかったのか、また同じ色を使わないのであれば何故 5 種類で色分けしたのか、ミステリアスな外袋と個包装の組み合わせでした。色を使うのであれば、そこには意味を持たせるべきであることを教えてくれる興味深い BADUI でした。

距離による対応付け

エレベータと操作パネル：この操作パネルはどのエレベータ用？

図 3-10 (左) 2 つのエレベータがあるエレベータホール ／ (右) A と B の 2 つの操作パネルがある。
エレベータ 1 のドアを開けるには A と B のどちらを操作したらよいだろうか？（提供：くらもといたる 氏）

上図はネパールのとあるホテルにあるエレベータと、その操作インタフェースだそうです。上図（右）に注目してほしいのですが、1 と 2 という 2 つのエレベータがあり、A と B という 2 つの操作パネルがあります。ここで、エレベータ 1 を操作するとき A と B どちらの操作パネルを使おうとするでしょうか？

ほとんどの人が、エレベータ 1 を操作するならば、パネル A を操作するに決まっているじゃないかと回答するのではないかと思います。しかし、下図を見てください。これは、操作パネル A を拡大したものです。「Please use this Button for the Elevator on the Right side. Inconvenience Is regretted（右側のエレベータを使うにはこのボタンを使ってください。ご迷惑をお掛けしております）」と書いてあります。つまり、エレベータ 2（右側のエレベータ）を操作するときは、こちらのパネル A を使えという指示であり、ということは、エレベータ 1（左側のエレベータ）は操作パネル B で操作することになります。

本章後半でも説明しますが、人は二対のものがあるとき、近くにあるもの同士を対応付けます。追加でエレベータを設置したときに操作パネルを配置する場所がなかったのか、改修のためのお金がなかったのかわかりませんが、ネタとしてはとても面白いと思います。ただ、エレベータ 1 のドアを開け続けようとしてボタンを押しているのに実際はエレベータ 2 を操作（呼び出し）しており、結果としてエレベータ 1 のドアに人を挟んだりしかねないので、改善してほしいところです。

図 3-11 (左) A の操作パネルを拡大した様子 ／ (右) さらに A の操作パネルの一部を拡大した様子（提供：くらもといたる 氏）
「Please use this Button for the Elevator on the Right side. Inconvenience Is regretted」と書いてあり、右側にあるエレベータはこれで操作するらしい。したがって、操作パネル A でエレベータ 2 を、操作パネル B でエレベータ 1 を操作することになる

トイレのサインの左と右：どちらが男性用でどちらが女性用？

図 3-12　矢印で示している左側のトイレは、男性用／女性用どちらだろうか？

上図はとある大学で男女のトイレ入口の間に設置されていたトイレのサインです。さて、この写真を見たとき、写真の左側にあるトイレは男性用／女性用のどちらだと考えるでしょうか？

この質問をすると、9割程度の人が男性用と答えますが、答えは女性用です。つまり、左側のトイレが女性用、右側のトイレが男性用となっています。さて、多くの人が間違えるのは何故なのでしょうか？ 理由を考えてみてください。

下図（左）は、このトイレの状況を上から見た図です。実を言うと、このトイレのサインは、女性用と男性用のトイレが左右に並んでいるということを示しているだけです。

しかし、このサインが人からどう見られるのかを考えると、問題が明らかになってきます。廊下を歩いてきた人は、このサインを斜めから見ます。すると、壁に垂直に取り付けられているトイレのサインが下図（右）のように壁に貼り付いているように見えてしまいます。2つのトイレは空間的にサインの手前と奥にあるはずですが、サインが壁に貼り付いているように見えてしまうために、手前にあるトイレが男性用で、奥にあるトイレが女性用であると認識してしまいます。その結果、うっかり異性用のトイレに入ってしまいそうになる人が出てくるわけです。実際、BADUIにはまり続ける私も、女性トイレに入ろうとする直前に気付き、事なきを得たのですが、危うく犯罪者になってしまうところでした。

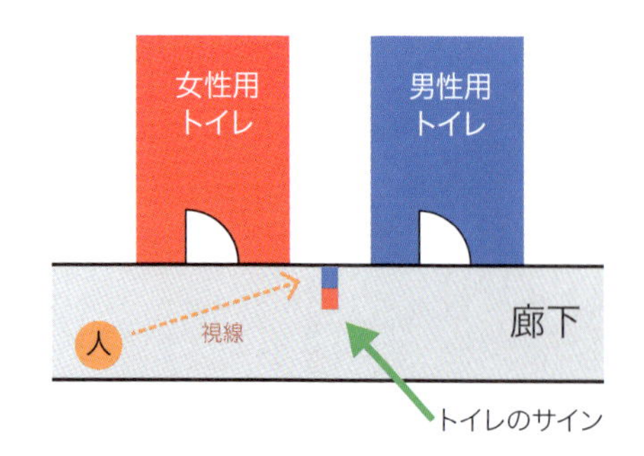

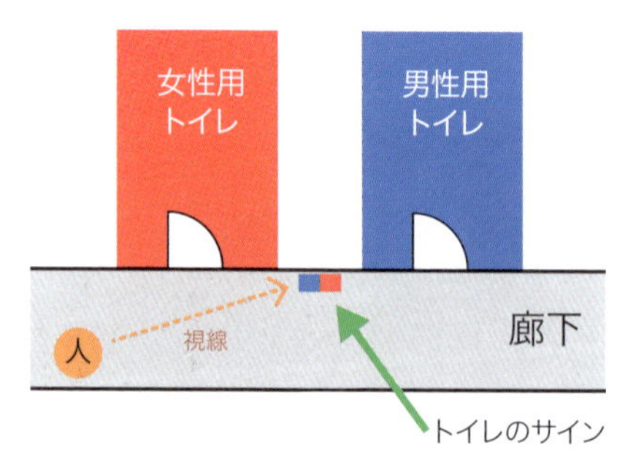

図 3-13　トイレのサインがどう見えるか。サインの赤と青はそれぞれ女性のマークと男性のマークを表している
（左）廊下からこのサインを見ている様子 ／（右）サインの左側は女性用なのだが、サインが壁に貼り付いているように見え、男性用と勘違いしてしまう

図 3-14 （左）左が女性用、右が男性用と大きく表示されているにもかかわらず、左側のトイレに入ろうとしてしまった。不注意には違いないけれど、この表示も左右逆にしてくれれば…… ／（右）柱のどちらが男性用でどちらが女性用だろうか？（提供：河野恭之 氏）

こうした事例は、実を言うとたくさんあります。トイレのサイン自体はデザイナが作成することが多いでしょうが、サインの設置までデザイナが関与することは少ないでしょう。多くの場合は、用意されたサインを、ユーザインタフェースに興味のない人が、深く考えずにそのまま設置します。そのため、せっかくのわかりやすいサインが有効に機能していないばかりか、逆効果になってしまうということがよくあります。これが、誰もが BADUI の作り手になり得る理由の 1 つでもあります。

まったく同じ問題が、とある病院のトイレ（上図（左））にもありました。トイレの入口の両端に大きく男女のサインが示されているにもかかわらず、私は上に提示されている男女セットのサインに注目してしまい、危うく女性用トイレに入ってしまうところでした。

もう 1 つ、フランスのとある空港のトイレ（上図（右））にはもっとひどいものがあったそうです。手前の柱に男女のサインがあり、その左右両奥にそれぞれトイレがあります。さて、この柱の左側には男性用、女性用どちらのトイレがあるでしょうか？ 下図は、位置関係をそのままにしてこのトイレのサインを拡大したものです。手前の柱に取り付けられているサインは左側が男性用、右側が女性用となっています。一方、その柱の両側の奥にあるトイレのサインは、左側が女性用、右側が男性用となっています。つまり、柱で提示されている左右の関係と、実際のトイレの左右の関係が逆転しています。不注意でやらかすことが多い私なら、男性用トイレに入ろうとして、間違って女性用トイレに入ってしまうだろうなと思います。これもきっと、この柱に男女のサインを描くとどう捉えられるかということを気にしないために生まれた BADUI だと言えます。

うっかり異性用トイレに入ってしまい痴漢と間違われる不幸な事件を世の中から減らすためにも、こういったサイン（ここにトイレがあるという意味の男女セットになったサイン）の設置にはもう少し気を付けてほしいものです。

図 3-15 中央のサインと、トイレ前のサインを拡大した様子。左は女性用トイレ、右は男性用トイレである（提供：河野恭之 氏）

トイレのサインの意味：男女共用のトイレ？

図 3-16　男女共用のトイレ？

さて、トイレの話を続けましょう。上図は、私がとある大学で出会ったトイレのサインです。このサインを皆さんが見かけた場合、サインの横にあるこの扉の奥のトイレはどのようなものであると考えるでしょうか？

私はこのサインと扉を見たとき、1 つの扉に 1 つのサインが取り付けられているため、男女共用のトイレか、この扉の中でさらに男性用、女性用というように分かれているのだろうと考えました。

しかし、実際は下図のようになっており、この扉の奥のトイレは男性用でした。また、この下図（左）の写真の左側にある凹みの奥にもう 1 つ扉があり、そちらが女性用とのことでした。つまり、下図（右）のような位置関係になっているようでした。このそれぞれの扉には何のサインも取り付けられていないため、本当に不安な気持ちになってしまいます。

1 つ前のページで紹介した事例を考えると左右の位置関係としては間違いではないのですが、このサインだけで男性用トイレ、女性用トイレの存在とその位置を示しているとするのはかなり乱暴だと思います（しかも、一方は奥まっていますし）。この例もまた、デザイナの関与しないところで生まれた BADUI と言えるでしょう。

今後、レーザーカッターや 3D プリンタなどが普及すると、誰もがこのようなサインを気軽に作れるようになります。そうなると、問題のあるサインを簡単に自分で改善できるようになる一方、色々な人が深く考えずにサインを作ったり設置するようになり、ますます混乱を誘発するケースが増えるかもしれません。そうならないためにも、少しでもユーザのことを配慮できる人が増えるようにと願いながら、本書を執筆しています。

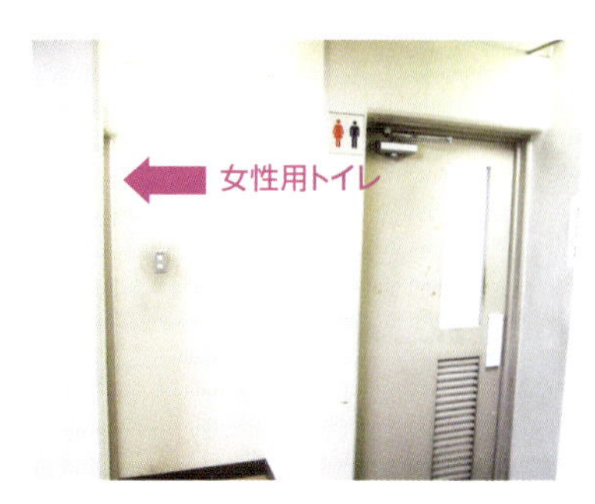

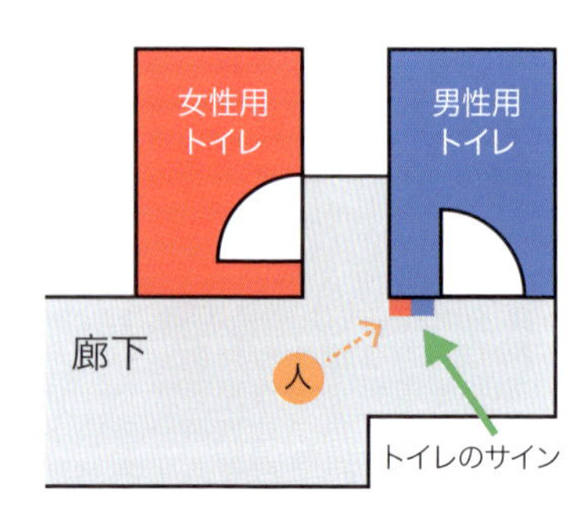

図 3-17　右に男性用トイレが、左奥の凹んだところに女性用トイレがある。
ちなみに、それぞれの扉自体には男性用なのか女性用なのかを示すサインは付けられていない

フォームのラジオボタン：このボタンはどのラベルと対応？

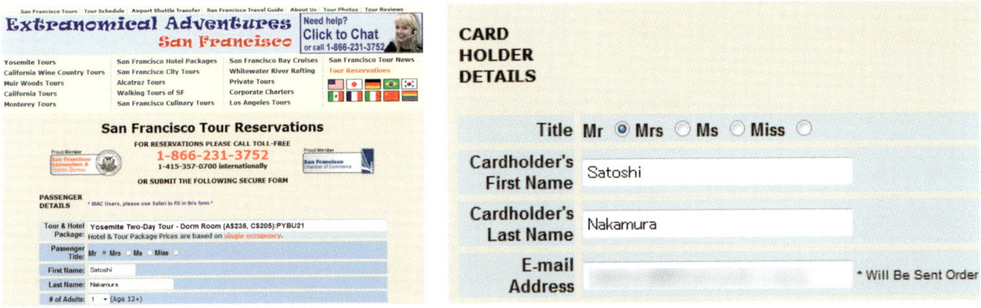

Extranomical Adventures
San Francisco
Need help?
Click to Chat
or call 1-866-231-3752
San Francisco Tour Reservations
1-866-231-3752
OR SUBMIT THE FOLLOWING SECURE FORM
PASSENGER DETAILS
Tour & Hotel Package:
Yosemite Two-Day Tour - Dorm Room (A$235, C$205):PYBU21
Passenger Title:
Mr
Mrs
Ms
Miss
First Name:
Satoshi
Last Name:
Nakamura
# of Adults:
CARD
HOLDER
DETAILS
Title
Mr
Mrs
Ms
Miss
Cardholder's
First Name
Satoshi
Cardholder's
Last Name
Nakamura
E-mail
Address
* Will Be Sent Order

図 3-18　ツアー予約ページ。選択しているのは Mr？ Mrs？

上図は、インターネットを利用してあるツアーの予約をしたときに出会った Web ページのスクリーンショットです。旅行者の名前に付ける敬称として、「Mr」「Mrs」「Ms」「Miss」の中からラジオボタン（選択肢の中から候補を 1 つだけ選ぶためのユーザインタフェース）を利用して選ぶようになっています。さて、この図の状態の場合、「Mr」と「Mrs」どちらが選択されているでしょうか？ まぁ、順に見ていくと間違うことはないと思うのですが、ラジオボタンの位置が曖昧で、「Mr」を選択しているはずが、「Mrs」を選択しているように見えてしまうというものでした。

似たような事例で、下図（左）はとある学生さんが作っていたアンケートページの一部です。こちらも同じくラジオボタンがどのテキストに対応しているかわかりにくいのですが、特に居住地の項目が大変なことになっています。おそらくこの学生さんはラジオボタンの作り方を学んだばかりで積極的に使ってみたかったのだと思いますが、ユーザの立場としてはこれでは困ってしまいます。

下図（右）は、どのボタンがどの英数字と対応しているのか悩んでしまう解錠システムです。

どれとどれとが対応しているかを示すときには、距離が重要になります。皆さんも Web ページを作るときなどにはスペースの使い方に気を付けましょう。

アンケートにご協力下さい
年齢
性別
男
女
回答しない
身分
社会人
学生
それ以外
居住地
北海道　青森県　秋田県　岩手県　山形県　宮城県　福島県　茨城県　栃木県　群馬県　埼玉県　東京都　千葉県　神奈川県　新潟県　長野県　山梨県　静岡県　富山県　岐阜県　愛知県　石川県　福井県　滋賀県　三重県　奈良県　京都府　大阪府　和歌山県　兵庫県　鳥取県　岡山県　島根県　広島県　山口県　香川県　徳島県　愛媛県　高知県　福岡県　大分県　宮崎県　熊本県　鹿児島県　佐賀県　長崎県　沖縄県　それ以外
1 6
A
2 7
B
3 8
C
4 9
D
5 0

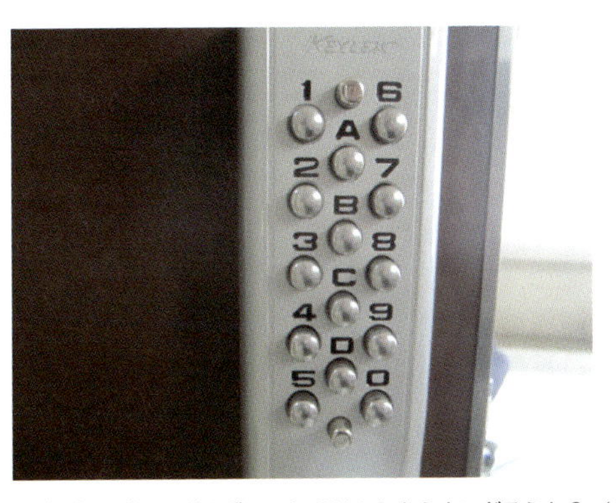

図 3-19　（左）学生さんが作っていたアンケートページ。居住地が広島県の場合、どのラジオボタンを ON にしたらよいだろうか？／（右）どのボタンがどのキーと対応しているだろうか？

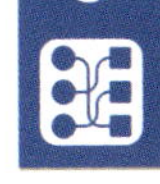

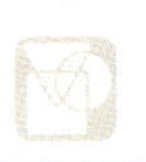

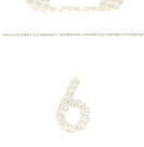

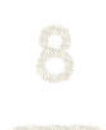

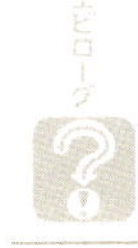

回す方向による対応付け

切り替えハンドル：歯を磨こうとしてシャワーを浴びてしまうのは何故？

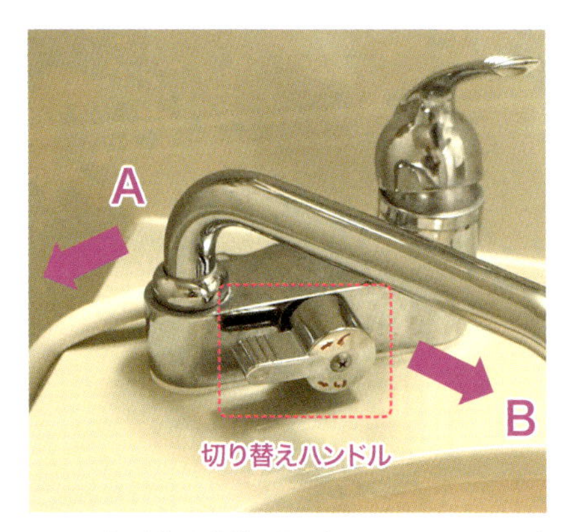

図 3-20　切り替えハンドルを左に倒した状態で湯を出すと、湯は A と B どちらから出るだろうか？

歯を磨いたり、顔を洗うために蛇口から水を出すつもりが間違ってシャワーヘッドから出してしまい、服を着たまま全身ずぶ濡れになった経験はないでしょうか？

例えば、上図のような状況を思い浮かべてください。A の先はシャワー、B の先は洗面台の蛇口となっています。ここで切り替えハンドルは、左に倒したり、右に倒したりすることが可能です。さて、写真のようにハンドルを左に倒した場合、お湯が出るのは A（シャワーヘッド）からでしょうか？ それとも B（蛇口）からでしょうか？ 理由を考えてから次に進んでください。

私は、左側に倒すと A（シャワー）から、右側に倒すと B（蛇口）から湯が出ると考えました。その理由としては、この切り替えハンドルに向かい合うと左側にシャワーヘッドが、右側に蛇口があるからです。このとき私は、浴槽に湯をはってゆっくりしようと考え、蛇口の先を洗面台から浴槽へと向け、上記の理由で右側に切り替えハンドルを倒しました。そして、温度と水量を調整するハンドルを、高温の湯が勢いよく出るように操作したところ、蛇口ではなくシャワーヘッドから熱い湯が飛び出してきました。運が悪いことにシャワーヘッドがこちらを向いていたため、私は服を着たまま高温の湯にさらされ、びしょ濡れになるとともに火傷しかけてしまいました。

つまり、答えは下図のとおり、B の蛇口でした。この切り替えハンドルを左に倒すと B の先にある蛇口から、右に倒すと A の先にあるシャワーヘッドからお湯が出ます。皆さん、予想は当たったでしょうか？

図 3-21　（左）左に倒すと蛇口 B から湯が出る ／ （右）右に倒すとシャワーヘッド A から湯が出る

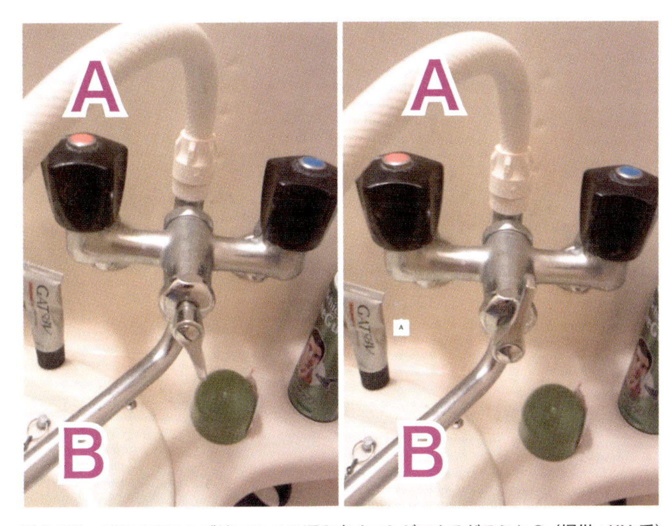

図 3-22　どちらであれば蛇口 B から湯を出すことができるだろうか？（提供：KY 氏）

私はこの手の失敗を本当によくやってしまいます。このケースのみならず、これまで出張先のホテルで湯をためようとしたり、顔を洗おうとしたり、歯を磨こうとしたときに、予期せずシャワーヘッドから水やお湯が飛び出してきて、せっかく着替えたのにと悲しくなることが何度もありました。何度も引っかかっているのだから気を付けるべきというのはごもっともなのですが、出張などで疲れているときや、時差ぼけで眠いときなどは、気が抜けているせいでついついこのような失敗をしてしまいます。

ちなみに、左ページ下図を注意して見るとわかるのですが、水栓本体と蛇口、シャワーホースの接続場所は、ちゃんと切り替えハンドルと対応しており、左側に蛇口、右側にシャワーホースとなっています。そのため、実は左側に倒すと蛇口、右側に倒すとシャワーというのは間違っているわけではありません。また、ハンドルに小さくシャワーと蛇口の絵が示されています。

しかし、通常ユーザは、そのような部分をそこまで深く観察しません。またハンドル上のサインもあまり大きくなく、わかりやすいとは言えません。そのため、水が飛び出す先端部分に注目して操作してしまい、やらかしてしまうのです。ホテルによっては、部屋の清掃の段階でシャワーヘッドが洗面台のほうに向かないよう工夫してセットしてあるところもあります。こうした現場での配慮は私のようなうっかり屋にとってはとてもありがたいものです。

せっかくなので、同様の事例を続けましょう。上図は、とあるお風呂に取り付けられたシャワーヘッド A と蛇口 B の切り替えハンドルです。左側と右側の写真、どちらの状態であれば蛇口 B から湯を出して、浴槽に湯をはることができるでしょうか？ また、その理由は何でしょうか？

答えは右の状態、つまり、ハンドルを上向きにしたときに蛇口 B から湯が出てきます。皆さん正解されたでしょうか？ 私がこのハンドルに出くわしたら、十中八九間違えると思います。写真を提供してくれた学生さんは、浴槽に湯をためようと左の状態でハンドルをひねったところ、シャワーヘッド A から湯が噴き出し、やはり服を着たままお湯を浴びてしまったそうです。

さて、何故このような間違いが起きるのでしょうか？ まず、そもそもハンドルをどの状態にしておいたらどちらから出てくるのかという情報が一切ないのが大きな問題です。次に、間違うタイプの人はこのような形状のハンドルを見ると、ハンドルを時計のようなインタフェースと見立て、ハンドルの先端（握りの部分）が何か対象を指し示していると考えてしまいがちです。この水栓の場合、上方向にシャワーヘッドへのホース A が、下方向に蛇口 B が取り付けられているため、ハンドルの向きがこれらに対応していると考えて、上方向に向けるとシャワーから、下方向に向けると蛇口から水が出ることを期待するのです。しかし、実際にはハンドルの先と水の出る場所は対応してないため、服を着たまま水を浴びてしまい、場合によっては大変なことになってしまうというものでした。

図 3-23　シャワーと蛇口、どちらがどちら？
矢印に従い上に引き上げるとシャワーなのかな？ と思って試したところ正解だった。ただ、シャワーホースや蛇口の出ている場所との関係などを考えるとこれでよいだろうか？

シャワーと蛇口の切り替えハンドルには本当に色々なものがあります。上図は東京のとあるホテルで出会った切り替えハンドルです。このハンドルの場合は、上図（左）のときに蛇口から、上図（右）のときにシャワーから水が出る仕組みになっていました。矢印しか描かれていなかったので不安になってしまいましたが、このときは間違わずに操作できました。ただ、対応付けが明確ではないので、もうひと工夫ほしいところです。

下図は、京都のとあるホテルで出会ったシャワー／蛇口の切り替えハンドルです。このハンドルは手で握ってひねっている最中か、水や湯を出しているときしかシャワー状態で固定することができず、水や湯が出てないときに手を離すと自動的に元の位置に戻り、そのままだと蛇口からしか出ないようになっていました。また、シャワーを利用した後、水や湯を止めた場合も自動的に元の位置に戻ります。そのため、誤ってシャワーを浴びてしまうということがありません。シャワーをこまめに止めながら利用するには少々面倒でしたが、服を着たまま水を浴びてしまうというトラブルが絶対にないので個人的には好きなユーザインタフェースです。

さて、シャワーと蛇口の切り替えハンドルについていくつか事例を紹介しましたが、AとBという２つの対象への対応付けを回転操作によって行う難しさについてご理解いただけたでしょうか。是非、みなさんも身の回りの切り替えハンドルを探し、使いにくいものがないか、そしてどう改善したらよいかを考えてみてください。

図 3-24　（左）シャワー状態にするには水や湯を出した状態で時計回りに回して手を離す／（右）水を止めると元の位置に自動的に戻る

温度制御のハンドル：お湯を出すにはどうする？

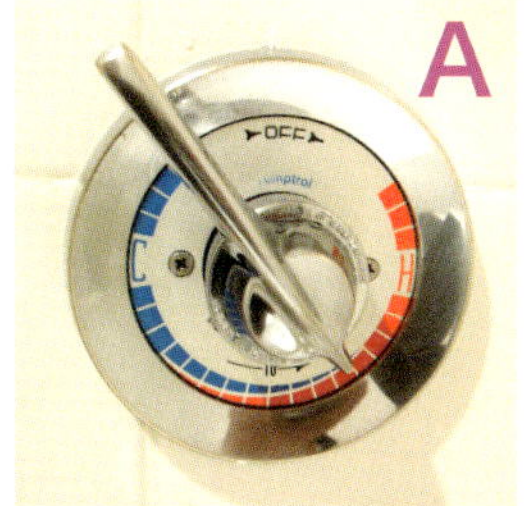

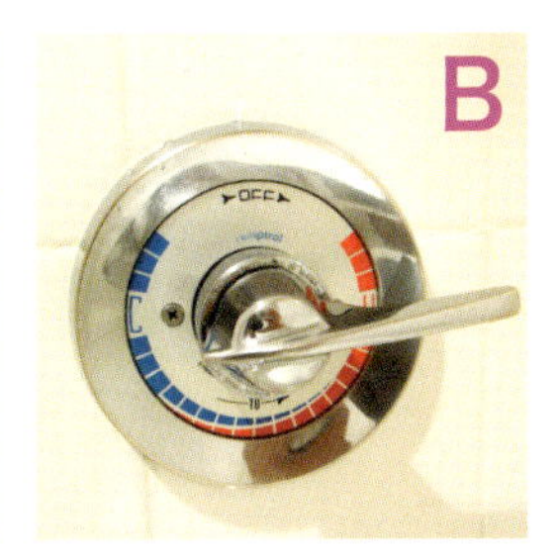

図 3-25　ハンドルを A と B のどちらの状態にするとお湯が出るだろうか？ 一番左が初期状態

上図は、私がアメリカのとあるホテルに泊まったときに出会ったシャワーのハンドルです。

さて、A と B、どちらの状態だと湯が出るでしょうか？ またその理由は何でしょうか？

この質問を授業などで学生さんに行うと、ほぼ半々に答えが分かれます。ちなみに、私は下記の理由で A の状態のときにお湯が出ると考えました。

1. メモリは中心から時計回り、反時計回りにそれぞれ徐々に太くなっているため、回して操作するハンドルで、ひねり量に応じて水量が増えるのではないか。
2. 初期状態で、ハンドルの下端が青色のメモリと赤色のメモリの中間点を指している。つまり、このハンドルの下端が指す位置でお湯か水を選択するのではないか。
3. このハンドルを時計回りに動かした先に青色のメモリと C という文字が、反時計回りに動かした先に赤色のメモリと H という文字がある。つまり、反時計回りに回すと熱いお湯が出るのではないか。

これまでの授業で、A と答えた人は概ね私と同じ理由を挙げていました。また、B と答えた人は、赤と青のメモリが上から下に徐々に細くなっているため、矢印のように見えたからと回答していました。皆さんの考えた理由はどういったものだったでしょうか？

なお、正解は B でした。つまり、お湯を出すには B の状態、水を出すには A の状態にします。正解・不正解はさておき、この BADUI の面白いところはここからです。B の状態にすればお湯が出るのであれば、ハンドルを時計回りに回せばよいと思うのではないでしょうか？ 実を言うとこのハンドル、初期状態からは反時計回りにしか動きません（下図）。つまり、このハンドルでお湯を出すには、反時計回りに 270 度近く回転させる必要があります。お湯を出すときも、最初は必ず水が出て、180 度以上回転させるとぬるめのお湯が出るというものでした。そのため私はしばらくの間、壊れてるのかなと悩んでしまいました。

このハンドルのメモリを青色から赤色にグラデーションで変化させたり、ハンドル下部の突起をなくしたりすると、もう少しわかりやすくなるかもしれません。一応フォローしておくと、このハンドルの土台には「時計回りに回転させると OFF になる」ことを示すらしい文字や矢印が付いています。しかし、OFF という文字がデザインの一部に溶け込んでいて気付きにくく、土台下部の矢印も意図がよくわからないため、あまり良いヒントになっていませんでした。色々な意味で興味深い BADUI でした。

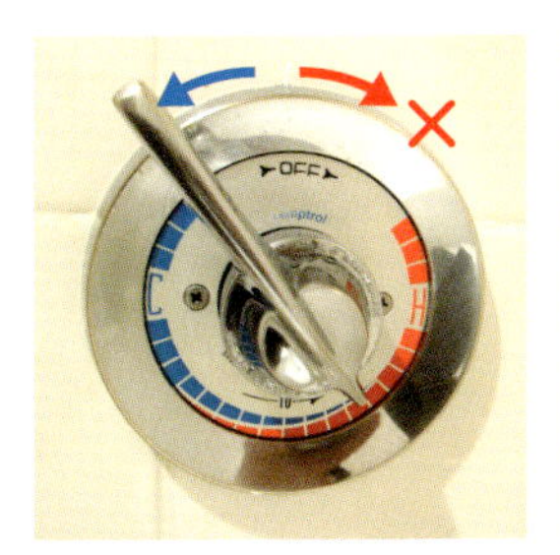
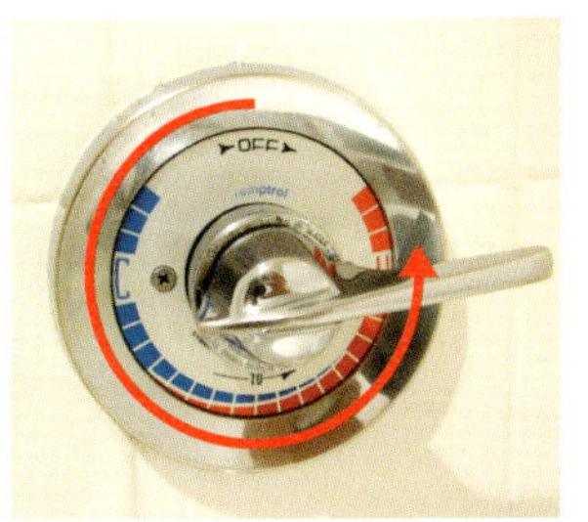

図 3-26　左方向に回すと水が出る。湯を出すには 270 度回転させる必要がある

対応付け情報の欠落

ホテルのカードキー：宿泊部屋は何号室？

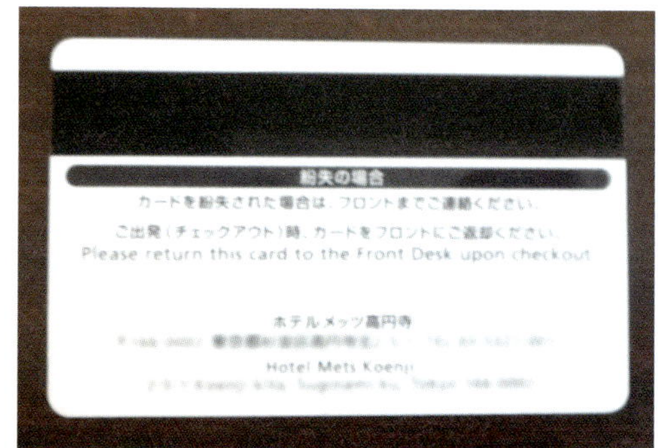

図 3-27　部屋番号がどこにも記されていないホテルのカードキー。仕方がないとはいえ随分困ってしまった

昨今、多くのホテルでは部屋の鍵としてカードキー（上図）が使用されています。どういうものなのかというと、フロントでキー情報が書き込まれたカードを受け取り、宿泊する部屋の前でカードリーダにそのカードの情報を読み込ませて、鍵を開けるというものです。

カードキーのキー情報は随時変更されるため、もし客が鍵をなくしてしまっても部屋の鍵自体を交換する必要がなく、ホテル運営上のリスクが少なくなるという点でとても良い方法だと思います。ただし、こうしたカードキーには問題がないわけではありません。

これまでの物理的な鍵では、鍵と一緒に部屋番号がわかるものを付けておくのが一般的でしたが、フロントでキー情報を書き込むタイプのカードキーでは、キー情報さえ書き込めばどのカードでどの部屋にでも対応できるため、上図のようにカード自体に部屋番号が書いてありません。チェックイン時にはカードキーと一緒に部屋番号が書かれたカードキーホルダを渡されるのが一般的なので、これを持って歩けばよいのですが、カードタイプなのでついついカードキーホルダは持ち歩かずカードキーのみを財布に入れて持ち歩きがちです（カードキーホルダは財布に入らない）。

カードキーは落としても不正利用される心配がないという良い面もあるのですが、滞在していた部屋番号を忘れてしまうと少し面倒なことになります。例えば、私は朝食をとろうと朝食会場に行ったときに部屋番号を訊かれ、部屋番号をしっかりと覚えていなかったため答えることができず、そもそも存在しない部屋番号を答えてしまい怪訝な顔をされてしまったことがあります。また、別のホテルでは、外出してから部屋に戻るときに正確に部屋番号を覚えていなかったため、間違った部屋を開けようとするなど問題のある行動をとってしまいました。さらに、団体旅行などでみんなで大部屋に集まって飲んでいたとき、複数の人がカードキーをテーブルの上に置いてしまい、どれが誰のカードキーか判別がつかなくなって、結局すべてのカードキーを順番に試すはめになったこともあります。過去には、海外出張で同室となった学生さんが、部屋の入口でカードをかざしても部屋を開けることができず、部屋番号を間違って覚えていたかと 1 時間近く周囲をさまよっていたこともありました。このときは、実は磁気カードがおかしくなっていただけでしたが、部屋番号が示されていないせいで、カードキーを疑う前に自分の記憶を疑ってしまったようでした。

チェックイン時にカードキーに部屋番号のシールを貼ることで、部屋がわからなくなる問題を解消できるかもしれませんが、剥がすのは手間でしょうし、挿入型のカードキーの場合、カード挿入口に剥がれたシールが詰まってしまうというリスクも出てしまいそうです。簡単な方法では解決は難しいかもしれませんが、だからこそ BADUI には研究や商売の可能性があると思います。是非、何かいい解決方法がないか考えてみてください。

外装と中身の対応付け：次の巻はどれだろう？

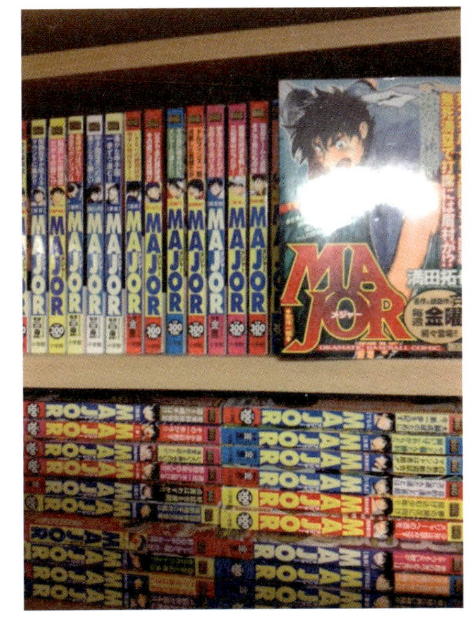

図 3-28　(左) どれが何巻？（提供：高橋俊也 氏）／（右）引越しの段ボール。どれに何が入っている？

コンビニなどで販売されているコンビニコミック（ペーパーバックタイプコミックス）では、厚紙のみでカバーもない簡易的な装丁で、過去の名作コミックなどが安く販売されています。絶版になってしまっているコミックなども発刊されていることが多く、なかなか貴重な存在です。ただし、このコンビニコミックには、整理したり一気読みするには不便な点があります。

上図（左）はこの写真を提供してくれた学生さんの家の本棚です。『MAJOR』という野球を題材にしたマンガシリーズ（通常版では全 78 巻）がずらっと並んでいます。さて、このシリーズもののコミックや小説などを順に読むとき、皆さんならどうするでしょうか？ 多くの人は表紙や背表紙に示されている巻数表示を頼りに並べ替え、その順に沿って読もうとするのではと思います。

さて、ここでこの図をじっくり観察してみてください。このコミックスの場合、表紙や背表紙にその本の中でどんな話が描かれているかという短いアオリの文章はあるものの、肝心のこの本が何巻目に当たるのかという情報（巻数表示）がありません。そのため、本を順番に読もうと考えた場合、次の本がどれなのかを毎回中身を見てストーリーが続いているか、飛躍はないかなどをもとに確認する必要があります。また、本棚に順番に並べるにも、いちいち中身をチェックしなければいけないものになっています。そのため、このシリーズを順を追って読もうとしている人にとってはかなり困ったユーザインタフェースであると言えます。

コンビニコミックの場合、必ずしもすべての話が収録されているわけではなく（人気の高い話や、特定の登場人物に関連する話がピックアップされているなど）、一部省略されていることもあります。そのため、オリジナルとは大きく変わってしまい巻数表示ができないのかもしれません。また、それ以外の出版上の都合があるのかもしれません。しかし、読者の立場で考えれば、何らかのヒントを出してほしいものです。

対応付けに関する情報が欠落して（足りなくて）困ったことになることが多いのが、段ボールとその中の荷物です（上図（右））。段ボールを開梱しないと中身を確認することができないので、いつも「あれはどこにしまったっけ？」と探すことになってしまいます。段ボールの外装部分に、中に入っているものや、どこにあったものなのかという情報を書く部分はあるのですが、せっかく書いた情報も収納時の都合で書かれており、探す際にはあまり有効でないことも多く、悩ましいものです。

以上のことから、外装とその中身がどう対応しているかを提示することの重要性をご理解いただけたのではと思います。

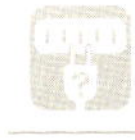

多色ボールペンのスライドレバー：どれが赤色だろうか？

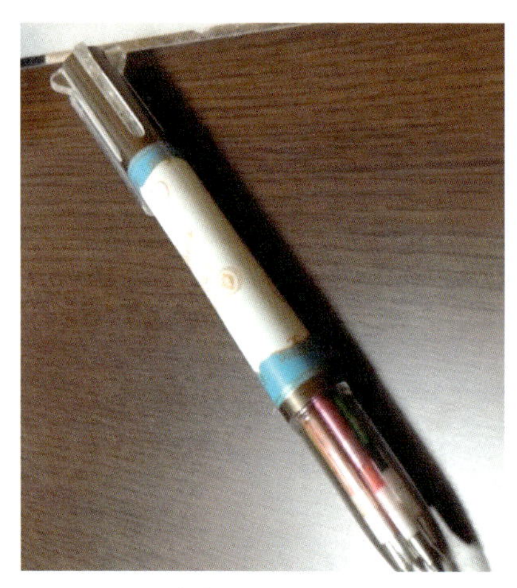

図 3-29　（左）切り替え式の 5 色ボールペン。色を変えるのが少し面倒だがそれは何故か？（提供：井上真菜 氏）／（右）このケーブルはどの端と対応しているのだろうか？

対応付けについて、もう少し事例を紹介しましょう。上図（左）は、学生さんの持っていた多色ボールペンです。この多色ボールペン、色を切り替えるのがとても面倒らしいのですが、その理由、わかるでしょうか？

多色のボールペンと書いているので気付いた方も多いと思うのですが、このボールペン、多色ボールペンなのに、色を切り替えるためのスライドレバーが透明で、色が付いていません。そのため、この多色ボールペンで色を切り替えるときは、一度ペン先を見て目的の色がどのスライドレバーと対応するかを確認してから、スライドレバーを操作する（つまり両端を確認する）必要があります。スライドレバーに色が付いていれば、そんな手間はなくなるのに……という BADUI でした。

両端の対応付けで悩まされることの多いのがケーブル類です。上図（右）は私の研究室の床下の様子です。ネットワークの調子が悪かったため、断線を疑って床下を開けているのですが、どのケーブルの端がどのケーブルの端と対応しているのかわからず悩んでしまいました。それぞれのケーブルを引っ張り合うなどして探したのですが、かなり苦労しました。対応付け情報を提示することがいかに重要か、ご理解いただけたのではないでしょうか。

なお、こうした対応付けで悩まないようにするには、下図のように両端に対応付け情報を付与するのが有効です。

図 3-30　（左）ネットワークケーブルの両端に同じラベルを付けると対応が一目瞭然／（右）この先がどこにつながっているのかわかりやすい病院の案内

女性用トイレの案内：ここで提示しているのは何故？

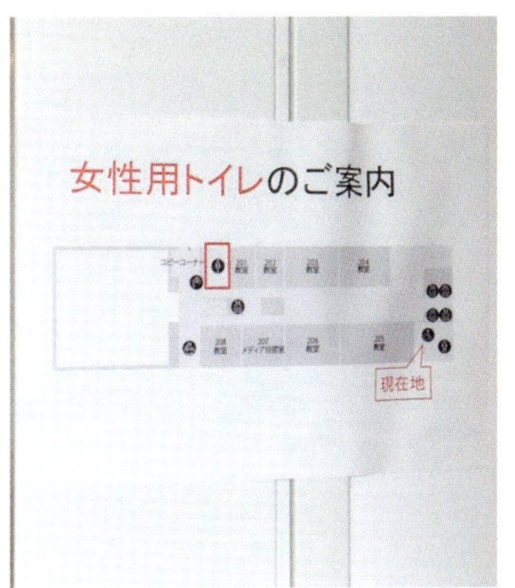

図 3-31　女性用トイレのご案内（提供：三輪聡哉 氏）

最後に、対応付け情報を提示しようとして失敗している例を紹介しましょう。上図は、とある大学の建物内に貼られていた女性用トイレの案内です。この階以外は男女のトイレが隣り合っていることが多いのですが、この階は場所が離れているため、女性用トイレの場所を示す貼り紙が男性用トイレの近くに貼られていました。こういった案内は本当に助かります。

さて、問題はこの対応付けのための情報を提示している場所です。上図（左）の案内は、上図（中央）のように壁に貼られています。ただ、この案内が貼られている場所は、上図（右）の矢印で示されている部分です。つまり、男性用トイレの中に入ったところの壁に貼られているというわけです。この先は行き止まりとなっているため、基本的にこの案内を見るのは男性または車いすを利用されている方のみとなっています。そのため、せっかくの女性用トイレの案内が女性に見られることはないというものでした。せめて、上図（右）の左手前に貼ってもらえればよかったと思うのですが、もしかしたら防災などの都合で貼れない事情があるのかもしれません。もう少し何とかしてほしいものです。

下図はとあるレンタルショップ兼買い取りショップの写真です。カウンターでは貸し出し、返却、買い取りの 3 つのサービスを行っています。このカウンターは一見すると買い取りのみを受け付けるようですが、実際は買い取りと返却の両方を行うカウンターです。ただ、お客さんはこの矢印と文字を見て「ここは買い取り専用」と考えてしまうようで、返却のお客さんがここには並びません。この左奥には貸出カウンターが 3 つ並んでおり、そちらには貸出のお客さんの行列ができているのですが、返却するだけの人もそちらに並んでしまっているのだそうです。買い取りはここで受け付けるという意味でこの説明が付与されているのだと思いますが、これが「買い取り専用」という意味になってしまい、困ったことになっている例でした。

提示の場所や内容が重要であることを教えてくれる事例でした。皆さんも、提示の際には注意しましょう。

図 3-32　買取受付（提供：植田雄也 氏）

前注意特性とカラーユニバーサルデザイン

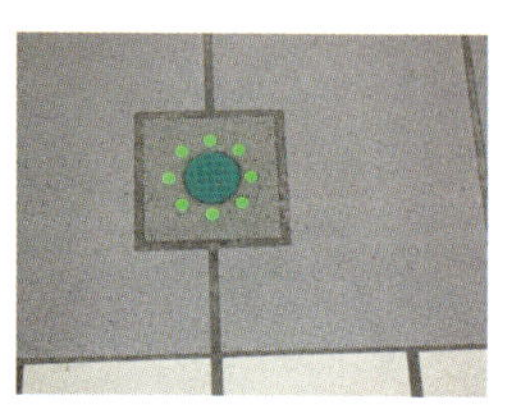

図 3-33　米原駅行きの新快速は左側の△の 1 ～ 12 に止まる。各停の吉祥寺行きは 8 つの点が明滅する場所に止まる

駅のホームの地面に、図形が描かれていたり、何かしらのパターンで明滅を繰り返すものを見たことはないでしょうか？ 様々なタイプの電車が到着するような駅のホームでは、電車がどの位置に止まるのかを示すために、電車の運行案内板と地面とで、図形や色、パターンで対応付けされていることがあります（上図）。

さて、何故形や色、動作パターンで対応付けを行っているのでしょうか？その理由の 1 つは、人にとってそうした形や色、パターンといったものが対象を識別する際に役に立つからです。

下図は、それぞれ 24 個、96 個、600 個の丸の中に黒色の丸を 5 個ずつ入れたものです。それぞれについて黒色の丸を探してみてください。さて、それぞれについて黒色の丸を探すのにかかる時間に違いはあるでしょうか？例えば左の 24 個の場合と、右の 600 個の場合とでは数に 25 倍の差がありますが、25 倍の時間がかかったでしょうか？

多くの人は黒色の丸を見つけるのにほとんど時間的な差はなかったのではないかと思います。このように、人が逐次的に（順番に）探していかなくても瞬間的に把握可能な視覚的特性のことを前注意特性（前注意変数）と呼びます。こうした視覚的特性は、意識的に注意しなくてもすぐに知覚できるのでとても強力で対応付けに効果的に働きます。このような瞬間的に把握可能な視覚的特性には色（階調や明度）以外にも、形状や大きさ、向き、位置（整列からのずれ）、質感などが知られています（右ページ上図）[1]。

このような対応付けはかなり効果的なのですが、対応付けにおいて注意を要することがあります。それは、色の識別に関することです。

普段あまり意識することはありませんが、人には多くの色覚の型があり、その見え方は同じではありません。世の中では C 型の色覚型の人が最も多いため一般色覚者と呼び、それ以外の P、D、T 型の色覚型の人を色覚多様性者などと呼ぶことがあります。ここで問題なのは、一般色覚者の割合が突出して多いため、様々なユーザインタフェースの色が C 型の色覚型で識別可能な色で設計されているということです（色覚多様性者の割合は、日本人では男性の約 20 人に 1 人、女性の約 500 人に 1 人。オーストラリアの場合は男性の 8%、女性の 0.4%[2]）。そのため、ユーザイン

1　『デザイニング・インターフェース —— パターンによる実践的インタラクションデザイン』Jenifer Tidwell（著）、ソシオメディア株式会社（監修）、浅野 紀予（訳）、オライリー・ジャパン

2　『情報を見える形にする技術［情報可視化概論］』Riccardo Mazza（著）、加藤 諒（編集）、中本 浩（訳）、ボーンデジタル

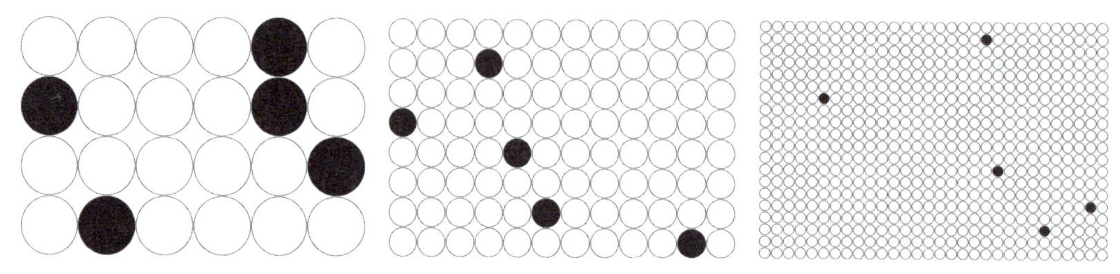

図 3-34　24、96、600 個の丸の中から黒色の丸を探そう。ちなみに識別する種類が増えると効果がなくなる

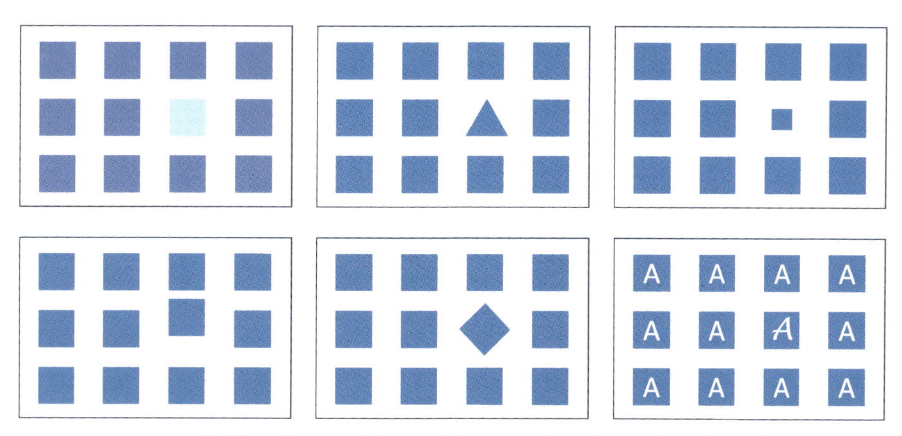

図 3-35　前注意的に識別可能な各種のオブジェクト（色や形、大きさや向き、場所や質感）

タフェース上で使われている色が色覚多様性者にとっては識別が困難となり（例えば色による場所の対応付け、性別、動作状態など）、困らせてしまうことがあります。

こうした色の見え方の違いを考慮してデザインする必要があるという考え方が、カラーユニバーサルデザイン[3]です。カラーユニバーサルデザインでは、できるだけ多くの人が見分けられるような配色にすることや、そもそも色を見分けられなくても情報が伝わるよう工夫することが求められています。一方、色覚多様性者にとってどのように見えるかを一般色覚者が判断するのは難しいものです。そこで、そうしたことをシミュレートする様々なソフトウェアがあります。例えば「色のシミュレータ[4]」というソフトウェアは、他の人の色の見え方をデバイス越しに体験することができるシミュレータです。シミュレータですので完璧ではないかもしれませんが（カメラにも依存するとは思います）、ある程度把握することは可能ですので（下図）、自分がユーザインタフェース上で利用しようとしている色が誰でも違いを理解できるものなのか、試してみるとよいかもしれません。

3　NPO 法人 カラーユニバーサルデザイン機構 http://www.cudo.jp/

4　色のシミュレータ http://asada.tukusi.ne.jp/cvsimulator/j/

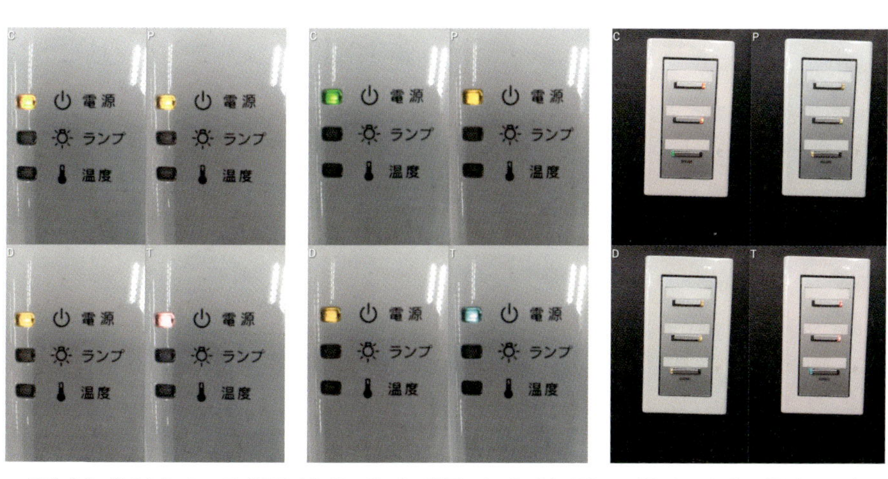

図 3-36　色のシミュレータ（HTC j Butterfly 上で利用。Android、iPhone 版ともにあり）で撮影した写真
（左）プロジェクタの動作が OFF ／（中央）プロジェクタの動作が ON ／（右）照明のスイッチ

各図の左上から右下の順に C 型（一般型）、P 型（1 型）、D 型（2 型）、T 型（3 型）。一度に並べて確認できるため、比較が容易。

まとめ

本章では、照明とスイッチ、シャワーと蛇口、お湯と水の切り替えハンドルなどの事例を取り上げ、一対一の対応付け（マッピング）にまつわる様々なBADUIを紹介しました。身近な例が多かったので、同じようなBADUIに出会った経験をお持ちの方には、対応付けの重要性がよくご理解いただけたのではないでしょうか。

操作対象に対するユーザインタフェースは、ただ単に用意すれば良いというものではなく、そこにある程度の意味付け、明確な対応付けがなければわかりづらいものになってしまいます。しかし、操作対象と操作方法をうまく対応付けることは難しいため、そこでどうしてもBADUIが生まれやすくなります。

今回紹介した事例以外にも、対応付けがうまくいっていないためBADUIになっているケースはあちらこちらに存在します。例えば有名なものとして、4つのバーナーが取り付けられているコンロとそのバーナーを操作する4つのつまみがどのように対応しているかという問題があります。どれとどれが対応しているかがわかりにくいと、違ったバーナーに火をつけてしまい、料理に失敗してしまったり、料理を盛るためにバーナーの上に置いた（本当は置いてはダメですが）皿を割ってしまうかもしれないので注意が必要です。

もしかしたら、本章の事例のような対応付けを自分で作る機会はこの先もなさそうだ、と考えた方もいるかもしれません。しかし、後半に紹介したように、段ボールへの荷物の収納やたくさんのケーブルで悩んでしまったり、書類をどのバインダーにしまったかで悩んでしまったりすることはあるかと思います。これは、ユーザが近い将来にそのユーザ自身が使えるようにするためのユーザインタフェースを作っていることだと言えます。そうした際に困ったことにならぬよう、対応付けには少しでも心がけていただければと思います。また、様々なBADUIに親しんだ記憶が、いざというときに役に立つかもしれません。是非、頭の片隅にでも残しておいてください。

演習・実習

- ☞ 自宅や学校、勤務先などの色々な部屋の間取りを作成し、それらの部屋の照明とスイッチがどのように対応付けられているかを図示してみましょう。対応付けがおかしいところはないでしょうか？ また、改善するとしたらどうすればよいか検討してみましょう。

- ☞ 自宅の風呂場のシャワーと蛇口の切り替えハンドルはどのようなタイプかを調べましょう。 家族と同居している場合は、家族が問題なく使えているかどうかも調査してみましょう。また、それらの写真を撮影し、他人に見てもらい、操作方法を予想してもらいましょう。予想結果が実際の操作方法と一致しない場合はBADUIである可能性が高いため、何故予想が外れたのかということを考えてみましょう。

- ☞ 男女のマークが1つにまとめられたトイレのサインを探し、そのサインのせいで男女のトイレの位置関係がわかりづらくなっている例がないか探してみましょう。

- ☞ 自宅や学校、勤務先などのコード類にはラベルが付与されて、わかりやすくなっているでしょうか？ もしラベルがない場合は、どんなラベルを付与するとわかりやすくなるか考えてみましょう。

- ☞ 色のシミュレータなどを利用して、様々なユーザインタフェースに使われている色がそれぞれの色覚型でどう見えるかを調べてみましょう。また、色に頼っているため伝わらない情報がないか、どういった色に変更すべきかなどを検討してみましょう。

Chapter 4

グループ化

駅の構内で、目的とする出口がどちらにあるかということが示されている案内板を見つけたのに、結局どちらの方向に行けばよいかわからず悩んでしまった経験はないでしょうか？ エレベータで扉を開けておこうとして、誤って閉じるボタンを押してしまい、人を挟みそうになってしまった経験はないでしょうか？ 地元で開かれるイベントの案内チラシで、どの情報がどの情報と関連しているのかわからず困ってしまった経験はないでしょうか？

世の中には膨大なユーザインタフェースがありますが、そのユーザインタフェースはそれぞれ異なっており、1 つとして同じものはありません。しかし、我々は、どのユーザインタフェースを見ても、「どれとどれが同じような機能をもっているのか、どれとどれが同じグループに属しているのか」が何となくわかります。それは何故でしょうか？ 何の説明もないのに、何故、これらのことを把握できるのでしょうか？

それは、人には多数の要素を、1 つまたは複数のグループ（まとまり）として認識する「グループ化（体制化）」の能力があるからです。本章では、このグループ化の能力に注目しながら関連する BADUI を紹介します。

本章で出てくる話は、ともすると当たり前のように思えます。しかし、いざ自分がユーザインタフェースを作る場面になると、おろそかにしてしまいがちな点でもあります。是非、そのようなときに、これらの内容を少しでも思い出していただければと願います。

それでは、グループ化にまつわる BADUI をお楽しみください。

どれとどれが同じグループ？

悩ませる案内板：化粧室はどこ？

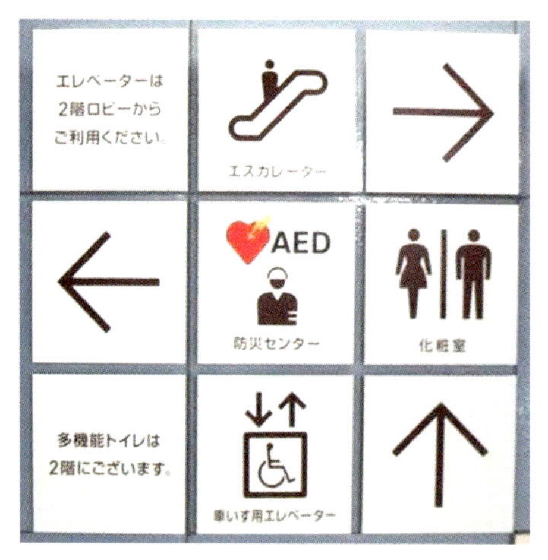

図 4-1　化粧室はどちらの方向にある？

上図は、Twitter で一時期話題になった[1] 新宿のとあるビルの案内板です。さて、化粧室（トイレ）がどちらにあるかわかるでしょうか？ また、その理由についても考えてみてください。

この案内板を見ると、化粧室は右にあるような気もしますし、左にあるような気もしますし、はたまたまっすぐ先にある気もします。色々な可能性を感じることができてしまう、問題点がわかりやすい BADUI の好例であると言えます。この質問、これまで 200 人近くの受講生に対して実施していますが、概ね 7 ～ 8 割程度の受講生が「左」、それ以外の受講生が「右または上」と回答します。さて、皆さんの予想はどちらでしたか？

答えは多くの受講生が回答した「左」でした。この事例については、方向を間違えた人はそれほど多くないかもしれません。ただ、この案内板に出会うのが、冷静に本を読んでいるときや、講義を聴いているときなど、落ち着いた状況であれば問題ないのですが、トイレに行きたくて焦っており、冷静さを欠いているときには動揺してしまうでしょう。

さてこの案内板ですが、化粧室の方向がわかりにくくて悩んでしまうのは何故でしょうか？ その理由について、ただ「わかりにくいから！」と切り捨てるのではなく、もう少し深く考えてみることがユーザインタフェースを学ぶうえでとても重要です。

この案内板を分解して考えてみましょう、まず案内板には 9 つのパネルが取り付けられており、3 つのパネルには大きな矢印が、それ以外の 6 つのパネルにはエスカレーターや化粧室などのサイン、多機能トイレの案内などの情報が書かれています。矢印のパネルはどちらの方向に進んだらよいかということを、6 つの情報パネルはエスカレーターや化粧室の存在を示しています。つまり、エスカレーターや化粧室の方向を、6 つの情報パネルと 3 つの矢印パネルの組み合わせで示しているわけです。言い換えると、6 つの情報パネルが、どの矢印パネルのグループに属しているのかということが重要となります。

さて、次に化粧室のパネルに注目しましょう。この化粧室パネルと対応している矢印パネルはどれでしょうか？ つまり、化粧室のパネルは、「右向き」「左向き」「上向き」の 3 つの矢印パネルのうち、どの矢印のグループに含まれているでしょうか？

化粧室のパネルのすぐ上には右方向の矢印パネルが、すぐ下には上方向の矢印パネルがあります。一方、化粧室パネルの 2 つ左には左向きの矢印パネルが取り付けられています。そのため、化粧室パネルが、どの矢印パネルのグループに含まれているのかわかりにくく、そのせいで化粧室がどの方向にあるのか悩んでしまうのでした。

1　「新宿到着。トイレどこか分からんわ！ これ作ったやつ … - Twitpic」http://twitpic.com/6h3fd3

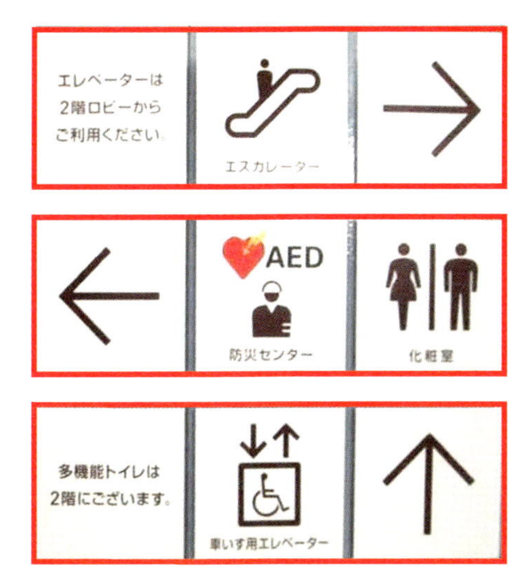

図 4-2　それぞれのパネルがどのようにグループ化されているか

上図は、実際に現地に行って調べ、各パネルがどのようにグループ化されるかを赤枠で図示したものです。この図が示すとおり、化粧室パネルは左向きの矢印パネルと同じグループになっていました。

他の階も見に行ったところ、3×2や1×3のセットで貼られている場所もありました（下図）。3 × 2 のものについては、上の段に右方向の矢印が、下の段に上方向の矢印がありますが、これらの矢印が右端にまとめられているので、どのパネルがどの矢印に対応しているかわかりやすくなっています（ただ、この場合上向きの矢印が右向きの矢印にぶつかるため、上下逆がよいようにも思います）。また、1×3のものについては矢印が 1 つしかないため、そもそも悩むことがありません。パネルを自由に配置できることと、貼り方にルールがないことから察するに、デザイナが配置も含めてデザインしたわけではなく、デザイナが作成したパネルを建築業者や管理会社の方がこのように等間隔に貼ったのかもしれません。作られた過程を考えると、何とも興味深いBADUIと言えます。

この案内板は、最適な配置を考えるのにとても良い例ですので、どうやったら悩む人が少なくなるか、皆さんも考えてみてください。

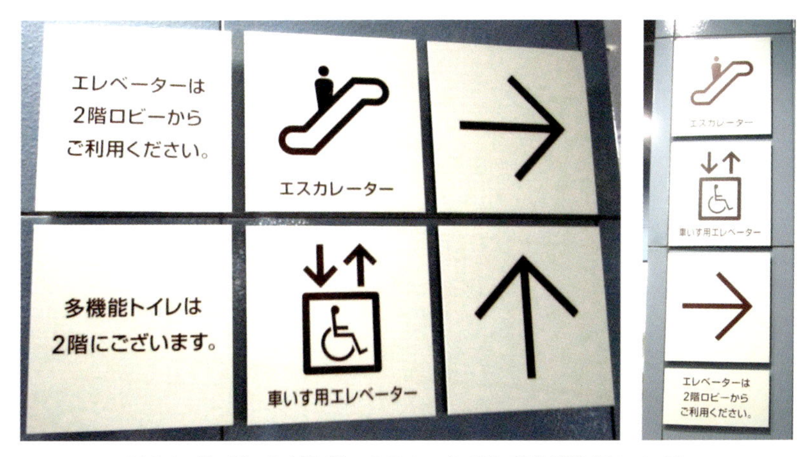

図 4-3　他の階の案内板（3 × 2 や 1 × 3 の型で案内が構成されている）

自動券売機のボタン：大盛りにする方法は？

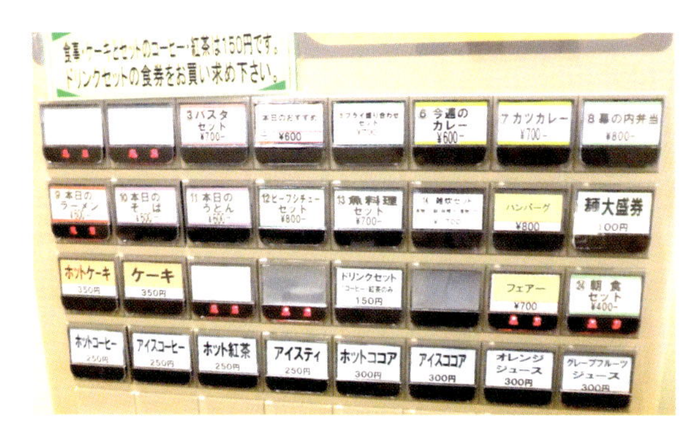

図 4-4　ラーメンを大盛りにするにはどうしたらよい？（2013 年 4 月時点）

これまでにも何度か紹介しているとおり、食券の自動券売機は BADUI の宝庫です。これは、食券の自動券売機では色々な種類の料理を扱う必要があること、また日によって料理が変化したり、メニューがたびたび追加されたり削除されたりすることなどが理由です。

上図はとある食堂の自動券売機です。「ラーメン、そば、うどん、パスタは麺を大盛りにできます」とあったので、大盛りのメニューを探すのですが見つかりません。後ろに人が並んでいたこともあり、諦めようとしたときに店員さんから声をかけられ、「麺を大盛りにしたいのですが……」と申し出たところ、「こちらにあります」と、自動券売機の右端にあることを教えていただきました。

私は、「パスタセット」「ラーメン」「そば」「うどん」という麺類の 4 つが左側に集中しているので、「麺大盛り券」もその近くにあるのではと思って探していたため、見つけることができなかったようです。色を工夫するとか麺類との距離を近づけるなどしたら、よりわかりやすかったのになと思いました。

また別の日には、食事にコーヒーを付けられると書いてあったため、「ドリンクセット」を探そうとしてまた時間がかかってしまいました。最下段のドリンクに注目していたことが、なかなか気付かなかった理由でした。

この自動券売機、よく観察すると少し面白いことが見えてきます。それは丸囲み文字で 3 〜 14 と 24 番があり、それ以外のボタンには番号が付与されていないということです。もともと数字とセットでメニューを提供していたのに、時間が経つにつれ色々とメニューが差し替えになり、欠落していったのかもしれません。

ちなみにこの券売機のインタフェース、後日訪れたとき、この自動券売機のボタン表示が変更され、すべてに数字が付与されていました（下図）。また、ドリンクセットは 23 番を選ぶように別の指示が出されており、随分わかりやすくなっていました。同様に、大盛りは 16 番と指示するとさらによくなるように思います。まぁ、色分けはあまり意味がなさそうですが……。

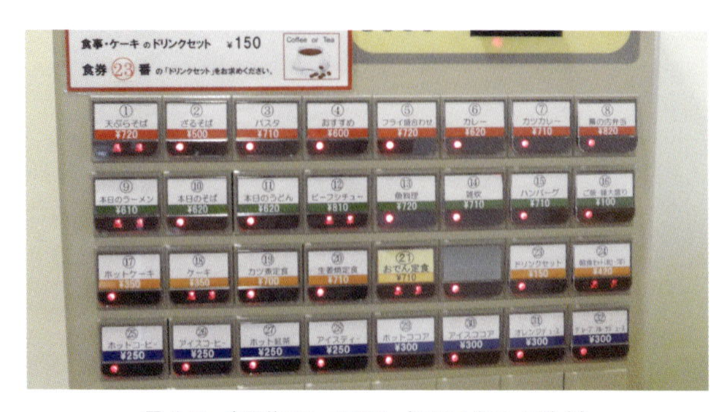

図 4-5　変更後のレイアウト（2014 年 1 月時点）
色が付与されたが、場所の変更はなく、逆に難易度が上がった気がする。
それにしても、この色はどういうルールで付けられているんだろう？

共用の本棚：あの本はどこ？

図 4-6　探していた本が紛れ込んでいた本棚
何故か「開眼！ JavaScript」がユーザインタフェース関連書籍の中に紛れていた……

本棚の中に収納している書籍がどこに行ってしまったのかわからなくなり、目的の書籍を探すだけで数十分かかった経験はないでしょうか？また、ないと思って諦めてしまっていた本を、別の機会に思わぬ場所で発見したことはないでしょうか？

上図は、私の研究室にある共用の本棚です。講義で利用しようとしていたプログラミング言語の書籍「開眼!JavaScript」が行方不明になって悩んでいたのですが、探していたこの本とはまったく無関係の分野であるユーザインタフェースにまつわる様々な書籍の中に紛れ込んでいるのをようやく発見しました。

本棚を、書籍群を管理し、探し、取り出すための仕組みと捉えたとき、本棚は１つのユーザインタフェースであると言えます。目的とする書籍を探しやすい本棚は良いユーザインタフェースで、そうでない本棚はBADUIと言えるかもしれません。個人の本棚であっても目的の本が見つからないことは多々ありますが、共用の本棚の場合、その本棚の中にあるはずなのに見つからないことが珍しくありません（そして今回のように、しばらく経ってから見つかります）。

こういった書籍の整理は、そうした個人や小さいコミュニティでの共用本棚のみならず、図書館や本屋などでも行われるもので、目的とする書籍の見つけやすさは図書館や本屋によって異なります。書籍の整理については様々な図書分類法が存在しており、日本では国立国会図書館分類表[2]、日本十進分類法[3]などが利用されています。とはいえ、こうした分類は一般人にとっては簡単ではないうえ、小さな本棚の整理には適していないでしょう。

本棚の整理で重要になってくるのは、その本棚を使うユーザのイメージです。どのようなユーザがいるのか、どのようにしてそのユーザが本を探そうとするのかを思い浮かべることは、ユーザインタフェースを作るうえで良い勉強になりますので、是非考えていただければと思います。ちなみに、私はついついオライリー社の本を色ごとに整理してしまって、プログラミング言語の本などが種類ごとにまとまっておらず、バラバラで探しにくくなっていることがよくあります。

皆さんも是非、ユーザインタフェースとして本棚を観察していただければと思います。そして、利用するユーザを想定し、わかりやすく、悩まないグループ化を心がけていただければと思います。

2　http://www.ndl.go.jp/jp/library/data/ndl_ndlc.html
3　http://www.ndl.go.jp/jp/library/data/pdf/NDCbunruikijun2010.pdf

似ていることでグループ化

エレベータのボタンの並び：にっこり微笑んでエレベータの扉を閉める

図 4-7　ハンガリーで出会ったエレベータの操作パネル。開けようとして扉を閉めてしまったのは何故？

私がハンガリーのとある観光名所を訪れ、景色の良い建物にのぼって眺めを堪能し、そこからエレベータで地上に戻ろうとしたときのこと。エレベータに乗ってボタンの操作をしようとすると、前方から老夫婦が少し急ぎながら歩いてくるのが見えました。「大丈夫ですよ。開けて待ってますから」という意味で私はその老夫婦に向かってにっこり微笑み、エレベータの「開ける」ボタンを押そうとしたところ、エレベータの扉が閉まってしまいました。あのときの衝撃と焦り、そしてその老夫婦のびっくりした顔がいまだに忘れられません。エレベータに乗ろうとしている人に対してにっこり微笑みながら扉を閉じるというのは、さすがに性格が悪すぎるように思います。

さて、上図がそのエレベータの操作パネルなのですが、何故このような失敗（開け続けようとして閉じてしまう）が発生してしまったのか、考えてみてください（当然ですが、私はわざと閉じたわけではありません）。

このとき、私がどのように判断して考え、そして操作したのかという流れを説明すると次のようになります。

1. エレベータに乗りたそうな老夫婦を発見。2 人を待つことを決断し、「焦らなくていいですよ」という意味を込めて微笑む。
2. エレベータの操作パネルをチラ見して「閉じる」ボタンを発見。その隣にある開閉に関係しそうな三角形でできたボタンが「開ける」ボタンであると判断して押す。
3. エレベータの扉が予想に反して閉まろうとするため、慌てて自分が押しているボタンを確認。「開ける」ボタンだと思っていたものは「閉じる」ボタンだったことに気付くも、「開ける」ボタンを発見できず扉が完全に閉まってしまう。

エレベータなどでは、同一の機能をもつボタンが複数配置されることはあります。ただそれは、大人向けに床から高い位置、車いすを利用されている方や子供向けにそれほど高くない位置といったように、色々な人が操作できるようにするためのものであり、普通は「閉じる」ボタンと「閉じる」ボタンが横に並んでいることはありません（2 人で同時に操作するものでもないですし）。また、「開ける」ボタンが閉じる」ボタンの並びからずれているのもちょっと変な感じです。

どう考えても操作ミスを狙っていそうな困った BADUI でした。もし、この 2 つ並んだエレベータのボタンの本当の意味をご存知の方がいらっしゃいましたら教えていただけますと幸いです。

2 つの扉：一方はエレベータの扉。さて、もう一方は？

図 4-8　ホールに面した 2 つの扉。右の扉はエレベータの扉。左の扉は何の扉？（提供：稲見昌彦 氏）

上図は中国のホテルのホールにあった 2 つの扉だそうです。ここで、右側のものはエレベータの扉なのですが、左側のものは何の扉に見えるでしょうか？

あえてわかりにくくするため意図的に写真上部をカットしているので、左側もエレベータの扉であると回答される方が多かったのではないかと思います。上部をカットしていないオリジナルの写真は下図です。少し文字がつぶれていますが、黒地に緑色の文字で「安全出口」「EXIT」と書いてあります。つまり、左側の扉は非常口の扉でした。この非常口の扉ですが、エレベータの扉ととても似通った豪華なものになっているため、非常時に逃げ出すための扉には見えません。

もちろん、扉の上には「安全出口 EXIT」と書いてあり、非常口であることがしっかり示されていますが、災害時にはエレベータは使えませんので、宿泊客はエレベータらしきところには近づいて来ないでしょう。また、そもそもこのような天井近くのサインは火災発生時は煙に覆われてしまい、せっかくの情報が視認できなくなるため（煙はまず上に充満するため）、このような提示の仕方はあまり好ましくないようにも思います。

豪華な高級ホテルの場合、非常口のようなある種異質なものを扱うのは難しいのだと思いますが、宿泊客が災害時に安全に避難できるようにするためにも、もう少し工夫がほしいところです。

図 4-9　左側の扉の上には「安全出口 EXIT」と書かれている（提供：稲見昌彦 氏）
非常時に本当にここから逃げることができるのだろうか？

パソコン本体のボタン：蓋を開けようとしてリセットしてしまうのは何故？

図 4-10　パソコン自作用のケース（提供：真鍋知博 氏）
大きな電源ボタンの上部が開閉式になっており、3.5 インチドライブベイと USB ケーブルの差込口がある

第 1 章でも紹介しましたが、パソコンのケースには面白いものが多々あります。上図はパソコンの自作用に売られているケースを利用して作られたパソコンだそうです。このパソコンケースは、中央下部に大きな電源ボタンがあり、上部にはマイク・ヘッドホンなどの様々なコネクタの差込口があります。このケース、色々と機能拡張できるもので、下図（左）のようにケースの一部を開閉し、USB ケーブルなどを差し込んだり、3.5 インチベイへとアクセスすることができます（この写真では 3.5 インチドライブベイには何も入っていませんが、SD カードや XD カードなどのメモリリーダを入れることや、昔だとフロッピーディスクドライブを入れたことがよくあります）。ざっと観察してみると、特に問題はなさそうに見えます。

さて、このケースの一部を開閉するには、下図（右）の「PUSH」という丸ボタンを押すことになります。「PUSH」ボタンのすぐ下には、「RESET」と書かれたほぼ同一形状のボタンがあります。この「RESET」と書かれたボタンは、パソコンを強制的に再起動させるものです。ここで、何らかの作業（例えば USB メモリを差し込むなど）をするため「PUSH」を押そうとして間違えて「RESET」を押すと、パソコンが再起動して、ハードディスクなどに保存したものを除いて消去されてしまいます。つまり、「RESET」ボタンは基本的に触るべきではないボタンなのですが、「PUSH」ボタンと同じ形状ですぐそばに隣り合って配置されているため、操作ミスによって押されてしまうリスクがあるというものでした。このように、まったく異なる機能を同じ形のボタンに割り当て、隣同士に配置するというのは操作ミスを引き起こしやすく問題です。問題が起こらないようにするためには、2 つのボタンを離し、形や大きさも違うものを用意したほうが無難です。

なお、「PUSH」ボタンというのは、よく考えるとナンセンスな名前です。「RESET」ボタンも「PUSH」ボタンもどちらにせよ PUSH する（押す）わけですから。せめて、「OPEN」ボタンにしてくれればいいのになと思います。

色々と BADUI の要素が詰まった、とても勉強になるパソコンのケースでした。

図 4-11　（左）開閉式のドライブベイ ／（右）PUSH ボタンと RESET ボタン（提供：真鍋知博 氏）

乗り換え案内：地下鉄乗り換えのバス停はどれ？

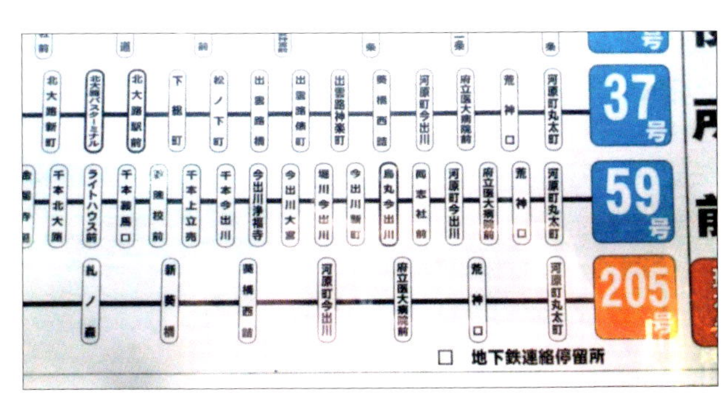

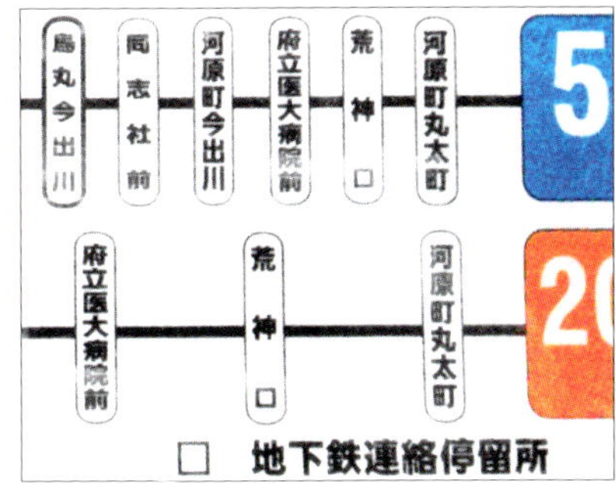

図 4-12　地下鉄連絡停留所はどこだろう？（提供：Yuco 氏）

京都は観光名所が山のようにあり、バスの路線が網の目のように張り巡らされているため、どのバスに乗ったらよいのかわからないことがよくあります。また、同じ路線番号なのに違う場所を回るものなどもあり、京都に長く住んでいても悩んでしまうことが珍しくありません。上図は、バスの車内に掲示されていたバスの路線案内です。バスに乗り慣れている人を除き、一般的にどのバスがどこに停まるかなどを正確に覚えているわけではないため、このように何番のバス路線がどのバス停に停まるのかが明記されていると助かります。また、京都はバス網の他に、京都市営地下鉄や京阪、阪急、嵐電、JR といった各種電車網も充実しています。観光客にとって、どのバス停で降りると電車にすぐに乗り換えることができるのかという情報はとても重要です。

この路線案内ですが、最下段に「□　地下鉄連絡停留所」とあり、連絡用の停留所がどれかを示してくれているようです。さて、どのバス停が「地下鉄連絡停留所」かわかるでしょうか？

これを「楽しい BADUI の世界」の記事として紹介したとき、複数の人から「荒神と千本鞍馬が乗り換えるバス停？」との反応がありました。しかしこれらは、「荒神口（こうじんぐち）」「千本鞍馬口（せんぼんくらまぐち）」という名前のバス停であり、四角形のように見えるものは「口（くち）」という漢字でした。

実際には、「北大路バスターミナル」「北大路駅前」「烏丸今出川」が地下鉄連絡停留所です。この 3 つのバス停をよく見ると、他のバス停よりも太い線で囲まれていることがわかります。つまり「地下鉄連絡停留所」という説明の左横にある「□（四角形）」は形ではなくその太さに意味があったわけです。

とはいえ、上図（右）を見ると、この四角形の太さよりは烏丸今出川などの囲み線のほうがさらに太く見えます。もしかしたら、もともとはこの四角形と地下鉄連絡停留所の囲み線の中が同じ色で塗りつぶされていたのだけれど、その塗りつぶし情報が欠落したなどの事情があるのかもしれません。

何にせよ、BADUI の要素を多く含んでいる示唆深い事例であると言えます。

余談ですが、本書ではフォントの都合上「口（漢字のくち）」と「ロ（カタカナのろ）」、「□（四角形）」の区別が付きにくいため、なるべくこの 3 つを合わせて使わないようにしています（例：4 つ口コンロの□の印）。ただ、フォントに関しては私もこれまでに失敗が多く、授業資料で何度も学生さんを困惑させてしまったことがあります。例えば、最近プログラミングの講義でやってしまったのは「println」と「jquery-2.1.1」という部分の、「l」が何なのか、「-」が何なのかわかりにくく混乱させてしまうというものでした。本来「l（エル）」なのですが、「I（アイ）」や「1（イチ）」と解釈してしまう学生さんがいたり、「-（半角のハイフン）」を「－（全角のハイフン）」や「ー（長音）」などと勘違いしてしまい、プログラムで問題が発生するということがありました。こうした間違いは結果的に時間を無駄使いすることになってしまうため、勘違いをできるだけ減らすよう工夫したいところです。

悩んでしまう標識：自転車道ここから／自転車道ここまで

図 4-13　(左)「自転車通行可ここまで」「自転車道ここから」／(中央)「自転車通行可ここから」「自転車道ここまで」／(右) 自転車マークを拡大

京都では、自転車利用者が多く、その自転車利用者の中にマナーが悪い人がいることもあって、自転車道が整備されつつあります。自転車道を整備すること自体はとても良いことなのですが、その整備の仕方にちょっと問題がありました。上図はその自転車道に関する標識の写真です。上図（左）では、左側に「自転車通行可ここまで」、右側に「自転車道ここから」とあります。一方、上図（中央）では、左側に「自転車通行可ここから」、右側に「自転車道ここまで」とあります。上図（右）は、「自転車道ここから」「自転車道ここまで」の部分のみを拡大したものです。まったく違う意味なのに、同じサインが利用されています。そのため、文字を読まないとどちらであるかを判断できず、かなり注意していないと間違って自転車で自転車道ではないところに進入してしまいます。

何故こうなってしまったかと言うと、下図（左）のようにもともとあった大きな歩道を分けるような形で自転車道を作ったのですが、自転車道の部分には横断歩道を渡る人が待つところやバス停の待合所、陸橋の階段など、自転車が通行すると問題のあるスペースがあったからです。つまり、この図のように自転車通行可の歩道と、自転車通行不可の歩道、自転車道、自転車道でない元歩道スペースの 4 つがあるわけです。

京都は世界的に人気の高い観光地（米大手旅行雑誌『トラベル+レジャー』の 2014 年世界人気都市ランキングで 1 位になっています）であり、海外から訪れる人も多く、レンタサイクルも充実しています。そうした海外からの観光客に対しては、日本語の案内だけでは到底情報が伝わらないため、サインの視覚的な情報を利用してうまく伝える必要があります。例えば、下図（右）のように、標準的な自転車通行不可を意味する標識を利用すれば間違いないでしょう。現状の標識では日本人にとっても厳しいものですし、何とか改善してほしいものです。

ちなみに、この話には続きがあります。下図（左）を見ただけでもご想像いただけるかもしれませんが、この付近、700m 程度の区間内に「自転車道ここから」「自転車道ここまで」という標識が 5 回も登場します。正確に走るにはなかなか難易度が高いです。

自転車に乗っているときには、人間の注意は運転に向けられているため、視覚的にわかりやすい提示を心がけていただきたいものです。

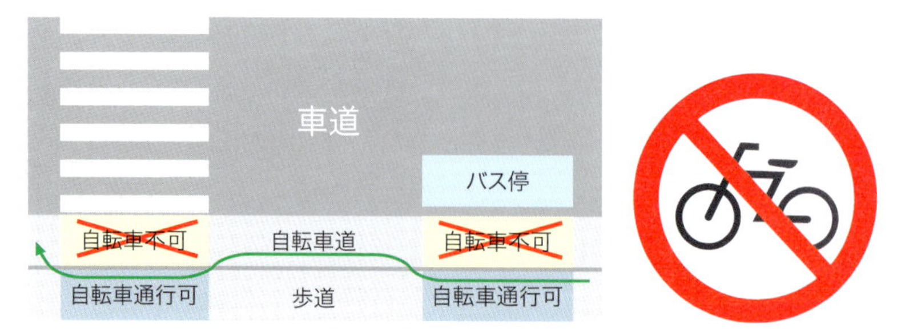

図 4-14　(左) 車道、自転車道、歩道 ／ (右) 自転車進入禁止に利用される標識

線によるグループ化

時刻表内のグループ：目的のバスが来ないのは何故？

SAN ANTONIO: * Door #3/ Puerta #3	1:20 AM 10:45 AM (E) 4:25 PM 7:50 PM (E) 10:50 PM	2:35 AM (E) 11:05 AM 5:35 PM (E) 8:40 PM 11:35 PM
BROWNSVILLE: * Door #3/ Puerta #3	1:20 AM 10:45 AM 5:35 PM	2:35 AM (E) 11:05 AM 11:35 PM
MCALLEN: * Door #3/ Puerta #3	2:35 AM (E) 1:35 PM	(E) 6:25 AM 11:35 PM
LAREDO/ MONTERREY:	1:20 AM	2:35 AM

図 4-15　(左) グレイハウンドの時刻表 ／ (右)「LAREDO, TX」行き。私の目的のバスは「SAN ANTONIO, TX」行き

私が出張でテキサス州オースティンからサンアントニオに移動しようとしたときのこと、距離が 130km 程度だったのでグレイハウンドバスという中長距離バスを利用することにしました。このグレイハウンドバス、オンラインで予約ができるうえ、チケットの受け取りも簡単、値段もかなり安く (130km の場合、オンライン予約では 8 ドル。1 週間以上前の予約では 4 ドル。現地で購入すると 25 ドル)、バスの中で電源と無線 LAN が使えるなど、とても便利なものでした (町はずれにバス停があるため、治安上の不安や、バス停までの移動の大変さはありますが……)。

前置きが長くなってしまいましたが、今回紹介するのはそのグレイハウンドのバス停で出会ったバスの時刻表 (上図 (左)) です。「SAN ANTONIO」や「BROWNSVILLE」、「LAREDO」など、色々な目的地があるのがわかります。この中で、私の目的地はサンアントニオ (SAN ANTONIO) でした (時刻表の一番上)。

私が予約した Will Call というタイプのチケットは、出発の 1 時間以上前までにチケットを受け取る必要があるとのことで、早めにバス停についてチケットを受け取ってそのままバス停でのんびり待機。色々な行き先のバスが来ますが、そのたびに「ヒューストン、ヒューストン」のようにアナウンスが流れるので、目的のバスを逃すことはないだろうと安心していました。で、そろそろという時間になってバスが来たので見に行ってみると……そこにあるのは「LAREDO, TX」(ラレド) 行きでした (上図 (右))。

それからしばらく待てど暮らせどサンアントニオ行きが来ません。係員さんも「ラレド、ラレド」とアナウンスするのみ。不安を感じて時刻表を再度確認したところ、私が乗る予定のサンアントニオ行きは午後 1 時 35 分発。ついでにラレド行きも見てみると、同じく午後 1 時 35 分発でした (その部分がこの写真に写っていないので少しわかりにくいのですが、例えば 2:35AM というバスが SAN ANTONIO と LAREDO の両方にあるように、両方に 1:35PM という表記がありました)。同時刻に出発するラレド行きが随分前に到着しているのに、サンアントニオ行きが到着する気配がありません。

サンアントニオ行きの出発時間が迫ってきていよいよ何かがおかしいと感じ、バス停の係員の人に「サンアントニオ行きはまだですか？」と聞いてみました。すると、「このラレド行きが途中にサンアントニオに寄るよ！」とのこと。私と、それを聞いた私以外の数人の客は「サンアントニオに行くのかよ！」と慌ててバスに乗り込みました。みんな時刻表を見て、サンアントニオ行きとラレド行きが違うバスだと考えていたようでした。

同じバスなのであれば、行き先ごとに水平線で分けて時刻を書くのではなく、まとめて表現してくれればよいのですが、そうではなかったためバスを逃してしまうところでした。

人は罫線があると、そこで情報が区切られていると考え、罫線と罫線との間を 1 つのグループであると認識しがちです。そのため、こういった表記の場合、「SAN ANTONIO」行きと「LAREDO」行きは別のものと考えてしまうのです (母国語が英語の人たちも「サンアントニオ行きはまだか？」とやきもきしていたので、英語力の問題ではないでしょう)。

何と何が同じグループなのかを明確にすることの重要性をご理解いただけたのではないかと思います。皆さんも、罫線などを使ってグループを作る場合は、それを見た人がどのように考えるか配慮いただければと思います。

蔵書検索システム：検索するにはどうしたらよい？

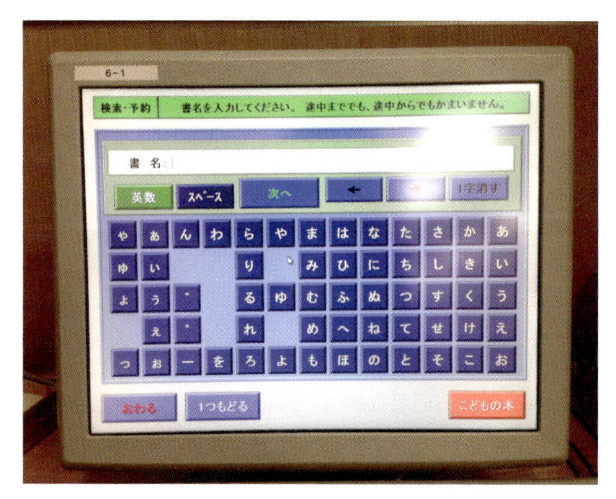

図 4-16　書名を入力して検索するにはどうしたらよい？（提供：西村優里 氏）

本屋や図書館にある書籍検索システムは色々な人が使うため、誰もが使えるユーザインタフェースであってほしいといつも思います。さて、上図はとある図書館にあった検索システムだそうです。どうやって検索するものでしょうか？

書名の入力は、画面中央にある五十音のキーボードを使えばよいことがわかります。では書名を入力した後は、どうやって検索を開始するでしょうか？ いかにも全般的な操作に関するボタンがありそうな画面下部には 3 つのボタンがありますが、「おわる」は検索とは関係ないですし、「1 つもどる」「こどもの本」も違うだろうと判断できます。そもそもこの画面には「検索」というボタンはないようです。では、「1 つもどる」があるので「1 つすすむ」ボタンがあるのかな？ と思って探すのですが、それすらもありません。

答えは、書名の入力欄のすぐ下に並ぶボタン（「英数」「スペース」「次へ」「←」「→」「1 字消す」）のうち、「次へ」ボタンを押すというものでした。ここに並ぶ他のボタンはスペースを入力したり 1 文字消したりといったように書名を入力するための操作なのに、「次へ」ボタンだけが検索という全体的な操作を行うものなので、その存在に気付きにくく、ユーザを悩ませてしまいます。せめて、「1 つもどる」の隣に配置したら、何が何とグループなのかということがよくわかり、「『次へ』は 1 つ進むということだから検索？ 」と推測でき、多少は悩まないユーザインタフェースになったのではと思います。また、単に「次へ」を「検索」または「探す」に変更するだけでもよいように思います。

ちなみに、線による誤ったグループ化の例には、窓などに 1 文字ずつ貼られた看板や案内などがあります。下図の窓の看板を見たときは、しばらく何ごとかと悩んでしまいました。もしこの手のもので面白いものを見つけたら是非教えてください。

図 4-17　とある看板　（左）野道？ 堀書？ ／（右）？？？？

ゲシュタルト心理学とグループ化の法則

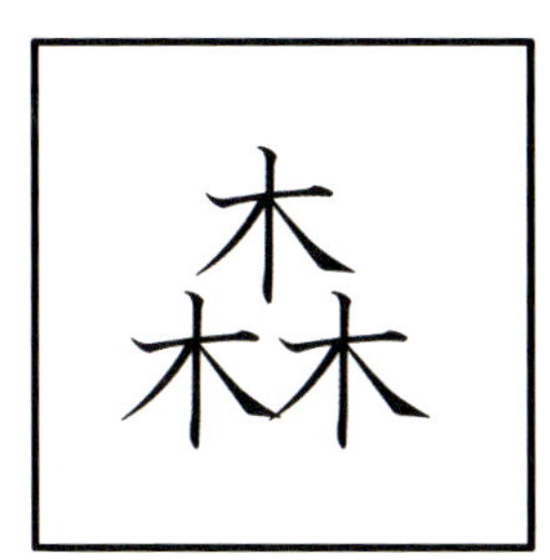

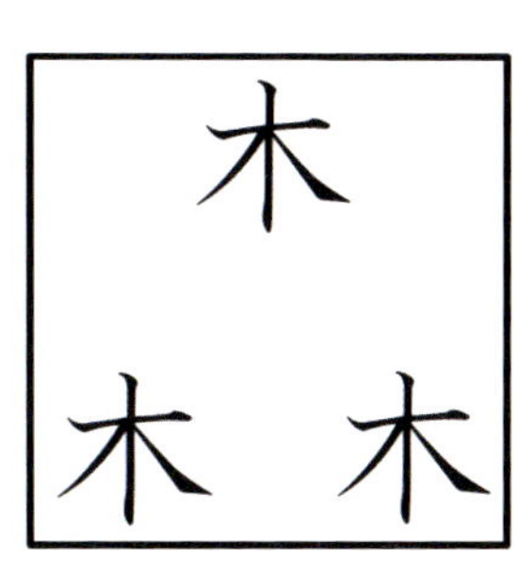

図 4-18　単に「木」という文字を色々と配置してみた。さて、それぞれ何と読めるか？

ここで、「ゲシュタルト心理学」というユーザインタフェースにおいて重要なキーワードを紹介します。ゲシュタルトとはひとまとまりの姿や形、現象という意味のドイツ語であり、「個々の集合ではなく全体として認知されるもの」という意味で使われています（「認知」とは、知覚だけでなく推理や判断、記憶などを利用して外界の情報を処理する過程のことです）。

例えば、上図は左からそれぞれ何に見えるでしょうか？ これまで尋ねた中では、一番左は「森」、真ん中は「木林」、一番右は「木が３つ」と答える方が多いように思います。いずれも３つの「木」という文字の位置を変更しただけなのですが、「『森』という１つの漢字」に見える場合、「『木』と『林』という２つの漢字」に見える場合、「『木』という漢字が３つ」に見える場合の３パターンができあがってしまいました。

さて、何故このような見え方の違いが発生するのでしょうか？ 図の一番左で「木」が３つという個々の集合ではなく、「森」という全体として認知された理由は何でしょうか？ 我々が複雑なパーツからなる漢字（例：鬱、國、鼠、欒など）を１つの文字として認知するのは何故なのでしょうか？ 下図のような鳥や魚の群れが、１匹１匹の鳥や魚ではなく、何かしら意思をもった大きな生き物であるかのように感じるのは何故なのでしょうか？（小さな魚が集まって大きな魚として振る舞う話にスイミー[4]があります。国語の教科書などで覚えている人も多いのではないでしょうか）

このように、人間がある集合をグループ（ゲシュタルト）として認知する仕組みとして、心理学の分野では「体制化の法則（群化の法則）」と呼ばれるものが知られています。体制化／群化という言葉はややわかりにくいので、グループ化のための法則と考えていただいて結構です。そして、このグループ化の法則としては、**「近接の法則」「類同の法則」「良い連続の法則」「閉合の法則」「共通運命の法則」**が特に有名です。ここでは、これらの５つの法則について例を示しつつ説明します[5]。

4　『スイミー —— ちいさな かしこい さかなのはなし』、レオ＝レオニ（著）、谷川俊太郎（訳）、好学社

5　今回は説明しませんが、他にも「対称性の法則」や「面積法則」など様々な法則があります。

図 4-19　鳥の群れと魚の群れ

4

近接の法則

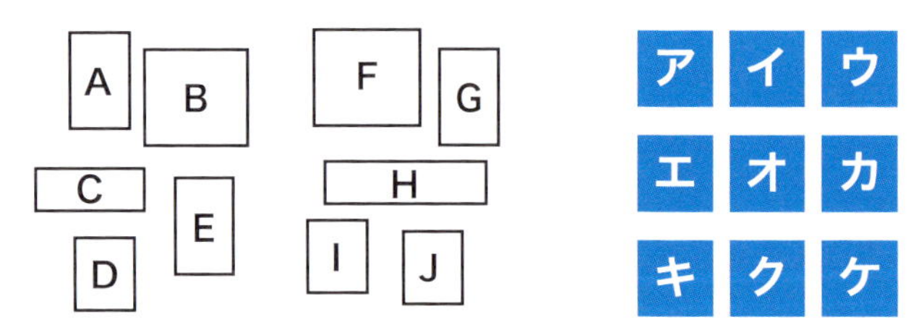

図 4-20　(左)「A」から「J」までの 10 個の四角形を 2 つのグループに分割する場合、どういったグループに分割できるだろうか？ ／ (右)「ア」から「ケ」までの 9 個の四角形のうち、「イ」と同じグループに属するのはどれだろうか？

上図（左）の例では、「A」から「J」まで 10 個の英字ラベルが付与された白地の四角形が描かれています。さて、この 10 個の四角形を 2 つのグループに分ける場合、どのように分割できるでしょうか？ また、上図（右）では、同じ大きさ、同じ色の 9 個の四角形が描かれています。それぞれの四角形には「ア」から「ケ」までのラベルが付与されていますが、この中で「イ」と同じグループに属する四角形はどれでしょうか？

A から J までの 10 個の四角形は、「ABCDE」と「FGHIJ」の 2 つのグループだと回答する人がほとんどです。一方、アからケの 9 つの四角形では、「イ」の仲間は「ア」と「ウ」と回答する人が多くなります（こちらは必ずしも全員がそう回答するわけではなく、そう回答する傾向が強いという程度です）。

何故このようなグループとして認知されるかというと、そこに「近接の法則」と呼ばれるものがあるからです。近接の法則というのは**「近くにあるもの同士は、遠くにあるもの同士に比べ強く関係しており、グループとして認知されやすい」**というものです。これは第 3 章の対応付けで扱ったものと同じです。上図（左）の場合、A から J のそれぞれの図形の間にはある程度の距離がありますが、それらの距離は、「ABCDE」と「FGHIJ」との間に横たわる大きなスペースに比べて十分に小さいため、「ABCDE」と「FGHIJ」という 2 つのグループに認知されがちです。また、上図（右）の場合、「イ」とその周辺の「ア」、「ウ」、「オ」の距離を比較すると、「イ」と「ア」、「イ」と「ウ」に比べ、「イ」と「オ」の距離は微妙に大きくなっています。そのため、「アイウ」が 1 つのグループとして認知されやすくなります。

以上のように、「何かと何かが関係していること／関係していないこと」を表現する際、距離はとても重要です。この距離の関係がおかしいために BADUI となっているケースは、本章の最初に紹介した案内板（下図（左））や本棚の並びなどたくさんあります。

下図（右）はエアコンのリモコンです。「冷房」「暖房」「除湿」という 3 つのボタンが近くに並んでいますが、これらはそれぞれエアコン自体を稼働する（電源を入れる）ものです。その一方、「稼働する」の反対となる操作「停止する」を行うボタンはここにありません。本来、「停止」ボタンの場所は「冷房」「暖房」「除湿」の近くが好ましいはずです。しかし、このリモコンでは、温度や、風量、風向、タイマーなどの設定の中に「停止」ボタンが入っています。そのため、ぱっと見ただけでは「停止」ボタンがどこにあるのか気付きにくいという問題があります。

多くの場合、類似の機能をもつインタフェース同士は近くに、異なる機能をもつインタフェース同士は遠くに配置すると使いやすくなります。また、ポスターなどでも関連する情報は近くに、関連しないものは遠くに配置したほうがわかりやすくなります。

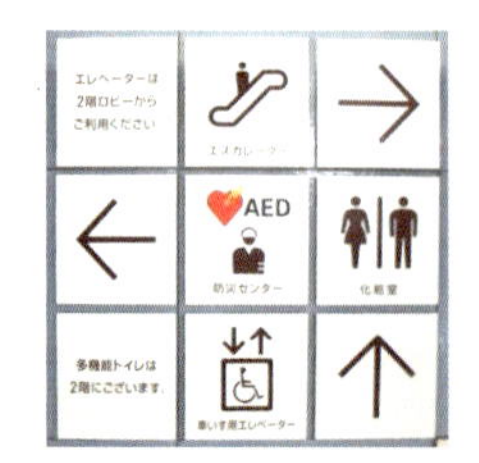

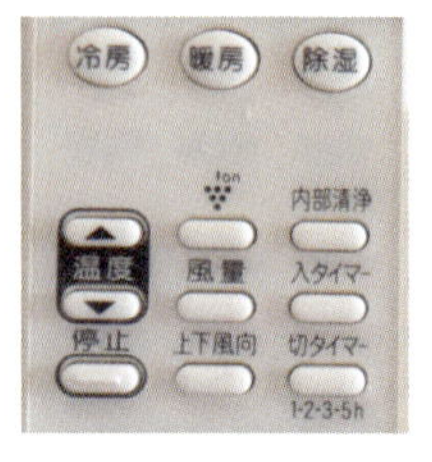

図 4-21　(左) 悩んでしまう案内板／(右) エアコンの動作を停止させるにはどこを押すか？

類同の法則

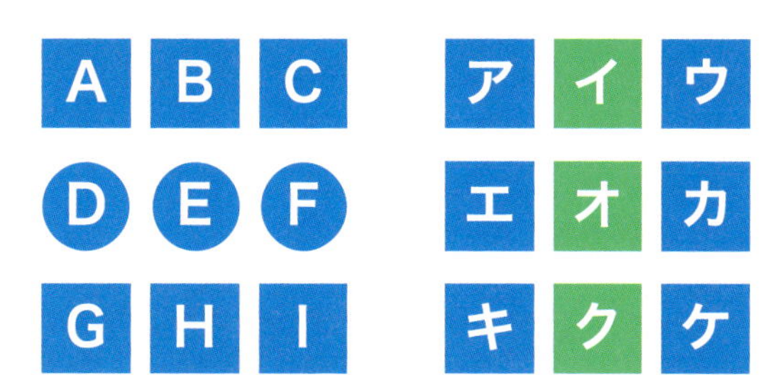

図 4-22　（左）「A」から「I」までの 9 個の図形のうち、「E」と同じグループに属するのはどれだろうか？ ／（右）「ア」から「ケ」までの 9 個の四角形のうち、「イ」と同じグループに属するのはどれだろうか？

上図（左）には、「A」から「I」までのラベルが付与された 9 つの図形があります。ここで、「E」と同じグループのものはどれでしょうか？ また、上図（右）には「ア」から「ケ」までの同じ大きさの四角形が 9 つあります。この図において、「イ」と同じグループに属するものは何でしょうか？ 是非その理由とともに考えてみてください。

A から J の図形の場合、「E」と同じグループに属するのは「D」と「F」、また、アからケの図形の場合、「イ」と同じグループに属するのは「オ」と「ク」と回答する人がほとんどです。後者の場合、四角形とその配置は左ページの上図（右）とまったく同じなので、「イ」の仲間は「ア」と「ウ」と回答されてもおかしくないのですが、多くの場合、「イ」の仲間は「オ」と「ク」と判断されます。

何故このように認知されるかというと、そこに「類同の法則」と呼ばれるものがあるからです。類同の法則というのは**「同じ形、同じ色、同じ向きなど、共通の特徴をもつ図形同士は、グループとして認知されやすい」**というものです。上図（左）の場合、「D」「E」「F」は円であり、それ以外は四角形です。ここで、人は同じ形のものを仲間であると認知する傾向が高いため、「D E F」を 1 つのグループとして認知します。また、上図（右）の場合は、「イ」「オ」「ク」が緑色、それ以外が青色です。人は同じ色のものも仲間であると認知する傾向が高いため、「イオク」を 1 つのグループとして認識します。この例からも、近接しているからといって、必ずしもそれだけでグループとして認知されるわけではないことがわかると思います。形や色などはグループ化の大きな理由となるため、ユーザインタフェースを作る場合、しっかりと考えて選択する必要があります。

以上のように、「何かと何かが関係していること／関係していないこと」を表現する際、色と形はとても重要です。色と形がおかしいために、BADUI となっているケースもよく見かけます。また、色と形をうまく使うことによって整理に成功している例もあります。

下図（左）は、「毎月第」が黒色、「4 日曜」が赤色で書かれているため、どう読んだものか一瞬戸惑ってしまいます。下図（中央）は、ホテルのエレベータのボタンです。2 つのボタンがあるように見えますが、実を言うと上にあるものはボタンではありません。下図（右）は、ボウリング場のエレベータのボタンだそうですが、何故この 2 つを並べたのでしょうかね。

同じ形や同じ色を使うときには注意しましょう。

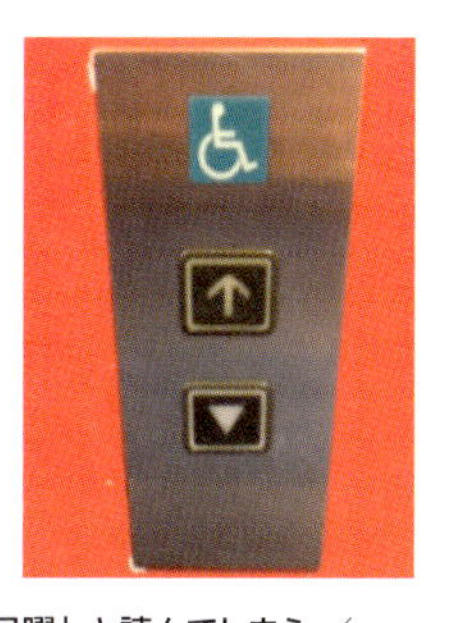

図 4-23　（左）色の違いのせいで、ついつい「毎月第」「4 日曜」と読んでしまう ／（中央）エレベータのボタンが 2 つあるように見えるが、上のボタンらしきものは単なるサイン（提供：大槻麻衣 氏）／（右）「上がるボタン」と「下がるボタン」の組み合わせが不思議（提供：寺田努 氏）

良い連続の法則

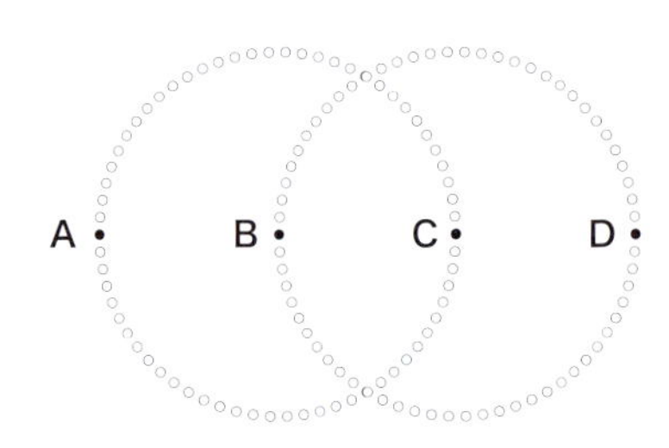

図 4-24　「A」と同じグループに属しているのは「B」「C」「D」のどれだろうか？

上図には、「A」「B」「C」「D」の 4 つの黒丸があります。さて、「A」と同じグループに属しているのは「B」「C」「D」の 3 つのうちどれでしょうか？

この質問をすると、「C」と回答する人が最も多くなります。何故 A と C が同じグループとして認知されるかというと、そこに「良い連続の法則」と呼ばれるものがあるからです。良い連続の法則というのは、**「連続している要素はグループとして認知されやすい」**というものです。

良い連続の法則が何かをご理解いただくため、人がそれぞれの小さな丸をどのようなグループとして認識するかを、色の違いで示しました（下図（左））。小さな丸の集合は、規則的に並んでいる（良い連続で並んでいる）ため、下図（右）のような大きな 2 つの円として認知され、結果として「A C」、「B D」が同じグループとして認知されやすくなります。

このように、良い連続の法則をうまく使うと、どの要素がどのグループに属しているのかがわかりやすくなります。これをうまく活用しているのが下図（左）の事例です。コミックの背表紙に並べたときに一直線となるようにピンク色のラベルが付けられており、コミックがちゃんと並んでいるのか、抜けがないかなどが大変わかりやすくなっています。一方、この良い連続の法則を意識しておかないと、無関係のものに関係を作り出してしまい、ユーザを困らせてしまいます（下図（右））。

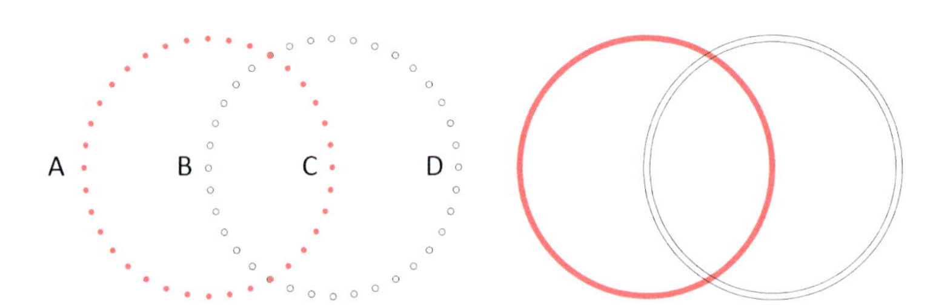

図 4-25　「A」と同じグループに属するのは「C」。「B」と同じグループに属しているのは「D」。
人はこの小さな丸の集合を 2 つの大きな円と認知する

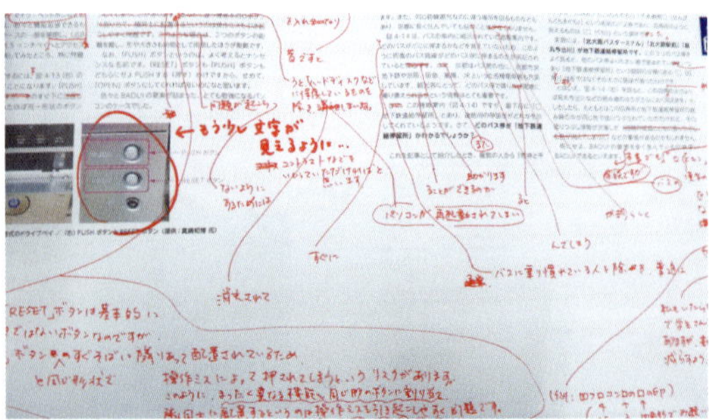

図 4-26　（左）とある病院の本棚。良い連続のおかげで順番が明確／（右）校正中の原稿。わかりにくくて本当に申しわけありません

閉合の法則

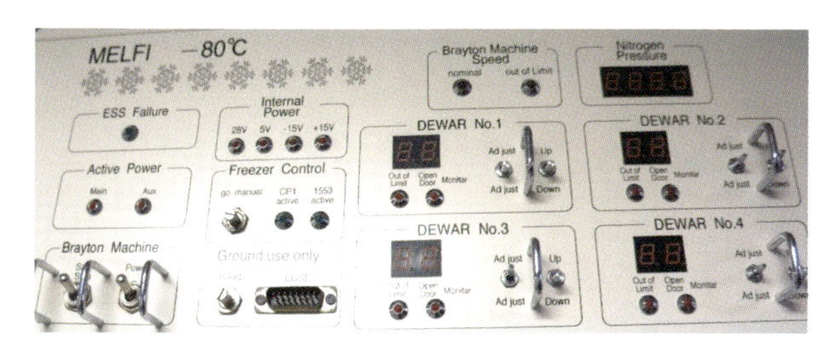

図 4-27　宇宙船内のユーザインタフェース。それぞれの内容が枠線でグループ化されている（JAXA にて撮影）

「123456789」のように文字が並んでいるとき、どのようなグループがあると感じるでしょうか？ 多くの人が「123」と「67」というグループ（さらに「45」と「89」のグループ）があると考えるのではないでしょうか。

また、以下には、1 から 9 までの数字が 3 つ並んでおり、1 と 2、4 と 5、7 と 8 の間と、9 の右側に記号が入っています。さて、これらの中にはグループが存在するでしょうか、また存在するとしたらどのようなグループでしょうか。

1. 1 {234} 567) 89 (
2. 1} 234 {567) 89 (
3. 1} 234} 567 (89)

この質問をすると、多くの人が 1 つ目は「『234』がグループ」、2 つ目は「グループがない」、3 つ目は「『89』がグループ」と回答します。記号の場所と形はすべて同じであり、単に左右反転しているだけですが、それぞれの場合でグループ化の結果は異なります。人がこのように認知する理由は何でしょうか？

これは、{...} で囲まれた部分と、(...) で囲まれた部分が 1 つのグループであると見なされるためです。「今まで親しんできた算数や数学、国語などでも ( ) や { } は何かをまとめる記号だったから」と考える人もいるかもしれません。では何故、数学、国語などでは、こうした記号を何かをまとめるために使っているのでしょうか？ そもそもこれらの記号を最初に使った人に聞かないと本当のところはわかりませんが、こうした記号で囲まれた部分がグループとして認知されやすいのは、そこに「閉合の法則」があるからです。閉合の法則は、**「何かしらの図形による閉じた領域は、グループ化に強く寄与する」**というものです。

{ ... } や (...) に限らず、[...] などもグループとして認識されます。また、日本語で話し言葉を表現するために使用されるカギ括弧（「」）も、こういったグループ化の特性のために利用されています。なお、(^^) のような顔文字において、複数の記号が顔という 1 つのまとまりに見えるのは、最初と最後に閉じたカッコを使うことで閉合の法則が機能しているのも理由の 1 つです。

上図は宇宙船内のユーザインタフェースです。色々な機能が枠線によってグループ化されています。このようなグループ化により、どういった系統の機能がどこにあるかを大雑把に判断できるようになります。下図は、わかりにくい駅の案内板を、DIY で改善している例です。ガムテープで太い線を作り、左右の領域を分離しています。右側の拡大写真を見るとわかりやすいのですが、元の線は結構細く、西武池袋線が右方向にあると勘違いする人がいたのではないかと思います。そこに黒色のガムテープを貼って、どこに区切りがあるのかを伝えようと努力しています。コストをかけずに解決している点で、興味深い事例だと思います。

閉合の法則はかなり強く働くため、利用には注意が必要です。閉合を間違った形で使うと、図 4-15（p.101）で紹介した時刻表や、図 4-16（p.102）で紹介した蔵書検索システムのように BADUI ができあがってしまいます。

図 4-28　ガムテープによって左右を分離している（提供：TT 氏）

共通運命の法則

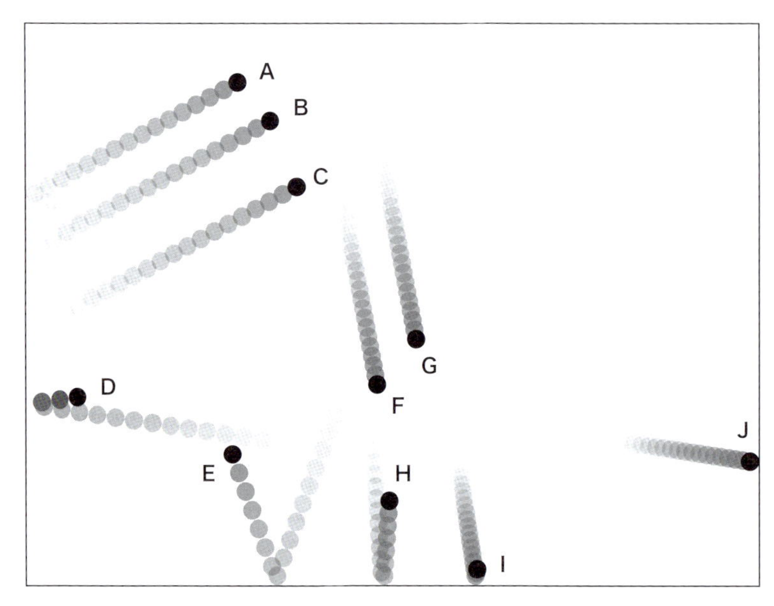

図 4-29　A から J までの黒丸が動き回っている。同じグループに属するのはどれだろうか？
（紙面では動きを表現するのが難しいため、軌跡をグラデーションで表している）

上図は、A から J までの 10 個の黒丸が空間を跳ね返りながら動いている様子です（紙面では動きを表現するのが難しいため、動きの軌跡をグラデーションで表していますが、実際に動いている様子は本書の Web ページに掲載しています[6]）。この 10 個の黒丸を複数のグループに分ける場合、どのような分割になるでしょうか？

この質問をすると、多くの人が「ABC」のグループと「FG」のグループ、そしてそれ以外に分けられると回答します。そのように人が認知しやすい理由は、そこに「共通運命の法則」と呼ばれるものがあるからです。共通運命の法則とは**「同じような動きをしているものは、同じグループのものとして認知されやすい」**というものです。

上図の場合、「A」「B」「C」が同じ方向（右上方向）に同じような速度で動いているため、共通の運命をもつと判断され、1 つのグループとして認知されます。また、「F」「G」も同じ方向（下方向）に同じような速度で動いているため、これらも同じグループとして認知されます。この法則が働くときは、違う形、違う色であっても、同じ動きをしているせいで、グループとして認知される傾向が高くなります。

実際、一緒に歩いている人はグループと判断されがちですし、同じタイミングで光るライトは同じグループに属すると判断されやすくなります。これは、たくさんの鳥が飛んでいるときに、似た動きをしている鳥は 1 つのグループとして認識し、違う動きをしている鳥はそのグループに属していないと認識するのと同じです。

共通運命の法則を効果的に使って、ユーザインタフェースにおいて関連のあるもの同士を一緒に動かすなどの工夫をすると、ユーザが「どれとどれが関係しているのか」をすぐに判断できるようになります。一方、無関係のものを同じタイミングで動かすと、ユーザはその無関係であるはずのもの同士に関連があると考え、混乱してしまうので、結果として BADUI になってしまいます。また、ユーザの何らかの操作の後にフィードバックをある程度遅れて提示（ランプを光らせたり、音を鳴らしたりするなど）すると、ユーザはその操作とフィードバックとの関係性を見出せません。その結果、操作とフィードバックを別のものと解釈して悩んでしまいます。第 2 章でも紹介したように、フィードバックを返すときは、共通運命の法則を効果的に感じることができる適切なタイミングを心がけたいものです。

なお、この共通運命の法則の面白さを体験できるプログラムも公開[6]していますので興味がありましたらどうぞ。

6　http://badui.info

グループ化の法則と配置関係から読み取る意味

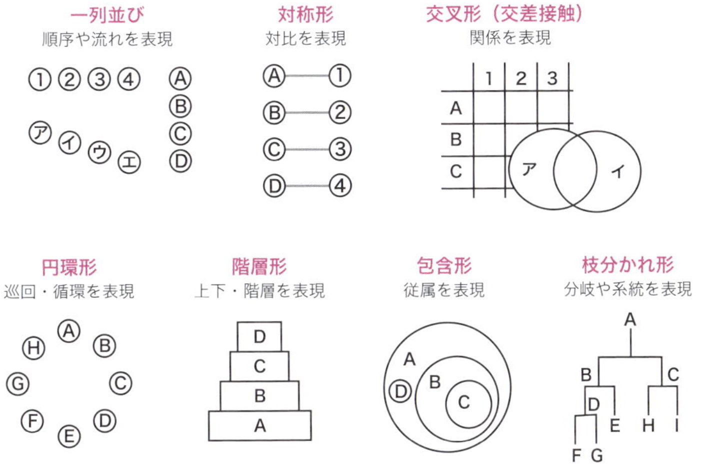

一列並び
順序や流れを表現
①②③④ Ⓐ Ⓑ Ⓒ Ⓓ
㋐ ㋑ ㋒ ㋓

対称形
対比を表現
Ⓐ—①
Ⓑ—②
Ⓒ—③
Ⓓ—④

交叉形（交差接触）
関係を表現
1 2 3
A
B
C
ア イ

円環形
巡回・循環を表現
Ⓐ Ⓑ Ⓒ Ⓓ Ⓔ Ⓕ Ⓖ Ⓗ

階層形
上下・階層を表現
D
C
B
A

包含形
従属を表現
A Ⓓ B C

枝分かれ形
分岐や系統を表現
A
B C
D E H I
F G

図 4-30　2 つ以上の図の要素の配置関係から人間が読み取る意味（図の体系の全体形とその意味の普遍性より[7]）

ここまで紹介した内容により、ユーザインタフェースにおけるグループ化の法則の重要性をご理解いただけたのではないでしょうか。グループ化の法則をしっかりと考えることで、ユーザインタフェースのデザインは飛躍的に良くなります。関係しているもの同士、関係していないもの同士を、どう配置し、どう表現するかを少し考えると、BADUI を回避することも可能となります。

さて、グループ化と一口に言っても、その配置方法によってそれらの要素同士の関係をどのように人間が読み取るかということは異なってきます。詳しくは、脚注に挙げた『図の体系』を参照していただきたいのですが、例えば上図のように要素が様々な方法で配置されているとき、それぞれの配置方法に応じてさらなる意味が生まれます。ユーザインタフェースを作成する際は、こうした意味を考慮して適切に配置する必要があります。これらの意味を考えず、意図とは違う意味を生む配置にしてしまうと、ユーザはそのユーザインタフェースを誤って解釈してしまい、結果的に使いにくいユーザインタフェースとなってしまいます。

例えば、エレベータの階数表示ボタンを円環状に配置すると少々混乱しますし（下図（左））、円同士を交差させたようなものを背景画像として使うと、その交差している部分に意味を感じてしまうという問題もあります（下図（右））。

皆さんがユーザインタフェースを作るときには、是非こうした点も考慮していただければと思います。

7　『図の体系―図的思考とその表現』出原栄一（著）、日科技連

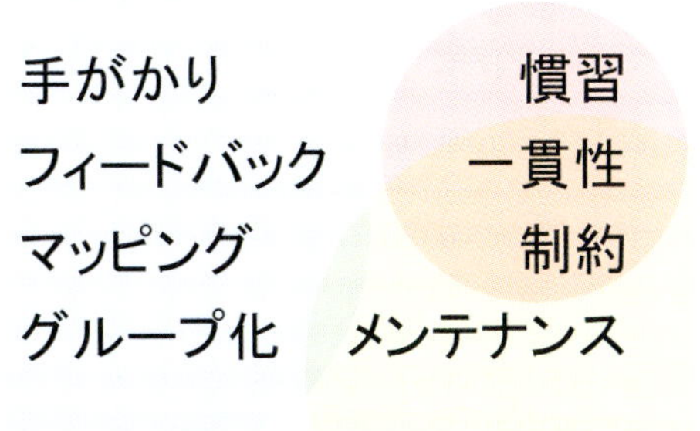

手がかり　慣習
フィードバック　一貫性
マッピング　制約
グループ化　メンテナンス

図 4-31　（左）エレベータが今どの階にいるかを示すサイン／（右）別の意味が生まれてしまう

まとめ

本章では、グループ化（体制化）がいかに重要かというテーマで、様々なBADUIを紹介してきました。グループ化が適切でないと、使いにくい、わかりにくいユーザインタフェースになり、ユーザが混乱してしまうこと。そして、世の中にはそういったBADUIが多数存在すること。また、BADUIになってしまっている理由は何なのかといったことをご理解いただけたのではと思います。

駅などの案内板に記された目的地がどの矢印と対応しているのかわからない、テストなどでどこに回答を書いたらよいかがわからない、プレゼンテーションにおいてスライド情報の対応関係がわからない、配布された手作りのイベントチラシがわかりにくいなど、世にはびこる様々なユーザインタフェースの悩みは、こうしたグループ化が十分に考慮されていないことが大きな原因の1つです。

また、本章の最後では、ゲシュタルト心理学を取り上げ、「近いこと」「似ていること」「連続していること」「囲まれていること」「一緒に動いていること」などがグループ化の法則とされている点を紹介しました。これについては「当たり前じゃないか」と感じた方も多いのではないでしょうか。ただ、こうした「当たり前のこと」を理解し、しっかり活用するのは思った以上に難しかったりします。皆さんがポスターや書類、その他、様々なユーザインタフェースを作る際には、是非これらの法則を思い出していただければと思います。そして、ユーザを悩ませることのないユーザインタフェースを実現してください。

演習・実習

☞ 本章で紹介している様々なBADUIについて、わかりやすくするにはどうしたらよいか考えてみましょう。また、その修正ではどのような法則を適用しているか考えましょう。

☞ 駅の出口や乗り換えなどに関する案内板を撮影し、そこに提示されている文字情報が、どの矢印とグループ化されているかを調べてみましょう。グループ化がうまくいっていないものがあれば、どのように改善したらよいかを考えましょう。

☞ 切符や食券の自動券売機などで、同じカテゴリのものが同じ色で示されているか、近くに集められているかなどを調べてみましょう。また、わかりにくい券売機ではどのように情報が提示されているのか、修正するにはどうしたらよいのかなどを考えてみましょう。

☞ グループ化が考慮されていないため文章や図などの関係性がわかりにくいWebページを探してみましょう。また、どのように改善したらよいかについても考えてみましょう。

☞ 自宅の個人の本棚や、学校、勤務先の共用の本棚について、その本棚を使う人（ユーザ）を思い浮かべ、ユーザが探しやすいようにするにはどうグループ化したらよいか考えてみましょう。

Chapter 5 慣習

男性用トイレと女性用トイレ、勘違いして違う性別のトイレに入りそうになった経験はないでしょうか？ カードを何気なく間違った方向に差し込んでしまい、機械に「読み取れません」と言われた経験はないでしょうか？

人は、何度も何度も繰り返しユーザインタフェースと触れ合うことによって、自身の中に「○×は△□である」というルールを作り上げます。

例えば、トイレのサインの場合、男性用・女性用を示すサインの色や形はものによって微妙に異なっています。しかし、これまでの人生で何度となくトイレに行き、その中で「下がスカートのように広がっているのが女性用で、そうでないのが男性用」「男性用は黒色や青色、女性用は赤色」といったルールを慣習として学んでいるため、少しくらいわかりにくいサインであっても、人は間違わずに正しいトイレに入ることができます。一方、自分の中のルールと当てはまらない、慣習と合致しない事例に出会うと、人は悩み、困ってしまいます。

本章では、形や色、数字の並びや配置など、慣習的に意味付け（ルール化）を行うものに注目しながら、その慣習とのギャップによりBADUIとなってしまっている事例を紹介し、どういったときにユーザは悩むのか、どうしたら問題を最小限とすることができるのかについて説明したいと思います。

それでは、慣習とのギャップによるBADUI、お楽しみください。

形と認識とのギャップ

性別を判断するサイン：どちらのトイレが男性用でどちらが女性用？

図 5-1　とある商業施設のトイレのサイン。あなたならどちらのトイレに入りますか？（提供：綾塚祐二 氏）

上図は、東京のとある建物に設置されていた男女のトイレのサインだそうです。さて、このトイレのサイン、どちらが男性用でどちらが女性用でしょうか？ また、その理由はどういったものでしょうか？

この質問を、これまで講義などで 300 名以上の聴衆に対して実施してきましたが、男性の約 6 割が左、残りの 4 割が右、女性の 5 割が左、残りの 5 割が右を選択すると回答していました。皆さんの選択はどちらだったでしょうか？

実際は、左側が男性用、右側が女性用だそうです。さて、何故多くの人が間違ってしまったのでしょうか？

右ページに私がこれまでコレクションしてきたトイレのサインの写真の一部を掲載しているので、参考にしていただきたいのですが、日本国内では色で性別を表現するとき、「男性は青色や黒色、女性は赤色やピンク色」で表現されることが多いように思います（これについては、次の節で詳しく紹介します）。一方、男女を丸と三角形という単純な図形で表現するとき、通常は「男性は丸の下に下向きの三角形、女性は丸の下に上向きの三角形」で表現されます。つまり、色に注目したときと、形に注目したときとで指し示す性別が違うため、半数近い人が間違ってしまうという結果になってしまったのです。下図（右）のようになっていればまったく問題ないのですが、何故こうなってしまったのかを考えると興味深いものです。発注し間違えたのか、それともパーツ売りされている丸と三角形の部品を間違って付けてしまったのか、もしご存知の方がいらっしゃいましたら教えてください。

あらためて、右ページの図に注目していただきたいのですが、ここに紹介しているだけでも、トイレのサインには様々なものが存在することがわかると思います。中でも上のほうは割とわかりやすいのですが、下に進むと徐々に難易度が上がっていきます。特に、最下段の丸と四角形を使っているもの（○：女、□：男）、レンズ型のもの（凸レンズ：女、凹レンズ：男）、丸と三角形だけのもの（○：女、△：男）は難易度が高すぎるように思います。

「トイレマークのつぶやき[1]」は、こうしたトイレのサインばかりを集めているサイトです。膨大なデータがあり、とても面白いのでオススメです。トイレのサインに注目すると、色々な問題が見えてきてとても面白いので、是非これからトイレを利用される際には、どんなサインになっているかについても観察してみてください。

1　「トイレマークのつぶやき」(http://1st.geocities.jp/toiletmark/index.html)

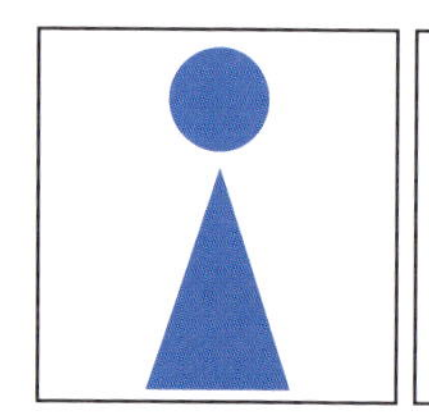

図 5-2　（左）図 5-1 をイラスト化したもの ／（右）左図の色を入れ替えたもの。こちらなら間違わないだろう

図 5-3　様々な男女のトイレのサインの例。かなり難易度が高いものもあります（レンズのようなマーク：戸田大貴 氏、△と○：佃洸摂 氏）
最下段は左から○が女性、□が男性、凸レンズが女性、凹レンズが男性、△が男性、○が女性となっている

ゴミ箱のような何か：これは○×ではありません

図 5-4　ゴミ箱のように見えるが、「ゴミ箱ではありません。ゴミを捨てないでください」というシールが貼られている

上図は、とある建物にあった「ゴミ箱のように見えるけれど、ゴミ箱じゃない何か」です。「ゴミ箱ではありません」「ゴミを捨てないでください」というシールが開閉式の蓋の部分に貼られています。こういったシールが貼られているということは、これまでに多くの人が間違ってゴミを捨てたのでしょう。実際、私にはどう見てもゴミ箱にしか見えませんでした。さて、これは一体何なのでしょうか？

このゴミ箱のような何かに出会って数ヶ月後、また同じ建物を使う機会がありました。どうしてもその正体が気になったので、そのゴミ箱らしきものをしばらく観察していたところ、引き上げることができる部分を発見しました。

その部分をつかみ、引っ張り上げている様子が下図です。引き上げた部分に「カサ袋をご利用ください」とあり、その下にはカサ袋がたくさんついています。

ゴミ箱のような何かの正体は、雨の日に持ち込んだカサについた水が床などに垂れないようにするカサ袋と、そのカサ袋を捨てるための箱だったわけです。ゴミ箱らしきものは、やはりゴミ箱と似たような機能をもつものでした。

つまり、これをデザインしたデザイナには何の責任もなく、その設置の仕方によって BADUI になってしまったという例でした。雨の日以外には隠しておき、雨の日にだけ出すようにしておけば、カサ袋入れという用途でしか使われないと思います（もちろん、片付けの手間があるために置きっぱなしになっているのだと思いますが、結果的にゴミが捨てられることでゴミ処理の手間が発生するのであれば、晴れの日には隠したほうがよいように思います）。また、こういったシールを貼ってもゴミを捨ててしまう人はいます。せめてカサ袋を見えるようにしておくか、「これはカサ袋入れです」と書いておくと多少は捨てる人が減るかもしれません。

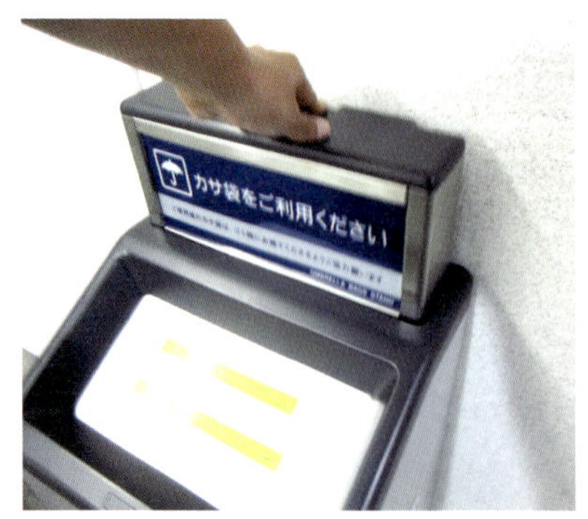

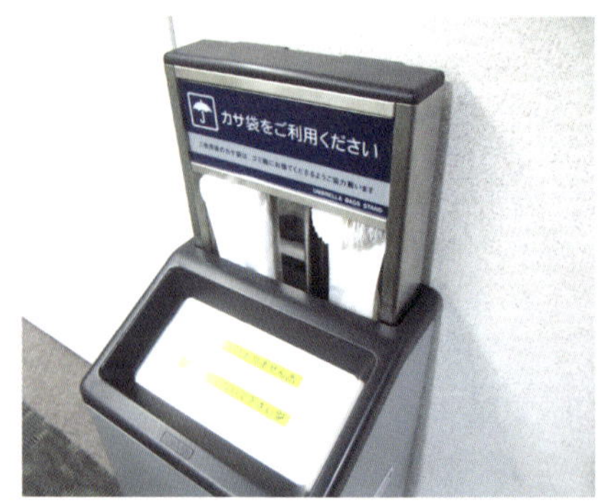

図 5-5　カサ袋スタンドだった

その正体は、雨の日に持ち込んだカサをカバーするカサ袋を提供するものだった。ゴミ箱のようなところは、カサ袋を捨てる場所だった模様。いわばカサ袋専用のゴミ箱であり、これがゴミ箱と間違えられてしまうのは仕方ない気がする。雨の日以外は片付けるか、常時カサ袋が見える状態にしておけば、このような問題は発生しにくいかもしれない

図 5-6 （左）これは何だろうか？ ／（中央）「これは郵便ポストではありません」「This is not a mail box」というメッセージが貼られている ／（右）丸型ポスト

さて、皆さんが投函予定のハガキを持っているときに、上図（左）のようなものに出会ったらどうするでしょうか？ 私でしたら、手に持っているハガキをついつい投函してしまうと思います。ちなみに、この郵便ポストのような何かは、実際は郵便ポストではありません。

よく見るとその郵便ポストらしきものの上のほうに「これは郵便ポストではありません」「This is not a mail box」という貼り紙があります（上図（中央））。よく読んでみると、どうやらこれは郵便ポストではなく、寄付金を受け付けるポストのようです。しかし、ユーザがこのような貼り紙をしっかり読むとは限らず、上図（右）のような昔よく見かけたポストとそっくりなので、郵便ポストだと勘違いしてもおかしくありません。

似ているために問題が生じる面白い事例をもう 1 件紹介しましょう。下図はとあるホテルに設置されていた端末です。さて、これは何を行う端末だと思いますか？

ディスプレイにクレジットカードが表示されているように見えるので、手持ちの現金が少ない場合には「ATM を見つけた！」とばかりに、この機械にクレジットカードを挿入してお金を引き出しそうになります。実際、画面の左側のカードは、VISA と書いてあり、クレジットカードそのものです。しかしよく見ると、ディスプレイの上下に「NOT AVAILABLE FOR CREDIT CARD」「ATM ではございません」「This machine is not ATM」というシールが貼られています。実は、クレジットカードに見えたものは e-kenet というポイントカードにクレジット機能が付与されたものであり、この端末はそのポイントカード部分を使ってポイントの残高を確認したり、クーポンを発行するものでした。

人はついつい望んでいる情報を探すため、クレジットカードでお金をおろそうと思っている人にとっては、この「VISA」という文字がかなり大きな手がかりになります。端末の設置場所が、海外からの観光客もよく泊まるホテルということもあって、端末上の日本語の説明文を読むことができず、間違える人が多かったのでしょう。そのため、ATM ではないことを説明するシールが何枚も貼られてしまいました。

画面上に英語表記を追加したり、「e-kenet」を目立たせて VISA の部分を多少ぼかすと間違える人も少なくなるかもしれませんが、いずれにせよ、何とも興味深い BADUI さんでした。

図 5-7 「NOT AVAILABLE FOR CREDIT CARD」「ATM ではございません」「This machine is not ATM.」

カードのデザイン：カードの挿入方向を間違ってしまうのは何故？

図 5-8　このカード、A と B のどちらの方向に差し込めばよい？

上図は、ある会社のカードです。このカードを自動発券機などのカード挿入口に入れるとき、A と B、どちらの方向に差し込もうとするでしょうか？

この質問もこれまで講義などで何度も受講生に投げかけているのですが、7 ～ 8 割の受講生が B の方向に挿入すると回答します。しかし、このカードをじっくり観察すると、カードの左上にカードを挿入する方向を示す矢印らしきものが確認できます。また、このカードを扱う会社の Web ページには下図（左）に示す解説画像があります。このことからも、A の方向に挿入するのが正解だとわかります。何故、多くの人が B と回答してしまったのでしょうか？ ちゃんと挿入方向の情報が提示されているのに何故でしょうか？

間違ってしまう理由は、カードの中心に大きくデザインされている「>>>>」という部分が、B 方向の矢印に見えるからです。確かにカード左上には挿入方向を示す矢印がありますが、こちらは細くてあまり目立ちません。一方、中心のデザインは大きく目立っているため、利用者はついついそちらに注目してしまいます。

そしてこの中央のデザインが、B 方向へ進むということを強く誘導するものになっているため、ついつい B 方向に挿入したくなるのでした。見た目のかっこいいデザインは良いことなのですが、そこに間違った操作可能性を提示してしまうと問題になるという好例でした。

さて、何故このようなデザインになったのかは不明ですが、この会社のサイトを見ていると、この「>>>>」の部分を進行方向として使っていますし、自動改札は下図（右）のようになっており、進む方向を指し示しているようです。ということで狙ってやっているのだと思いますが、あえてこの向きを逆転させているのは何故なのか、色々と妄想がふくらんでしまいます。もし理由をご存知の方がいらっしゃいましたら教えてください。

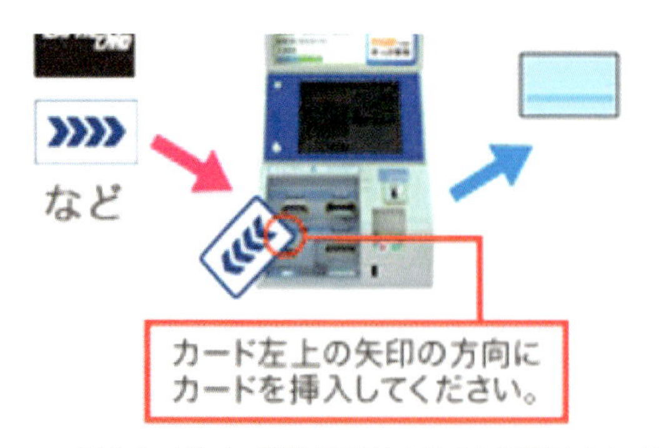

図 5-9　（左）カード発行元の Web サイトに記載されたカード挿入方法の説明[2]（2014 年 10 月時点）／（右）自動改札のタッチ部分のデザイン

2　http://expy.jp/member/exic/exic_service.html

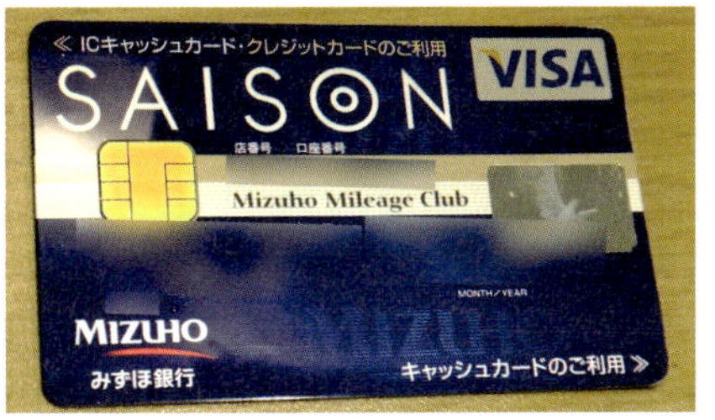

図 5-10 (左) miyoca カードは挿入方向が右 (提供：北川大輔 氏) ／ (右) 様々な機能をもつカード (提供：園山隆輔 氏)

カードの挿入方向が誘導されるデザインの例としては、他にも様々なものがあります。例えば、上図 (左) は左方向に挿入したくなるカードですが、実際は右方向に挿入しなければなりません。この事例の場合、カードを縦にした向きでイラストおよび文字が印刷されているため、そのイラストを読める方向にして挿入しようとして間違ってしまうのです。こうした挿入方向のクセは、これまで人々が出会ってきたカードをどのように挿入してきたのかということにも依存します。そういう意味でも、人が普段どういったものに触れているかを知り、考えることは本当に重要です。

上図 (右) は IC キャッシュカード、クレジットカード、キャッシュカードという 3 つの機能が付いた多機能カードです。このカードをキャッシュカードとして利用するには、通常と反対方向に挿入する必要があります。システムやデザインの都合で仕方がないことなのだと思いますが、もう少しユーザのことを配慮してくれればなと思います。このカード、私にはきっと使いこなせません。

下図は、とあるホテルのカードキーです。このホテルでは、ドアの差込口にカードキーを差し込んでドアを解錠します。このカードにはホテルのロゴと絵が描かれている面と、細かい文字と黒い磁気ストライプがある面がありますが、さて、どちらの面を上にして差し込めばよいでしょうか？

正解は、「黒い磁気ストライプがある面」でした。あるとき、このホテルで五十人程度が集まる会議が開かれたのですが、鍵が開かないと困っていた人が結構いました。また、別の機会に数百人が集まる会議があったようですが、その際にも同じように困った人が続出していたそうです。

第 3 章 (p.84) でホテルのカードキーに部屋番号が書かれていないため悩んでしまうことがある事例を紹介しましたが、それ以外にもホテルのカードキーには、カードを抜き差しする速度によって情報が読み取れないことがあったり、カードキーに磁石などを近づけてしまうとキーが無効化されて利用できなくなるなどの問題もあります。そのため解錠がうまくできないと、宿泊している部屋がこの部屋であるかどうか不安になってしまったり、カードキーが壊れたのではと考えることになります。そういったときに、さらに間違えやすい要素 (今回の場合は、カードの裏表) があると混乱に拍車をかけてしまいます。

デザイン面を上にするかどうか、カードのデザインに機能上の意味をもたせるかどうかといったことは結構悩ましい問題です。慣習に従うことは重要だということをご理解いただけたのではないかと思います。

皆さんも、こうしたことで悩まされるカードが身の回りにないか探してみてください。

図 5-11 多くの宿泊客がロゴのある面を上にしてカードキーを挿入し、鍵が開かずに困惑していた (提供：佃洸摂 氏)

色と認識とのギャップ

性別を識別するサイン：男性用のトイレがないと勘違いしたのは何故？

図 5-12　オランダの大学のトイレ
（左）階段の横にあったサイン。階段の下にトイレがあることを示している ／（右）階段を降りた先にあった 2 つの扉とそのサイン。
多くの男性が目的のトイレがないと戻ってきた理由は何？

私がとある国際会議でオランダの大学を訪れたときのこと、会議室の近くの階段の横に、上図（左）に示すサインがありました。このサインを見る限り、周辺に男女のトイレがあるように見えます[3]。

このサインは階段の脇に取り付けられていたため、私は「階段を降りたらトイレがあるのかな？」と判断して階段を降りました。階段を降りた先には、上図（右）のように 2 つの扉と、その扉に付けられた 2 つのサインがありました。私は、これを見て「あっ、女性用トイレしかないや。男性用トイレってどこだ？」と引き返してしまいました。

階段を上り、上図（左）のサインを再確認し、「やっぱりこの下にあるはずだよなぁ」と不思議に思いつつ、再び階段を降りてよく観察したところ、男性用のトイレのサインがありました（下図）。地下でやや暗かったこともありますが、トイレのサインを見て女性用だと勝手に判断して引き返してしまったため、私は男性用トイレを発見できなかったようでした。なお私以外にも複数の男性参加者（主にアジア系の顔立ちをした人）が、地下に降りたのに男性用トイレがなかったと 1 階まで戻ってきていました。さて、男性用トイレがないと勘違いした理由は何でしょうか？

3　ところで、どこにも「トイレ」という表記はないのに、何故私たちはこのようなサインがトイレを示すと考えるのでしょうか？　いつの間にか「男女のマークがあるとき、男女のトイレを意味している」というルールが慣習により構築されているのだと思います。

図 5-13　男性用トイレのサイン。暗かったこともあるが、多くの男性がここには男性用トイレがないと判断してしまった

１つ前の節でもトイレのサインについて扱ったので、多くの方がお気付きだと思いますが、「男性用トイレのマークが赤色で描かれている」のが理由でした。私は、色でこのトイレが女性用であると判断し、ここに男性用トイレはないのだと考えて元の場所に戻ってしまったのでした。

似たような事例に、下図（左）のニュージーランドのレストランのトイレ入口に付けられていたサインがあります。このトイレのサイン、青色の背景の上に「Women」と表記されているのですが、一緒に行動していた女性研究者（日本人）は、このトイレを男性用トイレと勘違いしてしまい、店員に確認するまでトイレを発見できずにいました。彼女はこのサインを見たときに青色だから男性用だと勝手に判断したようでした。また、別の機会に北京を訪れたときに出会ったトイレは男性が赤色、女性が黄色で提示されており、混乱してしまいました（下図（中央）。なお、もっと昔に北京を訪れたときは、男性が赤色で、女性が緑色でした）。

下図（右）は、東京のとある大型施設のトイレに付けられていたサインだそうです。こちらは、女性用なのに黒色で示されているので、ぼーっとしていると男性が女性用トイレに入って行きそうです。実際この写真を提供してくれた方も男性なのですが、誤ってこのトイレに入りかけたそうです。

なお、このトイレの場合、下のほうに赤色の女性用サインが取り付けられています。もともと黒色のサインだけだったところに、間違う人が現れたなどの問題があって、赤色のサインが後から取り付けられたのかもしれません。

さて、男性や女性を表現するピクトグラム[4]はJIS（日本工業規格）として標準化されているものの[5]、「男性は青色や黒色を使わなければならない」または「女性は赤色やピンク色を使わなければならない」という明確なルールは存在しません。しかし、日本国内では多くのトイレで男性を表す色として青色や黒色、女性を表す色として赤色やピンク色が用いられています。何故なのでしょうか？

この男性・女性の区別がこのような色分けで表現されるようになった由来については諸説あって定かではないのですが、千々岩英彰の調査によると、日本人の男性に対するイメージカラーの１位は薄い青紫、女性に対するイメージカラーの１位はごく薄い赤紫（ピンクに近い）となっています[6]。また、1970年の大阪万博では、トイレのサインとして男性は「黒地に白抜き」、女性は「赤地に白抜き」に統一されており、そのころにはすでに男性は黒色、女性は赤色という組み合わせが定着しつつあったのかもしれません。

こうしたサインの色は国ごとの慣習の違いによって生まれるものでもあるので、日本人が使いにくいと感じても一概にBADUIとは言えません。ただ、日本では、女性を示す色として赤色が、男性を示す色として黒色や青色が採用されることが多いため、せめて国内では男性が女子トイレに間違って入り痴漢扱いされないためにも、こういったサインにはある程度慣習的に使われている色を使ってほしいと思います。なお、こうした慣習は時代によっても変化していくものです。

いずれにしても、色で何かを表現するときには、利用者がその色を見てどう判断するかを考える必要があります。少なくとも日本国内でトイレのサインを設置するときは、日本の慣習を考慮したほうがよいでしょう。慣習にのっとった色遣いがいかに重要かを教えてくれる面白い事例でした。

4　何らかの情報を伝達するために利用される絵文字などのこと。
5　JIS Z 8210:2002「案内用図記号」
6　『図解 世界の色彩感情事典 —— 世界初の色彩認知の調査と分析』、千々岩英彰（著）、河出書房新社

図 5-14　（左）ニュージーランドのレストランのトイレ ／（中央）中国のトイレのサイン／（右）日本の展示場のトイレのサイン。女性用なのに黒色（提供：宮下芳明 氏）

（左）レストランのトイレ入口に付けられていたサイン。女性用なのに青色であるため、知人（女性）はトイレを見つけることができなかった ／（中央）男性が赤色、女性が黄色で示されていた／（右）女性用トイレのサインが黒色なので、間違って男性が入りそうになる。下には赤色のサインも取り付けられている。赤色のサインは後から取り付けられた？

スイッチのランプの色：緑色と赤色どちらが ON?

	ON	OFF
照明（5-15（左））	赤	緑
照明（5-15（右））	赤	緑
テレビ（5-16（左））	緑	赤
PC（5-16（右））	緑	橙
プロジェクタ（5-17（左））	緑	橙
エアコン（5-17（右））	赤	−
エアコン（5-18（左））	赤	緑

図 5-15　（左）一番上のスイッチに対応する照明は ON？ それとも OFF？／（中央）スイッチがこの状況のとき、照明はどのような状態だろうか？／（右）ランプの色と機器の状態のまとめ

照明のスイッチが ON の状態なのか OFF の状態なのかを表現するために、スイッチ自体に赤色や緑色のランプが付いたものを見かけることがあります。さて、上図（左）のスイッチを見てください。このスイッチに対応する照明は、現在どのような状態であると考えるでしょうか？ 赤色のランプが灯っているのが ON の状態でしょうか、緑色のランプが灯っているのが ON の状態でしょうか？ また、その理由についても考えてみてください。

答えは、緑色のランプが OFF、赤色のランプが ON でした。この照明、私の研究室にあるものなので頻繁に操作する機会があるのですが、いつも間違えてしまいます。また、同じ部屋を利用する学生さんたちもよく間違えています。理由としては、私や学生さんの中では、緑色が ON で、赤色が OFF というルールができあがっているためです。

上図（中央）も似たようなタイプのスイッチです。このスイッチはとある大学の講義室に取り付けられていたものですが、よく学生さんが照明の ON ／ OFF を間違ってしまう困ったものでした。さて、何故多くの人が間違えるのでしょうか？ なお、このスイッチの仕組みは次のとおりです。

- 左側にある「西」と「東」で、西側、東側の照明の ON ／ OFF を切り替える（西が前方で東が後方）
- 右側にある「70% 点灯」「50% 点灯」「30% 点灯」「信号 ON-OFF」で、照明の点灯レベルを切り替える（「信号 ON-OFF」で全体の照明の ON ／ OFF を切り替える？）

このような操作体系になっているためそもそも難易度が高いのですが、こちらでも、赤色が ON、緑色が OFF の意味で使われていることが操作ミスの一因になっていました。

何故多くの人は緑色が ON の状態で、赤色が OFF の状態であると考えるのでしょうか？ それを考えるためにも、是非身の回りの電化製品が、電源が ON のときに何色のランプが灯っており、OFF のときに何色のランプが灯っているのかを思い出してみてください。

いくつか例を出して紹介します。右ページ上図は職場および自宅にあった家電の稼働状況を示すランプです。テレビ、PC、プロジェクタ、エアコンともに緑色で ON となっており、テレビは赤色で OFF、PC とプロジェクタはオレンジ色（橙色）で OFF、エアコンは無灯火で OFF となっていました（上図（右）は本ページおよび右ページの事例について状態とランプの色をまとめたもの）。

プロジェクタやパソコンは自宅にない家庭も多いかもしれませんが、テレビやエアコンは多くの家庭のリビングにあり、よく利用されていると思います。いずれにせよ身の回りの多くの電化製品では、緑色は ON、赤色（またはオレンジ色）が OFF であることが多く、私たちはそれに慣れ親しんでいます。人はその経験から頭の中で「緑色は ON、赤色は OFF」というルールを作り上げており、結果として「緑色が OFF、赤色が ON」のときに間違ってしまうのです。

ただ、必ずしも赤色が OFF というわけではありません。右ページ下図（左）は私の実家のエアコンですが、稼働中に赤色のランプが点灯します。私は実家に帰るたびに何かエラーが発生しているのかなと勘違いして、しばらくしてから「あぁ動作しているのか」と気付くということを何度も繰り返してしまっています。

一方、右ページ下図（右）は、とある工場の大型機械の起動および停止ボタンです。起動には赤色、停止には緑色のボタンが割り当てられています。実際、この手の大型機械では、稼働中に赤色、停止中に緑色のランプが点灯するものもよくあります。工場で使うような大型機械の場合、稼働中にこうした機械に近寄ったり、周囲でうかつな行動を取るのは危険です。一方、停止しているときは安全と言えま

図 5-16　（左）テレビの電源。ON の場合は緑色、OFF の場合は赤色／（右）PC の電源。ON の場合は緑色、OFF の場合はオレンジ色

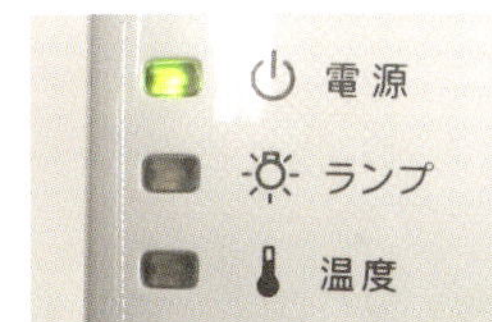

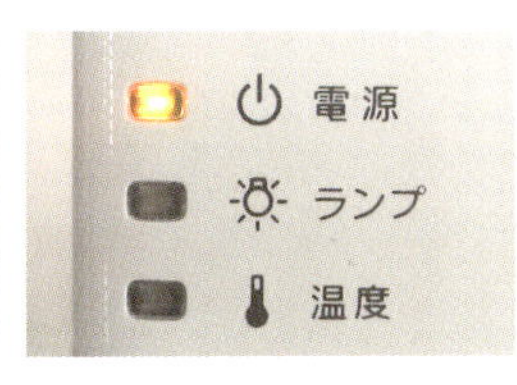

図 5-17　（左）プロジェクタの電源。ON の場合は緑色、OFF の場合はオレンジ色／（右）エアコンの電源。ON の場合は緑色、OFF の場合は無灯火

す。そのため、「赤色は危険、緑色は安全」という意味（信号と同じ）でこのような色が割り振られていると思われます。

ちなみに象印の電気エアーポットでは、湯が出る（ロックが解除された）状態が赤色、湯が出ない（ロックされている）状態が青色で提示されています。これは湯が出る状態は危険なので赤色、ロック状態は湯が出ないので安全ということで青色なのだそうです。ただ、これも昭和 50 年ごろより前は逆で、赤色がロック、青色が解除だったそうです[7]。当初は信号機に合わせて赤色をロック（止まる）、青色を解除（進む）としていましたが、やけどなどの危険性を考慮して変更したのだとか。ユーザインタフェースの変遷を感じられるものであり、とても興味深い話です。

とはいえ、これは照明など危険性がほとんどないものには当てはまりません。人が慣れ親しんでいる色を考え、それに従ったほうがユーザインタフェースが原因のミスは少なくなります。一方、そのルールに従わないのであれば、それ相応の覚悟と工夫が必要になるという例でした。こうした稼働状態を示すランプを個々人で設定できる未来の技術を期待してしまいます。

ちなみに、左ページ上図（左）の照明を毎回操作し間違えてしまう理由は他にもあります。それがいつまでたってもこのスイッチに慣れない大きな理由でもあるのですが、これについては第 6 章の一貫性（p.138）において再び紹介させていただきます。

7　http://faq.zojirushi.co.jp/faq/show/866

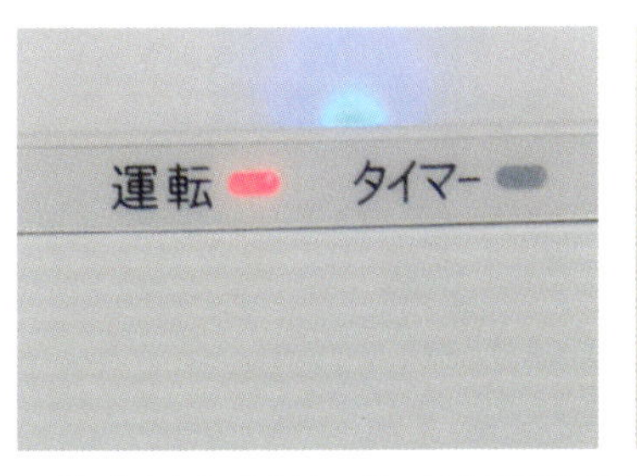

図 5-18　稼働していることを赤色で示すケース　（左）実家のエアコン ／（右）大型機械の起動および停止ボタン

（左）実家のエアコンは運転中なのに赤色のランプが点灯しているため、エラーが発生しているのかと勘違いしてしまう ／（右）とある工場の大型機械の起動および停止ボタン。起動は赤色、停止は緑色のボタンで行う。工場の大型機械などでは、赤色を起動に割り当てているものが多い

文字と色の組み合わせ：緑色のスリッパは女性用！

図 5-19　（左）緑色のスリッパは女性用／（右）赤色のスリッパは男性用

私が京都のあるお寺を訪れたときのこと。境内は土足厳禁で、主たる建物から展示物がある別の建物への移動用にスリッパが用意されていました。下駄箱には、赤色と緑色のスリッパが多数置いてあったので、何となく「緑色は男性用で、赤色は女性用かな？」と考え、緑色のスリッパを手に取ろうとしたときに１つの案内板が目に入りました（上図（左））。

「緑色のスリッパは女性用」

緑色という文字と色がまず頭に入り、その後女性用という赤色の文字が目に入るため、男性用スリッパは赤色なのか緑色なのか混乱してしまいました。ちなみに、この近くには「赤色のスリッパは男性用」という文言も別にありました（上図（右））。慣習的には確かに女性を赤色、男性を青色で示すほうがわかりやすいと思うのですが、その色と別の色を混ぜると混乱してしまいます。

さて、今回のような、文字と文字色の組み合わせに関しては、ストループ効果という現象が知られています。

具体例を示しましょう。下図（左）の１行目を左から右へ、何色で書かれているかを声に出して読み上げてみてください。次に、２行目、３行目と、順に同じく何色で書かれているかを声に出して読み上げてみてください。

１行目は「くろ、くろ、くろ、くろ、くろ、くろ、くろ、くろ」、２行目は「あか、あお、きいろ、あお、あか、あお、きいろ、あお」、３行目は「あお、あか、きいろ、あお、あお、きいろ、あか、くろ」となります。１行目、２行目についてはあまり問題なく読み上げることができますが、３行目は読み上げるのに少し時間がかかったり、間違えたりした人がいるのではないでしょうか？

ストループ効果とは、この「文字の意味」と「文字の色」のような同時に目にした２つの情報がお互いに干渉し合う現象を指します。先ほどの３行目は、「あか」という意味の文字が「あお」色、「あお」という意味の文字が「あか」色で書かれているため、お互いの意味がぶつかり干渉するのです。こういった効果が働くため、ユーザはこのスリッパの案内で混乱してしまうのでした。

もっとも、仮に男性が女性用のスリッパを履いたところで小さくて困る（破けてしまうかもしれませんが）くらいですので、笑って済ませればよいのかもしれません。ただし、瞬間的に判断する必要があるもの（例えば、運転中の案内標識など）については、こうしたストループ効果が発現するような BADUI を作ってしまうと混乱の原因になるだけでなく、事故などにつながりかねません（下図（右））。そんなことを起こさないよう注意しましょう。

色々と説明してきましたが、適切な配色がいかに重要か、理解していただけたのではないでしょうか？

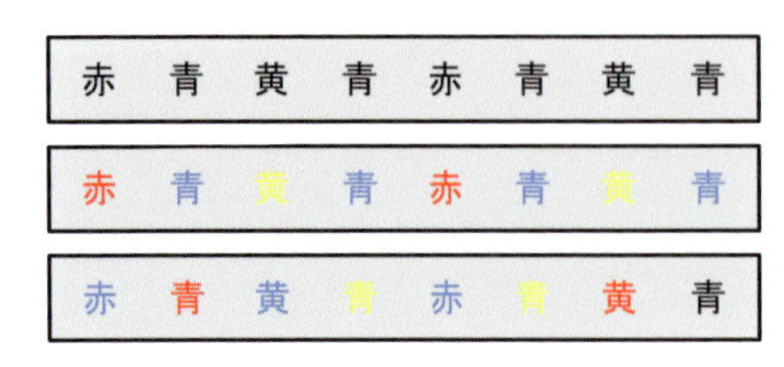

図 5-20　（左）何色で書かれているかを声に出して読み上げてみよう／（右）ここをどちらに曲がるのか？

サムターンの角度：縦と横どちらが施錠？

図 5-21　ドアを内側からロックする際に利用されるサムターン。さて、縦の状態にしたときと横の状態にしたとき、どちらが施錠（ロック）だろうか？（提供：山澤総一郎 氏）

鍵を内側から施錠する際、上図に示すようなサムターンと呼ばれるひねるタイプの鍵がよく利用されています。さて、この図ではサムターンが縦になっている状態、横になっている状態の 2 つを示していますが、どちらが施錠でどちらが解錠の状態でしょうか？ 自分の家や、トイレのドアなどを思い浮かべながら考えてみてください。

多くの人が、縦の状態が解錠で、横の状態が施錠だと答えると思います。しかし、このサムターンは違います。縦の状態で施錠され、横の状態で解錠されるそうです（下図）。この情報を提供してくれた学生さんによると、友人が遊びに来たときに、その友人がトイレを施錠することができないと悩んでしまうことが多いとか。また、ご本人はこの仕様に慣れすぎて、他の場所でサムターンを使うときに混乱してしまうという問題もあるそうです。

このように、普段使っているものと違う振る舞いをするユーザインタフェースに出会うと、多くのユーザが操作を間違えてしまいます。

なお、このようなサムターンの向きについて色々調べてみたところ、施工ミスと防犯面での配慮という 2 つの可能性があるようです。施工ミスのほうは単純な話で、設置者が向きを間違えて取り付けてしまったというものです。ここまで紹介してきた様々な BADUI の中にも、施工ミスによるものがありましたので、同じように考えてもらえればよいかと思います。一方、防犯面での配慮についてですが、泥棒などの不法侵入の手段として「ドアの外側からサムターンを回して鍵を開ける」（サムターン回し）という手口があり、この対策として「通常とは異なる向きにサムターンを取り付け、外側から開けられないようにする」という手段がとられることもあるようです。仮に、防犯面を考慮した結果だとすれば、BADUI を上手に使った例と言えそうです。ただし、このサムターンはトイレの鍵らしいので、この場合は単なる施工ミスの可能性が高いように思います。

人は日々使い慣れているものからルールを獲得していくので注意が必要ということを教えてくれる BADUI でした。

図 5-22　サムターンを縦にすると施錠、横にすると解錠される（提供：山澤総一郎 氏）

様々な「普通」とのギャップ

英数字の羅列：308B 号室は何階にある？

図 5-23　(左) 308B 号室は何階にあるだろうか？／ (右) 1133 号室は何階にあるだろうか？

「308B」という部屋番号を見たとき、皆さんはこの部屋が何階にあるとイメージしますか？「1133」という部屋番号を見たとき、皆さんはこの部屋が何階にあるとイメージしますか？ また、それぞれの階には他にどんな番号の部屋が並んでいると予想しますか？（上図）

100 人以上にこの質問をしていますが、「308B」についてはほとんどの人が「3 階にある」と回答し、一部の人が「30 階にある」と回答しています。一方で、「1133」については全員が 11 階と回答しています。さて、皆さんはそれぞれ何階と予想したでしょうか？

私は「308B」という部屋番号から、その部屋はビルの 3 階または 30 階にあると考えました。そしてその建物の前まで来たときに、20 階程度の高さしかないことに気付き、「308B」号室は 3 階にあると判断しました。さらに、3 階には 8 つ以上の部屋があり（部屋番号は 08)、この部屋はパーティションなどで A と B に分割できるものと考えました。そこで 3 階に向かったのですが、目的の部屋を発見することができません。建物を間違えたのだろうかと、近くの他の建物に探しに行くものの、近くの建物にも該当する部屋はありません。打ち合わせの時間が迫っているのに部屋を発見できないため、部屋番号をメモしたときに間違えたのかとパソコンを取り出し過去のメールを探したところ、確かに「308B」と書いてあります。建物名も間違っていないのに何故 3 階に 308B 号室がないのかしばらく悩んだ挙句、メールに「8 階の 308B 号室です」と書かれているのを発見しました。その後慌てて 8 階にある 308B 号室に向かったのですが、待ち合わせ時間には遅刻してしまいました。

別件で同じ大学を訪問したときのこと、今度は「1133 号室にお集まりください」と連絡がありました。私はこの部屋番号を見たとき、まず、11 階の 33 号室と解釈しました。その後、そう言えばこの大学で前回痛い目に遭ったということを思い出し、よくよく連絡の内容を確認したところ、「13 階の 1133 号室」と書いてありました。危ない危ないと思いつつその部屋に向かったのですが、色々と理解することができず「何故 ???」と、「?」が頭に 3 つほど浮かんでしまいました。

それぞれのケースで「8 階の 308B 号室」「13 階の 1133 号室」と連絡されているわけなので、それを把握していない私が悪いのですが、人は部屋番号の英数字の羅列から色々なことを想像します。世の中の多くのアパートやマンション、ビルやホテルなどで部屋番号を数字で表現する場合、上から 1 桁目または 1 桁目と 2 桁目の数字が階数に相当し（10 階以上の高い建物の場合は 2 桁分を、10 階より低い建物の場合は 1 桁分を階数表記として用いることが多い）、それに続く数字がその階（フロア）内での部屋番号として割り当てられていることが一般的です。ほとんどの人がそういった番号付けに慣れ親しんでおり、308B も 1133 もそのルールに従うと考え、建物の一般的な高さかと広さから（30 階や 113 階ということや、1 階に 133 もの部屋はなかなかないでしょう)、最初の 1 ～ 2 桁が階に相当すると解釈し、それぞれ 3 階、11 階と回答するのです。では、308B 号室が 8 階に、1133 号室が 13 階にあるとすると、この英数字の羅列はどういうルールになっているのでしょうか？

図 5-24　（左）1133 号室は 13 階／（右）120O 号室は、20 階の O 号室という意味。1200 号室に見える

私の疑問はエレベータに乗ったときに見かけた案内板（上図（左））で氷解しました。1133 号室がある建物の部屋番号は最も上の桁はすべて 1 で統一されています。そして、上から 2 桁目と 3 桁目が階数に相当し、一番下の桁の英数字がそのフロア内での部屋番号に相当していたわけです。つまり、一番上の 1 桁目の数字は建物の番号だったのです。

「308B」は「建物番号 3 の 8 階の B 号室」で、「1133」は「建物番号 1 の 13 階の 3 号室」というわけです。ちなみにこの建物には 120O 号室（上図（右））もあったのですが、これは「建物番号 1 の 20 階の O 号室」という意味でした。フロア内での部屋番号を英字にするなら「1133」ではなく「113C」、数字のみを使うのであれば「308B」ではなく「3082」にしたほうがわかりやすいと思うのですが、同じ大学の施設なのに建物や階によって命名ルールが違うというのは何とも困ったものです。

何にせよ、この方式は部屋番号の付け方としてあまり良くないと思います。建物番号を A 〜 Z にして、「C082」または「C08B」、「A133」または「A13C」にするとか、「C-08B」や「A-13C」のようにしておけば、もう少し勘違いが少なくなるのではと思います。

英数字つながりで、下図はとある大学内の案内板と建物の見取り図です。私はこの建物でかなり迷子になってしまったのですが、どういうルールかわかるでしょうか？ ちなみに、ABCD と EW（East、West）なのだそうです。

話は戻りますが、部屋番号を見て「1 〜 2 桁目が階数を表しており、それ以降がその階での部屋番号である」と考えるのは、経験や慣習をもとにしているからです。学校や職場、ホテルや公共施設など、多くの建物でこうしたパターンを積み重ねることで、人の中にルールが構築され、人はそのルールによって数字の羅列を解釈します。このルールから外れた部屋番号を見ると、人は混乱してしまうので注意が必要だという例でした。

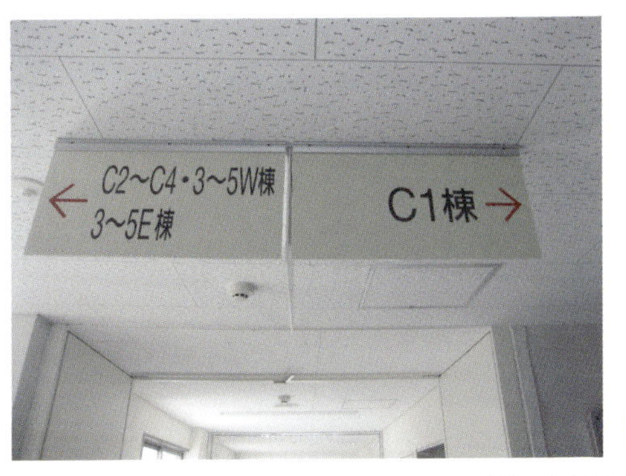

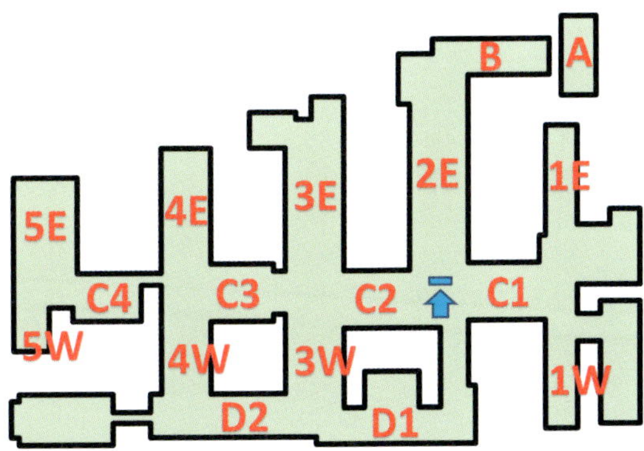

図 5-25　（左）とある大学の案内板／（右）建物の見取り図をイラスト化したもの

デジカメのボタン：撮影しようとして電源を OFF にしてしまうのは何故？

図 5-26　撮影ボタンは A と B のどちらだろうか？（提供：綾塚祐二 氏）

私は研究でデジタルカメラを多用しており、その撮影枚数もかなり多いため、1 ～ 2 年周期でデジタルカメラを買い替えています。デジタルカメラは機能に対応するボタンの位置が統一されておらず、しばしば悩みます。さて、上図は、とあるデジタルカメラです。このカメラで撮影しようと思った場合、A と B のどちらのボタンを押せばよいでしょうか？ 撮影しようと手に持った状況を、手を動かしながらイメージし、考えてみてください。

答えは B のボタンでした。「POWER」というヒントもありますし、正解された方も多いとは思いますが、間違えた方もいらっしゃるのではと思います。ちなみに、このカメラの場合、A のボタンの上には「POWER」という説明が付いているので、毎回ちゃんとボタンを見てから操作すれば間違うことはありません。ただ、カメラを撮影する際、人は手探りで撮影ボタンを見つけて押すことが多く、いちいちボタンを目で確認する人は少ないのではないでしょうか。情報を提供してくださった方も、撮影しようとしてついつい電源を OFF にしてしまうと話していました。また、カメラは他人に渡して撮影してもらうこともよくありますが、このデジタルカメラの場合、電源を ON にした状態で渡しているのに、撮影をお願いした方に OFF にされてしまい、また電源を入れ直してお願いするということが頻発しているそうです。

右ページの図は、研究室にあったデジタルカメラを上から撮影した様子です。それぞれどうやって電源 ON ／ OFF を切り替えるか、また撮影ボタンはどこにあるかを予想してみてください。

それぞれ撮影ボタン、電源ボタンは次のとおりです。

(A) 右から「小さい丸、大きな丸、小さな丸」と並んでいるうちの、真ん中の大きな丸ボタンが撮影ボタン、左側の小さな丸ボタンが電源ボタン

(B) 右側の大きな 2 つのダイヤルの左隣にある銀色の丸が撮影ボタン、その左下の黒色の丸が電源ボタン

(C) 右側にある銀色の丸が撮影ボタン、その周囲にある黒色のパーツを回転させて、電源の ON ／ OFF を切り替える

(D) 右側の大きな長方形が撮影ボタン、その左隣の小さな正方形が電源ボタン

(E) 右側の大きな長方形が撮影ボタン、その左隣の長方形は顔認識用のボタン。電源 ON ／ OFF はカバーの上げ下げで行う

(F) 右側の大きな銀色の丸が撮影ボタン、中央にある黒色の小さな丸が電源ボタン

それぞれで挙動が違うため、かなり混乱してしまいますが、いずれにしても電源ボタンはデジタルカメラを握った際に撮影ボタン（シャッターボタン）に比べ遠くにあるか押すタイプのボタンではなく、また押すタイプのボタンについてはサイズも小さくなっているため、間違うことが少ないように思います。この 6 つのデジタルカメラを比較すると、上図のデジタルカメラは両手でカメラを握ったときに近い位置にあり、またサイズもある程度大きいため、間違って電源を OFF にしてしまうというものでした。

ちなみに、電源ボタンとシャッターボタンを間違えるだけでなく、静止画を撮影しようとして録画してしまったり、撮影しようとして撮影済み画像を表示してしまったり、デジタルカメラは操作ミスの宝庫です（小さいデバイスに機能を盛り

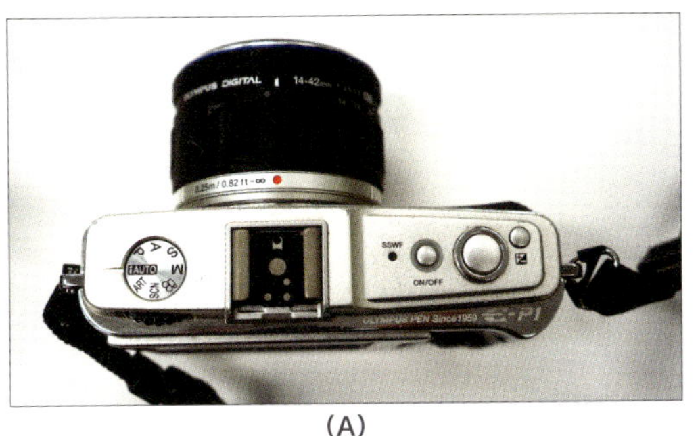

(A)

(B)

(C)

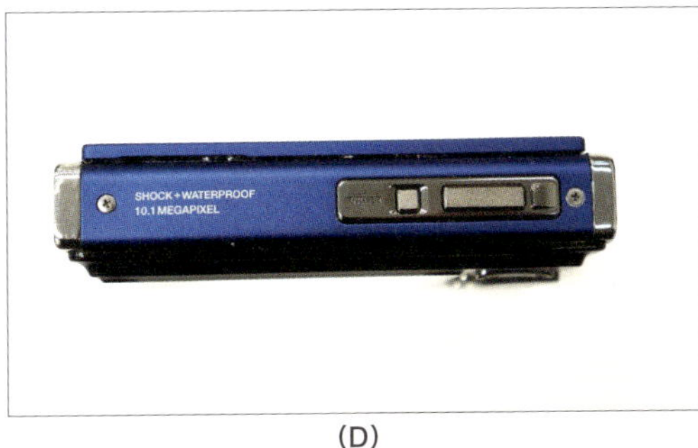

(D)

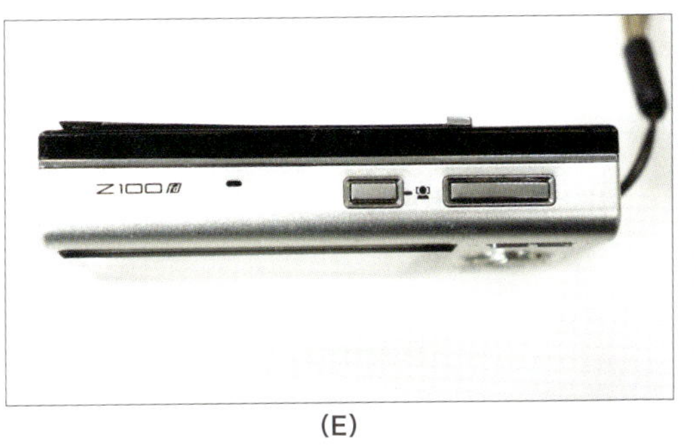

(E)

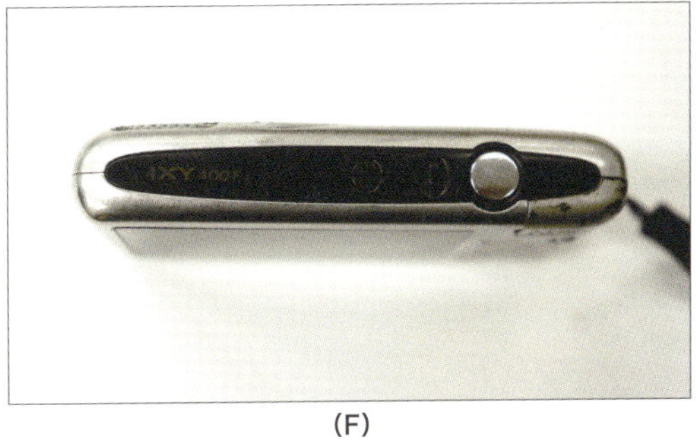

(F)

図 5-27　デジカメの電源 ON/OFF 切り替えボタンと、撮影ボタン（シャッターボタン）の位置。さてどれがどこにあるでしょう？

込んでいるため仕方ない部分はあると思いますが……）。最近のデジタルカメラは、それなりにきれいに記録できればよい私のような人間にとっては十分すぎるくらいに高性能なものばかりですので、デジタルカメラを購入する際は、そうした操作のしやすさという点についても目を向けるとよいのではと思います。また、大型電気店などの店頭には様々なデジタルカメラが並んでいますので、それぞれ電源ボタンがどこにあるのか、撮影ボタンがどこにあるのか、それらはどれくらいのサイズかなどを観察してみると面白いと思います。

なお、どの場所を押すのかということで悩まされる事例にゲームのコントローラがあります。特に任天堂のスーパーファミコンのコントローラや Wii などのクラシックコントローラと、Microsoft の Xbox のコントローラでは AB ボタンの位置、XY ボタンの位置が逆転しており、慣れないため何度も間違えてしまいます[8]（p.151 で紹介）。仕方がないことですが、何とかしてほしいものです。

8　「ゲームインターフェイスデザイン」Kevin D.Saunders ／ Jeanie Novak（著），加藤諒（編集），株式会社 B スプラウト（訳），ボーンデジタル

携帯電話の発信ボタン：発信ボタンは左右どちらにある？

図 5-28　（左）左は私が日本国内で利用していた携帯電話。右は海外に出張した際に借りた携帯電話。出張中、操作ミスに悩まされたのは何故？／（右）終話しよう……あれっ？（提供：匿名希望）

上図（左）の左側に写っている携帯電話は、私が以前日本国内で利用していた携帯電話（PHS）、右側の携帯電話は海外出張する際に勤め先から借りていた携帯電話です。この右側の携帯電話、海外出張のたびに借りはするものの、操作ミスをしてばかりで難儀していました。さて、何故操作ミスが頻発するのでしょうか？ 左右の携帯電話を見比べながら考えてみてください。

ちなみに、下記のような操作ミスをしてしまいます。

- 電話番号を入力した後、「発信ボタン」を押すつもりで間違って「終話ボタン（クリアボタン）」を押してしまい、入力した電話番号を消してしまう
- かかってきた電話を受けようと「受信ボタン（受話ボタン）」を押すつもりで間違って「終話ボタン」を押してしまい、留守番電話に転送してしまう

レンタルで一時的に借りた携帯電話のため、留守番電話の解除や留守番電話の確認方法などを把握していませんでした。そのため、せっかく借りてきた電話を、出張中ほとんど役立てることができていませんでした。

さて、もうおわかりでしょうか。この図の左の電話は、左側に「受信・発信ボタン」、右側に「終話・終了ボタン」が配置されているのに対し、右の電話は左側に「終話・終了ボタン」、右側に「受信・発信ボタン」が配置されています。つまり、この 2 つの間で「受信・発信ボタン」と「終話・終了ボタン」の位置が左右逆転しています。私は国内で日々使用しているものと同じ要領でこのレンタル携帯電話を使おうとしてしまい、毎回のように操作ミスをしてしまったのでした。

右側のタイプのボタン配置は、私はこのメーカーの電話以外には見たことがありません。「受信・発信ボタン」「終話・終了ボタン」の位置については特にルールがあるわけではないため、どうしてもそうしなければいけないわけではないのですが、多くの人が慣れ親しんでいる慣習に則っておいたほうが問題が少ないことを示す好例だと言えます。

さて、似たような事例として面白かったのが上図（右）です。これは、私の知人が会社から支給されていた携帯電話です。何かおかしいところはないでしょうか？

ここまでの話をふまえて上図（右）を見ればすぐに気付く方も多いと思いますが、この電話、何故か左右両方に「受信・発信ボタン」があります。また、「終話・終了ボタン」は携帯電話の右下に取り付けられており、片手操作では電話を切ったりキャンセル操作したりするのが少し難しそうです。さらに、「受信・発信ボタン」には、1 と 2 という不思議な番号が付いています。なかなか味わい深いユーザインタフェースです。

ちなみに、この 2 つの「受信・発信ボタン」ですが、デュアルライン機能というもので、一方のラインで通話中に緊急の電話などをもう一方のラインで受けることができるそうです。この点については、詳細がわからないので深く掘り下げることができませんが、何故こういう配置にしてしまったのかということにはとても興味があります。多くの人が色々と悩むであろうことが容易に想像できるとても楽しい BADUI でした。

スマートフォンの応答ボタン：応答ボタンは左右どちらにある？

図 5-29　iPhone の電話の「応答」と「拒否」はどっちがどっち？（2011 年 2 月時点）

Apple の iPhone や各社の Android 携帯などに代表されるスマートフォンは、メールや Web 閲覧のみならず、地図を利用して現在地や目的地を探したり、新幹線の乗車時間を変更したり、SNS 経由で他人とコミュニケーションを取ったり、暇つぶしのためにゲームをしたりなど、様々なことに利用されています。私も以前 iPhone を 2 年ほど使っており、色々と便利に使っていました。

さて、その iPhone で電話がかかってきたとき、上図のような画面になるのですが、電話に応答するには A と B のどちらのボタンを押せばよいでしょうか？　iPhone をご利用の方は普段どう操作しているかを思い出し、それ以外の携帯電話をお使いの方は予想して回答してください。また、是非、その理由も考えてみてください。

答えは、下図の通り「B（右側のボタン）で応答する」でした。iPhone の電話モードでは、左が「拒否ボタン」で右が「応答ボタン」となっています。みなさん、正解されましたか？

この質問をすると、iPhone を使っていない人の多くは A が「応答ボタン」だと答えます。また、iPhone を使っている人でさえ、A と答える人がある一定数以上います。実際私も、iPhone で電話を受けようとして「拒否ボタン」を押してしまい、何度も仕事関係者や友人からの電話を拒否したことがあります。私は iPhone は 3GS と 4S を使用していましたが、最後までこの配置に慣れることはありませんでした。

私がこの「応答ボタン」と「拒否ボタン」の位置に慣れなかったのは、携帯電話を 2 台持ちしており、iPhone をあまり通話に利用していなかったことが主な理由です。もう 1 台は主にメールや電話用で、先ほど紹介した左ページの図（左）の左側の携帯電話などを使っていたのですが、それらはいずれも左側に「応答（受話・発信）ボタン」が取り付けられていました。そのため、左側で応答することに慣れており、ボタンの位置が異なる iPhone を使うときについつい間違ってしまうというものでした。

ユーザは無意識に慣れた操作をしようとするので、それと異なることを要求するには何らかの工夫が必要になります。それにしても、この「拒否ボタン」と「応答ボタン」はソフトウェア的に画面上で描画しているだけなので、設定で左右の位置を変更できるようにしてくれればよかったのに……と思ってしまいます。

図 5-30　iPhone では、「拒否ボタン」が左で「応答ボタン」が右

ページナビゲーション：次のページにたどりつけないのは何故？

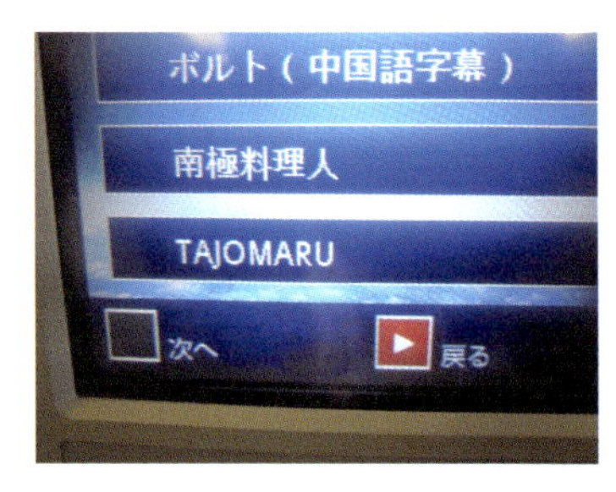

図 5-31　私が映画を 10 作品しか見つけることができなかったビデオ・オン・デマンドシステム。何故だろうか？

国際線などの飛行機に乗ったときに、座席の前に取り付けられたビデオ・オン・デマンドシステム（VOD システム）で映画を視聴するのを楽しみにしている人は多いのではないでしょうか？ 私が海外出張のために飛行機に乗ったときも、長時間のフライトだからと座席前に取り付けられた VOD システムで色々な映画を見るのを楽しみにしていました。離陸後、早速リモコンでシステムを操作し、どの映画を見ようかなと思案していたのですが、10 作品しか映画を発見できません。

このときは、これだけしかないのかとがっかりしつつ、1 本だけ映画を視聴した後、狭い座席に悪戦苦闘しつつ寝てしまいました。しかし起床後、機内誌を読んでいたところ、そこにはこの飛行機で私が思っているよりずっと多数の映画が見られると記載してありました。「あれっ」と思って再びリモコンでシステムを操作するものの、やはり 10 作品しか見つかりません。何故だろうと思い悩み、リモコンで試行錯誤を繰り返し、最後にやっと自分の勘違いに気付きました。ちなみに、その VOD システムは上図です。私は何故間違ってしまったのでしょうか？

間違った理由がわからなかった方は、次の問いに答えてみてください。

- 「次へ」と「戻る」というボタンが左右に並んでいる場合、どちらが左側に、どちらが右側に配置される？
- 「次へ」と「戻る」という機能をもつボタンのアイコンは、どんな形が適切？

横書きで文字が書かれたシステムで画面をめくるための「次へ」と「戻る」が左右に並べられている場合、左側に「戻る」、右側に「次へ」が配置されていることが多いと思います。ここで改めて上図を見ると、左側に「次へ」、右側に「戻る」が配置されています。つまり私は、1 ページ目では「次へ」を選択して 2 ページ目に移動し、2 ページ目では「次へ」を選択しているつもりで「戻る」を押していたため、1 ページ目と 2 ページ目を行き来していたというわけでした。結果として、本当は 40 ～ 50 作品が用意されているのに、10 作品しか見つけられなかったわけです。また、「戻る」を選択したときに表示されるアイコンが、音楽プレイヤの再生ボタンのような右向きの三角形になっています。右向きの三角形は「進む」を意味することが多く、これも私が「次へ」を選択しているつもりになった原因の 1 つでした。ちなみに、「次へ」を選択している状態が下図（左）です。下図（右）を見るとわかるように「次へ」と「戻る」が同じ形のアイコンでした。

それにしても、何故、左側や左向きの三角形が「戻る」、右側や右向きの三角形が「次へ」を意味するのでしょうか？

図 5-32　（左）「次へ」を選択した状態 ／ （右）「次へ」を選択したときと「戻る」を選択したときの比較

図 5-33 (左) Mozilla Firefox の場合、「前のページに戻るボタン」は左側に、「次のページに進むボタン」は右側に配置されている ／ (右) Google の検索結果でも「前へ」のリンクは左側に、「次へ」のリンクは右側に配置されている

例えば、Web ブラウザの「前のページに戻るボタン」と「次のページに進むボタン」は、「戻るボタン」が左、「進むボタン」が右に配置されています。Google の検索結果などでたくさん結果がある場合も、「前へ」のリンクは左側、「次へ」のリンクは右側に配置されています(上図)。また、「戻る」ボタンや「前へ」のリンクは左を向いた矢印で、「次へ」ボタンや「次へ」のリンクは右を向いた矢印で表現されていることもわかります。

さて、何故「戻る」が左側で、「次へ」が右側にあるべきなのでしょうか？ 本書のような日本語の横書きの文章では、文は行の左端から始まり、左から右に進み、行の終わりまで来るとその下の行の左端につながります(下図)。このような流れに慣れている私たちにとっては、右側が進行方向であるため、「進む」や「次へ」は右側にあるのが自然であると感じます。逆に「戻る」や「前へ」は左にあるほうが自然だと感じます。これは英語やフランス語、イタリア語やスペイン語などでも一緒です。今回の事例の場合、横書きで日本語の文章が書いてあるため、私は左側に「戻る」が、右側に「次へ」があると考えました。ちなみに、講義などで「次へ」と「戻る」の文字を隠し、「どちらが『次へ』でどちらが『戻る』か？」という質問をしたところ、すべての回答者が、左側が「戻る」で右側が「次へ」と答えました。

なお、アラビア語の場合は、文が右端から始まり、右から左に進み、行の終わりまで来るとその下の行の右端につながります。そのため、アラビア語圏の Web サービスでは、「戻る」と「次へ」の位置も英語圏のものとは逆転していることが珍しくありません。また、日本語の文章でも縦書きの場合は、文が右上から始まり、1 行ごとに上から下に進み、行の終わりまで来るとその左の行の先頭につながるため、「次へ」のボタンが左側に、「戻る」のボタンが右側に配置されます。これが逆転していると途端に使いにくいものになってしまいます。

図 5-34 文章の流れと進行方向。A と B の矢印ボタンがある場合、どちらを押すと次のページに移動できるだろうか？

進行方向が決まると、進む方向に矢印（三角形）が向いているほうが自然なので矢印の向きも自動的に決まります。実際、音楽プレイヤなどの「再生ボタン（音楽を時間的に進ませるボタン）」マークは右向きの三角形で標準化されているので[9]、多くの人は右三角形を見て「進む」であると考えるでしょう。

以上のことから先ほど紹介したVODシステムの問題を整理すると、

- 「次へ」と「戻る」の位置が左右逆転していること
- 「戻る」を選択している際に表示されるアイコンが右向きの三角形であること

という2点が私にとって非常にわかりにくいシステムになってしまっていた要因でした。

「戻る」アイコンについては、「次へ」アイコンもまったく同じなので、単に選択しているという意味でこのマークが採用されているのだと思いますが、「次へ」と「戻る」の位置の逆転も相まって、かなり勘違いしやすい方向に機能してしまいました（チェックや丸など、他の形状にするとミスが少なくなると思います）。

なお、何故このような仕様のシステムなのかは作った人に取材しているわけではないため不明ですが、1ページ目でも左側に「次へ」が配置されていた（下図（左））ことから、「次へ」の位置を動かさず「戻る」を配置しようとしてこうなったのかもしれません。そもそもシステムの開発者が日本語圏の人ではなく、アラビア語圏の人だったのかもしれません（アラビア語圏では、文章が横書きで右→左となるため、順番が変わります）。何にせよ人を混乱させてしまうとても興味深いBADUIでした。

この事例に似た話で、Webページなどで「次へ」ボタンと、「戻る」ボタンを押し間違えて何が起こったかわからず悩んでしまうことがあります。そうしたページの多くは、ページの右下に「戻る」ボタンが、左下に「次へ」のボタンがあり、ついつい「次へ」ボタンのつもりで間違って「戻る」ボタンを押してしまっています（下図（右））。また、電子書籍などでは、横書きの文章で左から右へと読み進めるのに、左側に「進むボタン」、右側に「戻るボタン」が配置されていて読みにくいと感じてしまったり、縦書きの日本語の文章で右から左へと読み進めるのに左側に「戻る」ボタン、右側に「進む」ボタンが配置されており、イライラすることもあります。特に、日本のマンガなどのように右上から左下へと進んでいくコンテンツなのに、左側に「戻るボタン」、右側に「進むボタン」が配置されていたりすると、せっかく本に集中して読みふけっているのに操作ミスでページが戻ってしまい、現実に引き戻されて残念な思いをしてしまうこともあります。

このように、慣習との乖離がある場合、ユーザインタフェースは使いにくく、そして混乱を招くものになってしまうため、注意が必要です。ちなみに、左と右については「図解雑学　左と右の科学[10]」という本が面白いです。興味のある人はどうぞ。

9 「Play」（再生）のアイコンを「右向きの三角形」にするのは、ISO/IEC 18035（情報技術 ― マルチメディアソフトウェアアプリケーション制御のためのアイコン記号及び機能）で標準化されています。

10 『図解雑学　左と右の科学』富永裕久（著）、ナツメ社

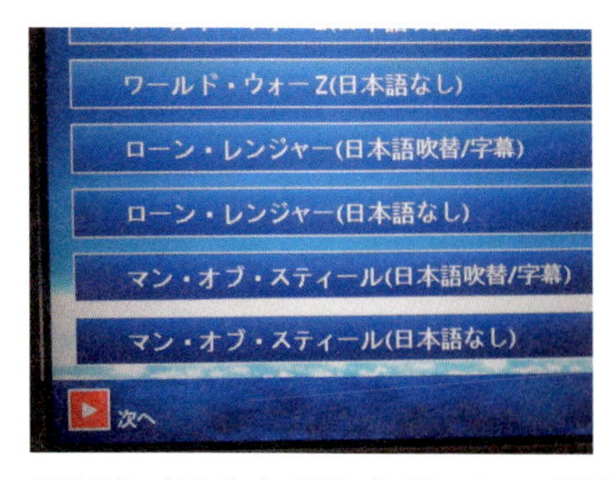

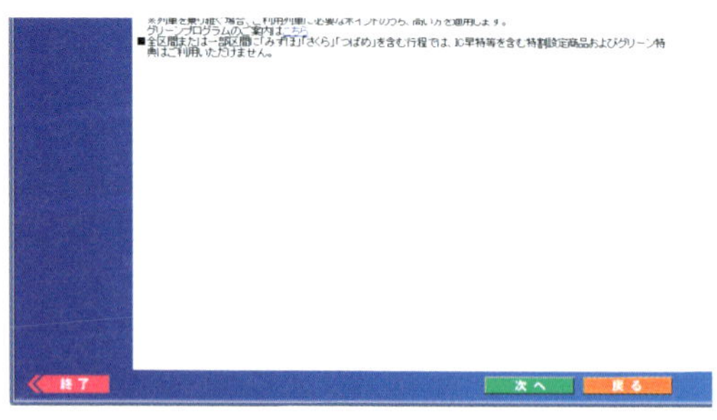

図5-35 （左）1ページ目では「次へ」のみが表示されている／（右）エクスプレス予約の「次へ」と「戻る」の事例

スリップ、ラプス、ミステイク

ヒューマンエラーという言葉をよく聞くようになりました。JIS 規格では、**ヒューマンエラーとは「意図しない結果を生じる人間の行為」**と規定されており[11]、どんなに注意深く慎重な人であっても避けることができない、錯覚や疲労、慣れなどによって起きる操作ミスに由来する問題を指しています。しかし、ヒューマンエラーが原因とされた事例であっても、よくよく検討してみると、操作者の問題というよりもユーザインタフェースが悪い（BADUI）のがそもそもの原因では？ ということが数多くあります。

さて、せっかくなのでここでヒューマンエラーについていくつか用語を紹介したいと思います。ユーザが間違ってしまうヒューマンエラーの 3 つの要因としてスリップ、ラプス、ミステイクが知られています（スリップとミステイクは D.A. ノーマンによる分類で、ラプスはジェームズ・リーソンによる追加です）。

- **スリップ（Slip）：「ついうっかり」による失敗。**何らかの行為を実行しようとしているときの認知の制御過程におけるエラーのことです。やろうとしている行為の計画自体は問題なく、実行時に、習慣が思わぬところで出てしまったり、何らかのインタラプト（他者の訪問や電話、通知音など）が起こったりしたことが原因で発生するものです。操作がルーチンワークになって、慣れや油断があると発生しやすくなりますが、声に出して確認したり、指差し確認をしたりすることで、ある程度防ぐことができます。しかし、日常的なユーザインタフェースでそうした確認を要求するのは難しいと思われます。
- **ラプス（Lapse）：物忘れや目標の喪失による失敗。**やろうとしている行為の計画自体は問題なく、実行時に操作の一部を忘れてしまったり、もともとの目標を見失ったりしたことが原因で発生するものです。ラプスは、そのユーザインタフェースに慣れていないユーザがおかしがちな失敗です。こういった失敗を防ぐには、注意書きを付与するなどの方法がありますが、そもそもそうした注意書きは見落とされがちなため、対処が難しい面もあります。
- **ミステイク（Mistake）：思い込みによる失敗。**やろうとしている行為の計画自体が間違っていることが原因で発生するエラーです。そもそもの計画が間違っているので、計画したとおりに実行すると、そのまま失敗することになります。ユーザが頭の中に思い浮かべるシステムがどのように動作するのかというモデルと、デザイナがシステムを設計するときに考えた動作のモデルとにギャップがある場合に発生しやすくなります。また、経験が邪魔になって発生することもあります。これを防ぐには、ユーザ側に柔軟な発想や対応が要求されるため、対処が難しい側面があります。

11 JIS Z 8115:2000「デイペンダビリティ（信頼性）用語」

本章で紹介した慣習とのギャップに基づく BADUI はこの中でも特にスリップとミステイクを増大させるものでした。また、これからの章で紹介するその他の BADUI はスリップ、ミステイクに加え、ラプスを増大させるものも多くあります。しかし、そもそもエラーを誘発するようなユーザインタフェースの場合、そこで起こったエラーをヒューマンエラーと言ってしまうのは、さすがにどうなのだろうと思ってしまいます。繰り返しになりますが、ここで紹介している BADUI の事例だけでなく、世の中で見聞きするヒューマンエラーの事例では、それ本当にヒューマンエラーですか？ 普通の人が間違わずに使えるものですか？ そもそもユーザインタフェースが悪いから問題が起こったのではないですか？ と訊きたくなるケースがしばしばあります。

是非、皆さんもそういった言葉を耳にしたとき、システム側で何らかの対処ができなかったのか、ユーザインタフェースに問題がなかったのかについても想像をふくらませていただければと思います。

なお、ヒューマンエラーについては「失敗百選[12]」や「続・失敗百選[13]」に膨大な事例が詳細な分析とともにまとまっています。少し重い事例が多いですが、ヒューマンエラーについて詳しく知りたい方は手に取ることをおすすめします。

12『失敗百選 41 の原因から未来の失敗を予測する』中尾政之（著），森北出版

13『続・失敗百選 リコールと事故を防ぐ 60 のポイント』中尾政之（著），森北出版

まとめ

本章では、形や色、数字や配置などの慣習にまつわるBADUIを紹介しました。我々が親しんでいる慣習には「男性が黒色で女性は赤色」「緑色がONで赤色がOFF」「矢印の指す向き」「部屋番号の付け方」「戻るが左で次へが右」など様々なものがあります。

我々は、このような慣習を学校で教えられたわけではありません。また、こうしなければならないという明確なルールが定められているわけではありません。しかし、ユーザは人生の中で出会った様々なユーザインタフェースを蓄積および整理し、自分の中でルール化しています。ユーザが未知のユーザインタフェースに出会ったときに問題なくそれを使用できるのは、そのような経験で取得したルールと照らし合わせ、使用方法を推察しているためです。そのため、ルールに従っていないユーザインタフェースに出会うと、ユーザは違和感を覚え、それを使いこなすことができず、BADUIになってしまうのです。

どのようなルールを持つかについては、人種、文化、言語など様々なものに左右されますが、似たような環境で育った人物同士であればあまり差異はないように思います。少なくとも日本に暮らす人同士であれば、テレビやインターネットでの情報の共有もあり、作り上げられたルールの違いはそれほど大きくありません。もちろん、子供／大人、男性／女性、学生／社会人などによっても、それぞれが持つルールに違いはあります。また、専門職ならではのルールというのも存在するでしょう。そこで本章ではなるべく日本国内では共通となっているようなものを選び紹介しました。

世の中には、多くの人がもっているが標準化されていない慣習と呼ばれるルールが数多く存在します。ユーザインタフェースを設計する際には、そのユーザインタフェースを使う人がどういう人達なのかを考え、できるだけその集団が共通してもつルールを適用すると、問題の発生を減らすことができます。是非、そうしたことを心がけてください。

また、慣れによってヒューマンエラーが発生してしまわないよう考えてみてください。

演習・実習

☞ トイレのサインを集め、それぞれについてどういった共通点があるか、どういった違いがあるか書き出してみましょう。また、間違いにくいもの、間違いやすいものに分類し、その理由がどこにあるのかについて整理してみましょう。

☞ 誰もが問題なく使え、間違うことがない究極のトイレのサインについて、本当に実現できるかどうかも含め、考えてみましょう。

☞ 検索エンジンや各種ショッピングサイト、ブログサイトなど、様々なWebページの「次へ」や「戻る」を集め、どのような形でどこに配置されているか調べてみましょう。また、その共通点や違いなどについても整理してみましょう。

☞ 家中のリモコンを集めて比較してみましょう。それぞれのリモコンについて、電源ON/OFF、音量や温度などの大小のコントロール、機能切り替えなどがどのようなインタフェースで実現されており、どういった共通点があるか、どういった違いがあるかを調べてみましょう。そのうえで、わかりやすいリモコンの理由、わかりにくいリモコンの理由について考えてみましょう。

☞ 色々な会社のゲームコントローラのボタン配置がどうなっているか、また決定やキャンセルなどのボタンはどこにあるかを調べ、どういうものが使いにくかったり混乱したりするか整理してみましょう。

☞ 身の回りのエレベータの操作ボタンの並び、開閉ボタンについて調べ、整理してみましょう。さらに、使いにくいエレベータの操作パネルにはどのような特徴があるかを考えてみましょう。

☞ ヒューマンエラーというキーワードでWebを検索して記事を集め、それらのユーザインタフェースがどのようなものであるかを考えてみましょう。また、それらが操作者ではなくシステムの問題である可能性について検討してみましょう。

Chapter 6 一貫性

近くの照明を ON にするつもりが他の照明を OFF にしてしまい慌ててしまった経験はないでしょうか？ レバーを上げて水を出す蛇口と、レバーを下げて水を出す蛇口が近くにあって混乱したことはないでしょうか？ 郵便番号にはハイフンが不要なのに、電話番号にはハイフンが必要な入力フォームに不満をもった経験はないでしょうか？ リストがどのように並んでいるのかわからず、目的とする言葉を探すのに苦労した経験はないでしょうか？

ある場所において、色や形、順序や方向などが同じ意味をもっていて統一感があることは大変重要です。統一感があれば、ユーザは悩むことなくそれぞれのユーザインタフェースを使うことができます。一方、見た目は同じなのにまったく別の機能をもつ操作インタフェースが隣同士に並んでいたりすると、人はとても混乱してしまいます。この一定の空間においてユーザインタフェースに統一感がある場合、そのユーザインタフェースは「一貫している」、そうでない場合は「一貫していない」と言えます。一貫していないとユーザは混乱してしまうため、そのユーザインタフェースは BADUI になりがちです。

本章では、この一貫性にまつわる様々な BADUI を紹介しながら、一貫性の重要性について説明します。また、それらの一貫性を担保する標準化やガイドラインなどについても説明します。

それでは一貫性にまつわる BADUI をお楽しみください。

色や形、方向や様式の一貫性

スイッチの一貫性：すべてOFFにするにはどうしたらよい？

図6-1　2つの照明を操作するスイッチ。さて、どの状態だと照明が2つともOFFの状態になるだろうか？（提供：田畑緩乃氏）

上図は、とあるマンションの室内にあるスイッチで、2つの照明を操作するために2つのスイッチが取り付けられています。ここで、上のスイッチはボタンを押すたびにスイッチ上のランプ（パイロットランプ：装置の稼働状態を示す表示灯のこと）が無灯火または緑色に切り替わり、下のスイッチはスイッチ上のランプが無灯火または赤色に切り替わります。さて、このスイッチを利用して、このスイッチと対応付けられている2つの照明を消すとき、皆さんならどうするでしょうか？ ここまでBADUIを色々と見てきているので、裏を考えてしまいたくなる気持ちを抑えて、家にこのようなスイッチがあったらどうするかを考えてみてください。

これがBADUIであるという前提で見てしまうと、色々と可能性を見出してしまうのですが、BADUIであるという情報がまったく与えられていない状況で予想するように言われたら、一番左の状態が答えだと考える人が多いのではと思います。

しかし、答えは左から2番目の状態でした。まず上のスイッチについては、ランプが無灯火のときに照明がON、緑色のときに照明がOFFとなります。次に下のスイッチについては、ランプが赤色のときに照明がON、無灯火のときに照明がOFFとなります。整理して考えないと、かなり混乱してしまいそうです。

この答えを聞いたとき、「照明のスイッチを付け間違えたのでは？」とか「本来スイッチのランプが赤色と緑色とで入れ替わるものだったのに、故障でそれぞれつかなくなったのでは？」などと予想していたのですが、マンション内の他の家についてもまったく同じものになっていたそうです。さて、何故このようになってしまっているのでしょうか？

まず、このスイッチにはそれぞれ名前があり、上のものはほたるスイッチ[1]、下のものはパイロットスイッチと呼ばれています。ほたるスイッチは、照明がOFFのときにスイッチ上に緑色のランプが点灯し、照明がONのときにスイッチ上のランプが無灯火となります。また、パイロットスイッチは照明がONのときにスイッチ上に赤色のランプが点灯し、照明がOFFのときにスイッチ上のランプが無灯火になります（第5章で紹介したような、ONのときに赤色のランプが点灯し、OFFのときに緑色のランプが点灯するスイッチを、パイロット・ほたるスイッチと呼びます）。

ほたるスイッチは、その場所（廊下や玄関など）を明るくする照明のスイッチがあるということが暗い中でもわかるようにする手がかりとして利用されることが多く、パイロットスイッチは「離れた場所の照明（トイレや風呂の照明や、外灯など）がついているから忘れずに消すように!」という意味で利用されることが多いです。

今回の事例の場合は、上のスイッチは廊下の照明を、下のスイッチは外灯を操作するものらしいので、暗い廊下でスイッチを目立たせるという意味でほたるスイッチを利用し、室内からは見えない外の照明がついていることを知らせるためにパイロットスイッチを利用すること自体は問題ではありません（個人的には、緑色をOFFに使うのは慣れませんが）。問題なのは、その2つのタイプのスイッチをセットにして1つの場所に取り付けてしまっていることです。ランプの色が上下で異なり、また無灯火であることの意味がそれぞれ異なるものがセットで設置されると、かなり考えて操作しないと間違えてしまいます。スイッチは用途に沿って設置しておけばよいというわけではありません。ある場所におけるユーザインタフェースが一貫していることがいかに重要かを示す好例だと思います。

1　パナソニック株式会社の商標

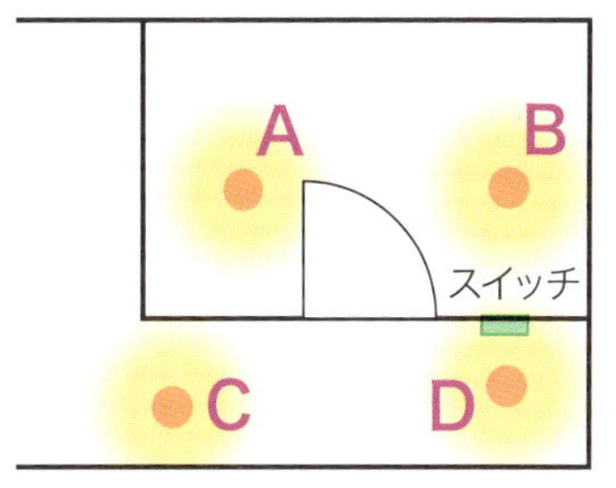

図 6-2　(左) A ～ D の 4 つのシーソースイッチ／ (右) スイッチと対応している照明の見取り図
この状態で A ～ D の照明の状態はどうなっているだろうか？ただし、D は OFF の状態になっている

さて、もう 1 つ事例を紹介したいと思います。上図（左）は第 3 章（p.70）でも紹介した、対応付けがわかりにくい照明のスイッチです。ここでも再掲して簡単に説明します。上図（左）の A ～ D のシーソースイッチ（倒す方向で照明の ON/OFF を切り替えるスイッチ）と、上図（右）の照明の位置がそれぞれ対応していますが、その対応付けが明確ではなく、シーソースイッチは 3 つと 1 つとに分割されているのに照明は 2 部屋に 2 つずつ設置されており、グループもわかりにくい困ったものです。

このスイッチがわかりにくい原因は、この対応付けのわかりにくさと、グループのわかりにくさ以外にもまだあります。それは、この 4 つのシーソースイッチが上図（左）のような状態になっているときに、それぞれ上図（右）に示す照明の状態がどうなっているのかを考えると見えてきます。なお、このとき D の照明は OFF になっている状態です。さて、照明はそれぞれどのようになっているでしょうか？

この照明のスイッチに出会ったのがこの本の中でなければ、「A と B が ON で C と D が OFF」と予想する人がほとんどではないかと思います。しかし、本書で紹介しているということで察しのついた方が多いと思いますが、実を言うと違います。答えは、すべての照明が OFF になっているというもので、何故こうなったのかと関係者に問い詰めたくなるユーザインタフェースでした。同じスペース内で一貫性がないと、どうしても人は混乱するので注意が必要だということを教えてくれる興味深い BADUI です。

繰り返しになりますが、今回紹介した 2 つの事例は、ともにそれぞれのスイッチに問題はありません。しかし、そのスイッチの位置や取り付け方によって BADUI となってしまいます。BADUI はデザイナだけが生み出しているものではなく、色々な人が作ってしまうのだということを実感できるのではないでしょうか。

スイッチつながりで、下図は我が家のトイレのスイッチです。このスイッチのランプには緑色、赤色、無灯火と 3 つの状態があります。さて、どの状態で照明が ON になるでしょうか？しばらく謎だったのですが、どうやらランプが赤色のとき照明が ON、ランプが緑色と無灯火のとき照明が OFF になるようです。無灯火と緑色の違いは、照明を消して数分後に自動で OFF になる換気扇が回っているかそうでないかのようでした（無灯火のとき換気扇が回っている）。無灯火から緑色に変化するのに数分かかるため、その状況を把握することがなかなかできず、理解するのに時間がかかってしまいました。

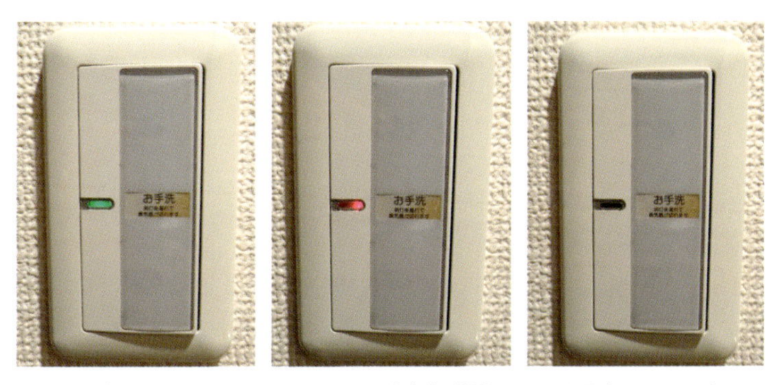

図 6-3　我が家のトイレのスイッチ。さて、ランプがどの状態のときに照明がついているだろうか？

隣り合うもの同士の一貫性：緑色のランプは ON？ それとも OFF？

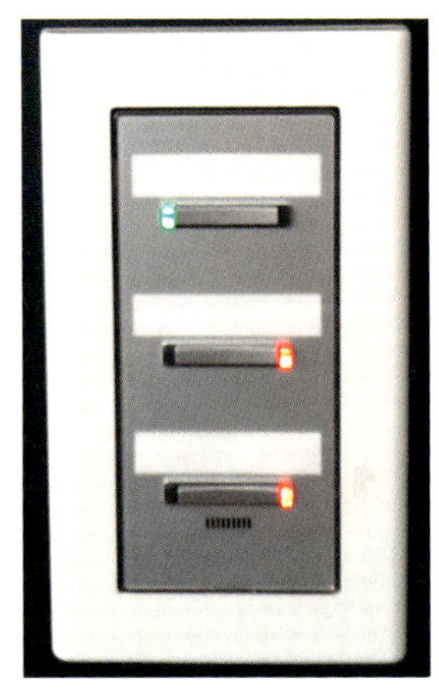

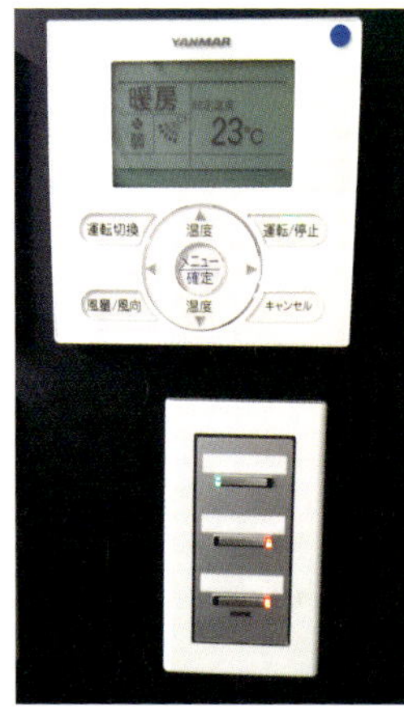

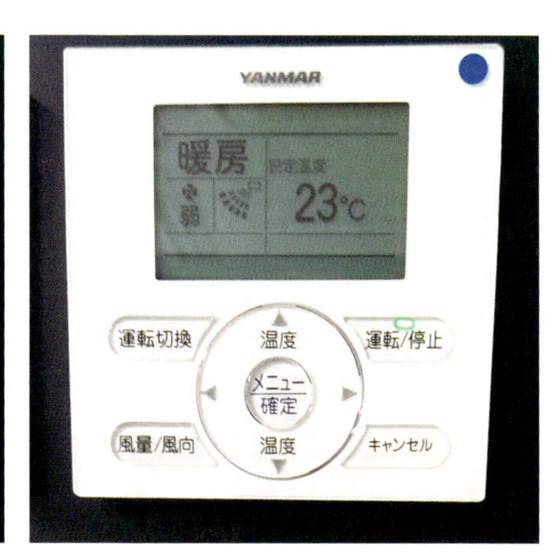

図 6-4　(左) 5 章で紹介した照明のスイッチ ／ (中央) 左の照明のスイッチのすぐ上にエアコンのリモコンがある／ (右) エアコンのリモコン
エアコンのリモコンは ON が緑色で OFF が無灯火、照明のスイッチは ON が赤色で OFF が緑色。
同じ色で違う意味のサインが並んでいるため、いつまでたっても慣れない

引き続き照明のスイッチにまつわる話を紹介しましょう。上図（左）は、第 5 章（p.120）で紹介した「ON の状態が緑色か赤色かで悩んでしまう照明のスイッチ」です。テレビなど日頃親しんでいる家電製品は、ON のとき緑色、OFF のとき赤色になっているため、スイッチ上のランプが緑色のときに照明が ON に、赤色のときに照明が OFF になると考えるのですが、その逆（ランプの色が緑色のとき OFF、赤色のとき ON）であるため、ついつい操作ミスをしてしまうというものでした。このユーザインタフェースは毎日のように使う研究室にあるため、さすがに操作に慣れそうなものですが、1 年半以上経った今でも慣れません。そこには実は、もう 1 つ別の問題がありました。

上図（右）は、スイッチが取り付けられているすぐ側にあるエアコンのリモコンです。上図（中央）から、照明のスイッチとエアコンのリモコンが上下に並んでいることがわかります。じっくり写真を観察してみてください。私がいつまでたっても「緑色が OFF」に慣れない理由は何でしょうか？

このエアコンのリモコンは、運転中（ON のとき）は緑色のランプが点灯し、停止中（OFF のとき）はランプがつきません。一方、先述のとおり照明のスイッチは、点灯中（ON のとき）は赤色のランプ、消灯中（OFF のとき）は緑色のランプが点灯します。つまり、エアコンのリモコンでは緑色が ON なのに、照明スイッチでは緑色が OFF なのです。結果として、この 2 つの前に立つと緑色が ON なのか OFF なのかわからなくなって混乱してしまうのです。これが、ほぼ毎日のようにこのユーザインタフェースに触れているのに、いまだに慣れない理由です（ついでに、その近くにある換気用のスイッチもランプが緑色に点灯しているときに ON、無灯火のときに OFF となっています）。

それぞれのユーザインタフェース自体に問題がなくても、周辺のユーザインタフェースとの関係によって操作が難しくなってしまうこのような事例は、決して珍しくありません。うなぎと梅干しではないですが、ユーザインタフェースの食べ合わせ（組み合わせ）には注意が必要であるということを教えてくれる面白い BADUI でした。

今後は、こうした組み合わせまで考慮できる人が増えていってほしいとつくづく思います。

扉の一貫性：どのトイレの個室が使用中？

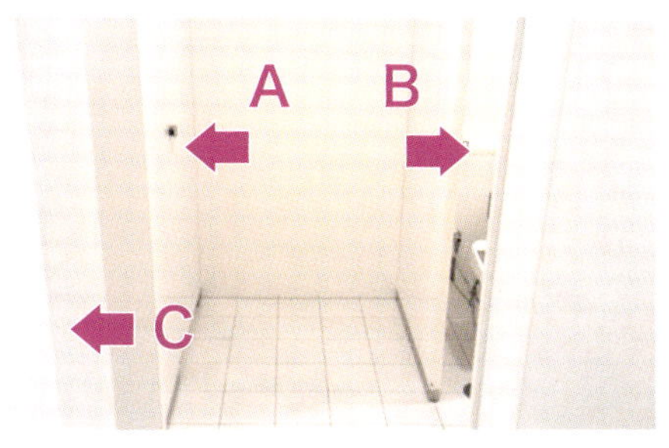

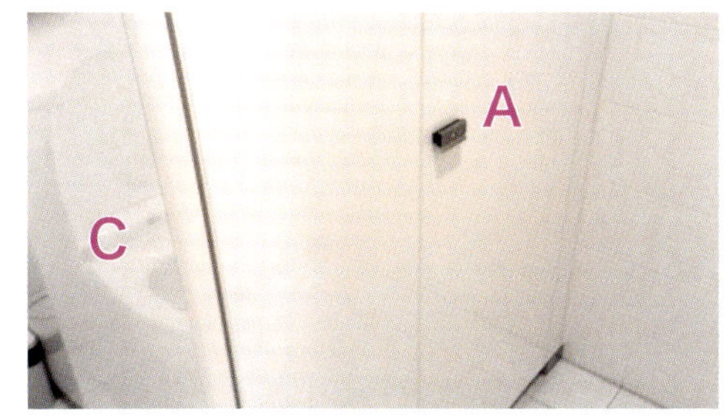

図 6-5　ABC それぞれのトイレは使用中だろうか？（提供：佐竹澪 氏）

私はよくお腹を壊してしまうので、出先で頻繁にトイレのお世話になっています。お腹が痛いのを我慢してようやくたどりついたときに、トイレが使用中ですぐに使えない場合や行列ができている場合は絶望しそうになるものです。まぁ、そういう話はさておき、トイレが使用中であるか使用中でないかということが一目でわかるかどうかは、使用する側にとって大変重要です。

トイレが使用中かどうかについては、トイレのドアノブなどに、赤色のサインや「使用中」の文字で示すのが一般的です。また、個室のドアが開いているか閉まっているかで使用中かどうかを示すタイプもあり、そういったトイレは遠くからでもどこが使用中かを判断できます。

ここで紹介するのは、とある商業施設内のトイレです（上図）。このトイレには複数の個室が設置されています。上図（左）の写真は少し見にくいですが、左奥にドアが閉まっている個室 A、右奥にドアが開いている個室 B、左手前にドアが開いている個室 C があります。この個室 A と C の状態を角度を変えて撮影したのが上図（右）です。個室 A のドアが閉じており、個室 C のドアが開いているのがわかります。さて、この 3 つのトイレの個室について、どれが使用中でどれが使用中でないかわかるでしょうか？

この事例に出会うのが本書でなければ、多くの方が個室 A が使用中で、個室 B と C が使用中でないと回答するのではと思います。私も、実際にこれを見た際、個室 A は使用中だと考えました。しかし、答えは個室 ABC のいずれも空いており、誰もが使用できる状態にあるというものでした（つまり、このトイレには撮影者以外、誰もいません。まぁ、誰もいないから撮影できたわけですが……）。

一般的に、人が出入りするとき以外はドアが閉まっている個室の場合、その個室が使用中であるかどうかは、個室前のドアノブのサインを見たり、ドアをノックしたり、ドアが実際に開くかどうかで確認します。そのため、通常使用されていないドアが閉じていてもそこまで大きな問題ではありません。しかし、この事例の場合は、使用されていないとき「個室 B と C ではドアが開いている」のに、「個室 A ではドアが閉じている」と 1 つの空間内でルールが一貫していません。そのため、隣の B と C の影響を受けて、A が使用中でないのに、多くの人が A は使用中であると思い込んでしまい、ドアのサインを確認したりノックをしたりしようとしないのでした。

実際、このトイレの個室 A が利用可能であることに気付かないお客さんは多く、この個室が空いているのに順番待ちの行列ができていることもあるのだそうです。とはいえ、この手の問題は珍しいことではありません。私もお腹を壊してデパートや大学のトイレにかけ込んだときに、トイレの個室待ちで行列ができており、辛い思いをしてようやく用を足した後に、使用中だと思っていた個室は使用中でなくてもドアが閉まっていることに気付き、何とも言えない気持ちになったことが何度もあります。今回の事例のように一貫性が欠如しているとこういった問題が発生しがちです。

ちなみに、和式と洋式が混在しているトイレでは、このように未使用時のドアの状態が異なることはよくあるようです（今回の事例の場合は、すべて洋式だったようですが）。何故そうなっているのかが気になりますが、お腹を壊すことが多く、トイレとお友達になる私としては、トイレに行列ができる原因となるドアの一貫性の欠如問題は何とかしてほしいものです。

行為系列における一貫性：押す？ それとも引く？

図 6-6　この 2 つの扉。どうやって開ければよい？

よく見ると取っ手の上に「PUSH」「PULL」というサインがあるが、小さすぎるうえに、この 2 つは「PU」まで同じなので一瞬で判別するのが難しい。また、左の状況の場合、奥に窓があるため後方が明るく扉の表面が暗くなり、PUSH が読みにくい

上図は、とある大学の建物の中にある両開きの扉です。この 2 つの扉は、それぞれどうやって開けるものでしょうか？ また理由も考えてみてください。

扉の上のほうを見ると「PUSH」「PULL」と書いてありますので、多くの人が左側は押して開け、右側は引いて開けると回答したのではと思います。正解はまさにそのとおり、「左側は押して開ける扉、右は引いて開ける扉」です。この扉、押して開けようとしてぶつかりそうになったり、引いて開けようとして開かなくて戸惑っている人が後を絶ちません。「PUSH」「PULL」と示されているのに何故そういったことが起こってしまうのでしょうか？

人は、ユーザインタフェースに慣れていく生き物であり、慣れれば慣れるほど、それらを無意識で操作できるようになっていきます。例えば、玄関の鍵を閉めるという行為も、慣れてくると特に意識することなく行えるようになります。意識せず鍵を閉めて外出した後、「鍵閉めたっけ？」と心配になってしまい、部屋の前まで戻って確認した経験がある人は多いのではないでしょうか？

上図の扉の場合も慣れれば問題なさそうなものですが、実際には、いつまでたっても扉にぶつかりそうになるという問題が解消されません。その理由の 1 つは「押す場合と引く場合でユーザインタフェースに違いがほとんどなく、手がかりが十分でない（PUSH と PULL という小さな説明のみ）」ためです。さらに、もう 1 つ理由があります。

左図の右奥を見ていただきたいのですが、この扉の奥には階段があります。つまりこの扉は、フロアと階段前のスペースを仕切るために存在する扉です。例えば、10 階から 11 階へと移動する場合、まず 10 階のフロアから左図の扉を通って階段に出て、階段を上り、右図の扉を通って 11 階のフロアに入ることになります。このとき、左図と右図ではユーザインタフェース上の手がかりはほぼ同一ですが、階段スペースに出る際は「押す」、階段スペースからフロアに入る際は「引く」という異なる操作が必要になります。10 階から 11 階に移動するという短時間の行為系列の中で、ほぼ同じ見た目の扉なのに、別の操作を行わなければならないため、人はついつい間違えてしまうというものでした。

今回の扉は、「フロアから階段スペースの方向に開く」という点では一貫しているにもかかわらず、10 階から 11 階へ移動するなどの 1 つの行為の中で異なる操作を要求することになるため、行為系列上での一貫性が欠けていることになり、ユーザが混乱してしまうのでした。押して開ける側からは引くことができないようにするなどの手がかりがあれば、まだこうした問題は起こりにくいと思います。何にせよ、一貫性は難しい問題です。

入力フォームの一貫性：入力ミスをしてしまうのは何故？

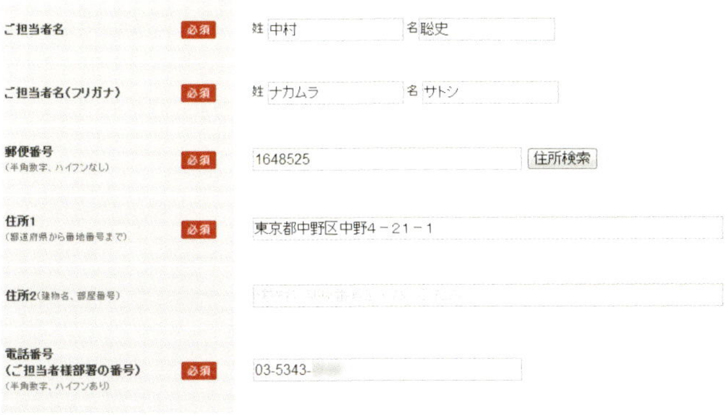

ご担当者名	必須	姓 中村　名 聡史
ご担当者名(フリガナ)	必須	姓 ナカムラ　名 サトシ
郵便番号 (半角数字、ハイフンなし)	必須	1648525 [住所検索]
住所1 (都道府県から番地番号まで)	必須	東京都中野区中野4－21－1
住所2(建物名、部屋番号)		
電話番号 (ご担当者様部署の番号) (半角数字、ハイフンあり)	必須	03-5343-

図 6-7　とあるWebサイトにユーザ登録を行っていたとき出てきた入力フォーム。郵便番号は半角数字でハイフンなし、電話番号は半角数字でハイフンあり（2013年3月時点）

ある日、私がとあるWebシステムでユーザ登録を行っていたところ、「入力ミスがある」とのエラーが出て修正を求められました。上図は、そのエラーに従って修正をしたものですが、ここにある項目のうち、私が何を間違ったかわかるでしょうか？

この入力フォーム、郵便番号は「1234567」のように「ハイフンなし」で入力することを要求しているのに、電話番号は「03-1234-5678」のように「ハイフンあり」で入力することを要求しています。同じ入力フォーム内に、ハイフンありとハイフンなしの項目が両方存在しており、かなり混乱して間違ってしまったのでした（郵便番号は通常「123-4567」のようにハイフンが入るため余計混乱します）。

下図は別のWebシステムでユーザ登録を行おうとしているときに出てきたエラーメッセージとそれを修正している様子です。郵便番号と連絡先電話番号は半角数字で入力する必要があるのに、「番地・号」と「ビル・マンション名、部屋番号」は全角文字で入力しなければならないようです。こういったユーザインタフェースの場合、数字の入力などは前の半角での入力を引き継いでしまうため、ついつい番地や号などを半角数字で入力してしまい、エラーメッセージが表示される結果になってしまいます。

ここで紹介した「ハイフンあり」と「ハイフンなし」、「全角」と「半角」の混在に限らず、「ひらがな」と「カタカナ」、「西暦」と「和暦」での入力が混在しているようなもの、年月日の入力順序が場所によって違うもの（一方は「年月日」の順、他方は「月日年」の順など）もしばしば見かけます。

同一の入力フォーム内で入力方法に関する一貫性が欠如していると、途端に間違いやすいユーザインタフェースになります。こういったユーザインタフェースを生み出さないように、入力フォームなどを作るときは、一貫性に十分考慮しましょう。

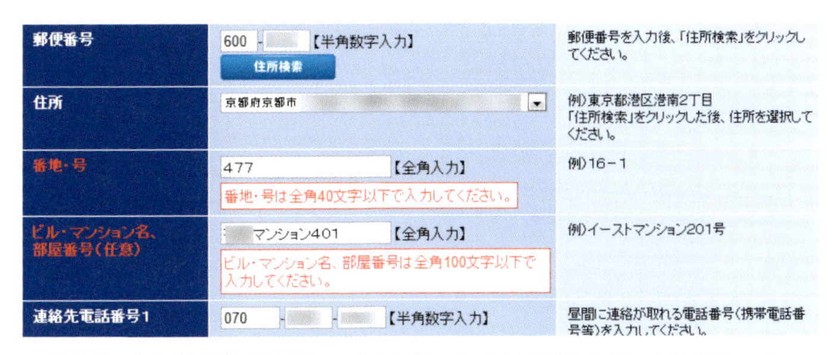

郵便番号	600 - 【半角数字入力】 [住所検索]	郵便番号を入力後、「住所検索」をクリックしてください。
住所	京都府京都市	例）東京都港区港南2丁目 「住所検索」をクリックした後、住所を選択してください。
番地・号	477 【全角入力】 番地・号は全角40文字以下で入力してください。	例）16－1
ビル・マンション名、部屋番号（任意）	マンション401 【全角入力】 ビル・マンション名、部屋番号は全角100文字以下で入力してください。	例）イーストマンション201号
連絡先電話番号1	070 - - 【半角数字入力】	昼間に連絡が取れる電話番号（携帯電話番号等）を入力してください。

図 6-8　とあるWebサイトにユーザ登録を行っていたときに出てきた入力フォーム。全角指定と半角指定の入力欄が混在している（2012年3月時点）

ボタンの意味：閉じるつもりで拡大してしまうのは何故？

図 6-9　（左）楽しい BADUI の世界のページを訪れている状態 ／（右）写真をクリックすると背景が暗転し、クリックした画像が拡大表示される。さて、この拡大表示を終了するにはどこを押す？（2013 年 4 月時点）

Web サイト「楽しい BADUI の世界」[2] では、一時期ある有料のテーマ（サイトのデザインや挙動を制御するもの）を利用していました。このテーマは、Pinterest[3] 風に画像を次から次へと並べて表示してくれるため、私が講義の準備や記事の執筆のため目的の BADUI を探すには便利だったのですが、このサイトに訪れて記事を読もうとしている人にとっては何かと不便だったようなので今では普通のテーマに戻しています。

このテーマは色々と問題があったのですが、中でも問題だったのがそのユーザインタフェース上で提示されるボタンでした（情報提供：鈴木優 氏）。このサイトでは、記事の中にある小さな画像をクリックするとその画像が拡大表示されるようになっていました。例えば、上図（左）の状態で 1 つ目の画像をクリックすると、上図（右）のように背景が暗転し、クリックした画像が拡大表示されます。この状態から、画像の拡大表示を終了し、元の表示に戻ろうと思った場合、皆さんはどのような操作をするでしょうか？ 是非、理由も含めて考えてください。

多くの人は、扉の画像の右上にあるバツ印のボタンをクリックしようと思うのではないでしょうか？ しかし、このボタンを押すと、何と画像がさらに拡大表示され、画面いっぱいに広がってしまいます。「閉じる」ボタンに見えたボタンは、よく見ると下図（左）のようになっており、拡大のためのボタン（バツではなく、拡大を示す斜め方向の矢印が交差したもの）だったというわけです。なお、「閉じる」ボタンは下図（右）のように、ウインドウの右下にひっそりと存在していました。

Web ページを表示するブラウザを含め、ほとんどのアプリケーションでは右上に「終了」ボタンが配置されていること、また、「拡大」ボタンが「終了」ボタンに色も形もそっくりなことから、かなり勘違いしやすい困った BADUI でした。

同じ環境では一貫性が特に重要であり、同じような見た目のユーザインタフェースを違う機能として働かせるのは危険ということを教えてくれる素敵な BADUI でした。

2　著者が BADUI を集めているサイト「楽しい BADUI の世界」http://badui.org/
3　画像共有サイト「Pinterest」https://jp.pinterest.com/

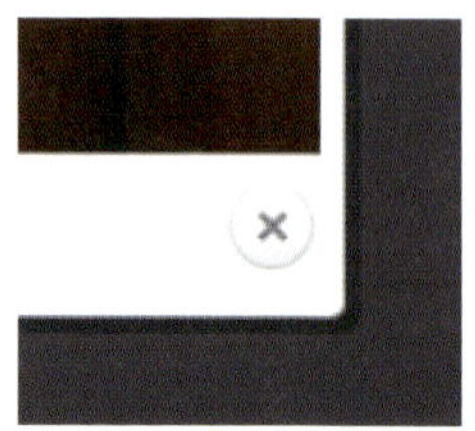

図 6-10　（左）閉じるボタンではなく拡大ボタン ／（右）画面の右下に閉じるためのバツ印が。ただ、背景が白色なためあまり目立たない

順序の一貫性

地名の順番：東京はどこ？

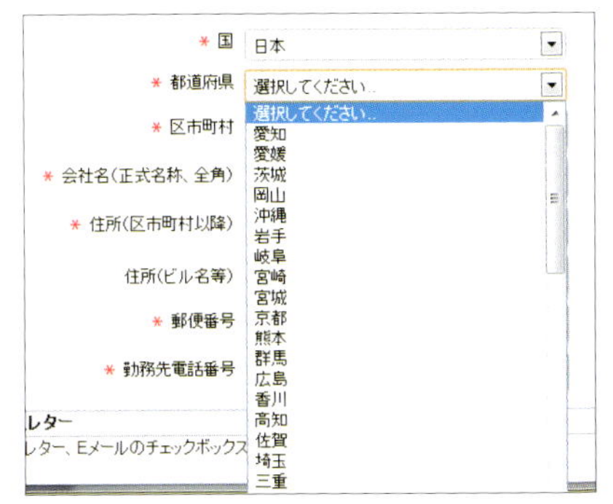

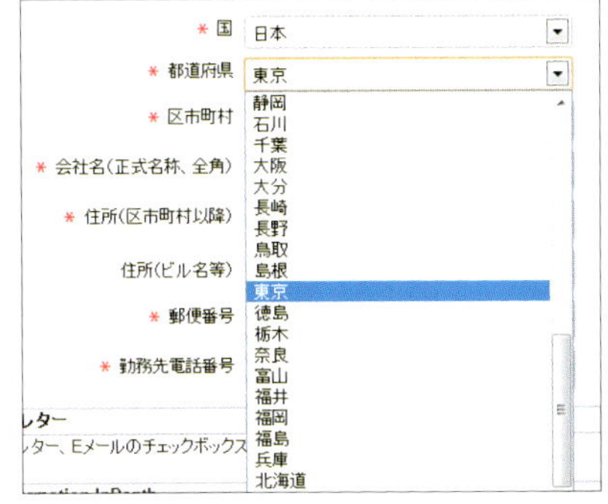

図 6-11　どういう順序？（左）愛知、愛媛、茨城、岡山？／（右）長野、鳥取、島根、東京！(2013 年 5 月時点)

とあるWebシステムでユーザ登録をしようとしたときのこと、ユーザ登録に必要な情報として会社住所を入力する欄がありました。ここで「東京」を選ぼうとしたところ、上図のようなリストボックスが表示されました。通常この手のユーザインタフェースでは、北から順（「北海道」「青森」……）または、あいうえお順に並んでいることが多いのですが、このリストボックスでは「愛知（あいち）」「愛媛（えひめ）」「茨城（いばらき）」と並んでいて何だか変です。さて、このリストボックスはどういうルールで県名が並んでいるのでしょうか？ また、東京はどのあたりにあるのでしょうか？

漢字の 1 文字目に注目すると、「愛」「愛」「茨」「岡」「沖」「岩」「岐」「宮」「宮」と並んでいます。また、1 文字目が共通している「愛」「宮」「大」「長」「福」について 2 文字目に注目すると「知」「媛」、「崎」「城」、「阪」「分」、「崎」「野」、「井」「岡」「島」という順序になっていることから、漢字の文字ごとに並んでいることがわかります。また、「岡」「沖」「岩」や「長」「鳥」「島」「東」の順序から、これは「愛（アイ）知（チ）」「愛（アイ）媛（ヒメ）」「茨（イバラ）城（ジョウ）」「鳥（チョウ）取（シュ）」「島（トウ）根（コン）」「東（トウ）京（キョウ）」といったようなそれぞれの漢字の代表的な読みにし、これをあいうえお順に並べ替えて提示しているのではないかと推測されます（もしくは、ある文字コードにおける漢字の登場順？）。

都道府県は 47 しかないので、リストから 1 つずつ探してもそこまで大変ではないですが、並びがわかりやすい形で一貫していないとわかりにくくなってしまうという好例でした。

類似した話に、下図のような切符の自動券売機がありました。ここでは再現のため東京の駅を使っていますが、実際は東京ではありませんでした。この自動券売機は、あいうえお順で駅名を並べそのまま英語化していたため、日本語のわからない方からすると、何故この順になっているのかさっぱりわからず、目的の駅を見つけるのが大変なものとなっていました。国際化する場合は、立ち止まって考えないといけないというお話でした。

図 6-12　あいうえお順のままローマ字化しただけなので日本語がわからないと混乱する（再現イラスト）

国の順番：スペインはどこ？

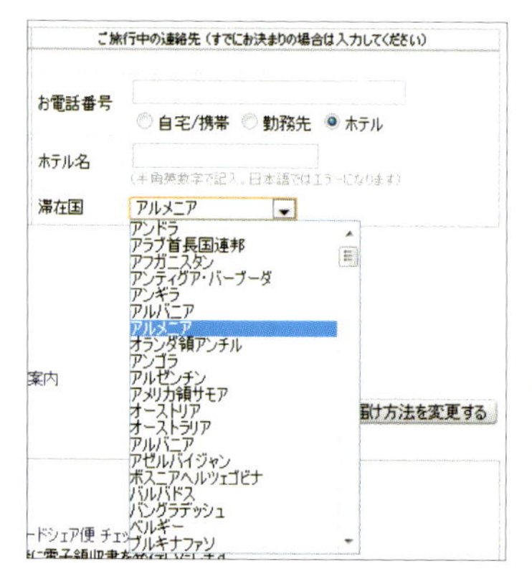

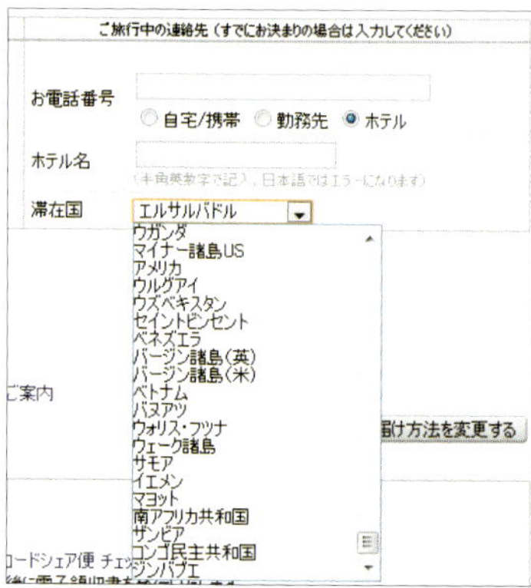

図 6-13　スペインはどこにある？

（左）リストボックスには、アンドラ、アラブ首長国連邦、アフガニスタンの順で並んでいる。あいうえお順ではなさそうだが、ABC 順だろうか？ ／（右）リストボックスの最後あたり。ザンビア、コンゴ民主共和国、ジンバブエと並んでいる。アルファベットの Z で始まる国が並んでいるようだが、コンゴ民主共和国がここにあるのは何故？

国際会議に向かうためスペイン行きの飛行機を Web 予約しようとしたときのことです。旅行中の連絡先として滞在国を入力するフォームがありました（上図）。このユーザインタフェースはリストボックス形式になっており、「アンドラ」「アラブ首長国連邦」「アフガニスタン」から始まっていました。さて、このリストボックスからスペインを探す場合、皆さんなら、どのあたりにあると考えるでしょうか？

私は、一瞬「あいうえお順かな？」と考えたのですが、「アンドラ」「アラブ首長国連邦」「アフガニスタン」……「オーストリア」「オーストラリア」「アルバニア」と並んでおり、すぐに違うことに気付きました。次に、「国名の ABC 順かな？」と考え、「Spain（スペイン）」を探すため「S」はこのあたりだろうとリストボックスの後方を選択しました。しかし、「イエメン」「マヨット」「南アフリカ共和国」のように ABC 順であるかどうかを悩ましく思うようなものしか並んでいないうえ、「S」に該当しそうな場所にスペインがありません。

「もしかしたら「España」（スペイン語表記）かな？」と思い、「E」ならこのあたりだろうと当たりをつけて探して回ると、「エリトリア」と「エチオピア」の間に「スペイン」がありました（下図）。

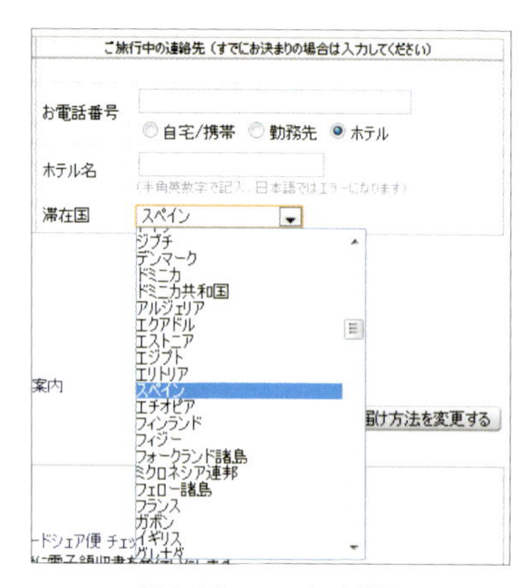

図 6-14　スペインを発見

「各国とも正式名称で並んでいるのだろうか？ もしかしたら、Spain ではなく España か？」と予想して、E の周辺へ移動し、無事スペインを発見。とりあえず目的は達成できた。ただ、この並び順は何だか変な感じである

リストボックス上での表記は「スペイン」なのに、実際には「España」をもとに並んでいるのは問題ですが、まぁ色々な都合があるのかもしれません。

ここまで来て、左ページ上図（右）の南アフリカ共和国の位置のおかしさに気付きます。南アフリカ共和国は英語表記すると「South Africa」ですし、正式名称にしても「Republic of South Africa」です。さらに、その上にあるマヨットは「Mayotte」。そもそも左ページ上図（左）の「アンドラ（Andorra）」「アラブ首長国連邦（United Arab Emirates）」「アフガニスタン（Afghanistan）」の並びもおかしい気がします。「エストニア（Estonia）」と「エジプト（Egypt）」も２文字目を比較すると、エジプトがエストニアの後にあるのは変です。

理由がわからず気持ち悪く思っていたため、色々調べてみたところ、このリストボックスは「ISO3166-0」というISO（国際標準化機構、International Organization for Standardization）によって定められた国名コードで並んでいることがわかりました。この国名コードはラテン文字２文字によるもので、上述の国についてはそれぞれ、「アンドラ（AD）」「アラブ首長国連邦（AE）」「アフガニスタン（AF）」「マヨット（YT）」「南アフリカ共和国（ZA）」「エストニア（EE）」「エジプト（EG）」そして「スペイン（ES）」となっています。

これだけ多くの要素をリストで提示する場合、そこにユーザが順序を判断しやすいヒントを用意しておく必要があります。例えば単純にあいうえお順で並んでいれば、日本人はここまで悩むことはなかったと思います。また、英語圏の人のことを配慮して英語表記順にするのであれば、多少悩むとはいえここまで困ることはなかったでしょう。しかし、一般の人がほとんど記憶しておらず、そもそもその存在さえ多くの人に知られていないような「ISO3166-0」を並び順に採用してしまったがために、この長大なリストから目的の国を探すことがとても困難になってしまっています。ある分野においては間違いのない一貫性のあるルールであったとしても、一般的に広く知られていないルールを採用すると、困ったことになるという何とも味わい深く、面白いBADUIでした。

もし、私がスペインではなく南アフリカを探していたら、「『み』でも『M』でもなく、『S』でも『A』でもなさそうだ」と、散々悩んだ挙句、「１つずつリストを前から順にチェックして、最後の最後にようやく見つかった！」という感じになってしまうかもしれません。

ちなみに、別件で「米国滞在先住所申告」を行った際に、下図（左）のような居住国を入力する欄に出会ったのですが、ここには「日本」などの国名ではなく、先ほどのものとも違う国名コードを入力しなければなりませんでした。さらにそのコードを調べるには長大なリストから探さなければいけないというもので（下図（右））、これまた楽しいBADUIとなっていました。このときは「あいうえお順」になっていたのでまだよかったのですが、地理的な情報入力を要求するのであれば、地図のユーザインタフェースを利用して順に絞り込んでいくなど、もう少し配慮してほしいものです。

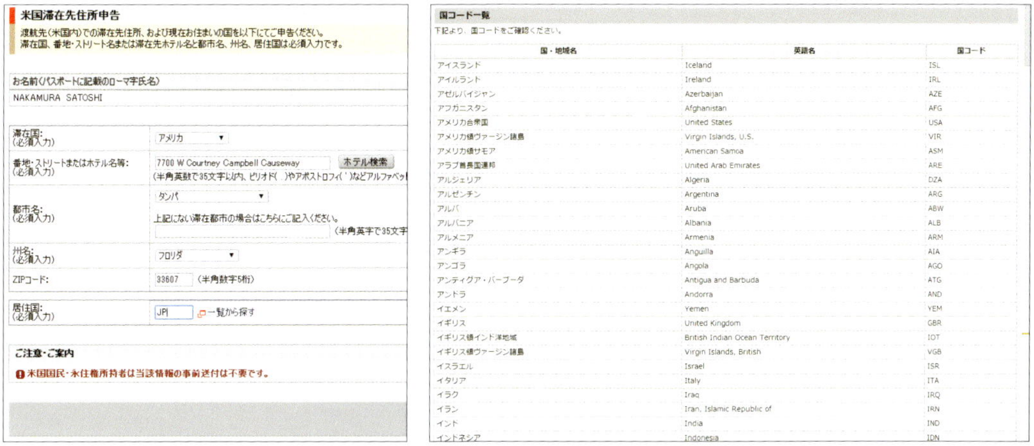

米国滞在先住所申告

渡航先（米国内）での滞在先住所、および現在お住まいの国を以下にてご申告ください。
滞在国、番地・ストリート名または滞在先ホテル名と都市名、州名、居住国は必須入力です。

お名前（パスポートに記載のローマ字氏名）
NAKAMURA SATOSHI

滞在国:（必須入力）	アメリカ ▼
番地・ストリートまたはホテル名等:（必須入力）	7700 W Courtney Campbell Causeway ［ホテル検索］ （半角英数で35文字以内、ピリオド（.）やアポストロフィ（'）などアルファベッ
都市名:（必須入力）	タンパ ▼ 上記にない滞在都市の場合はこちらにご記入ください。 （半角英字で35文字
州名:（必須入力）	フロリダ ▼
ZIPコード:	33607 （半角数字5桁）
居住国:（必須入力）	JP 一覧から探す

ご注意・ご案内

米国国民・永住権所持者は当該情報の事前送付は不要です。

国コード一覧

下記より、国コードをご確認ください。

国・地域名	英語名	国コード
アイスランド	Iceland	ISL
アイルランド	Ireland	IRL
アゼルバイジャン	Azerbaijan	AZE
アフガニスタン	Afghanistan	AFG
アメリカ合衆国	United States	USA
アメリカ領ヴァージン諸島	Virgin Islands, U.S.	VIR
アメリカ領サモア	American Samoa	ASM
アラブ首長国連邦	United Arab Emirates	ARE
アルジェリア	Algeria	DZA
アルゼンチン	Argentina	ARG
アルバ	Aruba	ABW
アルバニア	Albania	ALB
アルメニア	Armenia	ARM
アンギラ	Anguilla	AIA
アンゴラ	Angola	AGO
アンティグア・バーブーダ	Antigua and Barbuda	ATG
アンドラ	Andorra	AND
イエメン	Yemen	YEM
イギリス	United Kingdom	GBR
イギリス領インド洋地域	British Indian Ocean Territory	IOT
イギリス領ヴァージン諸島	Virgin Islands, British	VGB
イスラエル	Israel	ISR
イタリア	Italy	ITA
イラク	Iraq	IRQ
イラン	Iran, Islamic Republic of	IRN
インド	India	IND
インドネシア	Indonesia	IDN

図 6-15　必須の居住国を入力する欄は、凄いリストから探し出し、入力させられるはめに

数字の並び：この鍵番号に該当するロッカーはどれ？

図 6-16　とある温泉施設に設置された靴のロッカー（提供：山本博 氏）
鍵でロックできるようになっており、鍵の番号と照合することでロック／ロック解除できるのだが……

上図は、九州のとある温泉施設に設置されていた靴のロッカーだそうです。さてこのロッカー、何か違和感を感じないでしょうか？

多数の人が利用する温泉施設などの場所では、靴のロッカーを鍵でロックし、その鍵を自分で持ち歩くことで、靴が盗まれたり間違って別の人に持っていかれるのを防止しているところがあります。このようなロッカーでは、利用者がどのロッカーに靴や荷物を入れたのかが一目でわかるように、ロッカー自体に番号など他と識別可能な ID が付与されており、それに対応する鍵にも同じ ID が付与されているのが一般的です。利用者は、ロッカー内の荷物を取り出すときに、持っている鍵の ID を見ながらロッカーを探します。

ここで、各ロッカーと ID の組み合わせには、通常、何らかの規則性があるので、利用者はその規則を推定しつつロッカーを探すことになります。多くの場合、ロッカーの並びは番号順です。そのため、利用者はまず番号の上位の桁で大まかな場所の当たりをつけ、そこから下の桁で細かく探していけばよいので、自分の鍵に相当するロッカーを探すのは、そこまで難しくありません。

この温泉施設でも、ロッカーと鍵に ID（4 桁の番号）が付与されているのですが、上図を見るとロッカーに付与された番号が、左の列は上から順に「2510, 2550, 2580」、隣の列は「2386, 2526, 2566」となっており、規則性がありません。そのため、自分の鍵と合致するロッカーを探すのが難しくなっています。人は番号が並んでいる場合は値が 1 ずつ増えたり減ったりしていると期待してしまいますが、このロッカーはその期待を裏切るものであり、なかなか挑戦的な BADUI さんでした。

なお、このロッカーについて報告してくれた方によると、同じロッカーでも番号が規則的に並んでいる部分もあるとのことで、何故こうなってしまったのかを考えるととても興味深い BADUI だと言えます。ちゃんと連番になっている部分もあるのであれば、もともとは順番どおり並んでいたのは間違いないでしょう。何故こうなったのかという私や数人の予想をまとめると以下のような感じです。

- このロッカーの鍵は、鍵自体に数字が刻印されているため、鍵の番号を変更できない。
- この温泉施設では、しばしば鍵がなくなってしまい、新しく発注することになる。
- 新しく届いた鍵には別の番号が刻印されているため、その番号に合うようにロッカーの番号を付け替えた。

ただし、鍵の番号が変わると鍵の管理が大変だと思いますので、キーホルダー部分を紛失したなど他の理由かもしれません。是非皆さんも何故こうなったのかということを予想してみてください。また、正解をご存知の方は教えていただけますと幸いです。

図 6-17　(左)(中央) とある郵便局で出会った私書箱。25 番はどこにあるか？／(右) 100 はもともと 378 番だったようだ (かすかに 378 番の跡がある)

同じようなケースに、とある郵便局の私書箱の事例がありました（上図）。私書箱の番号は「1、3、7、10」で始まり「22、24、27、29」と何だか歯抜けの状態で数が増えていっています。数字の増え方にも規則性がありません。ここで例えば 25 番を探していたとします。上図（左）のとおり、24 番と 27 番の間には 25 番は存在していません。25 番はどこにあるのかと右へ右へと視線を動かしていくと、355 番と 357 番の間にありました（上図（中央））。数字の並びに一貫性がないため、何だか不安な気持ちになってしまいます。

こちらの場合、上図（右）を見ていただくとわかるのですが、もともとあった番号を他の番号で差し替えているようです（378 番が 100 番になっています）。378 番の鍵が紛失したとか、100 番の鍵を新たに作ったとか、並べ替える頻度が高いとか色々理由はあるのかもしれませんが、自分の番号として例えば 25 番や 100 番が割り当てられている場合、郵便物を取りに行って混乱してしまいそうです。できれば、順番どおりに並べ直してほしいところです。

ロッカーと言えば、とある居酒屋の靴箱（下図）で動揺した経験もあります。鍵を入れる部分には鍵に付与されている番号と同じ番号がちゃんとあるのですが、ロッカーの中央部に別の数字が貼られており、当初そちらに注目していたため、目標とするロッカー（27 番のロッカー）を素どおりしてしまいました。おそらくお店の都合で貼られたラベルなのでしょう。まぁ、たいした問題ではないのですが、利用者にとっては不要な情報はないほうがよいと思います。

繰り返しになりますが、人は何かに 1 つずつ番号が割り当てられている場合、それらが小さな順（昇順）または大きな順（降順）に並んでいることを期待します。また、全体からある程度の部分を絞り込んで目的の番号を探そうとします。そのため、数字による ID をここで紹介した事例のように扱うと、混乱する人が多発します。数字を使うときはできるだけ「順番に増えたり減ったりする」ようにして一貫性を保ちたいところです。

図 6-18　300 番なのに 27 番。601 なのに 7 番

標準化

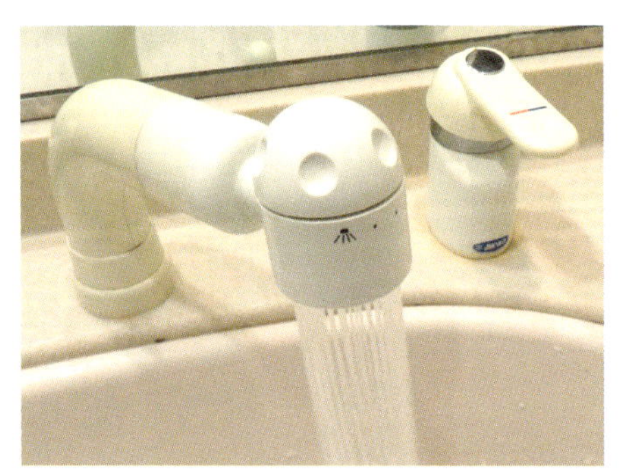
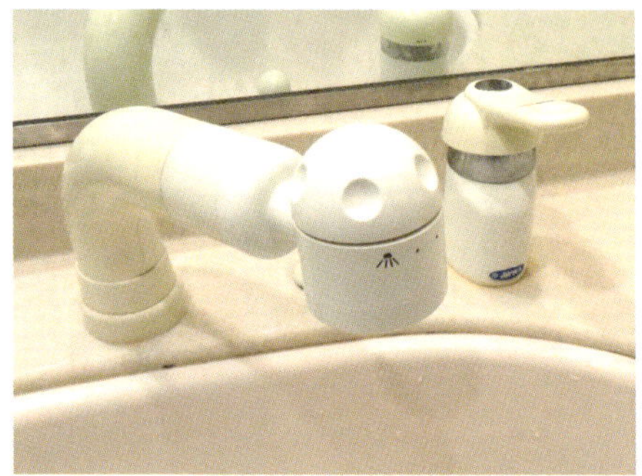

図 6-19　洗面台ではレバーを押し下げると水が出て、レバーを押し上げると水が止まる

図 6-20　台所ではレバーを押し上げると水が出て、押し下げると水が止まる

私は、自宅にある洗面台と台所の蛇口のレバーの操作でいつも間違ってしまいます。

洗面台と台所はすぐ近く（距離にして 2 ～ 3m 程度）にあるのですが、洗面台の蛇口は、レバーを押し下げると水が出て、レバーを押し上げると水が止まる「上げ止め方式」上図（上）である一方、台所の蛇口は、レバーを押し上げると水が出て、レバーを押し下げると水が止まる「下げ止め方式」です（上図（下））。「水を出す」という同じ目的のために使用される蛇口の操作が、すぐ近くにある洗面台と台所とで一貫していないため、住んで 1 年半になるものの、しょっちゅう間違えてしまいます。そして、ついつい、洗面台で手を洗うときにレバーを押し上げたり、台所で食器を洗う際にレバーを押し下げたりしてしまいます。

蛇口のレバーハンドルの操作については、上げ止め方式と下げ止め方式が混在するとわかりにくいので 2000 年 3 月以降は、JIS 規格（JIS B 2061）で標準化され、押し上げると水が出る（下げ止め方式）に固定されました[4,5]。2000 年以前に建てられた建物、リフォームされた建物などは、混在していることも多いのですが、それ以降については統一されて、使いやすくなっているようです（私が住んでいる賃貸マンションは 2000 年以前に建築されているため混在しています）。このように、一貫性が欠如すると使いにくいものが生まれることがわかっている場合、それを標準化するという試みは素晴らしいことだと思います。

4　『初歩と実用のバルブ講座』（バルブ講座編纂委員会（著）、日本工業出版）によると、「一軒の家庭内で台所は上げ止水方式、洗面台は下げ止水方式であった場合、使用する上で使用勝手が悪く、また、混乱する要因となっている。このような状況において、かねて使用者などから、この 2 通りの方式をどちらかに統一してほしいとの強い要望があった。これを受けて検討の結果、海外での製品は、殆どが下げ止水方式を採用しているということなども考慮のうえ、『下げ止水方式』に統一することになった」とのこと。

5　JIS B 2061:1997「給水栓」には「操作方式・操作方向」という項目があり、「シングル湯水混合水栓の開閉操作方法は、“下げ止水方式”とする」と規定されている。なお、次に述べる操作ハンドルの回転方向、湯と水の操作インタフェースの配置などもこの規格で定められている。

さて、せっかくなので水栓つながりで標準化の話を紹介します。下図（左）のように 2 つのハンドルが並んでいて、一方が湯で他方が水に対応しており、そのハンドルの緩め具合によって温度を調整する器具（湯水混合水栓）を思い出してください。左右のどちらが湯でどちらが水に対応しているでしょうか？

答えは左側が湯で、右側が水でした。シャンプーやリンスなどで泡だった髪を洗い流そうとする場合、どうしても手探りで操作することになります。こうした際に、間違って熱湯を出してしまうと火傷の危険もありますし、冬場にうっかり冷水を出すと心臓が止まる思いをしてしまいます。そんなこんなで、先ほどの JIS 規格にはどちらがお湯でどちらが水なのかも標準化されています[6]。こういった標準化のおかげで、初めて行ったホテルや温泉、トイレの洗面所などで我々は火傷をすることなく、また冬場に冷たい思いをすることなく水栓を利用できるわけです。

下図（右）はとある温泉の水および湯を出すためのハンドルです。それぞれどちら方向に回して水や湯を出そうとするでしょうか？

多くの人が「反時計回り（逆時計回り）」に回すと回答するのではと思います。答えは、湯が逆時計回り、水が時計回りと、わかりにくい BADUI でした。このように水や湯を出そうとして困る人が少なくなるようにするため、JIS 規格では水栓の開閉方向も「できるだけ逆時計回りで開くようにせよ」と標準化されています。こういった標準化は操作ミスが少なくなるので助かります（ちなみに、下図（右）の事例は後に逆時計回りで水と湯を出すという形で統一されたそうです）。

さて、本章では、行為系列の中で開閉方向が一貫していないために使いにくい扉の話をしましたが（P.140）、フロアから階段スペースへのアクセスが外開き（外向き）で統一されているのにはそれなりに理由があります。人は災害時などに慌てて逃げようとすると、扉を引いて開けるのではなく、進行方向にそのまま押して開けようとします。そのため、映画館など人が多く集まる場所の扉は必ず外開きになっています。これについては日本の建築基準法施工令第 125 条 2 項に「劇場、映画館、演芸場、観覧場、公会堂又は集会場の客用に供する屋外への出口の戸は、内開きとしてはならない」とあり、国によって定められています。このような安全上、重大な事柄などについては、政令や法律などによって指針が示されていることもよくあります。

このように、一貫性などが大きな問題になる場面では、標準規格などが重要な働きをしています。皆さんも、日常生活で出会う様々なユーザインタフェースについて、これもあれも同じ方式だなと思ったときには、是非、各種の規格などを調べてみてください。これまで先人が我々のことを一生懸命考えて標準化してくれたものがたくさんあるかもしれません。

なお、本章でも登場した ISO3166-0（p.145）なども標準化のうちの 1 つです。こちらの場合は絶対的なものとして扱えますが、広く知られているわけではないため、利用する際には慎重になったほうがよいでしょう。

6 「ハンドル湯水混合水栓のハンドルは、向かって右側を水、左側を湯とする。また、湯及び水の区別が容易に分かる表示をしなければならない」(JIS B 2061:1997 6.2d)

図 6-21 （左）左右どちらが水で、どちらが湯だろうか？／（右）どちらの向きに回すと水や湯が出るだろうか？（提供：福本雅朗 氏）
（左）左側が湯で、右側が水／（右）湯は逆時計回り、水は時計回りで出る（後に、逆時計回りで統一されたのだとか）

ガイドライン

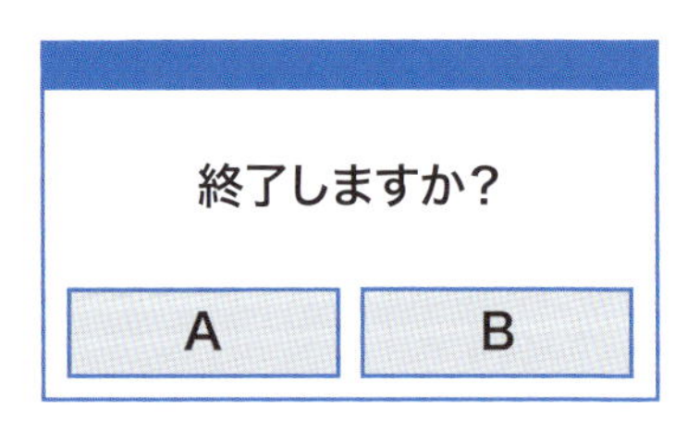

図 6-22　「終了しますか ?」さて、どちらが OK ボタン？

標準化は行っていないものの、一貫性を保つため、ガイドラインとして定められているものもあります。皆さんがパソコンで何らかのアプリケーションを操作していて、上図のようなダイアログボックスが表示されたとします。このダイアログボックスには 2 つのボタンが付けられていますが、A と B のどちらが「はい／ YES ／ OK」を意味する「OK」ボタンでしょうか？（ちなみに、もう一方は「いいえ／NO／キャンセル」を意味する「キャンセル」ボタンです）答えを考えたら次に進んでください。

この質問の回答は、回答者が Windows を主に利用しているユーザか、Mac を主に利用しているユーザかによって結果が変わってきます。A が「OK」ボタンだと答えた人は Windows を、B が「OK」ボタンだと答えた人は Mac を主に利用しているのではないでしょうか？

下図は、Microsoft Windows 7 および Apple Mac OS X 10.9 上で WSH (Windows)、osascript (Mac) という各 OS 標準の機能を使ってダイアログボックスを表示している例です。この図を見ていただければ一目瞭然ですが、Windows の場合は左側に、Mac の場合は右側に「OK」ボタンが表示されています。ちなみに、どちらも「OK」ボタンが最初から選択状態にあるため、キーボードの「Enter」を押すことで「OK」ボタンを押したことになり、操作が確定します。

さて、Windows、Mac それぞれで違うことがわかりましたが、ダイアログボックスの左右どちらに「OK」ボタンがあるべきでしょうか？これは、なかなか答えが出ない難しい問題です。

左が良いという根拠には、「高い頻度で利用するボタンは、ユーザが最初に目にする位置に用意すべき」というものが挙げられます。横書きの日本語や英語では、左から右へと読み進めるため、ボタンが複数並んでいる場合、ユーザは最初に一番左側のボタンに出会います。そのため、左側に「OK」ボタンを用意すべきという主張です。また、キーボードでも操作しやすいうえ、「「はい」または「いいえ」で回答してください」とは言いますが、「「いいえ」または「はい」で回答してください」とは言わないので、最初に「OK」を、後に「キャンセル」をもってくるのが自然というものです。確かにもっともだなと感じます。

一方、右が良いという根拠には、「そのダイアログボックスの中で最後に出会うボタンが意思決定を行うものであるべき」というものが挙げられます。左から右へと読み進めた結果、最後に出会う右端のボタンを「OK」ボタンにすべきという主張です。また、「前へ」を左に、「次へ」を右に配置するのが自然だとすると、「キャンセル」は「前へ」、「OK」は「次へ」進むことと合致するため右にするというものです。こちらも、ふむふむもっともだと感じてしまいます。

それぞれ色々と理由を挙げることはできるのですが、これについては思想や好みの問題もありますし、簡単に答えが出る話ではありません。ただ、私も実際そういうものを作って

図 6-23　(左) Windows の標準の「OK」ボタンと「キャンセル」ボタンの位置 ／
(右) Mac の標準の「OK」ボタンと「キャンセル」ボタンの位置

しまった経験があるのですが、Windowsを主に使用している人がMac用のアプリケーションを開発したり、Macを主に使用している人がWindows用のアプリケーションを開発したりするとき、この「OK」ボタンの位置をOS標準と逆転させてしまうことがあります。このようにそれぞれのOSの標準と異なるユーザインタフェースは、コンピュータ内での一貫性を欠く原因となり、途端に使いにくいBADUIとなるので注意が必要です[7]。

一方、Webページの登録システムなどで、「OK」と「キャンセル」の位置関係がOS上の「OK」と「キャンセル」の位置関係と異なっており、微妙に使いにくいことがあります。どういったOSからアクセスされているか判別することはある程度可能ですので、それによりボタンの配置を変更することはできると思いますが、完全ではありませんし、サイト内で一貫していればよいと思います（たまにサイト内で「次へ」と「戻る」がページによって入れ替わっているものなどがあり、とても使いにくく感じたことがあります）。

さて、このボタンの話は、第5章（p.129）で紹介したiPhoneの「応答」ボタンと「拒否」ボタンの位置の話に関係します。Appleは、そのヒューマンインタフェースガイドラインにて、左側が「キャンセル」ボタンで右側が「OK」ボタンであるべきとしているのですが、このガイドラインに従えば、iPhoneの「拒否」ボタンが左に、「応答」ボタンが右に来ている理由も説明が付きます。Appleとしては、iPhoneはコンピュータの一種であると捉えており、ガイドラインをそのまま適用しているためにそのような配置になっているのでしょう。ただし、携帯電話の世界での慣習（標準化されているわけではありませんが、ユーザがこれまでに多くの携帯電話によって築き上げたルール）からすると、左側が「応答」ボタンで右側が「拒否」ボタンであるほうが使いやすいのではないかと思います（とはいえ、これは今後変わっていく可能性もあります）。

ちなみにガイドラインはバージョンなどによって変更されていくものです（開発者からすると勘弁してほしいですが……）。例えば、スマートフォンによく利用されているGoogleのAndroidでは、バージョンが2.xのときには左側に「OK」があるようにとされていましたが、4.xからは右側に「OK」があるようにとされています。また、iPhoneのボタンについても、ルールが徐々に変更されているのが過去のものとの比較からわかります。

さて、こうしたガイドラインがあるのはパソコンやスマートフォンだけではありません。ゲームの世界にもユーザを混乱させないための様々なガイドラインがあり、特定のボタンは特定のタイプのコントロールのみに使用するといったことが定められており、そこまで混乱することなく様々なゲームができます[8]。なお、第5章で紹介した慣習にも関連しますが、任天堂製のコントローラと、Microsoft製のコントローラではAとBの位置、XとYの位置がそれぞれ逆転しており混乱してしまいます（下図）。また、プレイステーションのコントローラには○ボタンと×ボタンがありますが、日本のメーカーが作ったものは○が決定で×がキャンセルなのに、アメリカのメーカーが作ったものは×が決定で○がキャンセルとなっており混乱することがあります。文化的な背景があることなので仕方ないとは思いますが、ゲームを頻繁にしない人間にとっては慣れるまで時間がかかるので、統一するか設定できるようにしてほしいものです。

7　このように、OS内で一貫性を保つようにするため、それぞれのOSではユーザインタフェースガイドラインというものが定められています。Windowsは「ユーザエクスペリエンスガイドライン」、Appleは「ヒューマンインタフェースガイドライン」という名前を付けています。

8　「ゲームインターフェイスデザイン」Kevin D.Saunders／Jeanie Novak（著），加藤諒（編集），株式会社Bスプラウト（訳），ボーンデジタル

図6-24　ゲームコントローラのボタン（左）Nintendoゲームキューブ／（中央）Nintendo Wii U／（右）Microsoft Xbox 360

まとめ

本章では、一貫性を考慮することがいかに重要かという点について、様々なBADUIを交えながら紹介しました。

一貫性が重要になる理由は、その場のユーザを混乱させないようにするためということに尽きると思います。ひとつひとつのユーザインタフェースは使いやすくても全体として一貫していない場合、途端にその空間は使いにくい、わかりにくいスペースになってしまいます。例えば、照明やエアコンなどの操作インタフェース上のランプが無灯火であることの意味が違っていたり、入力フォームで半角の指定と全角の指定が混在していたりすると、ユーザは混乱してしまいます。

このような一貫性を担保するために、先述のとおり、世の中には様々な標準化の試みが存在しています。そしてデザイナやエンジニアなどが標準化された規格に従うことによって、生活空間全体での調和が保たれ、一貫性の問題を低減できているのです。一方で、こうした標準化には、どの方法で統一するのか意見が分かれるなど、難しい面もあります。また、標準化まではいかないものの、ある環境において一貫性が欠如してしまうことを避けるため、ガイドラインとして定められていることもあります。こうした標準化やガイドラインについては色々な想いが見えてきて面白いものです。

皆さんがユーザインタフェースを作成する機会には、是非、標準化されたやり方がないかどうか、ガイドラインが定められていないかどうかを調べ、そのユーザインタフェースだけでなく周辺環境とも一貫性を保持できるように努力していただければと思います。

なお、Webシステム開発やソフトウェア開発では、システムを開発し終わってから問題を検証し、ユーザインタフェースを修正することはかなり無駄が多いものです。是非とも、事前にプロトタイプ（試作品）を作成し、そのプロトタイプを用いた検証を行ってください。なお、プロトタイピング用としてPencil[9]などのソフトウェアもありますし、紙などで作成して検証していくことも可能です。プロトタイピングについて詳しく知りたい方は、「プロトタイピング実践ガイド」[10]をどうぞ。

9　PENCIL PROJECT：http://pencil.evolus.vn/

10『プロトタイピング実践ガイド スマホアプリの効率的なデザイン手法』深津貴之、荻野博章（著）、丸山弘詩（編集）、インプレス

演習・実習

- 家の中にある様々な家電やスイッチなどについて、状況に応じたランプの色が一貫しているかどうか確認してみましょう。また、一貫していない場合はその理由について考えてみましょう。

- Web上の登録フォームで入力方法の指定として「半角」と「全角」、「ハイフンあり」と「ハイフンなし」などが混ざっており、要求が一貫していないものがないか探してみましょう。一貫していないものが見つかった場合は、どう修正したらよいか考えてみましょう。

- ユーザインタフェースについて、どのようなものが標準化されているか、Webを検索して調べてみましょう。さらに、これらの標準規格がなければどのような問題が起こり得るかを想像してみましょう。

- MicrosoftやApple、Googleなどのユーザインタフェースにまつわるガイドラインを調べてみましょう。

- 「第2章　フィードバックの重要性」の演習で収集した音などについて、それぞれの音のパターンが一貫しているかどうかを調べてみましょう（例えば、「ピピッ」という電子音について、ある機器では「OK」、他の機器では「エラー」を意味するなどの違いはないでしょうか？）。

Chapter 7

制約

USB メモリをノートパソコンに挿し込むとき、「あれっ？ こっちじゃないのか？」「あれっ？ こっちでもないのか」と、上下を何度も入れ替えた経験はないでしょうか？ 電化製品に電池を入れようとして、プラスとマイナスの向きがわからず苦労した経験はないでしょうか？

ある作業を達成するために複数の操作の可能性がある場合、どう操作するべきなのか、どの操作から行うべきなのかをユーザに示してあげることが特に重要になってきます。手がかりについては第 2 章で触れましたが、手がかりが多すぎたり誤解を生みそうなときは、一部の操作しかできないように操作の可能性を適切に狭めることも必要になります。

このような操作の可能性を制限するための仕組みを「制約」と呼びます。適切な制約を設定し、それを目に見える形で提示すると、ユーザインタフェースは非常に使いやすくなります。逆に、このような制約が提示されていないときや、制約が間違っているときにユーザは混乱してしまいます。つまり、ユーザに正しい行動を促すには、適切に制約を提示してユーザを誘導することが重要となります。

本章では、制約がうまく機能していない BADUI を紹介することで、制約の重要性についてご理解いただこうと思います。

それでは、制約にまつわる BADUI、楽しんでください。

物理的な制約

電池の向きの制約：電池はどちらの向きにセットする？

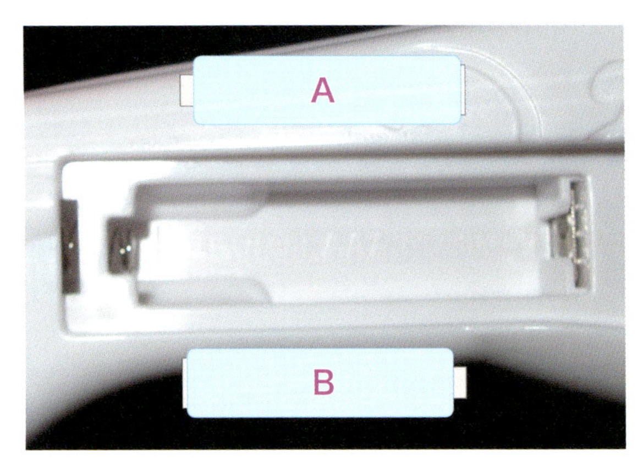

図 7-1　あるおもちゃの電池ボックス。さて、電池は A と B のどちらの向きに入れれば良い？（提供：くらもといたる 氏）

上図は、電池で動くおもちゃの電池ボックスだそうです（電池のカバーが外されている様子です）。さて、この電池ボックスに電池を入れる場合、皆さんなら A と B のどちらの向きに入れると考えるでしょうか？ また、その向きに入れようとする理由は何でしょうか？

私はこの事例をこれまで 50 人程度の学生さんに紹介してきましたが、A と回答した人が 7 割近くに上りました。しかし、うっすらと電池らしきものの形が描かれている（下図の赤線部分。電池がかなり横長のように見えますが……）ことに気付かれた方もいらっしゃると思いますが、答えは B でした。ちなみに、A の向きにしても電池は入るらしいのですが、その場合おもちゃの電源は入らないそうです。さて、何故多くの人が間違ってしまうのでしょうか？ 間違えた方も正解した方も、考えてみてください。

まず、電池は一方の端子（正極端子）が凸状に飛び出しており、他方の端子（負極端子）は平らになっています。ここで、電池ボックスに注目すると、左側に凹状の部位が見えます。そのためユーザには、電池ボックスの左側にある凹みが、電池の凸状の部分にぴったりはまる物理的な制約として間違って見えてしまっています。その結果、間違ってしまうユーザは A の向きに電池を入れようとするのです。

下図のとおり、この電池ボックスの底面には薄く電池の形状が書いてあり、左側にマイナス（負極）のマークがあります。しかし、ユーザはわかりやすい物理的な制約に飛びついてしまうものなので、注意が必要というお話でした。電池を入れる方向は重要ですので、間違った向きに入れてしまうような制約が働かないように気を付けましょう。

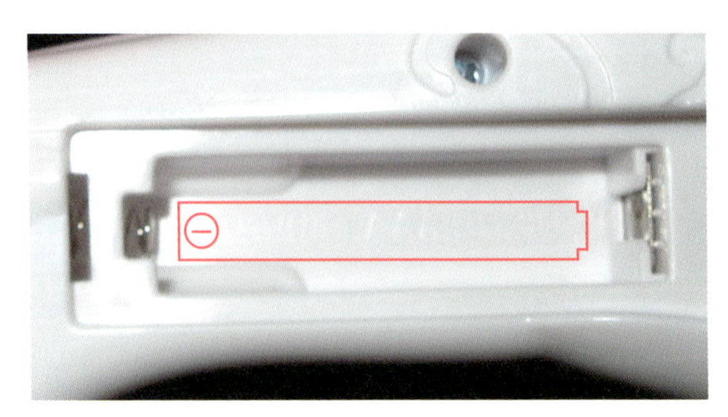

図 7-2　電池ボックス内に示された電池の向き（提供：くらもといたる 氏）

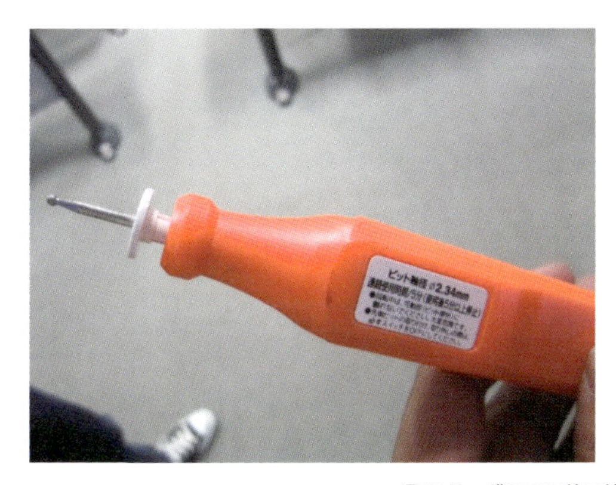

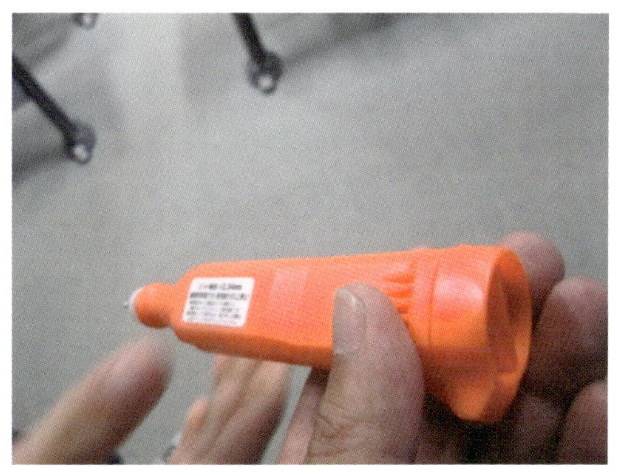

図 7-3　ガラス工芸に使われる電動ツールビット

電池を入れる方向に関連して、とある学生さんに教えていただいた面白い例をもう 1 つ紹介しましょう。上図は、ガラス工芸で使われる電動ツールビットです。あまり一般的ではない工具ですが、ガラスに彫刻を施すときなどに使われるものなのだそうです。このツールビットは、後ろのほうに蓋があり、そこから電池を挿し込むようになっています。下図（左）のように蓋を開けて、ここに 2 つ電池を入れてスイッチを入れると、先端が回転し始めます。一見、何の問題もないように見えます。

この電動ツールビットの問題はここからです。電池を正しい向きに挿し込んでも、逆向きに挿し込んでも先端部分が回転するのですが、正しい向きに電池を挿し込んだときと、逆向きに電池を挿し込んだときでは先端部分が逆方向に回ります。私はガラス工芸の経験がないので詳しくはわからないのですが、これを教えてくれた学生さんによると、ガラス工芸に使うときに先端部分が想定と逆方向に回ってしまうと、作っていたものが台なしになることがあるのだそうです。このタレコミをしてくれた学生さんも電池交換時に電池を逆向きにセットしてしまい、せっかく作っていたものを何度かダメにしかけたことがあると教えてくれました。

電池の挿入方向によって回転方向を切り替えることができるというのは、工芸をする際にはそれなりに有効な使い道もあるのかもしれませんが、問題はこの電池を入れる部分にあります。下図（右）を見ていただければわかるように、電池をどの向きに入れるのが正しいのかという情報がほとんど存在していません。

プラス・マイナスの向きをもう少しわかりやすくするとか、プラス・マイナスが逆の場合は動作しないようにするとか（逆回転は使えなくなりますが）、どの向きに電池を入れるとどちら側に回転するかを明記するとかしてくれれば問題なさそうなのですが、そうなっていないため人を悩ませる BADUI となっていました。差し込む向きに関する制約をユーザに正しく伝えることがいかに重要かということを理解しやすい良い事例でした。

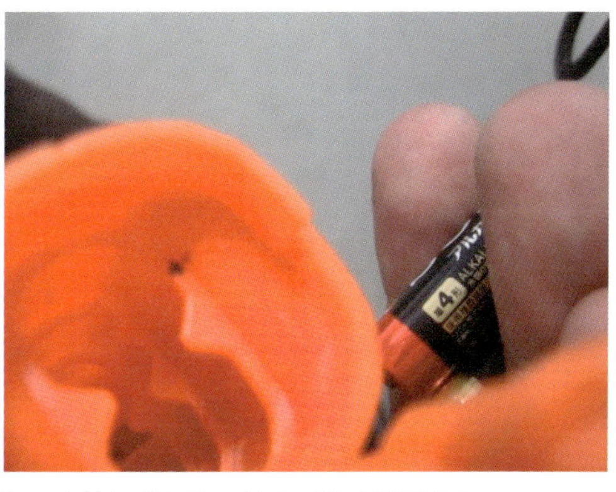

図 7-4　（左）蓋を開けた状態。電池を 2 本入れて使う ／（右）プラスとマイナス、どちらがどちら？
どちらの方向に差し込んでも動くが、回転方向が逆になり問題が生じる

挿し込む向きの制約：どちらの向きに挿し込む？

**図 7-5 （左）挿し込む向きがわからないため BADUI 化している USB ／
（右）USB のマークが付いている側を上にして接続することが多いが、これは逆（提供：吉村佳純 氏）**
USB については、多くの人がどちらを上にして挿し込むのかで悩まされているのではないだろうか？

どちらに挿し込んだらよいかということで、多くの人を悩ませているものの筆頭は USB の接続部分（上図）ではないでしょうか？ USB のポートやコネクタの中を覗き込むとよくわかるのですが、これらには読み取りの都合で特定の向きにしか挿し込めないようにする部品が入っています。それ自体はまったく問題ないことなのですが、一見するとどちらの方向であっても挿し込めそうに見えてしまうという問題があります。また、正常な向きに挿し込もうとしても、引っかかってしまい、挿し込めないと諦めてしまうことがよくあります。もちろん、USB ポートとコネクタの中を覗き込めばどちらに挿し込むべきかわかるのですが、ぱっと見ただけでは出っ張りを確認することができません。また、挿し込む側のコネクタに付けられた USB のマークも、上下どちらに付けるか決まったルールがあるわけではないので、混乱してしまいます[1]。学生さんに BADUI を探させると誰かは必ず持ってくる悩ましい事例だと言えます。

挿し込む向きつながりで、ゲーム好きな人を悩ませているのが、PS Vita の電源コネクタです（下図（左））。PS Vita のコネクタは上下どちらの向きでも挿し込めるようになっています。しかし、決まった向きと反対向きに挿し込んだ場合は、本体に給電されません。反対向きに挿し込んで、いつまでたっても本体が充電されないため、本体かケーブルの不具合と勘違いしてしまう人が続出しているようです。

説明書を確認すると「ロゴを上にして差し込む」と書いてあるのですが（下図（右））、多くの人は説明書など読まずに使おうとするでしょう。また、人から借りた場合などは、説明書が手元にないことも多いと思います。そうした際に、説明書がなくとも誰もが問題なく使えるようにするため、「そもそも反対向きでは挿し込めないようにする」などの制約が重要となってきます[2]。

**図 7-6 （左）どちらの方向でも挿し込むことが可能だが、正しい方向に挿し込まないと充電されない。
そのため、電源が入っていないのではと勘違いしてしまう（提供：川添浩太郎 氏）／（右）マニュアルには「ロゴを上にして挿し込む」と書いてあるのだが……[3]**

1 プロローグ（p.6）でも紹介したが、USB Type-C という規格から上下の向きの制約がなくなった。
2 2013 年 10 月に発売された新型の PS Vita（PCM-2000）ではコネクタの形状が変更になり、逆向きには挿さらなくなった。
3 「PlayStation®Vita クイックスタートガイド（PCH-1000 ／ PCH-1100 Ver. 1.8 以上）」（http://www.playstation.com/manual/pdf/PCH-1000_1100-1.8-2.pdf）

ガラス扉の制約：どこから出入りする？

図 7-7　（左）とある地下街で出会ったガラス扉。どこから入るのだろうか？（2011 年 9 月時点）／（右）注意！

デパートや地下街の入口などにあるガラス張りの扉が並んでいるところで、どこが入口かわからず悩んでしまった経験はないでしょうか？ ここで紹介するものは、まさに地下街の入口にあるガラス張りの扉です。まずは、上図（左）をよく観察してください。1 ～ 4 のうち、開けることができるのはどこでしょうか？ また、その理由についても考えてみてください。

講義でこの質問をすると回答はほぼ半々に割れるのですが、答えは、「2 と 4 のところ」でした。1 と 3 のところは開けることができません。さて、この扉、現地で観察していると私以外にも多くの人が間違った場所を開けようとしていたのですが、その理由は何でしょうか？ 是非考えてみてください。

まず、この扉は、どこを開けることができないのかという物理的な制約が伝わらず、どこからでも開けられるように見えてしまうのが問題の 1 つです。そのため、どうしても間違った場所から扉を開けようとしてしまい、扉にぶつかりそうになってしまいます。また、扉上の手がかりは微妙な取っ手の形状の違いと、「注意！」というシール（開けられる場所と開けられない場所の両方にシールが付けられており、手のマークがあるかどうかが違う）、そして鍵穴しかありません（上図（右））。「ここからは出入りすることができない」という物理的な制約がある場合は、それをうまく提示してほしいところです。

なお、こうした透明な扉の場合、人は扉の先へと気が行きがちです。そのため、透明な扉では、明確に制約が提示されていないと、扉の左右どちらを押せばよいのかわからなくなり、悩む確率が高くなってしまいます（もちろん、扉を引くのか押すのかという方向に制約がある場合も、同様の問題が生じてしまいます）。

こういったガラス扉で迷ってしまったり、ぶつかったりする人が頻発したためか、とある商業施設では下図のようにガラス扉にバツ印が貼られていました。これによって間違う人は少なくなると思いますが、ちょっと悲しい結末です。

図 7- 8　ここからは出入りできないということを示すために、ガラス扉にバツ印が貼られている（2012 年 4 月時点）

挿入位置の制約：切符は右詰めに！

図 7-9　(左) 制約をうまく表現できていないため、「切符は右寄せ」という注意書きが付与されている／(右) カードを捨てる場所がわかりにくく、説明が追加されている

物理的な制約をユーザインタフェースとしてうまく表現できていない場合、どうしても間違える人が多くなるので、注意書きが追加されることになります。例えば、上図（左）では、切符を右詰めで入れないとうまく動作しない（動作しないことが多い）ため、右側に凹みが用意されているのですが、それがあまり制約として機能していないようで、「切符は右詰めで投入して下さい」「切符　右に寄せて入れてください」という注意書きが付与されています。この事例の場合、自動券売機で発券される小さい切符と、窓口で発券される大きめの切符の両方を１つのユーザインタフェースでサポートしようとしているため、どうしてもこういった問題が生まれがちです。物理的な制約を提示することの難しさを教えてくれる良い事例だと思います。

上図（右）は、使用済みの電車のプリペイドカードを捨てる場所を示すためのものです。かなりわかりにくいものとなっていたため、矢印と説明が追加されています。

物理的な制約をうまく使っている例としてある大学の食堂の下図のようなコインとそれを投入する入場口がありました。入場口の先はバイキング形式（取り放題）の食堂となっており、コイン購入者のみが入場できるようになっているようでした。このコインと入場口のコイン投入口は特殊な形をしているため投入可能なコインが制限され、誤ったコインが投入される問題を防いでいるという面白い事例でした。

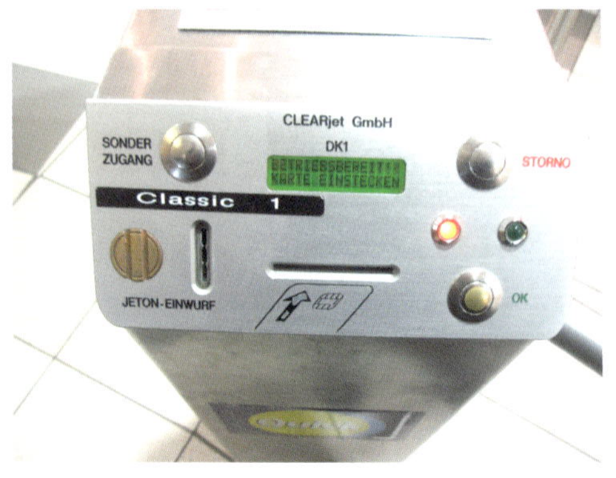

図 7-10　物理的な制約により投入可能なコインが制限されているため、間違ったコインを挿入する心配がない

様々な制約

カーナビの入力システム：予測候補の選択方法は？

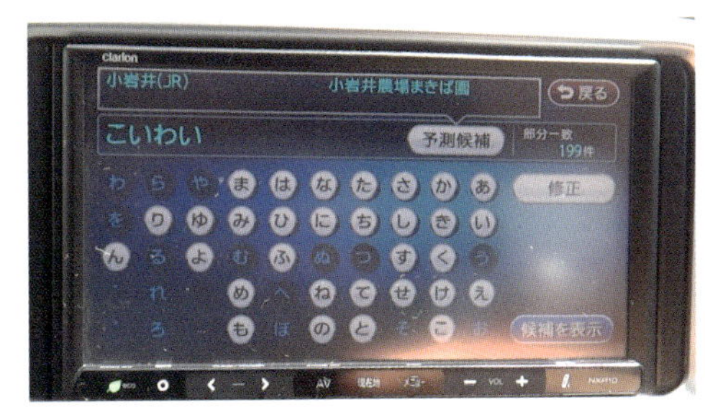

図 7-11　旅行したときに借りたレンタカーのカーナビゲーションシステム。「小岩井農場まきば園」という候補を選択するにはどうするか？

レンタカーのカーナビが使いにくくて難儀した経験はないでしょうか？ 上図は、私が観光で東北に行ったときに借りたレンタカーのユーザインタフェースです。タッチ操作が可能なもので、「小岩井農場まきば園」に向かうため、画面下部のキーボードから「こいわい」という文字を入力している様子です。さて、この状況から「小岩井農場まきば園」を目的地として確定するにはどういった操作をするでしょうか？

画面を観察すると、「小岩井（JR）」および「小岩井農場まきば園」という2つの予測候補が提示されています。そのため多くの方が、「小岩井農場まきば園」という青色がかった文字の部分をタッチすることで操作するということをイメージするのではないでしょうか。私と妻もそのように考え、この「小岩井農場まきば園」という部分をタッチして操作しようとしました。しかし、反応がないため、もしかしたらタッチディスプレイの反応が悪いのかなと、何度もタッチ操作を繰り返してしまいました。

答えは、下図のように「予測候補」というボタンを押して、押した後に表示される予測候補のリストから目的とする「小岩井農場まきば園」を選択するというものでした。タッチパネル式のユーザインタフェースでは反応する箇所が多いものが珍しくないため、タッチ操作に失敗したのかなと何度も間違った操作をしてしまうなかなか興味深いBADUIでした。この事例の場合、文字のボタンと「予測候補」というボタンは色が一致しているので、このボタンに気付くべきではというのはもっともなのですが、その上部に候補としていくつかのものがいかにもタッチできそうな感じで提示されているため、ついつい操作ミスをしてしまいます。

この「予測候補」というボタンの上にある吹き出しのようなものは、こういったものが予測候補の中にありますよ、ということを示すためにこのデザインになっているのだと思いますが、ここから選択してください、という意味として捉えてしまうため、操作対象を誤ってしまうというものでした。タッチできないことを示すような色に変更したり、この部分全体をタッチ対象とするなどの工夫があったほうがよいように思います。

ちなみに、予測候補が1件しかなくても、同様の操作をしなくてはなりませんでした。もう少し工夫がほしいユーザインタフェースでした。

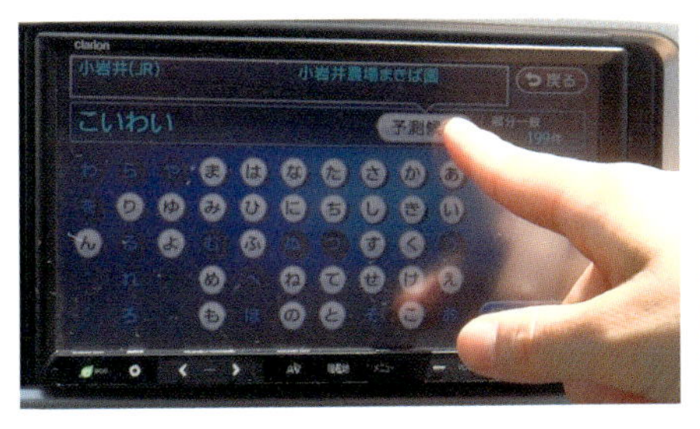
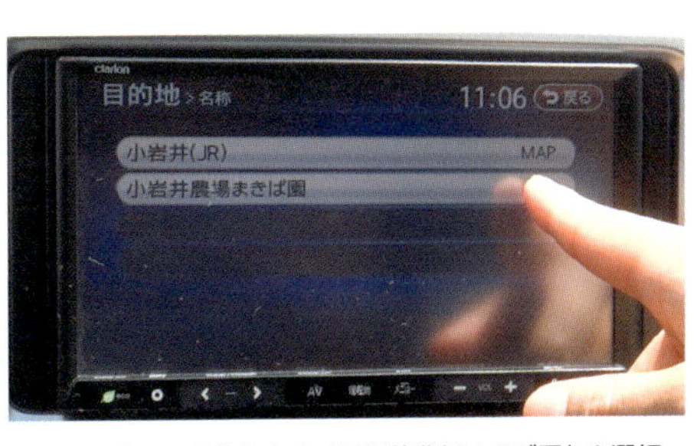

図 7-12　（左）予測変換というボタンを押す／（右）候補リストの中から目的とする「小岩井農場まきば園」を選択

コインロッカーの矢印：間違った方向に操作してしまうのは何故？

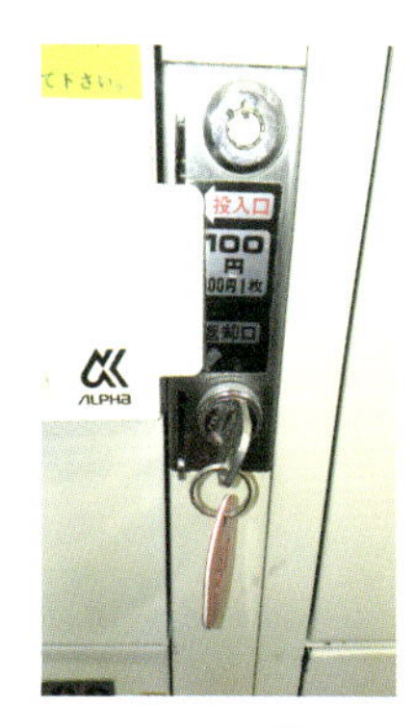

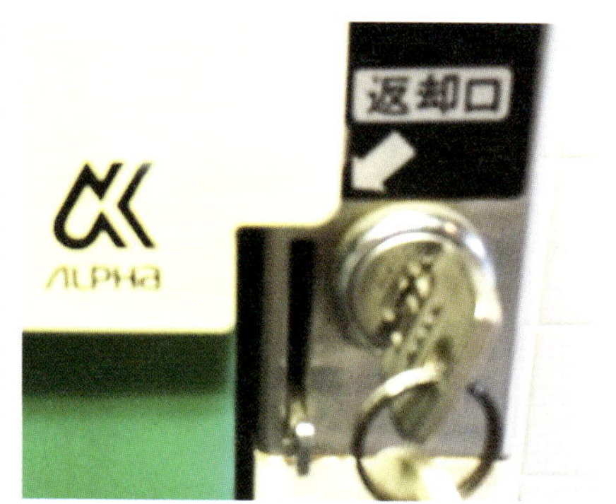

図 7-13　ロッカーを開けるとき鍵はどちらに回すだろうか？（提供：山上慶子 氏、田口旺太郎 氏）

上図は使用後にコインが返却されるタイプのコインロッカーです。100円を投入してから鍵を回して抜くとロックがかかり、鍵を挿して回すとロックが解除されるとともに、100円が返却されます。使用料金がかからず、気兼ねなく荷物を預けることができるので助かります。さて、この鍵を解錠しようとする際、どちらの方向に回すでしょうか？

2年間の講義の中で2人の学生さんがそれぞれ使い方を誤り、この事例を報告してくれてとても興味深かったのですが、これをBADUIとして報告してくれた学生さんはともに左回り（反時計回り）に回そうとしたそうです。私もこういったタイプのコインロッカーの鍵を解錠する際、ついつい左回りに回そうとしてしまいます。しかし、答えは「右回り（時計回り）」でした。さて、この鍵を左回りに回すと回答した人は何故間違ってしまったのでしょうか？

その理由は、鍵のすぐ上にある「返却口」の文字の下に、左下方向の矢印があることです。この矢印は「返却口がこの左下にあるから100円玉を忘れず受け取ってください」という意味なのですが、鍵を挿し込んだときに矢印が目に入ってしまうと、どうしても鍵を回す方向が左回りであると勘違いしてしまいます。矢印というのはかなりの力をもっていますので、使う際には誤解のないよう配慮が必要という例でした。「投入口」の文字のように、「返却口」の文字も矢印の中に入れてしまえば多少は間違いが減るかもしれませんが、「返却口」を「返却の際は～」という意味で解釈してしまうかもしれませんし、なかなか難しい問題です。

人は矢印があるだけで、そこに強烈な力を感じてしまいます。矢印がいかに人の視線を誘導するのかということを扱った本『矢印の力――その先にあるモノへの誘導』[4,5]によると、初めて方向を指し示すものとして「矢」が利用されたのは、紀元前221～206年ごろの中国で発明されたコンパスだそうです（後にヨーロッパに伝わった）。また、科学分野において矢印が使われた最も古い時代の例として、1610年以前のガリレオ・ガリレイによる天文学の書が挙げられています。こういったことからも、古くから矢印が方向を指し示し、人の視線を誘導するために使われていることがわかります。

古代から使われているということでイメージできると思いますが、矢印はかなり人を誘導してしまうものです。人を誘導するという意味ではとても便利なものなのですが、注意して使わないと色々と問題が生じてしまいます。

さて、せっかくですのでここではもう少し、矢印にまつわるBADUIを紹介しましょう。

4　『矢印の力 ―― その先にあるモノへの誘導』今井今朝春（編）、ワールドフォトプレス

5　この「矢印の力」という本には膨大な量の矢印が紹介されており、どのような矢印が使われてきたのか、また現在使われているのかを俯瞰できて面白いです。

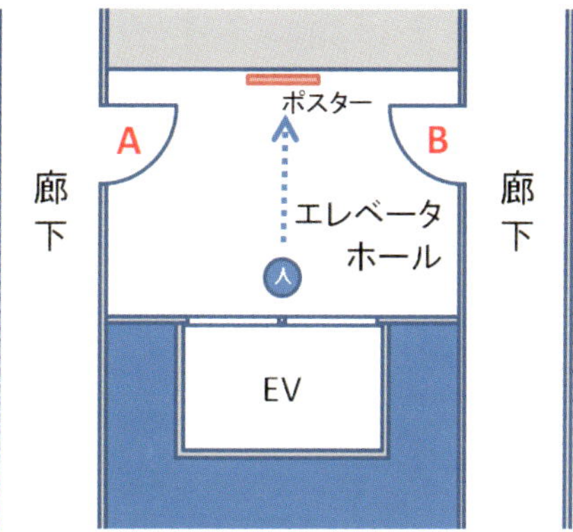

図7-14　(左) とあるイベントの案内ポスター ／ (右) エレベータホールの様子。エレベータをおりて正面の壁の前にポスターが掲示されている。AとBのどちらかのドアの奥でイベントが開催されている

上図（左）は、とあるイベントのエレベータホールに設置されていたポスターです。エレベータホールにはこのポスターの左右にAとBの扉があるのですが（上図（右））、イベントはAとBのどちらの扉の先で開催されているでしょうか？ このポスターを見て、私は左側、つまりAの扉の先でイベントを開催していると考えました。しかし、実際にはイベントの開催スペースはポスターの右側（Bの扉の先）でした。ポスター内に地図で示されているのに私が間違った方向へ進んでしまった理由は、このポスターの中に矢印が入っており、そちらに誘導されているように感じたためです。この矢印は単なるデザインなのですが、強烈に主張してしまっています。

なお、ポスターの上には下図（左）のように「右のドアを出て右手へ」との貼り紙があるのですが、その貼り紙とポスターとの関係性が不明であり、このイベントに参加しようとする人はポスターにまず目が行ってしまうため、間違って左に進んでしまうというBADUIでした。こうしたBADUIはなかなか難しいものです。

下図（右）は、とある建物の前にある階段です。この階段に出くわして、ホテルのフロントに進もうと思ったとき、皆さんならどちらに進むと考えるでしょうか？ 多くの人は右へ進むと考えると思うのですが、実際はまっすぐ進み、建物の中に入って右に曲がるというものでした。矢印がいかに人の行動に影響を与えてしまうのかということを考えさせてくれる良い例だと思います。皆さんも身の回りの矢印に注目してみてください。

図7-15　(左)「右のドアを出て右手へ」という貼り紙。これがイベントの開催場所についての補足説明だった／(右)「ホテルフロント→」さてどちらに進むか？（提供：山田開斗氏）

トイレのサイン：女性用トイレが女性にまったく利用されないのは何故？

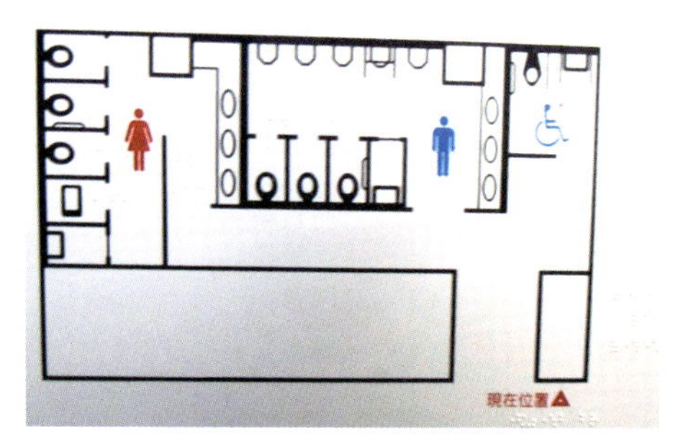

**図 7-16　とある建物の 1 階にある男性用トイレと女性用トイレ。
女性用トイレがまったく利用されていないのは何故だろうか？**

ある大学の建物の 1 階には男性用トイレ、女性用トイレがそれぞれあります（上図）。このトイレ、男性用はよく利用されているのですが、女性用はほとんど利用されていません。その建物を利用する学生の男女比にはそこまでの差がないのに、何故男性用ばかり利用され、女性用は利用されないのでしょうか？

この案内板を見ると、女性用トイレのマークは赤色で、男性用トイレのマークは青色で提示されており、特に問題ないように見えます。しかし、この建物内で行っていた講義で女子学生に質問したところ、その学生さんの多くが 1 階に女性用トイレがあることに気付いておらず、2 階のトイレを利用しているとのことでした。さて、ここでは何が起こっているのでしょうか？

下図は、問題のトイレに向かう場所の様子です。上図で現在位置と表示されている場所の少し後方から撮影しています（右側に見えるものが案内板です）。さて、これを見て何故女性用のトイレが利用されないのかという理由を考えてみてください。

右ページ上図は、さらに奥に進み男性用トイレの前から撮影した写真です。ここまで来て初めて女性用トイレのサインが目に入り、奥に女性用トイレがあることがわかるようになっています。つまり下図のような状態では、通路とその奥が男性用トイレとそのアプローチであるかのように見えるため、ほとんどの女子学生が奥に女性用トイレがあることに気付かないようになっています。女子学生が奥に入るには、そこに女性用トイレがあることを知っているか、案内板に気付くしかなく、なかなか難しいでしょう。

図 7-17　あれ？ 男性用トイレのサインしか見えない。女性用のトイレのサインはどこ？（提供：和田彩奈 氏）
右手前に便所案内板があるが、奥の通路の明るさとのギャップでなかなか存在に気付かない

図 7-18　通路の奥に女性用トイレ

この問題について興味深いのは、女子学生がトイレの存在に気付かないのはともかく、奥に女子トイレがあることを知っている男子学生も、ここで示されているサインがおかしく、問題があるということに気付いていなかった点です。

人は、自分に関係のないものについて深く考えようとしません。きっと、この男性用トイレおよび女性用トイレのサインを付けた人は男性で、このようにサインを設置したときに、女性がどのように考えるのかということを気にしていなかったのだと思います。実際私もこの建物のこのトイレを何度も利用しているにもかかわらず、講義でBADUIとして報告してもらうまで（情報提供：和田彩奈 氏）、この問題に気付いていませんでした。

おそらく、この男性用トイレのサインは、通路に入っていく人に奥にトイレがあることを伝えているわけではなく、「ここが男性用トイレです」という意味で入口に設置されているだけなのだと思います。また、通路の右手前には左ページ上図のような案内板があるため、誰でも奥にトイレがあることに気付くだろうと考えたのかもしれません。ただ、案内板がやや暗い場所に取り付けられているため、これに目をやる人はほとんどいないようでした。人は、自分に関係ない場合、そこまで深く観察しません。設置者の配慮が足りなかった結果、BADUIとなってしまった興味深い事例でした。

ある日、このトイレに下図のように「女性用のトイレがこちらにあるよ」ということを示す紙製のサインが付与されていました。このように、現場で何とかBADUIを解決しようという試みはとても良いと思います。ただ、ユーザインタフェースの改善はなかなか難しい問題です。角度によってはこのサインが見えなかったり、男性用のサインに比べて目立っていなかったりという問題もあり、まだまだ改善の余地がありそうです。

男性用のサインの右横に女性用のサインを置けば、右ページの図（左）の位置からでも見やすくなりますが、一方で右側（つまり手前）にあるトイレが女性用と勘違いされる可能性もあります。そういう意味で上のほうのサインを男女のサインが並んでいるもの（左から女性用・男性用と並んでいるもの）にすると、まだわかりやすくなるように思います。今では3Dプリンタで看板などを作ることができるので、上のほうのサインにぴったり合うようなサインを作って差し替えるのも手かもしれません。なるべく安く解決するにはどのようにしたらよいか、検討してみてください。

図 7-19　「女性用のトイレがこちらにある」という情報が付与されてた
改善しようとしており素晴らしい。ただ、まだ十分目立っているわけではないためもうひと工夫ほしいところ

難易度の高い自動券売機：5.25ドルのチケットを買うには？

図7-20　(左) BARTのチケットの自動券売機。
5.25ドルのチケットを購入するにはどうしたらよいだろうか？／(右) Welcome to …（再現イラスト：A～Hはボタンを表す）

私がアメリカに滞在していたときのこと。バークレーとサンフランシスコ国際空港、サンフランシスコの中心部などを結ぶBART (Bay Area Rapid Transit) という鉄道網を移動手段として重宝していました。上図（左）はそのBARTの自動券売機です。この券売機、サンフランシスコ国際空港に到着してからサンフランシスコの中心部へと移動する人がまず出会うものとなっています。しかし、使用方法がやや特殊なため、券売機に行列ができてしまったり、諦めてしまう人が出たり、目的地までの額より高いチケットを購入してしまう人が続出していました。

イラストで説明しましょう。まず、このインタフェース、最初は上図（右）のような情報が提示されています。中央の四角形はディスプレイ、その両サイドのAからHまでがボタンを表しています。私は目的地の駅まで5.25ドルのチケットを買おうとしていました。最初の画面では「Bill / Coin」「Credit / ATM Card」「Old Ticket」の選択肢があります。海外の自動販売機でクレジットカードを使うと痛い目にあうことがあるので（壊れていてカードが返って来ないなど）、私は普通にドル札で購入することにしました。そこで、「Bill / Coin」を選択するため（A）のボタンを押すものの反応がありません。タッチディスプレイでもないようです。少し悩んだ後、「お金を先に投入するという意味か？」と気付いてお金を投入しました。まぁ、確かに画面を上から順番に読めば「Insert Bill / Coin（お札またはコインを投入してください）」と読めるわけですが、「Insert」と「Bill / Coin」の距離が離れていること、さらにボタンに対応付けられているように見えてしまったため、支払い方法をボタンで選択する画面かと思ってしまっていました。

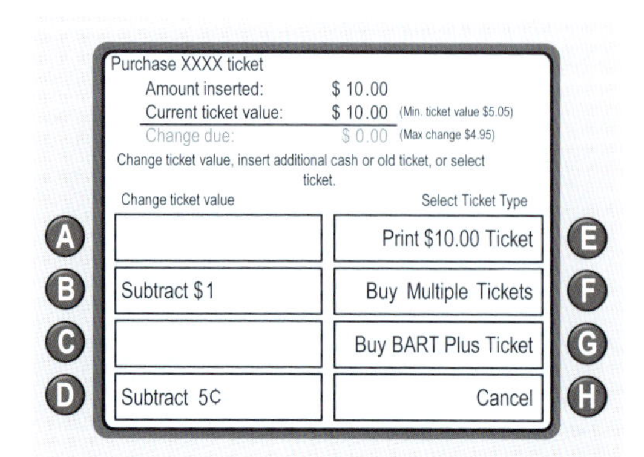

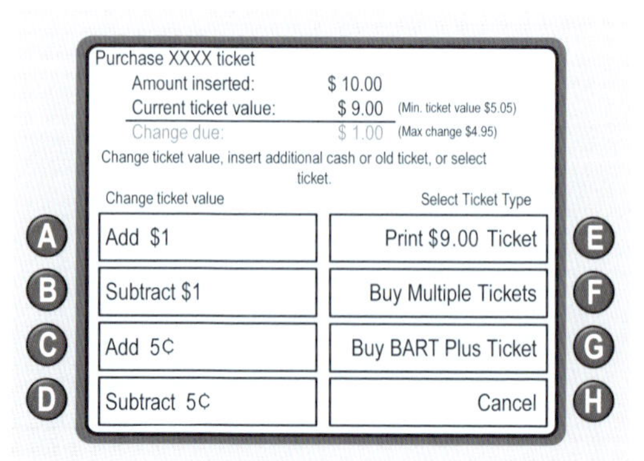

図7-21　(左) 10ドル紙幣を入れた直後／(右) 9ドルに設定できた

10ドル札を投入（空港に着いたばかりの観光客は、硬貨を持っていることが少ないため、紙幣の利用率が高くなりがちです）すると、左ページ下図（左）のような画面に変化しました。海外のチケット券売機はメンテナンスされておらず、壊れているものと遭遇することは珍しくないのですが、この券売機は特に問題なく紙幣を吸い取ってくれました。

さて、私は5.25ドルのチケットを買いたいのですが、画面内のどこにも「5.25」という数字がありません。また、チケットを買おうとしているので「Ticket」や「Buy」という文字を画面から探し、「Buy Multiple Tickets（チケットを複数枚購入）」「Buy BART Plus Ticket（BART Plusチケットを購入）」が目に入るのですが、私はチケットを複数枚買いたいわけでも、BART Plusチケットを買いたいわけでもありません。

しばらくした後、私はようやく「Print」というのが、「チケットを発券する」という意味であることに気付きました。そして、「Print $10.00 Ticket」とあるのを見て、「10ドルのチケットしか発券できないのだろうか？」と悩みつつ、諦めて10ドルのチケットを買おうとしたとき、ようやく「Subtract $1（1ドル引く）」という見慣れない項目に気付きました。そこで、試しに（B）のボタンを押してみたところ、右の列の「Print $10.00 Ticket」が「Print $9.00 Ticket」に変化しました（左ページ下図（右））。

同時に、「Add $1（1ドル足す）」や「Add 5¢（5セント足す）」などが画面上に現れました。そこで私は、「5.25ドルにするには、5回連続で『Subtract $1』を押し、その後『Add 5¢』を5回押せばよいのかな」と考え、実行しようとしたのですが、「Subtract $1」を4回押したところで下図（左）のように、「Subtract $1」というボタンが消えてしまい、もう1ドルを減らすことができません。おかしいなと画面をよく見たところ、画面右上に、「Min. Ticket Value $5.05（最小チケット価格5ドル5セント）」および「Max change $4.95（おつりとして出てくる額の最高は4ドル95セント）」という説明があり（かなり小さく表示されていて気付きにくくなっていますが……）、5ドル5セント以下にはできないことが明記されていました（下図（右））。そのため、私は「Print $6.00 Ticket（6ドルチケットを発券）」から75セント引いて「Print $5.25 Ticket（5.25ドルチケットを発券）」にするために、「Subtract 5¢（5セント引く）」を15回も押すはめになりました。

まさか5.25ドルのチケットを買うために19回（「Subtract $1」×4回+「Subtract 5¢」×15回）も操作しなければならないとは思いもせず、途中から面白くなり笑いそうになってしまいました。なお、例えば「Subtract $1」×3回+「Add 5¢」×5回+「Subtract $1」×1回の順であれば9回で操作できるようなのですが、このときは後ろに人が並んでいたこともあり、その操作の可能性に思いつきませんでした。人間焦ってしまうと、頭が柔軟でなくなってしまいます。

ちなみにこの自動券売機、私が知人らと6人でサンフランシスコを訪れたとき、中でも英語が得意な2人が、目的地までは8.65ドルであるにもかかわらず、買い方がわからなかったために10ドルのチケットを買っていました。また、別の機会にこの券売機について話題になった際、よくわからず20ドルのチケットを買ったという人もいました。何とも観光客にやさしくないシステムでした。

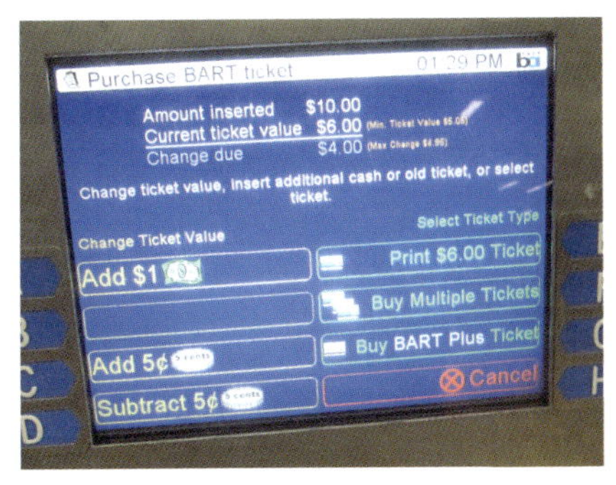

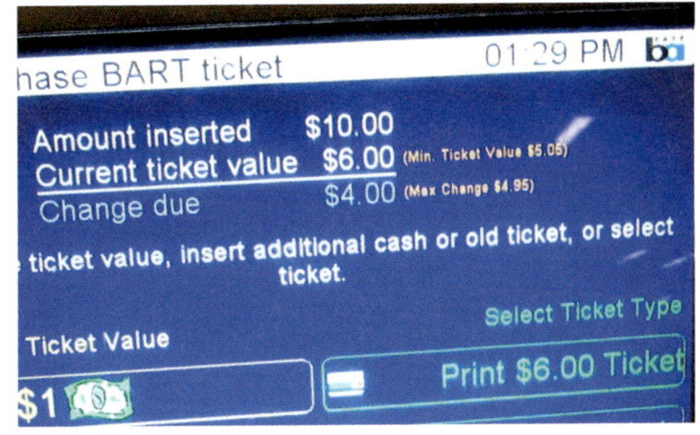

図7-22　（左）6ドルまで減らした状態／（右）「Min.Ticket Value $5.05」「Max Change $4.95」つまり、5ドル5セント以下に設定することができない。ここから5.25ドルにするには「Subtract 5¢」を15回押す必要がある

数字入力タイプの自動販売機：12 番を購入するにはどうするか？

図 7-23　12 番の商品を購入したい場合はどうするか？（提供：佐竹澪 氏）
「12」というキーを押せばよいのだが、ついうっかり「1」「2」と連続で押してしまう。その場合、1 番の商品を買うことになる

ユーザというものは、何かに注目している場合（何かに注意が向けられている場合）、そこにある説明やユーザインタフェースの特徴を見落としてしまい、操作ミスをしがちです。例えば、上図はとあるお菓子の自動販売機とその操作インタフェースです。皆さんがこの自動販売機で「12」番のお菓子を購入しようと思った場合、どのように操作しようとするでしょうか？

多くの人は 12 番のボタンを押すことに気付いたのではと思います。しかし、ユーザはしばしばこの「12」というボタンに目を向けず、「1」「2」というボタンを連続して押そうとしてしまいます。それは何故でしょうか？

まずユーザは、並んでいるお菓子の中から購入するものを選び、12 番という番号とその値段を確認し、お金を投入した後、ナンバーキーに目を移します。ここでユーザが最初に目にするのは「1」「2」「3」ボタンです（お金の投入口がこのナンバーキーの上のほうにあるため）。この数字の並びを見ると、いわゆるテンキー（0 ～ 9 までの数字ボタンを組み合わせて数字を入力するユーザインタフェース）であると考え、反射的に操作しようとしてしまうユーザがある一定数以上います。そのため、「12」番を指定するために「1」「2」と順に押してしまう人が現れます。しかし、ナンバーキーの下をよく見ると、「9」の下に「10」「11」「12」と続いています。つまり、12 番のパンを買う場合は「12」というボタ

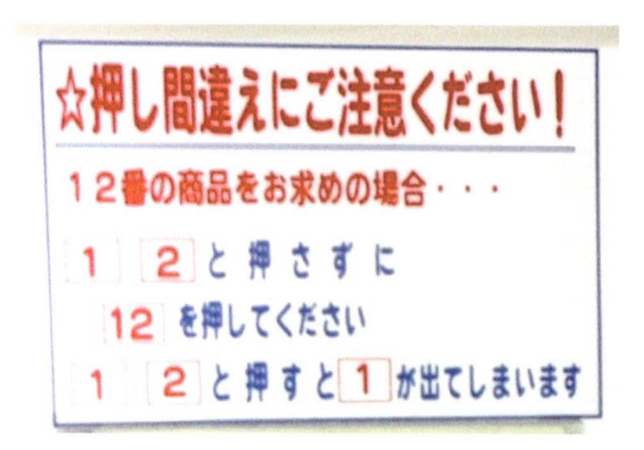

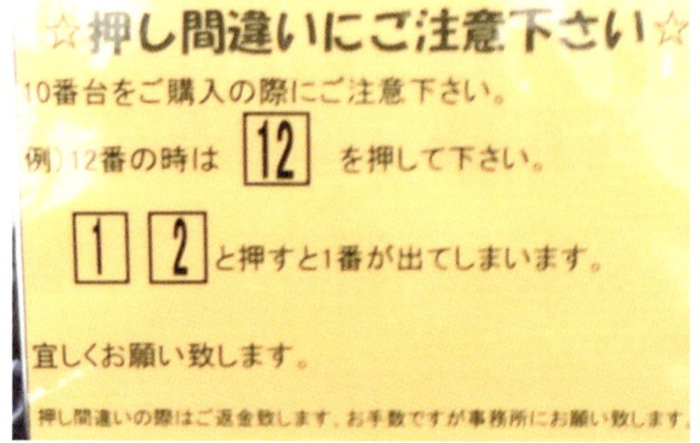

図 7-24　注意を促す貼り紙（貼り紙があるということは、それだけ間違う人も多いということ）（提供：佐竹澪 氏）
このようなトラブルが頻発しているのであれば、10 以降は「A」「B」「C」「D」と英文字にするとよい

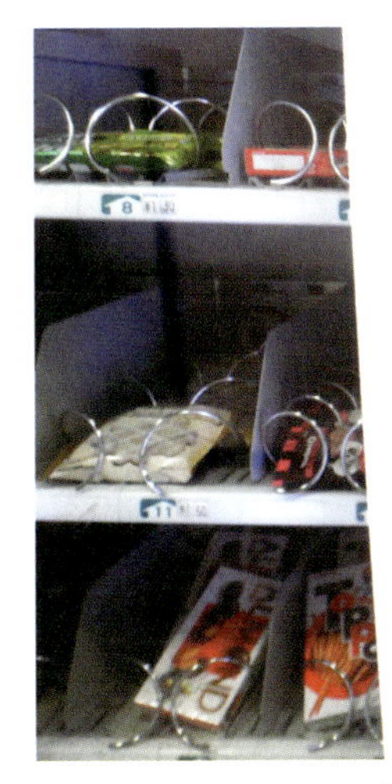

図 7-25　テンキーで対象商品の番号を入力するタイプの自動販売機
「12」を指定する場合は「1」「2」と押した後、「購入」ボタンを押す

ンを押すべきで、「1」「2」と押した場合、最初の「1」を押した段階で購入処理が実行され、1 番のお菓子が出てきてしまうというものでした。

この販売機を利用して間違った商品を購入してしまう人が多いためか、左ページ下図のように注意を促す貼り紙が販売機の 2 ヶ所に貼られています。しかし、注意書きがあっても、人はついつい目についたキーで操作しようとするため、間違えてしまう人は後を絶たないようです。

この事例ではユーザが商品を購入する際、ユーザの視線はまずお菓子の陳列棚に行き、次にお金の投入口に、そしてナンバーキーにと順に動いていくため、どうしても注意を促す貼り紙が飛ばされてしまい気が付きにくくなっています（この事例の場合は、目立つようにわざわざ 6 番のお菓子の場所をつぶして貼り紙が貼られていますが、それでも難しいようです）。

こういったユーザインタフェースで「10」「11」「12」を指定させるとどうしても間違える人が出てくるので、番号「10」「11」「12」を「A」「B」「C」などに置き換え、お菓子側とボタン側のラベルをそれぞれ「A」「B」「C」などに変更するとよいように思います。または、「1 ～ 15」を「A ～ O」にしてすべてアルファベットに置き換えるという手もあるでしょう。シールを利用してボタンの上に貼るだけでは、多くの人が操作することによってシールが剥がれてしまうと思いますので、できればボタンの中のラベルを変えたいところです。ただそれができないとしても、シールを貼らないよりは貼ったほうがましですし、間違う人を減らすためにも、何か工夫してほしいものです。

ちなみに、似たような自動販売機でも、普通に数字を順に入力するタイプ（「12」を指定する場合は、「1」「2」と入力し、その後で「購入」ボタンを押すもの）もあります（上図）。こちらのユーザインタフェースのほうが、「購入」ボタンを押す前に再度確認でき、トラブルが少なくてよいように思います。

多くの人はユーザインタフェースの全体を把握してから操作しようとするのではなく、視界に入って認知したものから使っていこうとします。そのため、人の視線がどのように動いていき、何から順に見ていくのかを考えることは重要です。

そこにある制約を伝えることの重要性をご理解いただけたのではと思います。

シラバス登録システム：どのような数値を入力するべきか？

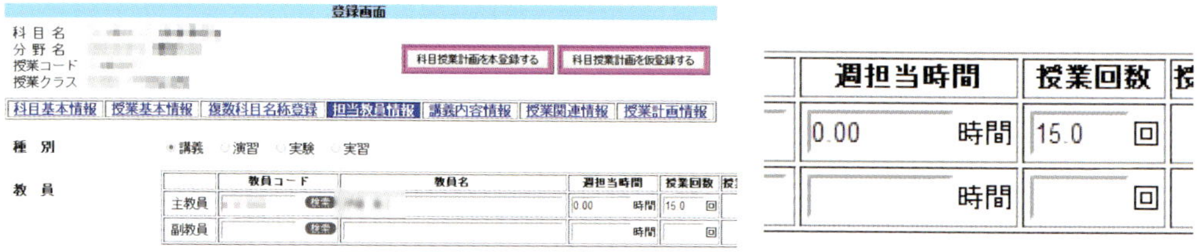

図 7-26　シラバス登録システムの初期状態。授業回数が 15 回の場合、値を変更する必要があるだろうか？（提供：匿名希望）

上図はとある大学の講義内容の登録システムだそうです。システム上で、「教員コード」「教員名」「週担当時間」「授業回数」などを入力／修正することができます。

これを報告いただいた方が、担当する講義についてこのシステムで情報を入力しようとしたところ、最初から「週担当時間」には「0.00」時間、「授業回数」には「15.0」回という値が入っていたそうです。最初から入力されている値だから変更しなくてもよいのかなと考え、これらの項目は変更せずそのまま登録作業を行ったところ、「主教員授業回数は整数で入力してください」というエラーメッセージが表示されたそうです（下図）。授業回数を整数で入力する必要があるのなら、最初からこの入力フォームには「0」や「15」のような整数値を入れておいてくれればいいのに、何故「0.00」や「15.0」といった小数点以下の値がある実数が初期値になってしまっていたのかと不思議です。主教員ではない場合に小数を使う必要があるのだと思いますが、それなら主教員と副教員で表示する値を切り替えるべきでしょう。

こうした Web の入力フォームにおいて、入力する値に整数や実数、半角や全角などの制約がある場合、その制約をあらかじめユーザに伝えてあげることはとても重要です。そうした制約は、入力ボックスの横に「整数で入力してください」「実数で入力してください」「半角で入力してください」「全角で入力してください」などのように書いたり、例を挙げたりすることである程度示すことができます。また、初期値（デフォルト値）として何らかの値を入れることで、それをヒントとして提示し、ユーザに「初期値でこの値がこのように入力されているということは、こんな感じで入力すればよいのか」と入力を促すことができます。しかしこの事例では、初期値が実際に入力してほしい形式のものでなかったため、逆にエラーが誘発されてしまっています。そういう意味で、このユーザインタフェースは間違った制約を伝えており、興味深い BADUI と言えます。

皆さんがこのようにユーザに何らかの入力を促す Web フォームを作成する場合は、「このような値だからこのように入力すべきかな？」とユーザに推測させ、適切な値を入力してもらえるような初期値を工夫してください。

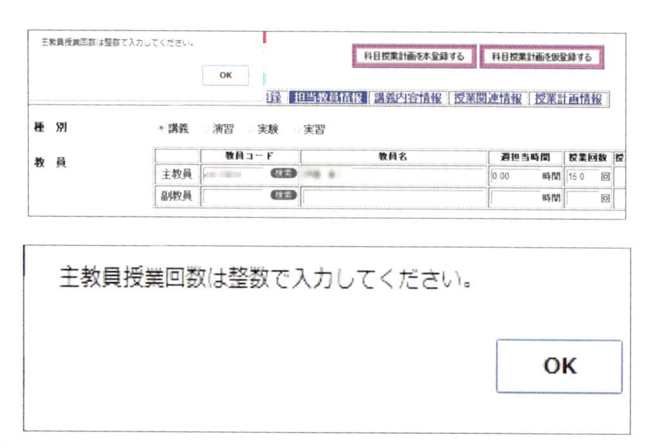

図 7-27　整数で入力してくださいとのエラーメッセージ。だったら何故、初期値が小数なのか？（提供：匿名希望）

ミスを防ぐ入力フォーム：自由な入力は許しません！

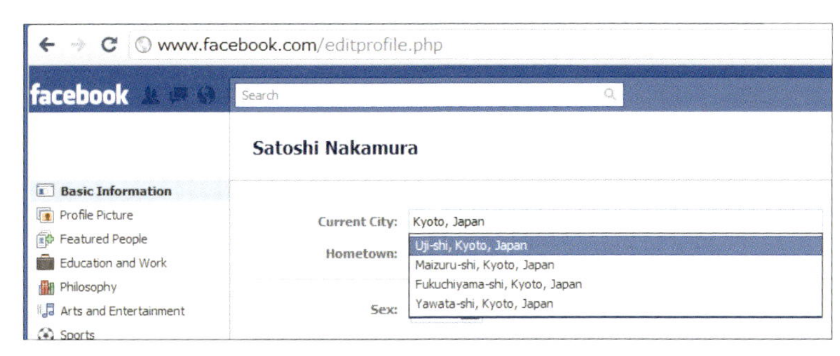

図7-28　Facebookで現在の居住地を入力している様子。
「Kyoto, Japan」と入力したときに、それに関連する候補が提示された（2011年2月時点）

ある日、Facebookを見ていたところ、「居住地を設定しましょう」との案内が出てきたので、その程度の情報であれば公開しても大丈夫かなと判断し、プロフィール設定画面にアクセスしました。

上図が居住地を入力しようとしている様子です。当時、京都に住んでいたので「Kyoto, Japan」まで入力したところ、入力ボックスの下に「Uji-shi, Kyoto, Japan」や「Maizuru-shi, Kyoto, Japan」などの「Kyoto, Japan」を含む候補が自動的に提示されました。おおこれは素晴らしいと思ったのですが、なんとこの中に肝心の対象「Kyoto-shi, Kyoto, Japan（京都市）」がありません（ここでは「Current City」に「Kyoto, Japan」がありますが、これは手入力したもの）。仕方がないかと、手で入力したものを登録しようとするのですが、確定できません。

どうしたものかと思い、とりあえず適当なところをクリックすると下図のようになり、キーボードから入力した「Kyoto, Japan」がクリアされてしまいました。おそらくユーザに変な値を入力させないようにするためにこうなっているのでしょうし、京都市内の区を指定する場合は別の入力方法で入力する必要があるのかもしれませんが、何とも残念なシステムでした。

ユーザの入力を動的に補完したり修正したりすることで、ある程度の制約を入れつつユーザを支援する試みは良いと思うのですが、結果として正しい内容が入力できない悩ましいユーザインタフェースでした。こうした世界規模の超巨大サービスでさえこういう問題は珍しくありません。

ユーザのことを思ってやってくれていることがユーザのためにならないことも多く、そういった意味で、とても興味深い事例です。

図7-29　入力がクリアされている（2011年2月時点）

使用時・不使用時の状況

手洗器と手指乾燥機の配置：手を洗うことができない！

図 7-30　(左) トイレの手洗器と手指乾燥機（提供：山下智也 氏）／（右）サラダ用の皿、サラダ用ドレッシング、サラダの順に並んでおり、列がおかしくなってしまう

上図（左）はとあるトイレの手洗器と、手指乾燥機だそうです。このトイレ、手洗器のところに行列ができていたり、手を洗わない人、手指乾燥機を使えずに出ていく人が多かったりするらしいのですが、それは何故でしょうか？

理由は、手洗器と手指乾燥機がすぐ近くに設置されているため、この 2 つを別の人が同時に利用することができないからです。手を洗うのはそこまで時間がかかりませんが、手指乾燥機で手を乾かすにはある程度の時間がかかります。そのため、誰かが手洗器で手を洗って手指乾燥機を利用している間、他の人は誰も手洗器や手指乾燥機を利用することができません。それが原因で、手を洗うのに待ち行列ができてしまったり、手を洗わない人や手を乾かさない人が登場したりしてしまいます。それぞれの器具には問題がないのに、配置によって困ったことになった悲しい BADUI でした。

この事例に代表されるように、色々なものの配置を決めるときは、ユーザの動線（人が動く経路）を考え、どこにどの程度時間がかかるのかを考えることがとても重要です。例えば、バイキング形式のレストランなどで動線がまったく考慮されていない場合、料理が並んでいるカウンターに行列ができてしまい、食べたい料理をひととおり皿に載せるのにかなり待たされてしまうことや、列がおかしくなってしまうことなどがあります（上図（右））。

配置に関係して、下図（左）は電車内のトイレにあったベビーチェアと手洗器です。子供を育てている親としてはとてもありがたいものなのですが、子供が手を伸ばしてイタズラし、水びたしにしてしまいます。下図（右）はトイレの個室内にあったベビーチェアとその個室の鍵です。これまた子育て世代の親にとってはとても助かるものなのですが、便座からベビーチェアまでの距離が離れているため、便座に座ると子供に手が届かなくなります。ここでベビーチェアから鍵までの距離が近いため、子供が鍵をイタズラして個室の鍵を開けてしまうというものでした。ユーザが何をするのか、どうなるかということを考える重要性をご理解いただけたのではと思います。

図 7-31　(左) ベビーチェアと距離センサ式の手洗器／（右）ベビーチェアとトイレの個室の鍵

推薦候補の提示場所：目的地が入力できない！

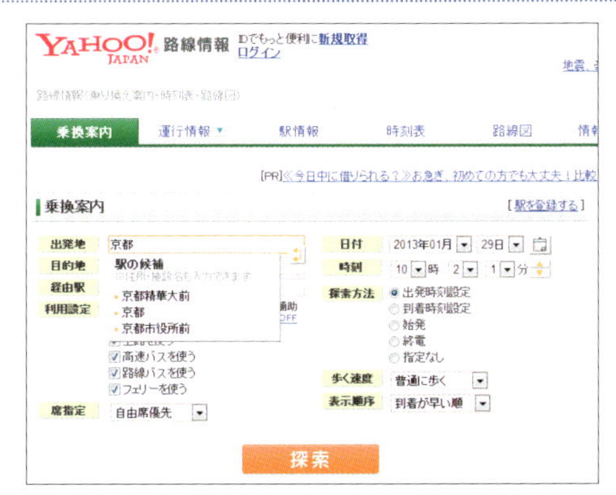

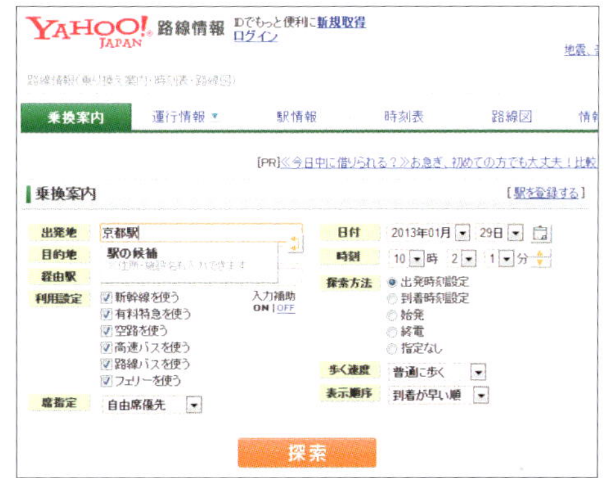

図 7-32　(左)「京都」と入力したときに、京都を含む駅の候補として、京都精華大前、京都、京都市役所前という駅が推薦されている／(右) 京都駅と入力した状態。駅の候補がないにもかかわらず、駅の候補ウィンドウが空っぽのまま提示されている (2013 年 1 月時点)

電車の乗り換え案内は、今となってはなかったころが想像がつかないぐらいに便利で重宝しています。ここで扱うのは、そうした乗り換え案内のユーザインタフェースです。

日本には似た名前の駅が多いため、乗り換え案内システムでは、駅名の一部分を入力したときに「『京都』から始まる駅名には、『京都精華大前』『京都』『京都市役所前』がありますよ！」と候補を提示してくれる仕組みがあり本当に助かります (上図 (左))。正確な駅名を覚えていないことも多いですし、駅名の一部を入力するだけで候補の駅が現れるこうした推薦機能は、通常、とても便利なものです。ただし、今回紹介するこのシステムは少し融通が利かないユーザインタフェースでした。このシステムで「京都駅」と入力したときの様子が上図 (右) の状態。

「京都駅」まで入力すると、他に駅の候補はないのですが、駅の候補というウィンドウが表示されています。それでも、表示されるだけなら「他に存在しない」ことがわかるため、有益な情報と言えなくもありません。問題は、このウィンドウがそのすぐ下にある目的地を入力するためのテキストボックスを隠してしまっており、このままでは目的地を入力できないということです。このウィンドウを消すにはブラウザ内の他の部分をクリックしなければなりません (下図)。

なお、このように何らかの操作を要求するインタフェースを消したり閉じたりするために、「その操作インタフェース以外の何もないところをクリックする」操作が必要になることはよくあります。しかし、こうした操作は直感的とは言いにくいものであり、私の両親のようにコンピュータを使いこなしているわけではないユーザには厳しいものとなりがちです。

ちなみに慣れたユーザであれば、キーボードからの入力のみで駅名を指定しようとするでしょう。実際に「Tab」キーを使えば、「出発地」から「目的地」に入力ターゲットを変更できるのですが、このウィンドウはこの操作でも消えないため、目的地に入力している文字が見えないものとなっていました。せめて、候補ウィンドウは下ではなく横に表示してくれればよかったと思うのですが……。

良かれと思って出している候補の推薦機能が、逆に邪魔になるという少し悲しい BADUI でした。ちなみに、本書を執筆している 2014 年 9 月時点ではこの問題もなくなり、とても使いやすくなっています。

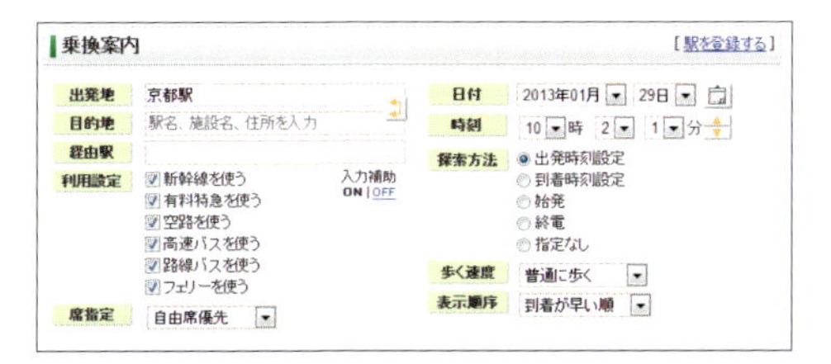

図 7-33　候補ウィンドウを消すためには、一度ブラウザの別の部分をクリックする必要がある。クリックすると目的地の入力ボックスが見える (2013 年 1 月時点)

悩むウォーターサーバ：どうやったらお湯を出すことができる？

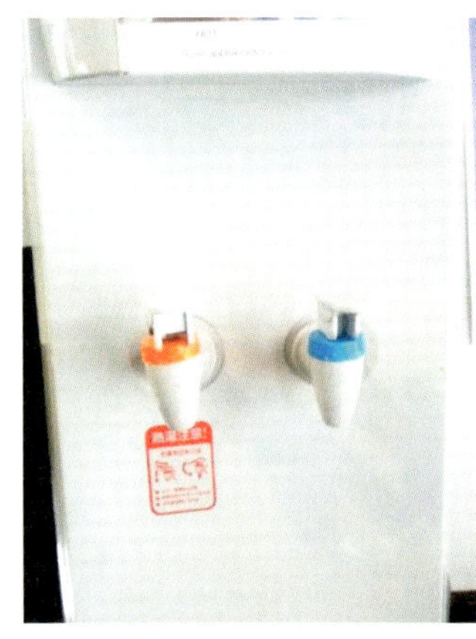

図 7-34　お湯を出す方法で悩むのは何故？（左）とある公共スペースに設置されているウォーターサーバ ／（中央）お湯の出し方の説明書き（3 ステップでお湯を出す）／（右）お湯を出そうとしている様子（提供：菊池和紀 氏）

見ている分には問題ないのだけれど、そのユーザインタフェースを利用しようとすると問題が起こるケースがあります。上図（左）は、とある公共のスペースに設置されていたウォーターサーバです。ウォーターサーバは、手軽においしい水やお湯が飲めるため、とても便利なものです。

ウォーターサーバは一般的に多くの人が利用するスペース（役所や薬局の待合室、食堂や病院の休憩室など）に設置されており、大人だけでなく子供でも気軽に使うことができます。お湯も提供できるウォーターサーバの場合、簡単にお湯を出せるようにしてしまうと、子供が誤って（またはいたずらしようとして）お湯を出してしまい、やけどをする危険性があります。そのため、安全面を考慮して、お湯を出す操作だけはあえて複雑な操作が必要なユーザインタフェースになっていることがよくあります。

上図（中央）を見てください。このウォーターサーバでは、お湯を出すために「レバーを持ち上げる」「矢印方向へスライドさせる」「そのまま押し下げる」という 3 つのステップが必要となります。プロローグ（p.12）でも説明したとおり、セキュリティやユーザ保護などの観点から操作を複雑化するのは、それが理不尽なほど複雑でもない限り BADUI とは呼んでいません。そのため、このお湯を出すハンドルのユーザインタフェース自体は BADUI ではありません。さて、一見すると特に問題のなさそうなユーザインタフェースですが、問題に気付いた方はいらっしゃるでしょうか？

写真を見ただけではこの問題に気付くのは難しいかもしれません。そこで、このウォーターサーバを使ってお湯を出そうとする人の立場に立って考えてみましょう。まず上図（左）の外観を観察し、その色から左側の蛇口からお湯が、右側の蛇口ら水が出ることがわかります（一般的に水は青で、湯は赤で示されます）。そのため、お湯を出すには上図（右）のように、紙コップをお湯の蛇口の下に持っていくはずです。さて、ここからが問題です。先述のとおり、このウォーターサーバでお湯を出す操作は少々複雑で、説明なしに利用するのは難しく、試行錯誤しても使うことができる人は少ないものです。その説明書きは上図（左）のようにお湯の蛇口の下に貼られています。そのため、お湯を出そうと紙コップをかまえている限り、説明書きを見ることができません（上図（右））。ウォーターサーバのユーザは、紙コップで説明を隠しているとはつゆ知らず、お湯を出すのを諦めたときに初めて、説明書きの存在に気付くことになります。

このシールを貼った人からすると、「最初からお湯の出し方は提示しているのだから、ちゃんと読んでから利用してくれれば」という思いがあるかもしれません。しかし、ユーザは、まさかお湯を出す方法がそんなに難しいとは考えないでしょう。また、このシールの一番目立つ情報は「熱湯注意」であるうえ、説明が「熱湯注意」というグループの下に入っているように見えるため、ユーザは「熱湯注意」という文字に注目するだけでその他の部分をよく読んでいません。さらに、ユーザは自分が説明書きを隠しているとはなかなか気付かないため、諦めるまで使い方の説明を発見できないことが、BADUI になってしまっている理由です。

ユーザがその行動によって制約を生み出してしまうとても面白い事例でした。

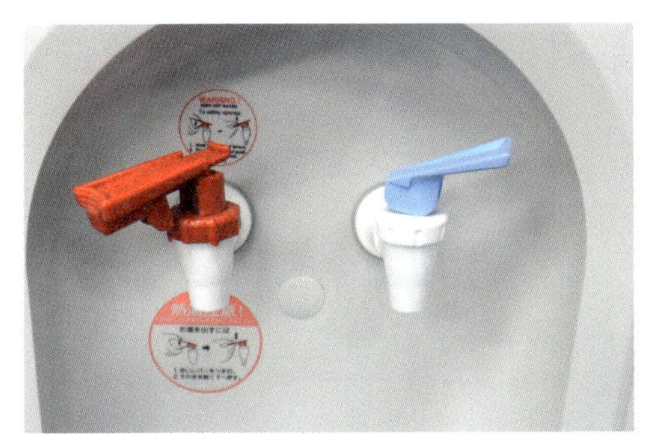

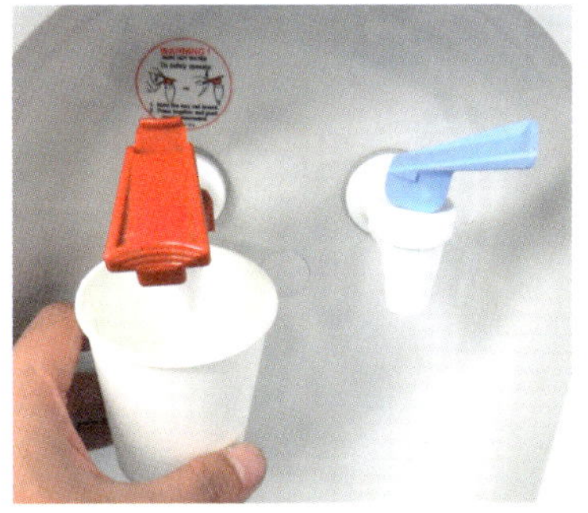

図 7-35　こちらも利用しようとすると説明が隠れてしまうが、上にも説明があるので何とかなる

上図も同じく使い方が隠れてしまうウォーターサーバです。ただ、この事例の場合は上に英語版のシールが貼られており、絵が付与されていることから英語が読めなくても何となく使い方がわかりそうです。下図（左）は、適切な位置に説明が付けられていますし、「やけど注意！」という案内も大きくわかりやすく提示されています。また、子供向けのメッセージであるため、子供のイラストを使った注意書きがあるのもわかりやすくて良いと思います。こういった工夫は本当に重要です。

ユーザの行為などによって情報が失われる面白い例として、エレベータの停止階情報が提示されているエレベータのドア（下図（中央・右））があります。このエレベータは、複数のエレベータが並んでいるものの 1 つであり、エレベータによって停止階が異なるそうです。下図（中央）の写真の場合、左側のエレベータは B3F、1F、2F、3F、4F に停止し、右側のエレベータは B3F と 1F にのみ停止するようになっています。ここで注目していただきたいのは停止階が提示されている場所です。停止階の情報がドア上に提示されているため、ドアが開いている間は情報が隠れてしまい確認できず（下図（右））、目的のものとは異なるエレベータに乗ってしまうことがあるというものでした。

このように、注意書きなどの情報は、ユーザの行為によって隠れてしまうこともあります。ユーザインタフェースを設計する際は、人がそれを操作する際に、どう動いてどう振る舞うのか、その際に何が起こるのかということを十分に考える必要があります。

人がどのように振る舞うのかということを予想するのはとても難しいものです。そうしたときに BADUI の事例はとても役に立ちますので、本書の事例や「楽しい BADUI の世界」[6]、「BADUI タレコミサイト」[7] などの事例を有効活用していただければと思います。

6　http://badui.org
7　http://up.badui.org

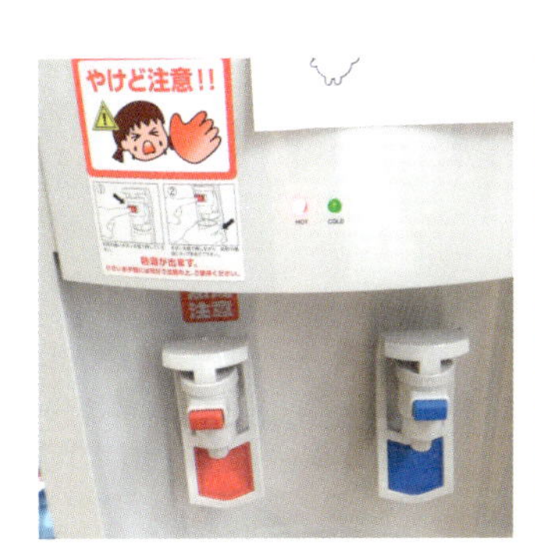

図 7-36　（左）やけど注意の案内と、利用方法が適切な位置に貼られている例。これだと困らない／（中央）エレベータがどの階に止まるかという情報／（右）ドアが開いているときは情報が隠れてしまう（提供：鈴木氏）

ペンに付与されたボタン：書こうとしているのに！

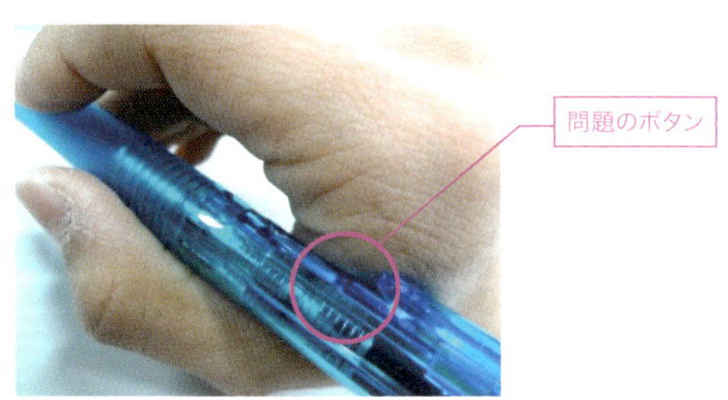

図 7-37　（左）多色ボールペン ／（右）文字を書くため多色ボールペンを握っている様子

筆記用具は、人によって使いやすさや好みが分かれ、こだわりが出るのでとても興味深いものです。こだわりポイントも人によってかなりの違いがあり、筆記用具の話をするとたいてい盛り上がります。

さて、今回紹介するのはそうした筆記用具に関するお話。上図は、ペン尻部にあるノックをスライドすることによって、ノックと同じ色のペン先を出すことができる、一見、何の変哲もない多色ボールペンです。よく見るとペンのクリップ部（ポケットなどに挟む部分）の先にボタンらしきものがあります。その部分をペンを持ちながら拡大撮影したものが上図（右）になります。人差し指の付け根のあたりに薄い青色のボタンがあるのがわかるでしょうか？ このボタンを押すと、ペン先をしまうことができます。

これだけを見ていると特に問題がなさそうなのですが、このボタン、絶妙な位置にあるため、人差し指の付け根部分に当たり、書くことに専念している途中で意図せずペン先が引っ込んでしまうことがあります。ペンの握り方によってはまったく問題にならないのかもしれませんが、私のような握り方をしている人間にとっては難易度の高いものでした。対立する「書く」と「収納する」機能はなるべく独立させておいたほうがよいと言えます。

下図も似たような感じで、私が授業中に何度も悲しい思いをしたペンタブレットです。これはとある大学の教室に設置されているもので、現在表示しているPowerPointのスライドにそのまま書き込みを行ったり、ホワイトボードモードにして板書したりできる便利なものです。

このペンタブレット、集中して書いているうちにこれまで書いた内容をうっかり全部消してしまうことが何度もありました。せっかく書いたものがすべてクリアされてしまううえ、クリアされた後に元に戻すことができないという問題もあって、受講生からも不評でした。また、消してしまった本人である私も、何故こうなってしまったのかわからず、しばらく難儀していました。

このペンタブレットについても、ペン先に近い部分に何やらボタンがあります（下図（右））。色々と試してみたところ、このボタンを押しながらペン先でディスプレイに触れると、書いた内容が全部消えるようになっていたようでした。そのため、集中して書いているとついつい全消ししてしまうのでした。

「書く」と対立する「消す」機能が、誤って操作しやすい場所に割り当てられているのはBADUIの典型であると言えます。複数の機能を混在させるときは、このような各機能の配置にも注意し、そこに制約を用意する必要があります。

図 7-38　必死に書いていると全部消してしまうタブレット

モバイルバッテリーのボタン：バッテリー切れしているのは何故？

図 7-39　モバイルバッテリーがバッテリー切れしているのは何故？（左）OFF の状態 ／（右）ON の状態

スマートフォンやモバイルルータなどはとても便利なのですが、バッテリーがすぐに切れてしまうのが難点です。そういったときに、あらかじめ自宅などで充電しておけば、外出先でそれらの機器を充電できるモバイルバッテリーはとても便利で重宝しています。特に出張などで電源を安定的に確保できないような状況の場合、欠かせないものとなっています。また、私は日常の記録をするライフログの研究をしているため、持ち歩いているデバイスに給電するため毎日のように利用しています。

上図は私が愛用していたモバイルバッテリーです。このモバイルバッテリーには、給電停止状態（上図（左））と給電可能状態（上図（右））を切り替えるボタンがあり、上図（右）の状態で USB ポートにスマートフォンなどを接続すると、それらの機器を充電することができるようになっています。

このモバイルバッテリー、とても便利なのですが 1 つだけ問題がありました。モバイルバッテリーは基本的にカバンなどに入れて持ち歩き、必要に応じて取り出して利用するものですが、持ち歩いている最中に何かの拍子で給電開始ボタンが押し込まれると、勝手に給電（放電）を開始してしまうのです。USB ポートに何も接続されていなくても放電を続け、バッテリーを使い果たしてしまうため、いざ使おうと思ったときにバッテリー切れを起こしており「あれ？ 充電し忘れたのかな？」と悩むことが数度ありました。ある日、カバンの中でモバイルバッテリーが熱くなっていることに気付き、ようやく問題を認識して、以後持ち歩くときに気を付けるようになりました。

何も接続されていない場合は給電（放電）しない機能や、スイッチが入らなくなるロック機構などが用意されていれば、このような問題は起こりません。ユーザが製品を使わないときのことも考える必要があるという BADUI の好例でした。

先ほどの例は意図せずスイッチが ON になってしまうものでしたが、下図も意図せずスイッチが ON になってしまう冷却用ファンです。このスイッチでは「I」が押し込まれている状態が強風、「II」が押し込まれている状態が弱風、「I」も「II」も押し込まれていない「○」の状態が停止となっています。しかし、停止状態が物理的に不安定であるため、何かが当たった際などに簡単にスイッチが ON になってしまい、風が出てしまうそうです。まぁ、停止状態のときには電源を抜けばよいという話もあるのですが、なかなか味わい深いユーザインタフェースだと言えます。

図 7-40　ファンのスイッチ。I が強風、II が弱風、○が停止。
不安定な状態でないと OFF にできない（提供：EN 氏）

エアコンとスイッチ：温度調整で照明を消してしまうのは何故？

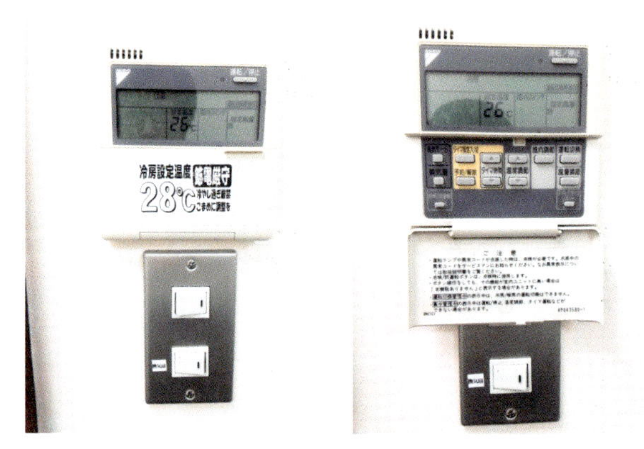

図 7-41　(左) エアコンのリモコンと照明のスイッチ ／
(右) 設定温度を変更しようとして蓋を開けると、照明を消してしまうのは何故？（提供：矢野秀斗 氏）

上図（左）は、とある塾に設置されているエアコンのリモコン（上）と、照明のスイッチ（下）だそうです。一見するとそれぞれ問題はなさそうです。

エアコンのリモコン右上の「運転／停止」ボタンを押すと、運転状態と停止状態が切り替わりますが、冷房から暖房へ、暖房から冷房へ切り替えたいときや、風向や風量を調整したいとき、温度を変更したいときなどは、このリモコンの蓋を開けて、操作することになります。リモコンの蓋を開けた様子が上図（右）です。蓋の中に色々なボタンがあるのがわかるでしょうか？

さて、この事例で問題なのは、中のボタンではなく蓋の状況です。照明の 2 つのスイッチのうち、上の 1 つが蓋によって覆われています。単に蓋のせいで照明のスイッチが操作しづらいだけならばよいのですが、この蓋を開けると、開いた勢いで蓋が照明のスイッチに当たり、部屋の照明を消してしまうそうです。実際、塾の講義中に温度を変えようとして、部屋の照明を消してしまう人がいるのだとか。

この事例は、リモコンやスイッチのデザイナに落ち度はなく、その 2 つの組み合わせ方が悪くて現れた BADUI です。それぞれには問題がないのですが、組み合わせの妙で困ったことになってしまうという好例でした。エアコンのリモコンと照明のスイッチが左右に隣り合うように配置されていたり、これらの上下が逆だったり、もう少し間にスペースが空いていればこうした問題は起こらなかったので、ちょうどうまく失敗してしまったものだと言えます。冷蔵庫の設置位置に問題があり、ドアを開けるとその勢いで照明のスイッチを押してしまうものや、照明とセットで使ってしまうと影がチラチラして集中できないため、ずっと OFF にされてしまうシーリングファン（下図）など、同様の事例には色々なものがあります。

第 6 章でも紹介しましたが（p.138）、セットで使うと問題が起こる「ユーザインタフェースの食べ合わせ問題」はデザイナには関係なく生まれてしまうことが多く、興味深いものです。

図 7-42　照明と同時に使うことができないシーリングファン（天井）

行為の７段階理論

さて、この章でも様々なBADUIを紹介してきました。ここで、何故ユーザが困ってしまうのか、どこで困ってしまうのかを整理するために、D.A.ノーマンの人の行為遂行のサイクル（Human Action Cycle）における７段階モデル[8]を手短かに紹介したいと思います。

これは、「人の行動では、目標を立て、実行し、評価し、問題があれば再度目標を立て、実行し、評価するというサイクルが繰り返される」という考え方に基づいて行動を分析する方法です。

この中で、実行については、

- 目標達成のために何をするのかを決める（意図形成）
- どういった手順で操作するのかという具体的な行動手順を考える（行動系列形成）
- 考えた手順どおりに実行する（行動系列実行）

という３つのフェーズに分解できます。

また、評価については、

- システムがどういう状態なのかを知る（状態の知覚）
- その知り得た状態からどういった状況であるのかということを解釈する（状況の解釈）
- その状況から当初考えていた目標を達成できたかどうかを評価する（評価）

という３つのフェーズに分解できます。

以上より、人の行動は、目標形成、実行の３つのフェーズ、評価の３つのフェーズを合わせた７段階に分けて考えられるというわけです。

何だか難しそうですが、基本的にはどんどん分解していき、どこに問題があるかを見極めるものです。例えば、本章（p.166）で紹介した数字入力タイプの自動販売機でお菓子を買う例をこのサイクルに基づいて分析すると、次のようになります。

8 『誰のためのデザイン？―― 認知科学者のデザイン原論』D.A.ノーマン（著）、野島久雄（訳）、新曜社

1. **目標：**疲れてきたので甘いものが食べたい
2. **意図形成：**目の前にある自動販売機で甘いお菓子を購入する
3. **行動系列形成：**
   (ア) お菓子を選び値段と番号を把握する
   (イ) 該当するお菓子に最低限必要なお金を自動販売機に投入する
   (ウ) お菓子に付与された番号を入力する
   (エ) お菓子を自動販売機の受け取り口から取り出す
4. **行動系列実行：**
   (ア) 12番のお菓子に目をつけ、200円であることを確認する
   (イ) お金の投入口を確認する
   (ウ) 財布からお金を取り出し、自動販売機に200円を投入する
   (エ) 1のボタンと2のボタンを連続で押す
   (オ) 受け取り口から出てきたお菓子を受け取る
5. **状態の知覚：**受け取り口からお菓子が出てきたが、お菓子の包装が違う
6. **状況の解釈：**取り出されたお菓子は辛いお菓子だ！出てきたのは1番のお菓子のようだ
7. **評価：**間違ったお菓子を購入してしまった!! どこかで操作ミスをしてしまった？

この場合、1～3と5～7には問題がありません。問題があるのは4のようです。その中でも特に、4-（エ）で、「1のボタンと2のボタンを連続で押す」とありますが、本来は「12」というボタンを押さなければなりませんでした。以上のように、あるユーザインタフェースに対するユーザの行為系列を整理していくと、どこに問題があるのか、何を改善しなければならないのかということが見えてきます。

このような形で分解していくことで、あるユーザインタフェースと対面しているユーザが困っているときに、どこに問題があるかがはっきりして、どう改善したらよいのかがわかりやすくなります。

物理的・意味的・文化的・論理的な制約

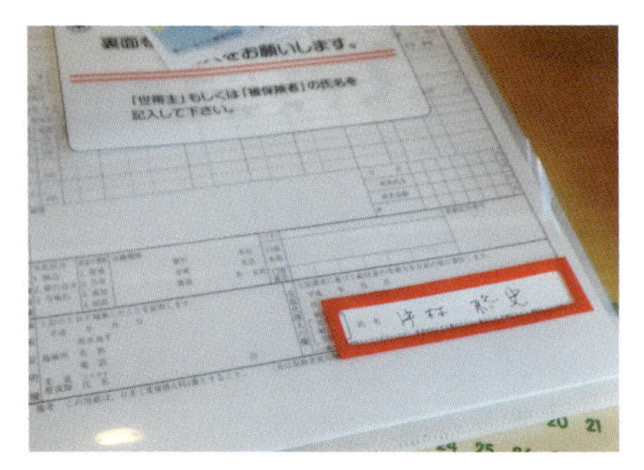

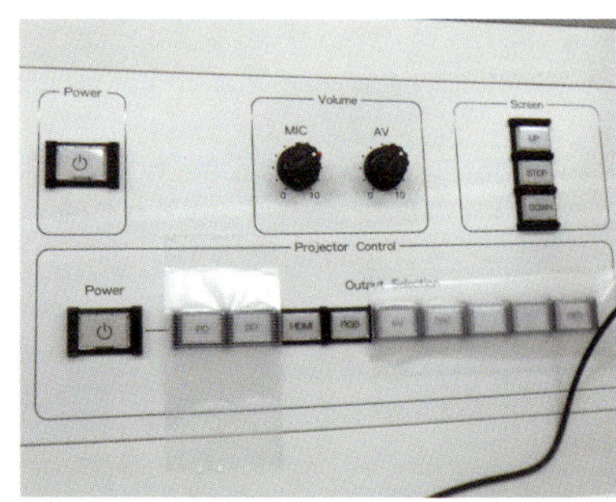

図 7-43　物理的な制約 （左）記入するべきところが限定されている／（右）押すことが可能なボタンが限定されている

本章で紹介した制約には様々なものが存在します。ここでは、物理的、意味的、文化的、論理的な制約という 4 つの制約について、もう少し詳しく説明したいと思います。

まず、物理的な制約というのは、そこにはめ込むことができる、間を通すことができる、空中に物を置くことはできない、強い力を入れないと破壊できないなどの、物体としての物理制約に関するものです。例えば、横長の鍵穴に対して、縦向きにして鍵を挿し込むことはできませんし、ボタンが透明なカバーで囲まれている場合はそのカバーを外さないとボタンを押せません。また、人は自分の体より狭いスペースに入ることはできません。こうした制約は人にとってわかりやすいものであり、効果的に働きます。例えば、上図（左）は、クリアホルダの中に開いた部分があって、そこしか書くことができないようになっています。このように、動作の可能性を減らすことが、色々な作業を効率化してくれます。また、上図（右）は、多くのボタンがある中でこのボタンは押してはダメということを示すために、テープでボタンを覆っています。この制約により、余計なボタンを押してしまって面倒なことになるという問題を低減できています。

意味的な制約というのは、ユーザが置かれた場や状況に応じて決まる制約のことであり、その際には知識が利用されます。例えば、室内を明るくする照明は天井にあり、その照明は壁に取り付けられているスイッチで操作するという知識により、照明をつける際に室内中を探す必要はなくなります。また、メモリカードとイヤホンは直接接続できず、メモリカードを耳元に持っていっても何も聞くことができないという知識や、イヤホンは一方をオーディオプレイヤに挿し込み、他方を耳に入れて音楽を聴く、メモリカードはオーディオプレイヤに挿入して利用するという知識によって、目の前にあるメモリカード、イヤホン、オーディオプレイヤの扱い方に制約が生まれます。さらに、矢印はその方向に移動させるまたは挿し込むという意味をもつため、その制約によってどちらの向きにどうやって挿し込んだらよいかということで悩む必要がなくなります（下図）。他にも、パソコン上のゴミ箱アイコンや、スマートフォン上のメール型のアイコンなども、こうした意味的な制約として働くものです。以上のように、意味的な制約は知識をベースとして状況や外界を理解し、動作の可能性を絞り込むものです。

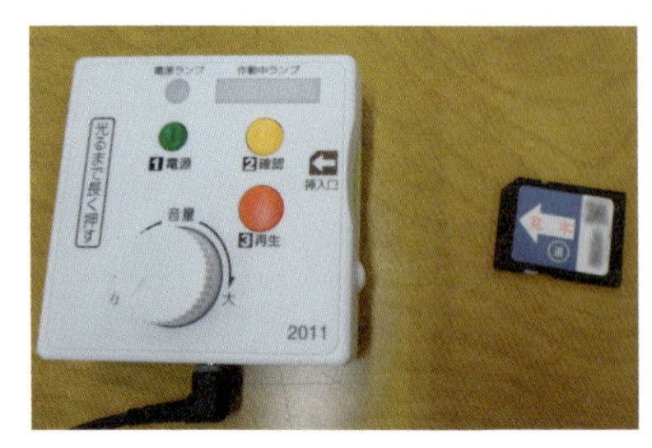

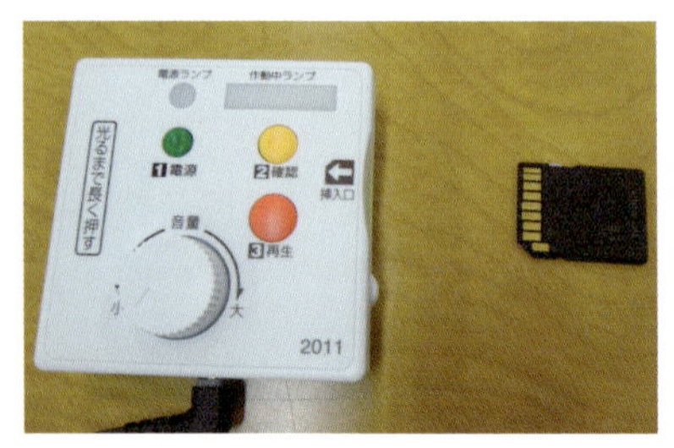

図 7-44　意味的な制約。メモリカードとイヤホンとオーディオプレイヤをどのように接続するか。
また、矢印や形の明示によって向きと方向も限定している。膨大な受験生が間違わないようにするための工夫

図 7-45　文化的な制約　(左) 色により性別を示しており、日本人にとっては制約として働いているが、海外からの観光客にとっては制約として働かない。／ (右) 日本人にとっては余計な制約として働いてしまう黒色のトイレのサイン

文化的な制約というのは、第 5 章で紹介したような、慣習や経験に深く関係する制約です。例えば、本章でも紹介したようなガラス扉の向こうに進む場合、ガラス扉を破壊するのではなく、扉を動かして開けるという制約が働きます。また、トイレの入口が 2 つある場合、日本国内では男性用トイレは黒色または青色で、女性用トイレは赤色またはピンク色で示されるのが一般的であり、そのトイレがどちらの性別のものであるのかということを制約するものとしてこの色が働きます。これが文化的な制約と呼ばれるものですが、これは文化圏が異なるユーザに対して効果的に働くわけではありません。例えば、上図 (左) のようなお風呂の入口のサインは、日本人にとっては問題なく自身の性別のお風呂を選択できますが、海外の人にとってはなかなか難しい入口であると言えます。一方、上図 (右) は男女ともに黒色でサインが示されており、日本人が女性用トイレを男性用トイレと勘違いして入りそうになってしまうものでした。色によって区別しない国では形が重要になるのですが、日本人はこれを誤って解釈してしまい、違う性別のトイレに入ってしまいそうになるというわけです。

論理的な制約というのは、そこにあるものの集合や系列などから、順序立てて考えることにより限定していくものです。例えば、パズルをすべて組み立て終わったときにピースが余るということは通常あり得ませんし (下図 (左))、初心者向けの詰め将棋では、詰ませるまでに手持ちの駒をすべて利用することが多いでしょう。また、海外用の変換コネクタも、変換先の電源の穴に合わせて、部品をすべて使って組み立てる (下図 (右)) といったように、人は動作の可能性を限定していくことができます。また、ネジが中途半端に 1 個だけ余ることはないためこのネジはどこかにはまるはずだと限定したり、左ページ下図のように、本体にメモリカードの絵と矢印が描かれているから、メモリカードの矢印が描かれている面を上向きにして挿し込む、と限定することも可能です。このように、論理的な制約では、「A だから B」といった形で論理的に考え、限定を行っていくものです。

こうした 4 つの制約を効果的に利用し、操作の可能性を限定していくことができると、使いやすいユーザインタフェースに近づくことができます。一方、制約を無視すると BADUI が生まれがちです。皆さんもご注意ください。

図 7-46　論理的な制約　(左) パズルのピースは余ることなく全部使うはず／ (右) 変換コネクタは部品をすべて使って組み立てるはず

まとめ

本章では、制約と視線誘導の重要性について、BADUIを交えながら紹介しました。

制約とは、そのユーザインタフェースを利用する際にどのような向きでセットするのか、またどのような手順で、どのように操作しなければいけないのかを限定するものです。制約がうまく機能しており、正しい操作が自然にわかるようなものであれば使いやすいユーザインタフェースになりますし、そうでない場合は途端に使いにくいユーザインタフェースになります。

制約において重要なのが、操作の可能性を制限するということです。例えば、電池を入れる向きというのは 2 つしかあり得ませんが、片方の向きにのみセットできるようにすれば、確実に間違いをなくすことができます。USB はこの制約に失敗している例で、何とも悩ましいものです。

皆さんがユーザインタフェースを作る機会を得たときには、こうした制約について考え、制約をうまく見せる工夫をしていただければと思います。また、色々な製品を購入する際には、それぞれの製品の見栄えだけでなく、制約がうまく提示されているかどうかにも注目すると、日常生活の不満が低減されると思います。さらに、生活空間に BADUI がある場合は、制約に気付くことができるよう補足説明を付けることなどを検討していただければと思います。

本章で学んだことを、是非、日々の生活にも活かしてください。

演習・実習

- 操作順に制約があるユーザインタフェースを集めてみましょう。また、そうしたユーザインタフェースにどういった説明が付与されているかを集め、良い説明の付与方法について考えましょう。
- 身の回りの矢印による案内を探し、適切に誘導されているかどうかといったことを調べてみましょう。また、誘導が適切でない場合、どのように矢印を改めたらよいか考えてみましょう。
- 本章で紹介したいくつかの BADUI について、どのようにしたら問題を改善することができるか検討してみましょう。またその際には、できるだけコストをかけずに解決する方法を考えてみましょう。
- 本書で紹介している他の BADUI について、物理的・意味的・文化的・論理的な制約のうち、どの制約をどのように入れたらよいのか考えてみましょう。
- 対立する機能が隣接しているユーザインタフェースを集めてみましょう。さらに、それと同種類の製品のインタフェースを集め、比較してみましょう。
- 本書で紹介している BADUI について、行為の 7 段階理論を適用することで、どこで悩んでいるのかを明らかにしてみましょう。

Chapter 8 メンテナンス

良いユーザインタフェースを作ったとしても、そのユーザインタフェースが未来永劫、良いユーザインタフェースとして存在し続けるということはあり得ません。

例えば、2014年現在、日本では男性を表現するには黒色や青色、女性を表現するには赤色やピンク色を使うのが一般的と言えるでしょう。しかし、これがずっと続くとは限りません。将来的には、男性をピンク色、女性を青色で表現することが多くなるかもしれません。

それは極端だとしても、もっと単純に、時間とともに看板が色あせてしまい、部分的に文字や矢印などが欠落し、わけがわからなくなっていることはよくあります。さらに、メンテナンスが不十分なため、スムーズに開けられない扉やなかなか水が出ない蛇口などに出会うことも少なくありません。一方、元は外国人など滅多に訪れない場所だったのに、外国のテレビ番組や有名な雑誌などで取り上げられたり、世界遺産に登録されたりすることで、急激に外国人観光客の数が増加した場合など、日本語のサインが読めないといった問題が発生することもあり得ます。

このように、ユーザインタフェースは、一度作ったら放置しておいてよいというものではありません。誰かが責任をもってチェックし、メンテナンス、更新していく必要があります。

本章では、こうしたメンテナンスがなされていないために、もしくはそうした点がまったく考慮されていないために、どのような問題が発生しているのかを取り上げます。ユーザインタフェースのメンテナンスの重要性について、少しでも知っていただければと思います。また、そのメンテナンスをDIY的に行っている事例についても紹介します。

それでは、メンテナンスにまつわるBADUIをお楽しみください。

経年劣化による BADUI 化

トイレにある 2 つの蛇口：水はどちらから出てくる？

図 8-1　(左) A と B のどちらから水が出る？ ／ (右) B を別角度から大きく撮影

ボタンなどのように物理的に触れて利用するユーザインタフェースとは異なり、手を近づけることで操作するような非接触のユーザインタフェースは、わかりやすい操作対象が存在しないため、どうしても操作の手がかりを用意するのが難しくなります。そのため、非接触型のユーザインタフェースがしっかりメンテナンスされていないと、何が問題で操作できないのかがわかりづらく困り果ててしまうことがあります。

上図は私がフランスの空港で出会ったトイレの洗面台です。A と B のいずれか一方から水、他方からハンドソープが出ます。皆さんでしたらトイレを利用した後、A と B のどちらで手を洗おうとするでしょうか？ また、その理由は何故でしょうか？ 是非考えてみてください。

この質問をこれまで 300 人近い受講生に対して実施してきましたが、その答えはほぼ半々に分かれていました。ちなみに答えは A です。A は手を近づけると水が出る非接触センサの蛇口、B は押すとハンドソープが出るディスペンサーです。私は B を選択してしまい、まさかの感触（水と思っていたものが粘り気のある液体だった）にかなりびっくりしてしまいました。ユーザインタフェースとして見た場合、A に比べて B のほうが操作の手がかりが強いため、手を洗おうとして B を操作してしまう人が出てくるのですが、これは今回は本題ではありません。

この洗面台では、最初に A で手を洗おうとしていた人も、最終的に B のほうを操作し、その結果ハンドソープが出てきて驚いていました。何故、最初は A を蛇口と判断した人が、B で手を洗おうとするのでしょうか？

実はこの洗面台、非接触センサの反応が悪くなっており、少々手を近づけただけでは水が出ません。私も色々と試してみたのですが、蛇口の下に手首が来るくらいの場所でようやく反応しました。そのため、手ではなく手首を洗ってしまいました。こういった具合でしたので、最初は A を使おうとした人が、A から水が出ないため B を操作してしまっているようでした。

非接触タイプのユーザインタフェースは、押しボタン式の物理的に接触するタイプのユーザインタフェースに比べ、操作がうまくいっているのかを判断する材料がほとんどありません。例えば物理的なボタンでは、「押し込むところが固くなっている」とか「錆びかけている」といったことが、そのボタンの感触から判断可能です。しかし、距離センサを使うタイプの非接触ユーザインタフェースでは、「反応が悪くなっている」とか「認識できる距離が短くなっている」といったことを判断できるのは、操作の結果、水が出てきたときだけです。反応がなければ、「故障している」や「これは蛇口ではない」といったことを判断するのも困難です。以上のことからも、非接触のユーザインタフェースはしっかりメンテナンスしておかなければいけないということをご理解いただけるのではないでしょうか。

ちなみに、このセンサの反応が悪くなっていた理由ですが、センサ部にガムの跡らしきものがあったため、もしかしたらイタズラによってセンサの反応が悪くなり、結果として使いにくくなったのかもしれません。

図 8-2　アメリカのとあるトイレの洗面台。手を検知するセンサの反応が悪く、右図のように手をセンサまでかなり近づけないと水が出てこない

さて、非接触のユーザインタフェースに関する話を続けましょう。上図はアメリカで出会ったトイレの洗面台です。こちらもまた手を検知するセンサの反応が悪く、かなり手を近づけないと水が出ないものとなっていました。本来、上図（左）の状態で水が出てほしいのですが、センサの位置ギリギリまで近づけた上図（右）の状態でようやく水が出ました。そのため、数名の方が手を洗わずに出ていくのを目撃してしまい、何とも言えない気分になってしまいました。

センサの反応が悪くなっている場合は、下図のようにユーザに気付きを与える何らかの情報があったほうがよいかもしれません。このトイレの洗面所では、「赤いマークまで手をお出しください」というガイドを示すことで、反応の悪いセンサを何とか問題なく使えるようにしています。このセンサの場合、実際は赤いマークまで近づけなくても水が出るのですが、マークに近づける途中で水が出てそこでユーザは気付くことができるので、特に問題はありません。センサ自体を修理してもらったほうがよいとは思いますが、修理にはそれなりにお金がかかると思われますので、コストをほとんどかけずに改善するにはこういう手もありだと思います。

目に見えない空間を操作するというのはただでさえ難しいものです。皆さんもこうした非接触のユーザインタフェースを作ったり設置したりする際にはわかりやすさを心がけ、メンテナンスをし、困っている人が続出しているときは、そこにガイドとなる説明を加えることをご検討いただければと思います。

未来を扱った映画やマンガなどには、ジェスチャを組み合わせた非接触のユーザインタフェースが多数登場します。そうしたユーザインタフェースはとてもかっこよく、何とも魅力的に感じるものなのですが、設計は容易ではありません。また、ここでも紹介しているとおり、非接触のユーザインタフェースは故障しているときや精度が悪くなっているときなどにその問題に気付きにくいものです。私は映画などを見ているときについついそうした視点から、メンテナンスがなされていないとどうなっちゃうんだろうとか、こんなんだと未来はどうなるんだろうかなどと妄想してしまいます。それはさておき、SF映画に登場するユーザインタフェースについては、「SF映画で学ぶインタフェースデザイン」[1] にまとまっておりおすすめです。

1　『SF映画で学ぶインタフェースデザイン アイデアと想像力を鍛え上げるための141のレッスン』Nathan Shedroff（著）、Christopher Noessel（著）

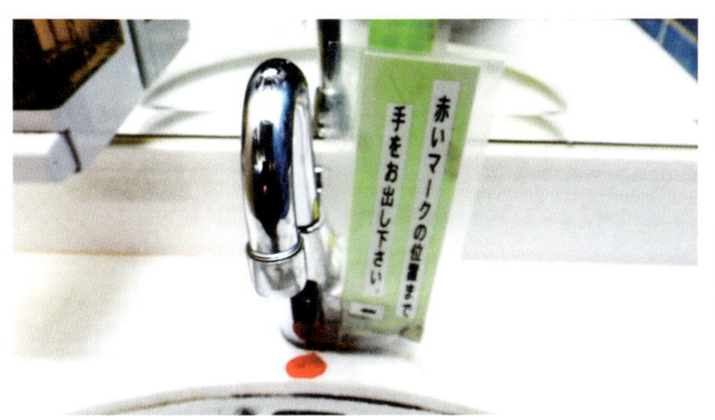

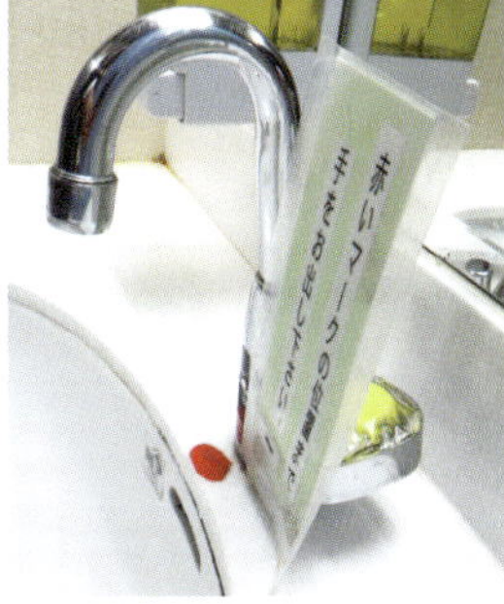

図 8-3　赤いマークの位置まで手をお出し下さい

扉のハンドル：扉が開かないのは何故？

図 8-4 何の変哲もないドアレバーハンドル。扉が開かないのは何故？（提供：金輪一輝 氏）

上図（左）は一見すると何の変哲もないドアレバーハンドルです。さて、皆さんならこのドアを、どうやって開けようとするでしょうか？

一見、レバーハンドルを下に倒し、手前に引っ張るか、奥に押せばドアが開きそうに見えます。しかし、上図（中央）を見ていただくと気付かれる人もいるかもしれませんが、このドアノブレバー、下方向に倒してもドア側面のラッチ（ドアを止める掛け金）がドア内部に収納されません。そのため、下に倒してもドアを開けることはできません。一方、上図（右）のようにこのレバーハンドルを上に押し上げると、ラッチがドア内部に収納されます。つまり、レバーを下方向に倒すのではなく、上方向に押し上げることでドアが開くものなのだそうです。

これを報告してくれた学生さんはBADUIだと思って諦めていたようですが、建築関係の友人によれば、「これはレバーハンドルの故障だから、ドアが開かなくなる前に修理してもらったほうがいいよ」とのことでした。このアパートに入居した時点で、すでにレバーを下に倒しても開かないドアだったそうなので、大家さんがメンテナンスを怠っていたためこういうことになっているのかもしれません（まぁ、単に施工ミスかもしれませんが）。

メンテナンスが不十分なためBADUI度が上がっている例をもう1つ紹介します。下図はとあるホテルに設置されていたお風呂のハンドルだそうです。さて、どうやってお湯を出すかわかるでしょうか？ ちなみに、このハンドル、時計回りに回しても、反時計回りに回してもお湯が出ません。それどころか、水も出ません。普通に押しても、引いても反応しなかったようです。

答えは、このハンドルを「壊れてしまうんじゃないだろうかというくらいの力を込めて、手前に『強く』引っ張る」だそうです。かなり力を込めて引かなくてはいけないということだったので、内部のスライドする部分が錆びているのかもしれません。

そもそもこのユーザインタフェース自体、わかりづらいと言えます。ただでさえ手がかりとしてわかりづらいユーザインタフェースのハンドル部分が経年劣化によって古くなり、壊れるのではというくらい強く手前に引かなければならないため、BADUIのレベルが2段階くらい上がってしまっているというものでした。経年劣化との合わせ技で何とも困ったBADUIであると言えます。

以上のように、経年劣化によるBADUI化は本当に悩ましい問題です。

図 8-5 どうやってお湯を出すか？（提供：福本雅朗 氏）

自然の力：バス停はどこ？

図 8-6 （左）バス停はどこ？／（右）生い茂った草木の裏にバス停が！

ある部品の修理のため、千葉県のとある修理センターまで行ったときのこと。そのセンターに電話したところ、「○×駅からバスで 20 ～ 30 分程度ですよ」と教えてもらったので、駅に到着してすぐバス停に向かいました。しかし、目的地までのバスは 1 時間に 1 本しかないうえ、バスは私が到着する 5 分前に発車していたことがわかり、諦めてタクシーに乗りました。このときタクシー代が結構かかってしまったので、帰りは必ずバスを使おうと心に決めたころに修理センターに到着しました。修理が無事終わって修理センターから帰ろうとしたとき、「あと 10 分で 1 時間に 1 本しかないバスが来るよ」と言われ、修理センターの方に位置を訊ねて、慌ててバス停に向かいました。

修理センターの方の「この道を左に曲がって信号を渡ってちょっと左に行ったところにバス停があるよ」という説明に従って進んだつもりなのですが、バス停がどこにも見当たりません（上図（左））。1 時間に 1 本しかないバスを逃したら大変と、焦ってあたりを走り回ったり、もしかしたら聞き間違えたかと逆の方向に行ってみたりするものの見つかりません。「『ちょっと左に』と言われたけれど、もしかしたらもっと遠くにあるのかも」とさらに先まで行ってみましたがやはりバス停はありません。「やばい。時間が過ぎている。もしかしたら違う通りなのかな？ それともバスはもう行ってしまったか？」と諦めかけて元の場所に戻ってきたそのとき、やっとバス停を発見。なんと、生い茂った草木の裏に隠れていました（上図（右））。先を見に行ったとき横を通過したはずなのですが、まったく気付いていませんでした。教えていただいたバスの時間は実際より早いものだったようで、少し余裕があったのですが、焦りすぎて汗だくになってしまいました。

この例だけでなく、他にも看板が桜の木によって見えなくなっているケースや、自然に飲み込まれてしまったケース（下図（左））などもあります。このように、メンテナンスが行われていないためサインが機能しなくなってしまった例は枚挙に暇がありません。例えば、一般的に赤色は退色しやすいため、強調するために赤色で書かれた文字が消えかかっていたり（下図（右））、男女両方のマークが描かれていたトイレのサインで赤色の女性マークが消えて黒色の男性マークのみが残ってしまっていることもあります。メンテナンスはしっかりしましょうというお話でした。

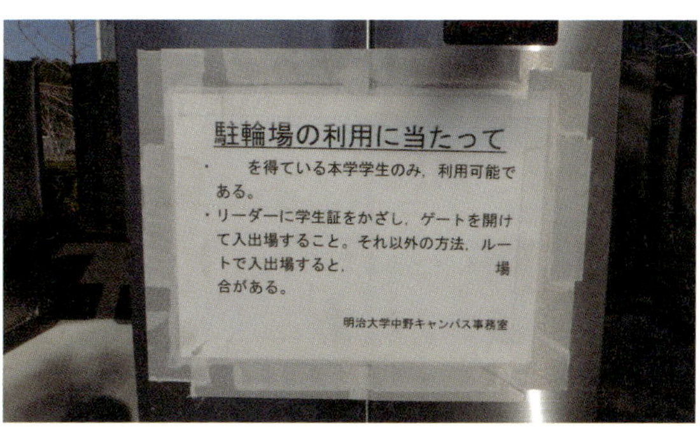
駐輪場の利用に当たって
・　　を得ている本学学生のみ，利用可能である。
・リーダーに学生証をかざし，ゲートを開けて入出場すること。それ以外の方法，ルートで入出場すると，　　場合がある。
明治大学中野キャンパス事務室

図 8-7 （左）看板が飲み込まれつつある／（右）赤色の文字が退色し消えかかっている

携帯電話と卓上ホルダ：充電されなくなったのは何故？

図 8-8　6 年近く愛用していた携帯電話。卓上ホルダの上に立てかけるだけで充電できるスグレモノなのですが、卓上ホルダは数ヶ月で使えなくなりました。それは何故？

販売時点や、設置時点では BADUI であることが判明しておらず、しばらく経過したときに BADUI が判明するということがあります。

ここで紹介するのもそういった事例です。上図は私が 6 年近く愛用していた携帯電話です。この携帯電話、数字キーの他にスライドして利用できる QWERTY キーボードも搭載しており、キーボード入力をよくする私は重宝していました（横長の QWERTY キーボードが使えるスマートフォンを今でも心待ちにしています）。また、この携帯電話にはもう 1 つ便利な機能がありました。それは、電話本体を充電用ケーブルに直接接続しなくても、別売りの卓上ホルダに立て掛けるだけで充電できるというものです。

通常の携帯電話の場合、充電ポートの蓋（充電ポートを水や埃などから保護するための蓋）を開けて、そこにケーブルを接続するという手間があります。この携帯電話では、こうした手間なくそのまま卓上ホルダに立て掛けるだけで充電可能となっていました。

さて、この携帯電話と卓上ホルダ、当初は快適に使うことができていたのですが、数ヶ月使っていたところで充電できなくなるという問題が発生しました。まずこの携帯電話は、卓上ホルダに立て掛ける携帯電話の尻部分に、卓上ホルダ接続端子と、イヤホンマイク端子、直接ケーブルを接続して充電するための AC アダプタジャック（挿入口）があります。そして、その中でもイヤホンマイク端子と AC アダプタジャックには、ゴム製のカバーが取り付けられています。ところがこのゴム製カバー、あまり質が良くないのか、それともゴム製だから仕方ないのか、特にカバーを開け閉めしているわけではないのに、どんどん伸びてたわんできてしまいます。下図はゴムの変形によりカバー部分が盛り上がっている様子です（本来は、このたわんだ部分はなく、底面にぴったり沿うようになっています）。

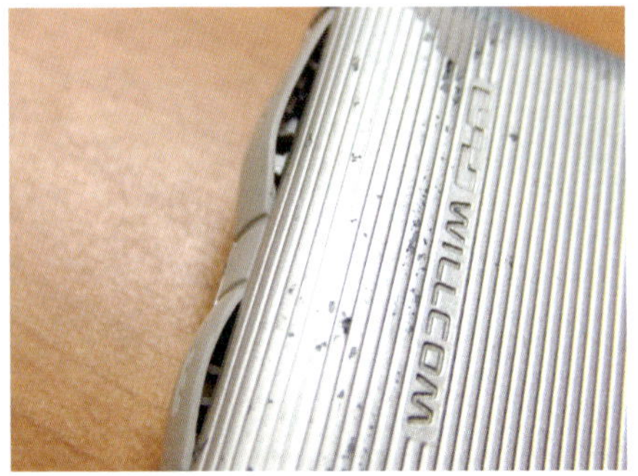

図 8-9　経年劣化でゴム製のカバーが盛り上がっている

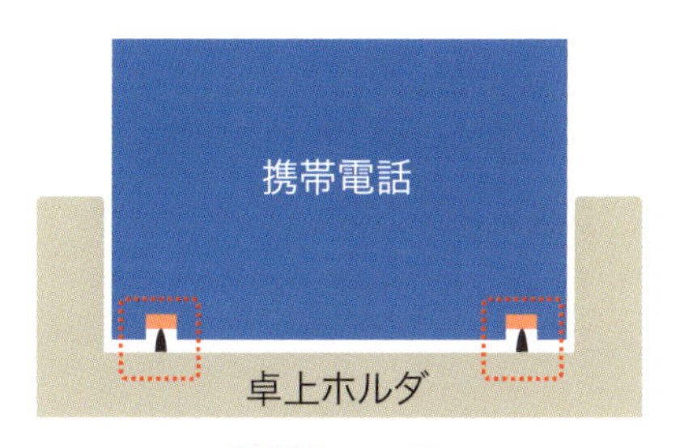

接触している

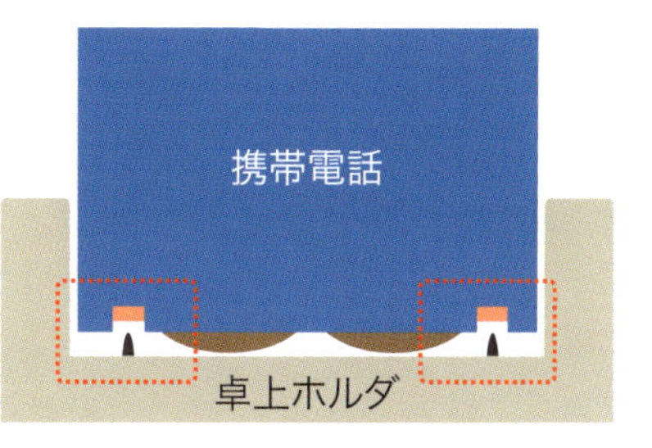

接触していない

図8-10　携帯電話と卓上ホルダの断面図　（左）充電中 ／（右）充電されていない

さて、こうなると何が問題になるかというと、携帯電話のお尻にある卓上ホルダ接続端子と卓上ホルダの端子との間に隙間が空いてしまい、卓上ホルダに携帯電話を載せても充電してくれなくなるということです。これをイラスト化したものが上図です（わかりやすくするため、やや誇張気味のイラストになっています）。上図（左）は正常な状態を示したもので、卓上ホルダの端子（黒色の突起）が携帯電話のお尻にある接続端子（橙色の部分）と接しているため、卓上ホルダから充電されます。一方、上図（右）はゴム製カバーがたわんだ状態（茶色の部分）を示したもので、卓上ホルダの端子がカバーのたわみのせいで携帯電話の接続端子と接しておらず、卓上ホルダから充電されません。

その結果、せっかくの機能が使えなくなってしまっています。もちろん、このゴム製のカバーを外してしまえば充電可能なのですが、このカバーを外してしまうとゴミが入り、結果的に直接ケーブルを挿して充電する際にゴミを取り除かなくてはならず、手間になっていました。Web検索すると同様の現象を報告するユーザが多数見つかるため、おそらくテストが十分でなかったためにこのようなことになっているのだと思いますが、もう少ししっかり考えておいてほしいBADUIでした。まぁ、この卓上ホルダは別売りだったのでそこまでサポートする気がなかっただけかもしれませんが……。このように、使っているうちにユーザインタフェースが徐々に変容および変形してしまうものは珍しくありません。

ちなみに、この携帯電話、カバーを開けたところにあるUSBポートからUSB経由での充電が可能となっています。しかし、この充電では特殊な方法を使っており、パソコンで端末を認識する必要があるため、電源を切っていたり、バッテリが0%になっている状態ではUSB経由での充電ができず、モバイルバッテリからも充電できないというものでした。知人などから譲り受けつつ6年間（3台）愛用していたものでしたが、なかなか手のかかる携帯電話でした。

下図はアメリカのとあるレストランで出会ったトイレの蛇口です。どちらが水でどちらがお湯かわかるでしょうか？　一貫性のところでも紹介したとおり、「向かって左側がお湯で右側が水」と標準化されているため、多くの人が問題なく使うことはできるのですが、HotやColdを示すサインがなくなっているため困ってしまいます。今は難しいですが、このようなサインがなくなっている際に、3Dプリンタが使われるようになればと思っています。

図8-11　とあるトイレの蛇口。もともとはHotとColdというサインが付けられていたはずだが、時間が経過するなかで壊れたのか壊されたのか、どちらがどちらかわからなくなっている

文化の変容による BADUI 化

大浴場のトイレ：間違って女湯に入ってしまった ?!

図 8-12　男湯の中に女性用のトイレしかないのは何故？

とある温泉地の旅館に研究室の合宿で訪れたときのこと、温泉大好きな私はチェックイン後に部屋に荷物を置き、すぐに温泉に向かいました。のれんをくぐって脱衣所に入ったところ、誰もいません。一番風呂だと喜びつつ、先に用を足そうとトイレに向かって、びっくり。トイレには女性用のサインが貼られています（上図）。

この脱衣所にはこのトイレ以外にはトイレがなかったため、私は間違って女湯に入ってしまったかと焦り、持ってきた浴衣を手に取って、慌てて脱衣所の外に出ました。しかし確認したところ、やはり入口には男湯を示すのれんがかかっています。「何で？」と思ってもう一度中に入ってトイレのサインを確認するも、やはり女性用のサインでした。結局この脱衣所とお風呂は男性用で間違いなく、このトイレも男性が使ってよいものでした。

さて、何故男湯に女性用のサインが付いたトイレしかないのでしょうか？ 是非推理してみてください。私の予想はこんな感じです。

1. もともとこの温泉旅館では男性用の大浴場と女性用の大浴場があり、それぞれの大浴場の脱衣所に男性用、女性用のトイレがあった。
2. あるころから時間や日にちごとに男女を入れ替え、2 つの大浴場の両方に入れるようにするシステムが世の中で流行りだした。
3. その潮流に乗り、「この温泉旅館では 2 つの大浴場を日替わりで楽しむことができます！」と、男女の大浴場を入れ替え始めた。
4. 1 日ごとに男湯と女湯を入れ替えるようになったが、トイレのサインについてはすっかり忘れていた。

あくまで予想なので間違っている可能性もありますが、個人的には結構いい線いってるのではないかと思っています。実際、次の日に男女が入れ替わった大浴場（前日は女湯だった場所）に入ったところ、男性用のトイレのサインだけがありました。

ちなみにこの大浴場、あまりにびっくりしてしまったので、隅のほうでその後観察していたのですが、次に来た人もトイレに行こうとしてびっくりし、慌てて外に出ていこうとしていました。何とも困った「人を驚かすのが好きな BADUI」と言えます。とにかく、男性が女湯に入ってしまうと、普通は覗きなどで警察のお世話になってしまうと思います。人生終わったかもと一瞬目の前が真っ暗になってしまうことを避けるためにも、なるべくメンテナンスをしてほしいものです。

さて、この例にもあるように、時代、文化、状況の変化に合わせてユーザインタフェース（特にサイン）はメンテナンスしていかないと、BADUI になりがちです。それ以外にも、例えば電話のマークは本章のアイコンになっている黒電話タイプのものが一般的でしたが、黒電話を見かけることが少なくなり携帯電話が一般化した現代では、黒電話アイコンが何を意味するかわからない人も増えつつあり、適切ではないでしょう。また、ファイルを保存するという意味で使われることが多かった（今でもよく利用されていますが）フロッピーディスク型のアイコンも、フロッピーディスクが使われることがなくなった今となっては適切ではないでしょう。「巻き戻し」という言葉も今ではあまり学生さんに通じなくなりつつあるように思います。こうしたサインやアイコン、言葉の変更は適切に変更いただきたいものです。まぁ、一気に変更するのはなかなか難しいと思いますが……。

エレベータの文字案内：他の階へのボタンを押せなかったのは何故？

図 8-13　エレベータの操作パネル。海外からの観光客が悩むのは何故？

日本人にとっては問題のない使いやすいユーザインタフェースだったとしても、それがそのまま海外からの観光客にとって使いやすいわけではありません。日本人だけの環境では問題なかったユーザインタフェースが、国際化が進んだことによって BADUI になるケースは多々あります。

上図は、関西にあるとある有名な観光都市の地下鉄に備え付けられていたエレベータの操作パネルです。私の前に多くの荷物を持ったスペイン人の家族が乗っていたのですが、どうしたら目的の場所（改札のある地下）に行くことができるのかわからず悩んでいました。

日本語の文字を読むことができない海外の人がこれを見たときにどう悩むか考えてみてください。私にとっては、3 つほど気になる点があります。

- 行き先指定のボタンが「上」「下」になっており、漢字を読めない人にとってはどちらがどちらかわからない
- 「上」「下」というボタンが左右に配置されており、空間的に対応付けることができない
- 「改札階」という黄色いラベルが、何だか危険を伝えているように見える。現在、上の階にいるため、「上」のボタンは押しても反応しない。「下」のボタンは怖くて押せない

3 番目について補足すると、「立入禁止」や「KEEP OUT」などのサインやテープ（下図（左））からもわかるように、一般的に「黄色背景に黒文字」は何らかの危険を伝える配色として、世界中で使われています。

「下」という文字だけではわかりにくいと判断されたため「改札階」というラベルが付けられたのだと思いますが、色についてももう少し考えたほうがよかったという興味深い事例でした。

ちなみに、このエレベータのボタンを他の言語に自動翻訳してみたものが下図（右）になります。こちらをご覧いただくと、先ほどの問題点がよりわかりやすく実感できるのではないでしょうか？ 私なら、この黄色いラベルの付けられたボタンを押す勇気はありません。

このエレベータの場合は、テプラなどのラベルシールを利用して「UP」「DOWN」または「↑」「↓」と書いたものを付ければとりあえず問題は解決しそうです。また、「改札階」のラベルを白背景に黒文字などにするだけでも、ひとまず「危険そう」という誤ったメッセージが伝わるのは防げるように思います。色々な改善策が考えられるという意味でも、興味深い BADUI であると言えます。

皆さんもどういったラベルシールを貼るのが適切か、是非考えてみてください。

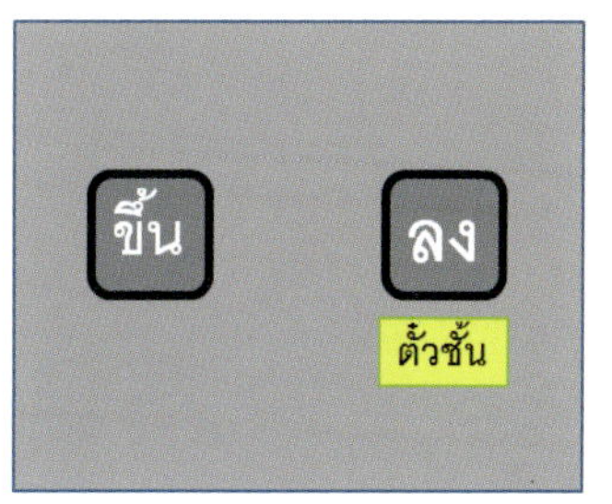

図 8-14　（左）立入禁止、KEEPOUT、キケン！／（右）エレベータのボタン（図 8-13）をタイ語に自動翻訳してみたもの

トイレの文字サイン：D と H のどちらが男性用でどちらが女性用？

図 8-15　D と H どちらが男性用でどちらが女性用？

ところ変わって、とあるドイツ語圏の空港。私は飛行機の搭乗時間までの暇をつぶそうとお店に入ってビールを飲んでいました。しばらく後にトイレに行きたくなり、トイレを探して店の外をウロウロしていたところ、上図のような「D」と「H」というサインが付いた 2 つの扉に出会いました（写真がないためイラストで再現）。雰囲気からどうやらこれがトイレだということはわかったのですが、さて、「D」と「H」どちらが男性用で、どちらが女性用でしょうか？ 是非、皆さんもこの場にいるつもりでどちらに入るかを決めてください。またその理由についても考えてから、この先へと読み進めてください。

先ほどの答えの前に、1 つヒントとなる事例も紹介しておきましょう。別の機会にオーストリアのある有名な観光地でトイレに向かったところ、一方のトイレのサインとして「Herren」という単語が提示されていました（下図）。ちなみに、逆側のトイレには「Damen」とあります。もうおわかりですね。先ほどの上図の「H」と「D」は、この「Herren」、「Damen」の略称でした。さてそれでは、「Herren」は男性用でしょうか？ それとも女性用でしょうか？

私は上図のトイレの前で中から人が出てくるのを待っていたのですが、誰も出てくる気配がありません。しばらく待った後、さすがに我慢ができなくなりどちらかに入ることに。ここで私の心の中では次のような対話が繰り広げられていました。

「そろそろ我慢ができなくなってきている。海外で漏らすわけにはいかない（日本でもダメですが）」
「D と H どちらが男性用っぽいだろうか？」
「D は『ディー』と濁ってて何だか強そうだし硬そう」
「H は『エイチ』は濁ってなくて語感がやわらかそう」
「そして、D は『ジェントルマン』っぽい（ジェントルマン（gentleman）の綴りは知っていますが……）」
「強そうで硬そうなのが男だろう」
「つまり、D が男性だ！」

図 8-16　Herren は男性用？ それとも女性用？

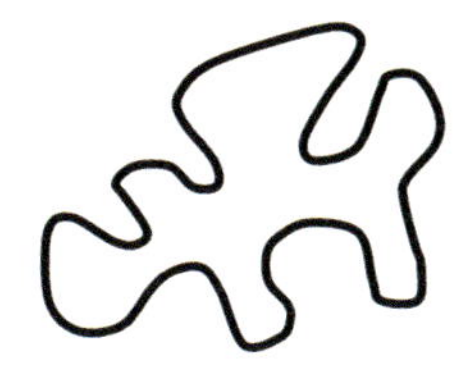

図 8-17　（左）「男」と「女」というトイレのサイン／（右）どちらがブーバでどちらがキキ？

「D」の扉を開けるとそこには男性用の小便器がなく個室が並んでいたため、これは間違ってしまったと焦って扉を閉じ、すぐにその場から離れました。幸い中には誰もおらず、誰にも見られてなくて本当に良かったです。その後、「H」のほうを開けると男性用の小便器があったため、ようやく安心して利用することができました。つまり、「D」が女性用で「H」が男性用でした。

一方、左ページ下図のトイレのときも下記のような対話を自分の中で繰り広げていました。

「Damen はダーメン、Herren はヘレンと読むっぽい」
「ダーメンは強そうだし、ヘレンは何だかやわらかそう」
「ヘレンはそもそも女性の名前っぽい（西川ヘレンやヘレン・ケラーなど）」
「つまり、Herren（ヘレン）が女性用で、Damen（ダーメン）が男性用だ !」

と予測したのですがハズレでした。つまり「Herren」が男性用で、「Damen」が女性用でした。なお、このときはガイドブックを持っていたうえ、中から人が出てきたので女性用トイレには入らなくて済みました。やはりこのサイン、日本人には難易度が高いらしく、学生と出張に行った際に、学生が間違えかけていたので指摘したこともあります。

ちなみに、「D と H どちらに入りますか ?」という質問と、「D は Damen の略で、H は Herren の略ですが、D と H どちらに入りますか ?」という質問を、講義のたびにしていますが、前者については 6 ～ 7 割程度の人が、後者になると 8 ～ 9 割程度の人が間違ってしまいます。何故 D を男と思うかという点について質問すると、数名が「Dandy の D だから」と回答していました。

うっかり異性のトイレに入って痴漢扱いされる人を世の中から減らすためにも、もう少しヒントが欲しいユーザインタフェースでした。特に、「Damen」や「Herren」などであれば辞書で確認することも容易ですが、「D」と「H」だけの場合、辞書を見て調べることも難しいため、海外からの観光客を受け入れる場所であれば、しっかりメンテナンスし、工夫していただきたいものです。日本でも「男」「女」とだけ書かれたトイレがありますが、あれもなかなか難易度が高いものだと思います（上図（左））。

なお、音のイメージというのは面白いものです。上図（右）を見てください。この図のうち一方が「ブーバ」でもう一方が「キキ」なのですが、どちらがどちらでしょうか？多くの人が、左がキキで右がブーバだと回答するのではと思います。これをブーバキキ効果と呼ぶのですが、このように音によって象徴されるものについては様々な研究がなされています。日本人にとってはオノマトペはこういったイメージを伝えるものであり、面白いものです[2]。

ちなみに、「このマークなら国際的に利用できる !」と思ったのかどうかはわかりませんが、下図のようなサインを見かけたこともあります（写真がないためイラストで再現）。まぁ、染色体の XX 型は通常女性、XY 型は通常男性として成長しますが、そうでない方もいらっしゃいますし、そもそも XX が一般に女性を、XY が男性を指すことを知らない人もいるはずです。大学の中にあったとはいえちょっと困った BADUI でした。

2　『オノマトペ研究の射程 —— 近づく音と意味』篠原和子／宇野良子（編）、ひつじ書房

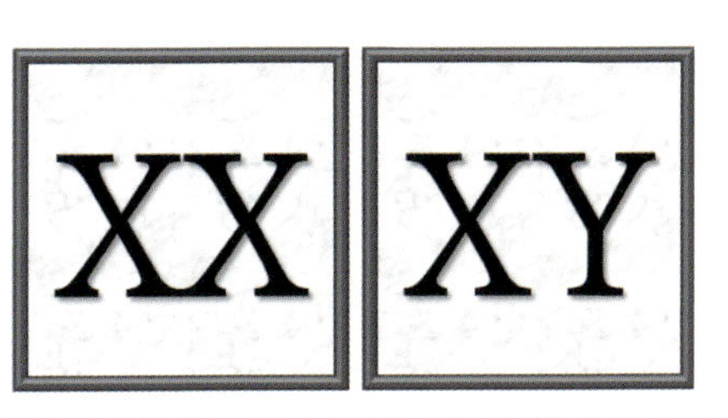

図 8-18　XX と XY。どちらが男性でどちらが女性でしたっけ？

過去を引きずるBADUI

オートロックの呼び出し番号：2-Bはどうやって呼び出すのか？

図8-19　目的の部屋を呼び出すためのユーザインタフェースとして、キーパッドが用意されている。
さて、2-Bの部屋を呼び出すにはどうするか？（提供：NH氏）

最近のマンションは、セキュリティと利便性の観点から、入口にオートロックシステムを導入しているところが増えています。こうしたオートロックシステムでは、居住者は入口のキーパッドでパスワードを入力してマンションに入る鍵を解錠しますが（中には物理的な鍵を使うマンションもあるようです）、来訪者はキーパッドで目的の部屋を呼び出し、居住者に遠隔操作で解錠してもらう仕組みになっています。友人が来たときや荷物が届いたときなどにわざわざ入口まで鍵を開けにいく必要もありませんし、不審者の場合は玄関前で追い返すこともできるので便利です。

上図（左）のキーパッドは、学生さんが住むマンションに設置されたオートロックシステムのロック解除／呼び出しのユーザインタフェースの一部です。キーパッドには0から9までの数字ボタンが並んでおり、これで部屋番号を入力する仕組みになっています。間違って入力した数字（部屋番号）を消去する「消」ボタン、入力した部屋を呼び出す「呼」ボタンも並んでおり、一見すると特に問題はなさそうです。

このキーパッドから少し離れた場所にある郵便ボックスが上図（右）です。「友人の部屋番号って何番だっけ？」と名前を見ながら確認すると、「2-A」「2-B」「2-C」などの部屋番号が大きく表示されています。さて、仮に訪問先の部屋番号が「2-B」だった場合、皆さんなら上図（中央）のキーパッドでどうやって部屋番号を入力しようとするでしょうか？

答えは「『202』という3桁の数字を入力する」でした。ABCを123に置き換え、ハイフン（-）は0で表現するようです。もしかしたら正解した方もそれなりにいるかもしれませんが、間違った部屋を呼び出しかねない悩ましいユーザインタフェースとなっています。

実を言うと、写真では見づらいのですが、この郵便ボックスの「2-A」「2-B」「2-C」という部屋番号の下には、小さく「201」「202」「203」と書かれたシールが貼られており、そちらを見れば数字に直した部屋番号がわかります。しかしこの文字はあまりに小さくて目立ちませんし、これが部屋を呼び出す番号だという保証もありません。それに、最初から部屋番号を覚えていれば郵便ボックスの前は素どおりしてしまうでしょう。キーパッドの前に立つと、ABCをどうやって入力したらいいかわからず途方に暮れてしまうであろうBADUIでした。ピザの宅配などで部屋番号を「2-B」と伝えた場合、そもそも宅配の人は郵便ボックスなど確認しないでしょうから、キーパッドを利用して目的とする部屋を呼び出せず困ったことになりそうです。

さて、何故このようなBADUIが生まれてしまったのでしょうか？ 私の予想は「当初はこうしたオートロックシステムが導入されていなかったため、大家さんが特に気にすることなく「2-A」「2-B」「2-C」のような部屋番号を割り当てた。後になって防犯の都合上オートロックシステムを導入したのだが、「2-A」「2-B」「2-C」という住所表記を長く続けていたため、各種の住所登録の都合上変更することができなかった。そのため、部屋番号はそのままにして数字との割り当てルールを考えた」というものです。部屋番号を変更できないならば、「201」「202」「203」の表記を大きくしてくれれば迷う人が少なくなると思うのですが……。何故こうなったのか、皆さんも是非予想してみてください。

406	405	403	402	401		D05	D03	D02	D01
306	305	303	302	301	階	C05	C03	C02	C01
206	205	203	202	201	段	B05	B03	B02	B01
						A05	A03	A02	A01

部屋配置

図 8-20　とあるマンションの部屋の配置。下が 1 階、一番上が 4 階である。A ～ D と 1 ～ 4 がそれぞれ階名として利用されており、201 と B01 が混在している（情報提供：大槻麻衣 氏）

次に、部屋番号のアルファベット表記に関連した面白いBADUIを紹介しましょう。上図は、とあるマンションの各フロアの間取りだそうです。1 階に A01 ～ A05 までの部屋が、2 階に B01 ～ B05 と 201 ～ 206 の部屋が並んでいます。

先ほどの事例では、2-B は 202 に対応していましたが、このケースの場合は B02 と 202 という部屋がそれぞれ存在しています。つまり、先述の事例のように、B を 2 と置き換えてしまうと、別の部屋になってしまいます。ちなみに、このマンションのポストの配置もかなりわかりにくく、面白いものとなっています。上図の各フロアの間取りを記憶して下図を見てください。何かおかしくないでしょうか？

階を意味する最も上の桁（一番左の文字）に着目すると、数字のもの（201、301、401 など）は左から右へと階が上がっていくのに対し、英字のもの（A01、B01、C01 など）は下から上へ上がっています。郵便屋さんが注意しなければ色々なミスが生じてしまう素敵な BADUI となっています。実際に、配達ミスもしばしばあったのだとか。きっと建て増しでこうなったのだと思いますが、何故こうなってしまったのかとても興味深い事例です。状況の変化に応じてユーザインタフェースを変容させ対応することの重要性を教えてくれる BADUI でした。

図 8- 21　ちなみにポストの配置がかなりややこしい。何故縦と横がごちゃごちゃなのだろうか？（提供：大槻麻衣氏）

206	306	406	D01	D02	D03	D05
205	305	405	C01	C02	C03	C05
203	303	403	B01	B02	B03	B05
202	302	402	A01	A02	A03	A05
201	301	401				

ポスト配置

図 8- 22　図 8-21 をイラスト化したもの（情報提供：大槻麻衣 氏）

建て増しの難しさ：会議室にはどうやったらたどりつけるのか？

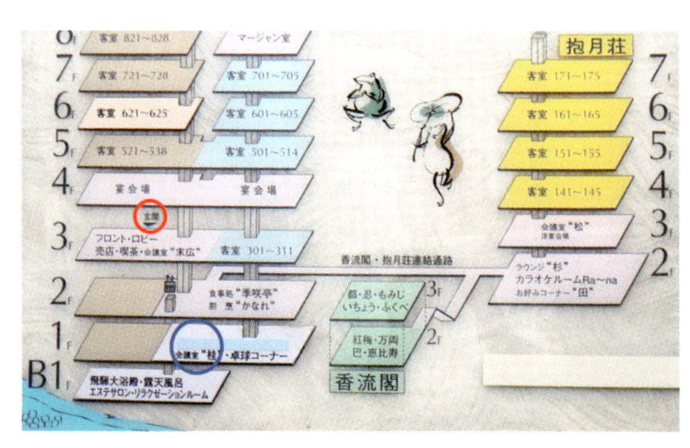

図 8-23　玄関（赤色の丸）から会議室「桂」（青色の丸）を目指したいのだけれど、どう行ったらよい？

ある研究会で歴史ある旅館を訪ねたときのこと。旅館自体には無事到着できたのですが、そこから目的の会議室にたどりつくことができず、数名の研究者とともに迷子になってしまいました（上図）。

この旅館はやや特殊な場所に建っていたため、旅館の正面玄関を入ったところはすでに 3 階でした。旅館の玄関を入ってすぐのところに、「会場は 1 階の桂の間」との案内がありました。私も連れもそれなりに荷物が多かったためエレベータを探したところ、その案内から割と近くにエレベータを発見。そのエレベータに乗ろうとしたところ、このエレベータは 2 階までしか下りないようでした。そこで「2 階分だし階段でいいか」と階段を下り始めました。さて、2 階まで下りましたが、付近には 1 階に下りる階段が見つかりません。エレベータも 2 階から上に行くものしか見つからず（下図（左））、仕方なく周辺をウロウロしていたところ、下の階に下りるエレベータを発見しました。しかし、こちらは何故か 1 階を飛ばして地下 1 階に下りるものでした（下図（中央））。その後、少し外れたところに下への階段を発見。最初に利用した階段とは随分雰囲気が違っていたため、本当にここから下りるのかとやや不安になりながら階段を下りると、そこは駐車場でした。諦めて階段で 2 階に戻り、フロントに道を聞こうとしていたときに見つけたのが、上図のフロア案内です。

この図、色々と詰め込まれているため少し見づらいですが、3 階の玄関（図中の赤丸で示した部分）からすぐ近くにある縦の棒（エレベータ）は 2 階までしか下りません。その先にあるエレベータは 1 階まで下りますが、このエレベータは 2 階には止まりません。つまり、2 階から 1 階に下りる手段はなく、最初に到着した玄関のある 3 階から 1 階に直接下りる必要があったのです（下図（右））。

この場合は、どんどん改修を重ねたことによって BADUI となった事例だと思いますが、この旅館だけでなく歴史ある宿泊施設などはこのようなところが結構多く（フロアの途中で階が変わる、部屋が不思議な順序で並んでいるなど）、迷子になることも珍しくありません。

建物を新たに改修するのは無理なので、せめて最初の案内板に「会場は 1 階です」だけではなく、「会場は 1 階の会議室です。奥にあるエレベータからのみ会場にアクセスできます」とでも案内してあるとよかったのかもしれません。それにしても、右ページ上図に注目すると、この見取り図を作った人の苦労が色々と見えてきます。特に 2 階から地下 1 階へとつながるエレベータや 1 階と地下 1 階の位置関係のせいで、理解が容易ではない立体となっており、何とも言えない不安な気持ちになってしまいました。

図 8-24　（左）2 階から上にしか上がることのできないエレベータ／（中央）2 階から 1 階を飛ばして地下 1 階にしか降りることができないエレベータ／（右）3 階から 2 階を飛ばして 1 階に下りるエレベータ

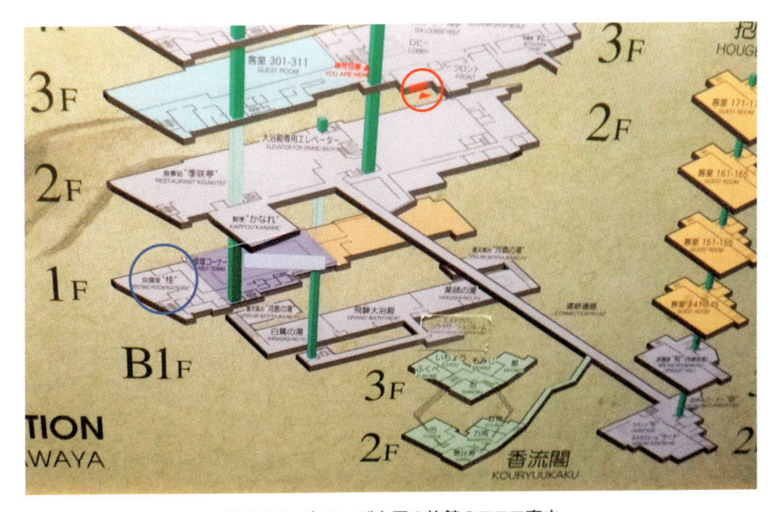

図 8-25　左ページ上図の旅館のフロア案内

建て増しつながりで、発注者や利用者の要望をひたすら受け入れて機能を拡張したために、サービスやソフトウェアが、何が何だかわからなくなってしまうということはよくあります。例えば、私が開発していたWeBoXというソフトウェアでは、色々なユーザの機能要望を聞いて、これは面白いなと思ったものをどんどん取り入れていました。その結果、メニューが整理されておらず、何が何だかわけのわからないものになり（下図）、開発者自身も把握していない機能だらけになって混乱してしまいました。つまり、良かれと思ってBADUIを作り上げてしまったわけです。こうした問題を起こさないためにも、開発者はある程度強い信念をもってソフトウェアを開発することが重要かもしれません。また、使用頻度が少ない機能をある程度のタイミングで削除するなどの思い切りが必要になります。

他にもシンプルで便利だと思っていたWebサービスなどが機能拡張を続け、処理が重くなるばかりかわけがわからないものになってしまって、がっかりしたことは一度や二度ではありません。機能を追加するときは、少し立ち止まり、整理し、その機能が混乱を招かないか、また不要な機能が残っていないか考慮する必要があるという話でした。

さて、これとは関係ない話ですが、ちょうどソフトウェアの話が出てきたので1つだけ言わせてください。皆さんがあるソフトウェアを使いにくいと感じたとしても、善意で無料で提供されているようなもの（特に個人で開発されているようなもの）に対して「BADUIだ！ダメだ！」などとは言わないでいただきたいと思います（私はこういう文章を書いているので、私が作ったものに対しては文句を言っていただいてかまいません）。BADUIという言葉は、是非ともそのユーザインタフェースやソフトウェアに愛をもって使っていただきたいと思います。とはいえ、私も徹底できているわけではないので、反省することがあるわけですが……。

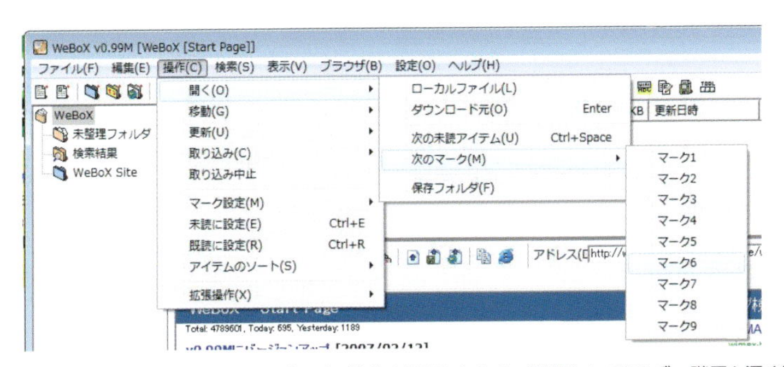

図 8-26　WeBoXのメニュー構造。無邪気にどんどん機能を追加したため、整理されておらず、階層も深くなってしまった

複雑な路線図：目的地に行くのは何番のバスか？

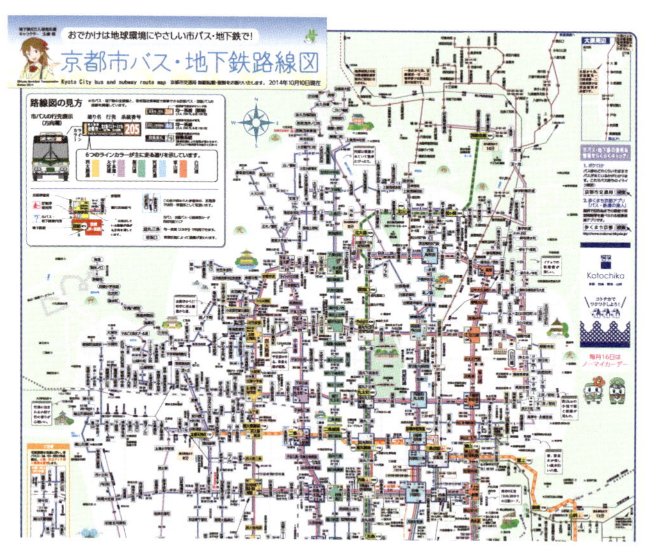

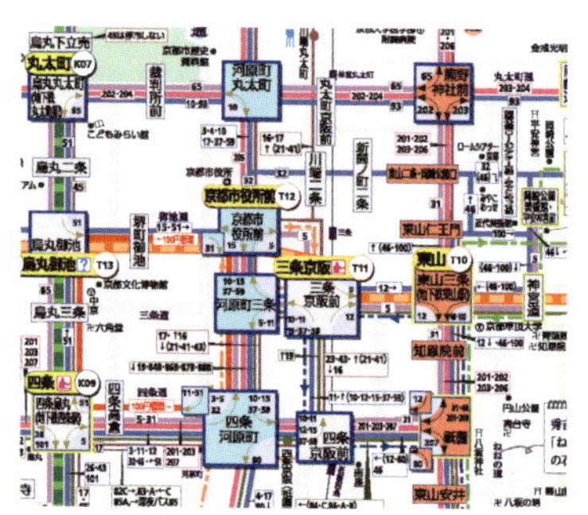

図 8-27　（左）京都のバスマップ（一部）／（右）左図をさらに拡大したもの（2014 年 10 月 10 日時点のもの）
以前のバージョンはもっとわかりにくいものだったため、わかりやすくするための工夫は盛り込まれているように思いますが、それでも難易度が高い

仕方がないことではあるのですが、情報量が多かったり、どんどん増加する場合、どうしても BADUI が生まれがちです。

私が京都に住み始めてまもないころ、とある目的地にどうやって行ったらよいのかわからなかったため、京都市バスの Web ページから PDF の路線図を探しだしました [3]。早速そのファイルを開いてみようとしたのですが、なかなか表示されません。しばらく待ってようやく表示できたとき、あまりの情報量の多さに絶望してしまいました。その路線図が上図です（ここでは 2014 年 10 月現在の最新のものを紹介します）。

京都は屈指の観光都市ということもあり、色々な観光名所があるためバスの行き先も多く、またそれに付随して出発地が多いうえ、経路も多様になってしまいます。そのすべての情報を 1 枚の路線図上にマッピングした結果、閲覧の難易度が非常に高いものができあがってしまったようです。

ここまで来ると一種の試練のようにも見えてしまいます。ちなみに京都には、京都市バスに加え、京都バスと京阪京都交通という別のバス会社もあり、場所によっては似たような路線を走っているのでますます厄介です。京都在住の人でも自身が利用する路線以外は覚えていないことが多いように思います。また、同じ番号であるにもかかわらず、時計回り／反時計回りに運行するものもあり、とんでもないところに連れていかれて待ち合わせ時間に到着できなかった知人もこれまで何名かいますし、私も乗るべきバスを間違えてしまい、集合時間に大幅に遅れてしまったことが数度あります。

今のところいくつかの目的に応じて地図を分割するか、ユーザの操作によってインタラクティブに探索できるような仕組みにするか、出発地または到着地などで整理する以外の対案はありませんし、仕方ないと言えば仕方ないのですが、こういった路線図をうまく表現できるようなわかりやすいユーザインタフェースを期待したいところです。興味のある方は腕試しに挑戦していただければと思います。

なお、路線図など様々な情報をどのように可視化するとよいかということに関する試行錯誤や、関係する膨大なデータをどう美しく見せるかといったことを取り扱った書籍に、『ビューティフルビジュアライゼーション』があります [4]。また、その本の中に登場する路線図は iOS のアプリケーションになっています [5]。興味がありましたら、この本を手に取っていただければと思います。

3　京都市交通局 Web サイトより　http://www.city.kyoto.lg.jp/kotsu/cmsfiles/contents/0000019/19770/omote.pdf

4　『ビューティフルビジュアライゼーション』、Julie Steele、Noah Iliinsky（編）、増井俊之（監訳）、牧野聡（訳）、オライリージャパン

5　http://www.kickmap.com

飛行機内の吸いがら入れ：完全禁煙なのに吸いがら入れ？

図8-28 （左）飛行機内のタバコの吸いがら入れ ／ （右）こちらのゴミ箱には「タバコを捨てないでください！」

状況の変化には柔軟な対応が必要であることがわかる事例が、飛行機内のトイレ（化粧室）にあるタバコの吸いがら入れだと思います。世界的な航空機内禁煙化の流れで、1999年4月に日本航空と全日空は国内便、国際便ともに完全禁煙となりました。上図はつい先日（2014年3月）に飛行機に乗ったときに撮影したものですが、いまだに吸いがら入れがありますし、ゴミ箱にタバコを捨てないでくださいとの案内が表記されています。

一方で、タバコの吸いがら入れの場所には、下図のように「化粧室内禁煙」と大きく書かれています。何故、禁煙でありながら吸いがら入れが用意されているのでしょうか？ 私はこれをあらためて見たときに、「これはメンテナンスされていないからだ！」などと考えていたのですが、どうやらこれにはちゃんとした理由があるようです[6]。

まず、アメリカの連邦航空局は、どんなに機内禁煙を徹底しようとしても、喫煙してしまう人物が出てくると考えているようです。そこで、こうした不届き者の行為によって逃げ場のない飛行機内でとんでもない事故が発生するのを防ぐため（例えば、タバコの火を消さずにゴミ箱に捨ててしまい、ゴミが燃えて大事故になるなど[7]）、飛行機内に灰皿を置くとともに、ゴミ箱にはたばこを捨てないようにとのサインが提示されているというわけです。

ユーザインタフェースが一見メンテナンスされていないように見えても、そこに何らかの理由があったりするようで興味深い話です。色々と気付きを与えてくれたとても興味深いユーザインタフェースでした。

6 「Engineering Infrastructures For Humans」（http://www.standalonesysadmin.com/blog/2012/05/engineeringinfrastructures/）

7 「完全禁煙の飛行機でトイレに灰皿がある理由」（http://www.aivy.co.jp/BLOG_TEST/nagasawa/c/2012/05/post-476.html）

図8-29 化粧室内禁煙とあるが、タバコの吸いがら入れは利用できてしまう。
もちろん何度も案内があるので機内でタバコを吸うことはありえないのだが……

DIY でメンテナンス

本章ではメンテナンスの重要性について触れてきましたが、ここでは実際に DIY 的にメンテナンスをしているケースを紹介します。

DIY（Do it yourself）とは、専門的な技術をもつ業者に任せるのではなく、生活環境を良くするため自らの手で作ったり、直したりすることです。一般的に DIY は、日曜大工的な意味で使われることが多いですが、本書では BADUI を修繕するという意味で DIY という言葉を使っています。

さて、生活環境にある BADUI を直そうと多くの人が試行錯誤しています。こうした試行錯誤はとても興味深いものであり、「そもそもどのようなユーザインタフェースであればよかったか」「自分がユーザインタフェースを作る際にはどういったことに気を付ける必要があるか」ということを考えるきっかけになったり、別の BADUI を改善するときに役立つ参考情報となったりします。

BADUI の面白さは、誰もが目の前の BADUI を DIY 的に改善したり修正したりできること、さらに、様々な人がそこにある BADUI を何とかして改善しようとした様子を観察できることにもあります。

例えば下図は、海外からの観光客が増え、彼らが日本語のメッセージを読むことができず困ってしまうため追加された英語の説明です。エレベータのボタンの「開」や「閉」に、「OPEN」や「CLOSE」というラベルが貼られています。また、自動券売機の「とり消し」には、「CANCEL」のラベルが貼られています。

右ページ上図は、もともとアクセス可能だった階にアクセスできなくなったことを示すため、追加的な説明が付与されていたり、その階のボタンを押せないようにしている例です。こういったものは 3D プリンタやレーザーカッターの普及によって、今後、より手軽に実現できるようになるかもしれません。

右ページ 2 段目の図は、非接触型 IC カードへのチャージ端末と、非接触型 IC カード対応の自動改札に付けられた説明です。これらの IC カードが登場した当初は、各鉄道会社がそれぞれ独自に Suica や ICOCA、PASMO、TOICA などのサービスを導入したため、Suica カードは ICOCA エリアにて使えないなどの不便がありましたが、その後、各 IC カード向け端末で他の IC カードも利用できるよう相互運用が始まりました。今では、色々な IC カードがあって、どこで何を使えるかがわからなくて困る人がいるためか、図（左）のように「PASMO・TOICA・ICOCA もご利用いただけます」という説明文が追加されています。また、IC 定期券の登場によって「定期券としてタッチしたのに残額が表示されたということは、もしかしてチャージした分から引き落とされた？」と焦る人もいたのか、図（右）のように、「イコカ定期でもチャージ残額が表示されます」というメッセージが追加されています。

以降、図 8-33 ～図 8-42 は、それぞれ DIY 的に BADUI を直したり、改善しようとしている例です。うまくいっている例、失敗している例など色々と興味深いものが並んでいます。

「楽しい BADUI の世界～ DIY 投稿サイト～」（http://DIY.badui.org/）では、こうした BADUI を DIY 的に直そうとした事例を集めています。そうしたものを見かけたら、気兼ねなく是非ご投稿いただければと思います。

図 8-30　海外の利用者が多いことから付与された英語の表記　（左）「開」と「閉」に「OPEN」と「CLOSE」を追加 ／（右）とり消しボタンの近くに「CANCEL」を追加

図 8-31　(左)「地下には行きません」。この説明がないと「B1」「B2」を押して反応がないと悩む人がいたのだろう ／
(右) 止まらない階は押せないよう物理的な制約を入れている

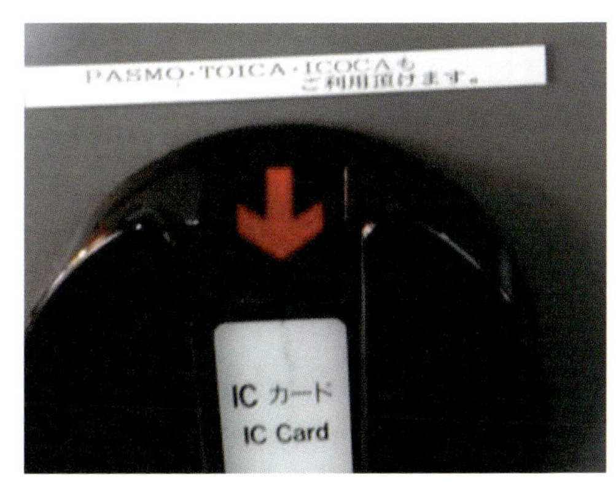

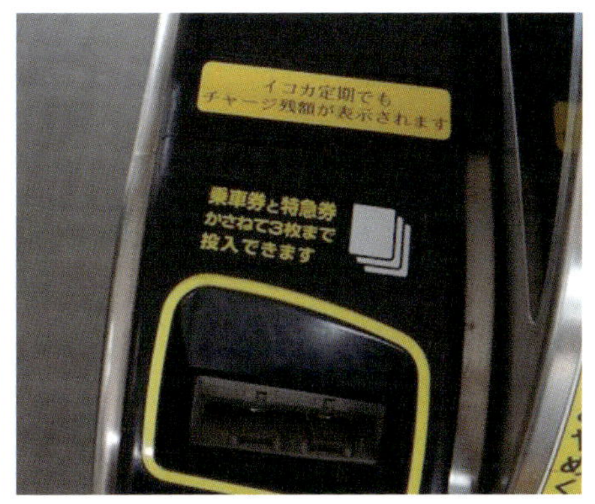

図 8-32　(左)「PASMO・TOICA・ICOCA もご利用いただけます」／
(右)「イコカ定期でもチャージ残額が表示されます」

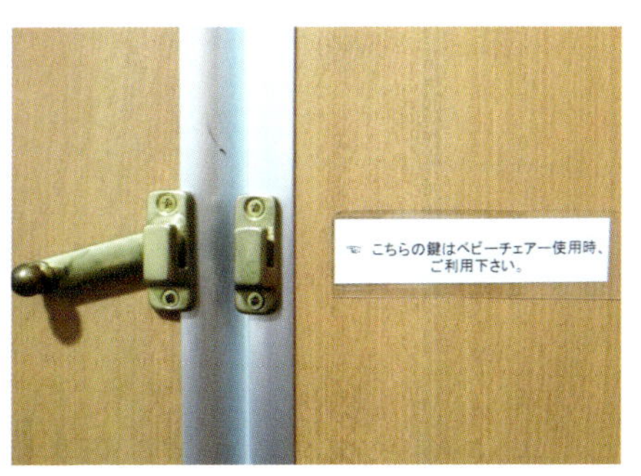

図 8-33　(左) ベビーチェアがあるトイレの個室／(右)「こちらの鍵はベビーチェア使用時、ご利用ください」という案内と追加された鍵
(左) 乳児を座らせて固定しておくことが可能なベビーチェア。子どもが生まれてからよくお世話になっている／
(右) このトイレの個室は、便座から扉までが離れており、トイレの鍵がベビーチェアからすぐそばにあるため、
子どもがいたずらして扉を開けてしまい大変なことになる。そのため、ベビーチェアから届かない高いところに
この説明と鍵が追加されたようだ

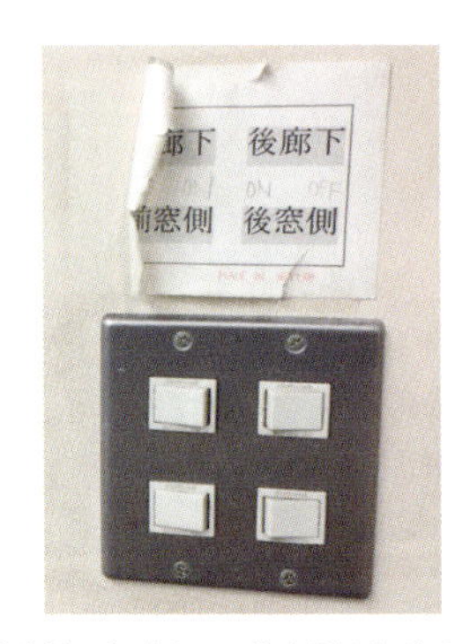

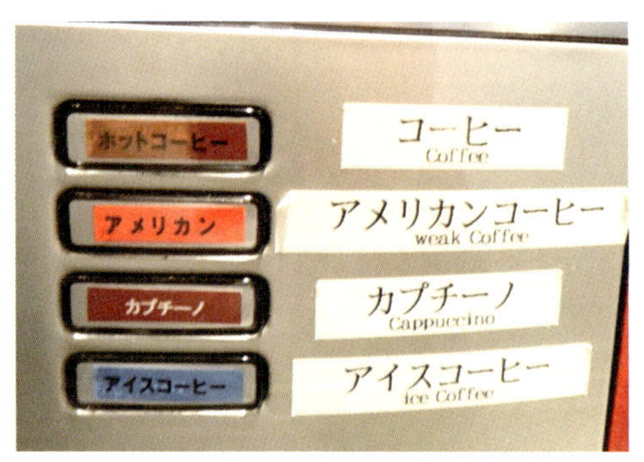

図 8-34　（左）前窓側は右が ON で後窓側は左が ON?（提供：橋本直 氏）／（右）ホテルのコーヒーメーカーに付与されていた説明シール

（左）何が理由かはわからないが、左側に配置されている前廊下と前窓側は右側を押し込むと ON、後廊下と後窓側は左側を押し込むと ON。これは説明がないと使えないだろう

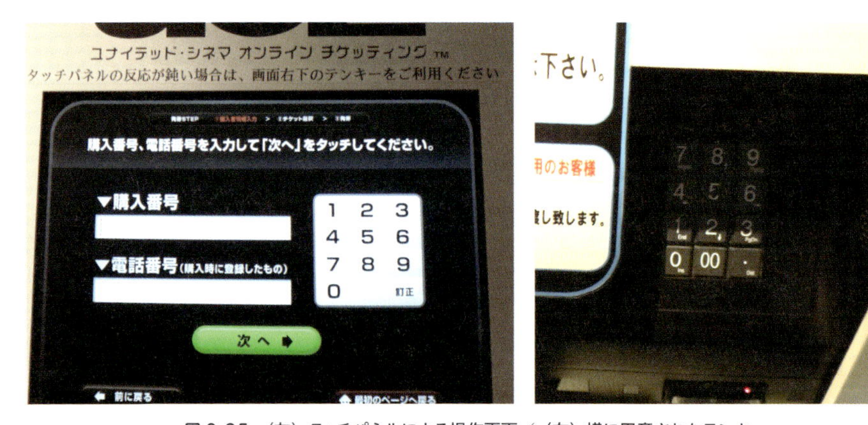

図 8-35　（左）タッチパネルによる操作画面／（右）横に用意されたテンキー

タッチパネル上のテンキーをうまく使えない人がいることや、反応が悪いことを考慮して物理的なテンキーも用意している。また、追加的な説明により、そのテンキーへの誘導も行っている

図 8-36　（左）砂糖とミルクは両方白色で区別がつかないため、それぞれラベルが付けられている。塩と砂糖や、醤油とソースも似たようにラベルが振られることが多い／（右）トイレのインタフェース。どちらが水を流すものかわかりにくいため、一方に「水洗」という説明書きが付与されており、他方には「非常用」というラベルが付与されている

図 8-37　（左）トイレであることがわかりづらいサイン／（右）その横に追加された見慣れたサイン
トイレのサインが小さく目立っていないため、見慣れたトイレのサインと矢印が大きく貼られている

図 8-38　（左）出口はあちら！（提供：公文彩紗子 氏）／（右）重ねられた矢印（提供：山田開斗 氏）
（左）出口を間違う人が多いためか、上から矢印が貼り直されている。また、その下には出口と左上矢印のマークがやたらめったら貼られている ／（右）矢印の上を部分的に塗りつぶして別の矢印を表現しているのだけれど、あまりうまくいっていない様子

図 8-39　ボタンのそばに視覚障害者向けの点字が付与されている
ちなみにこの点字のラベルシールに文字が書かれていることに違和感を覚えたが、これはこのラベルシールを貼る健常者向けのものなのだとか。健常者が間違ってシールを上下逆さまにすると、点字はまったく違う意味のものとなってしまうため、ラベルが意味をなさず BADUI となる

図 8-40　とあるホテルに宿泊したときに出会ったテレビとそのリモコン

テレビに付けられた「リモコンはチューナーに向けて下さい↓」というラベル。人はどうしてもリモコンをテレビに向けてしまう（テレビを操作しようとしてしまう）ため、ホテルなどのように部屋が広くない場合はチューナーがリモコンからの操作を受信できず、テレビがつかない？ と悩んでしまう人が続出してしまう。そのため、このようにしてフォローされている

図 8-41　（左）プリンタに付けられた説明／（右）レストランのお茶サーバに付けられた説明

（左）両面印刷のため、片面が印刷された後その印刷された紙が再度取り込まれて他方の面に印刷されるのだが、片面が印刷されたタイミングで取ってしまう人がいるため「両面印刷のため、印刷が終わるまで触らないで下さい」という説明が貼られている／（右）ついつい「玄米茶」や「冷水」と書かれた部分を押してしまう人が多いのか、「HOT」や「COLD」の場所を押すように促す「こちらのボタンを押して下さい」のラベルが貼られている（提供：佐藤晃太 氏）

図 8-42　（左）使用済みカードの回収口がわかりにくいため用意された「ココ↓」の説明ラベル／（右）肉の部位を示す紙製のラベル

魚の刺身や、肉の部位などは詳しくないとどれがどれだかわからなくなってしまうことが多いため、このように情報を提示してくれるのはとても助かる。新しくバイトに入った店員さんも覚えなくてよくなるので色々と助かるのかもしれない

図 8-43　コーヒーサーバ

DIY 的な BADUI の改善として有名な話にセブンイレブンカフェのコーヒーサーバ（上図）があります。このコーヒーサーバは、大きく示されている R と L が何を示しているのかわかりづらく、そして REGULAR と LARGE という表現では日本人にとって親切ではないため、使い方がわからず悩む人が続出していました。このコーヒーメーカー自体、どのようにして発注されたかはわかりませんし、その BADUI が現れたこと自体、誰に問題があるのかは不明です（例えば、もともと店員が利用することを想定し、慣れた人であれば問題なく使えるようにとデザインされたものが、何らかの都合で慣れていないお客さんに使ってもらうことになったため問題となったのかもしれません）。そのことよりも、このセブンイレブンカフェのコーヒーサーバをそれぞれのお店でどう改善しているのかを見てみると様々な工夫がなされており、とても興味深いものです。一度ご覧になることをおすすめします[8]。

BADUI を探すこと自体は、最初はとても難しいかもしれません。しかし、BADUI（だったもの）を探す簡単な方法が 1 つあります。それは、何らかのユーザインタフェースの近くに、後から追加された説明書きやシールがないかを探してみることです。もし、近くにこのような追加説明がある場合、そのユーザインタフェースは誰かを困らせる BADUI であった可能性が高いかもしれません（ただし、デザイン段階で説明を貼るためのスペースが用意されており、追加を前提としているものもあるので注意が必要です）。ちなみに、この改善のための説明書き自体が混乱を招くものも散見されます。せっかくなので、是非うまく改善していっていただきたいものです。

世の中には、「テプラ[9]を貼られたら負け」という風潮がありますが、個人的には貼られることを前提としてユーザインタフェースをデザインするのもありだと思います。実際、色々な状況で様々な人に使われることを考えると、答えは 1 つに定まりません。例えば 60 歳以上をユーザとする場合と 10 歳以下をユーザとする場合では、求められることは変わってくるでしょう。こうしたときに、ボタンの周辺にスペースを用意してラベルを貼れるようにしておいたり、いくつかのラベルシールを同梱しておくという手はあるように思います。

なお、3D プリンタやレーザーカッターなどが一般にも普及すると、今より手軽に看板やサイン、取っ手やボタンなども直すことができるようになるでしょう。3D プリンタやレーザーカッターでは、素材と設計図さえあれば誰でも簡単に高精細なモノを作れるようになるため、良いものができると期待できる一方、変なサインや使いづらい取っ手などを作ってしまうと、安全面に問題が生じることがあるかもしれません。今後どうなっていくのか、BADUI 収集家としては目が離せません。

さておき、こうした現場の人の手による BADUI メンテナンスはとても面白いものです。是非、そこかしこにある現場での「直す」行為に注目していただければと思います。

8　「セブンカフェの様子」(http://sevencafecoffeemakeradhocsignage.tumblr.com)

9　株式会社キングジム製のラベルプリンタ

まとめ

本章の様々なBADUIの事例から、ユーザインタフェースをメンテナンスすることの重要性についてご理解いただけたのではないでしょうか。

時代の変化、文化的変容により、ユーザインタフェースも変化していく必要がありますが、実際には、ユーザインタフェースが定期的にメンテナンスされていることはあまりありません。これは、お金がかかるということもありますが、そもそもユーザインタフェースが疲弊したり、摩耗したり、意味がなくなったりすることに対して、予算執行者や作成者の興味が薄いのが理由ではないでしょうか。ユーザインタフェースを作成／設置する際には、それをどう維持していくのかという点に対しても少しは目を向けていただければと思います。

一からユーザインタフェースを作る機会はあまりないとしても、例えば、古くから使われており、説明などが現代に即していないわかりにくい様式の書類が使われ続けているときなどにユーザインタフェースを修正する機会はあるかもしれません。こういったものについては、是非とも、前時代の余計なものは排除して、少しでも良いユーザインタフェースになるよう心がけてもらえればと思います。

また、最後の節でも紹介したとおり、わかりづらいユーザインタフェースを少しでも困らない、使いやすいものにするために、テプラなどのラベルシールを用いてメンテナンスする機会はあると思います。そうした際にはどうしたらわかりやすくなるかということに注意していただければと思います。また、一度貼って満足するのではなく、それでも伝わっていない場合は他のラベルを考えて貼り替えるなどしていただければと思います。

明治大学の福地健太郎氏は「テプラはユーザインタフェースのばんそうこう」と呼んでおり、私もこの考えにはかなり同意です。実際に、テプラなどのラベルシールはユーザインタフェースを補強する目的で役に立ちます。皆さんも是非そのような点を観察してみてください。

演習・実習

☞ 身の回りには、「ここに海外の人が突然大挙して訪れたら大変なことになる！」というユーザインタフェースやサインがあふれています。これらのものを海外から来た人も使えるようなユーザインタフェースにしようと思った場合、どうしたらよいか考えてみましょう。

☞ 経年劣化などにより困ったユーザインタフェースになっている例を探してみましょう。また、どういったメンテナンスが必要なのか考えてみましょう。

☞ 文化的変容などによってわかりにくくなっているサインがないか探し、どういったサインに変更していくべきか考えてみましょう。

☞ 皆さんの身の回りにある申請書類について、時代の変化によって不要になった項目などがそのまま残っていないかチェックしてみましょう（申請年月日の場所に「昭和」と書いているものなどがあります）。また、言葉遣いが古いものなども探してみましょう。さらに、問題がある場合はどう修正したらよいかを考えてみましょう。

☞ 身の回りのユーザインタフェースに貼られているテプラなどの説明シールを探し、収集してみましょう。そのシールがない場合どう感じるか、またそのシールはどう工夫されているか観察および整理してみましょう。

☞ 身の回りのBADUIや本書で紹介している様々なBADUIについて、どのようなラベルシールを貼ると問題が解決するか考えてみましょう。

Chapter 9 人に厳しいBADUI

記憶することを要求されて動揺してしまった経験はないでしょうか？ 文書を書くソフトウェアで計算を要求されたり、表計算ソフトウェアで文書を書くことを要求され、うんざりしたことはないでしょうか？ おかしなグラフにだまされかけた経験はないでしょうか？

世の中には、人の記憶力を試したり、人の心を折ったりというように、人の能力の限界を超えるような厳しい要求を行うユーザインタフェースがあふれています。何故、そんなユーザインタフェースができあがるのでしょうか？

原因は事例によって様々です。発注者の無理解のせいかもしれませんし、単にシステムの都合をユーザに押し付けているだけのこともあります。一方、人をだまそうとしてわざとわかりづらく、間違えやすいユーザインタフェースにしている詐欺的なケースも珍しくありません。こうしたユーザインタフェースに共通することは、ユーザのことをまったく考えていないか、考えつつあえてひどいものとしているということです。

本章では、これまでに紹介できなかった「記憶力を試すBADUI」「人の心を折るようなBADUI」「詐欺的なUI」などを五月雨式に解説します。

それでは、人に厳しいBADUI、ゆっくりとお楽しみください。

記憶力が試されるBADUI

旅館の丁寧な説明：どの扉の鍵を閉めなければいけないのか？

「それでは、当旅館について案内させていただきます。当旅館には3つの家族風呂があります。そのうち、この玄関そばのお風呂は石造りのお風呂となっています。こちらのお風呂は利用時に内側から鍵をかけてください。そして、玄関を入ってこちらを曲がった先にあるのは檜のお風呂です。このお風呂の扉の鍵は閉めず、その中にあるこちらの扉の鍵を閉めてご利用ください。次に2階に上がりまして、こちらは露天風呂になっています。こちらは中の鍵ではなく、入口の扉の鍵をお閉めください。どの家族風呂が使用できるかについては、ここのランプでご確認ください。使用中であればランプが灯り、そうでなければランプが消えています。あと、お部屋での晩御飯は7時からとなっております。準備ができましたらフロント7番までご連絡ください。また、朝御飯は8時から1階の梅の間でご提供いたします。こちらからお電話差し上げますので、電話連絡が入り次第、梅の間までお越しください」

以上は、私がとある旅館に宿泊したときに宿の方に一気にご案内いただいたものです（うろ覚えです）。さて、鍵を閉めなければいけないのはどの風呂のどの扉でしょうか？ また、晩御飯の際は電話を待てばよいのでしょうか？ それともこちらから電話する必要があるのでしょうか？ 朝御飯はどうだったでしょうか？ 私は妻とともに混乱し、「風呂を利用するとき……、晩御飯のときは何だっけ？」と悩んでしまいました。

あまりにややこしいので、上記の情報が整理された説明書きなどが部屋に用意されているのかと期待していたのですが、探しても見当たらず、頭を抱えてしまいました（ちなみに、お風呂によって施錠する扉が違うのはどうやら使用中かどうかを示すランプのON／OFFと一部の扉の鍵が連動していることが理由のようでした）。

人間の記憶力には限界があります。「短期作業記憶」と呼ばれる、電話番号や部屋番号などを瞬間的に覚える記憶領域では記憶は20～30秒程度しかもたず、記憶可能な個数も4チャンク程度と言われています[1]。

チャンクとは、人が認知する情報の単位のことです。例えば、下に示す数字を10秒程度で覚えてください。10秒経ったら数字を隠し、何も見ずにそらで言うか、紙に書くかしてみてください。

315646495963

どうでしたでしょうか？ すべての数字を正確に覚えていたでしょうか？ さて、次に下に示す数字をもう一度覚えて、同じようにそらで言うか、紙に書くかしてみてください。

3156（サイコロ）　4649（ヨロシク）　5963（ゴクローサン）

今度は答えることができた人のほうが多いのではないでしょうか。単純に12個の数字が並んでいるだけのときは、12チャンクのものを記憶する必要があるのに対し、「サイコロ」「ヨロシク」「ゴクローサン」とすると、記憶対象が3チャンクとなるため、十分記憶可能となります。よくゴロ合わせで歴史上の出来事を覚えたり、元素周期表の一部を覚えたりしていますが、これはゴロによってチャンク数を減らしているわけです。

つまり、「3つの風呂について施錠する扉が異なる」「晩御飯はこちらから電話する必要があり、朝御飯は電話を待つ必要がある」などなど、色々な内容を一気に浴びせられてしまうと、記憶可能なチャンク量を大幅に超過してしまい、ユーザはちっとも覚えることができません。

情報の提供というのも、1つのユーザインタフェースです。人がどのように情報を受け取るのか、受け取った情報をどう整理し、どう記憶するのかをしっかり考える必要があります。また、記憶できないということを前提として考えておき、説明をまとめた文書を用意して「その詳細はこちらの紙にまとめてあります」と案内するのが親切だと思います。

皆さんも情報提供側になったときにはこの事例を思い出し、役に立てていただければと思います。

1　『インタフェースデザインの心理学 —— ウェブやアプリに新たな視点をもたらす100の指針』、Susan Weinschenk（著）、武舎広幸／武舎るみ／阿部和也（訳）、オライリージャパン

メニューの名前：購入しようと思っていた料理はどのメニュー？

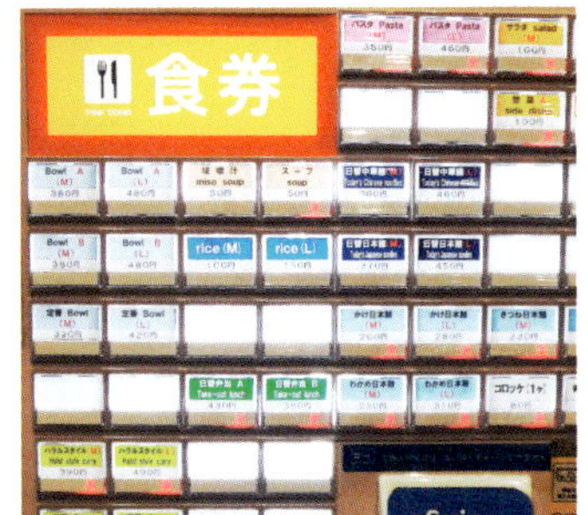

図 9-1 （左）メニューのディスプレイ／（右）食券の自動券売機。この券売機で買おうとしていたのは何だっけ？

某大学の食堂では、「日替わりBowl A」「日替わりBowl B」「定番Bowl」「日替わり中華麺」などのメニューが常時10個程度用意されており、本日の日替わりBowl AやB、定番Bowlはどんな料理なのかが上図（左）のようにわかりやすくディスプレイされています。一方、券売機は上図（右）のような感じです。

一見何の問題もなさそうなのですが、私はいつも券売機の前で自分が買おうとしていたものがどれだったのかわからなくなり混乱してしまいます。料理を決めるときはどうしても「オムハヤシ」や「ロコモコ丼」などのメニュー名が頭に入ってしまうため、食券の券売機の「Bowl A」「Bowl B」「定番Bowl」ボタンを見ても、どれがどれに対応していたかわからなくなってしまうのです。私以外にも同じように悩む人が多いためか、この券売機の前、行列ができていることが多いようでした。

ところがある日、この食堂を訪れたところ、食券のインタフェースが下図（左）のように改善されていました。メニューの写真が貼られたため、ディスプレイを見返す必要がなくなり、どのメニューがどの食券に対応するのか覚える必要がなくなりました。こういった工夫を見ると、不便なインタフェースを何とか改善しようという現場の心意気が見え、とてもうれしく思います。

他にも同じような工夫をしているお店があり（下図（右））、素晴らしいと思います。一方で情報量が増えすぎて困ったことになる可能性もあるわけですが、記憶するのがあまり得意ではない人間にとっては、記憶しないで済む工夫というのはとてもありがたいものです。

左ページでも紹介しましたが、人の記憶（短期作業記憶）はとても儚く、似たようなものを覚えるのは難しいものです。そういった際にこのような工夫が効いてきます。ただし、やりすぎるとボタンが見づらくなることもあるので注意は必要です。

図 9-2 （左）メニューの写真が貼り付けられている！／（右）とある沖縄のラーメン屋の食券の券売機

（左）これによって券売機の前で悩むことがなくなった。毎日貼り替える手間があるので本当に大変だと思うが……／（右）すべてのボタンに料理名に対応する写真が貼られている。前回気に入った料理名を覚えておかなくてもよいばかりか、その料理がどんなものだろうか悩んだときにも助けになる。海外からの利用者にとっても便利なユーザインタフェースと言えるだろう

年金に関する請求：23 年後に忘れず提出してくださいね！

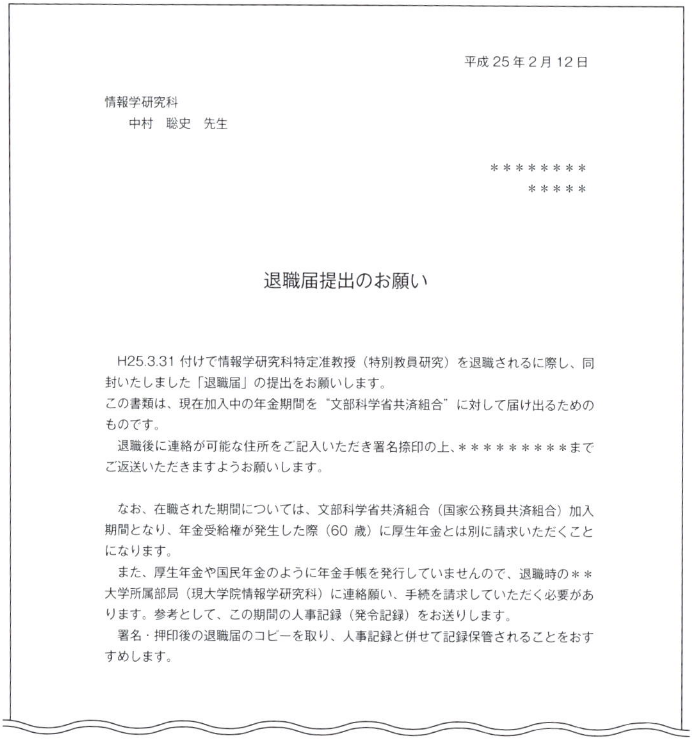

平成 25 年 2 月 12 日

情報学研究科
　　中村　聡史　先生

＊＊＊＊＊＊＊＊
＊＊＊＊＊

退職届提出のお願い

　H25.3.31 付けで情報学研究科特定准教授（特別教員研究）を退職されるに際し、同封いたしました「退職届」の提出をお願いします。
この書類は、現在加入中の年金期間を“文部科学省共済組合”に対して届け出るためのものです。
　退職後に連絡が可能な住所をご記入いただき署名捺印の上、＊＊＊＊＊＊＊＊＊＊までご返送いただきますようお願いします。

　なお、在職された期間については、文部科学省共済組合（国家公務員共済組合）加入期間となり、年金受給権が発生した際（60 歳）に厚生年金とは別に請求いただくことになります。
　また、厚生年金や国民年金のように年金手帳を発行していませんので、退職時の＊＊大学所属部局（現大学院情報学研究科）に連絡願い、手続を請求していただく必要があります。参考として、この期間の人事記録（発令記録）をお送りします。
　署名・押印後の退職届のコピーを取り、人事記録と併せて記録保管されることをおすすめします。

図 9-3　年金受給権が発生した際（60 歳）に厚生年金とは別に請求してください

　前職を退職する際に、上図のような書類を事務の方から渡され、退職届の提出を求められました。

　退職届自体は何の問題もないのですが、その中にあった文が引っかかりました。「なお、在職された期間については、文部科学省共済組合（国家公務員共済組合）加入期間となり、年金受給権が発生した際（60 歳）に厚生年金とは別に請求いただく必要があります」「署名・押印後の退職届のコピーを取り、人事記録と併せて記録保管されることをおすすめします」。

　まさか 23 年後にこちらから請求しなければならないということはないだろうと事務の方に連絡をとったところ、「こちらからは連絡しませんので、先生の方から連絡してください。また、その際にこの資料が必要となりますので、しっかり保管しておいてください」とのこと。

　さて、23 年後にどれだけの人が記憶できているでしょうか？ 今使っているコンピュータやスマートフォンに 23 年後の ToDo「連絡すること！」を入れておいたとしても、今のコンピュータもスマートフォンも 23 年後には使えなくなっているでしょう。リマインダとして使えそうなサービスだって 23 年後には使えなくなっている可能性が高いです（そもそも 23 年前にはインターネットも一般的ではなく、携帯電話も持っている人はほとんどいませんでした）。また、この紙の資料を 20 年以上保管できる自信もありません。

　長期的な記憶のためには「リハーサル」と呼ばれる繰り返し作業（歴史上の出来事とその年号を覚えるようなものです）を行わなければ記憶に定着しません。また、長期記憶に定着させることに成功したとしても、その記憶を取り出すことは容易ではありません。このような人の限界を試すようなことはやめてほしいものです。もう少しユーザに寄り添ったユーザインタフェースをお願いしたいところです（もっとも、このような内容をすべて前職側で管理してほしいというのも無理な話だとは思いますが……）。

認証のためのセキュリティ質問：50 年以上前、初めて覚えた料理は？

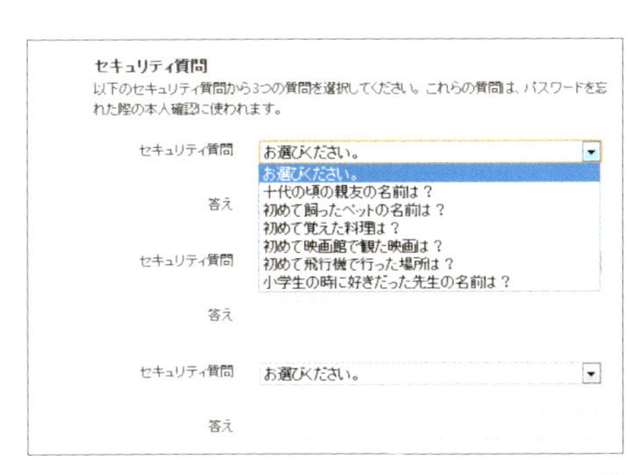

あなたの別荘の所在地は？(都市名を記入。)
あなたの別荘の所在地は？(都市名を記入。)
小学校6年生の時の担任の苗字は何ですか？
最初のガールフレンドまたはボーイフレンドの名前は何ですか？
父方の祖母の名前は何ですか？
子供の頃に通った歯医者の名前は何ですか？
最も年齢の近い兄弟姉妹の誕生日はいつですか？
最初の上司の名前は何ですか？
一番年上の姪の名前は何ですか？
最初に飼ったペットの名前は何ですか？
父親の出身地はどこですか？(都市名を記入。)
改めてメール本文中のURLから入り直してください。

図 9-4　セキュリティ質問。どの質問なら回答できますか？

コンピュータがそれほど得意ではない両親に、起動も速く、家族間コミュニケーションに利用している Facebook や Skype、LINE などのサービスを利用するのに便利で、簡単な Web ブラウジングや写真撮影が可能という点から、タブレット端末をプレゼントすることにしました。色々と悩んだ挙句、iPad mini を選択してプレゼント。ある程度こちらで設定して使ってもらうと、いくつか引っかかる部分はあるのだけれど（第 1 章（P.34）で紹介した写真撮影から動画撮影への切り替えがわかりにくい問題など）、楽しんで使ってくれているようで、こちらとしてもうれしいものでした。

ただ、問題はそれ以外のところにありました。iPad など iOS 系のシステムを購入して設定しようとすると、最初に Apple ID というアカウントの作成を要求されます。アカウント作成は面倒とはいえ、まぁ仕方ないとこちらで操作を肩代わりしながら設定していました（アカウントが作成できず断念してしまう人も多いのではないかという危惧はあるのですが……）。

その設定をしていたときのこと。パスワードを忘れた場合のための「秘密の質問」（上図（左））というのがあり、これがなかなかの難問でした。そこに出てきた質問とそれに対する両親の答えは次のとおりでした（括弧内は私の答え）。

- 十代のころの親友の名前……「50 年近く前のことなんて覚えてないよ」（私も覚えてません。そもそも十代って広すぎ）
- 初めて飼ったペットの名前……「ペットなんて飼ったことがないよ」（同じく飼ったことありません）
- 初めて覚えた料理……「50 年近く前のそんな些細なことなんて覚えてないよ」（同じくそんな些細なことは覚えてないし、そもそも「覚えた料理」という定義が曖昧すぎる。これを回答できる人はどういう人なんだろう？）
- 初めて映画館で見た映画……「そんな昔のことを覚えているとでも？」（覚えているわけがない）
- 初めて飛行機で行った場所……「そんな昔のこと覚えていないって」（辛うじてこれは回答できるが、バレバレな気がする……）
- 小学生のときに好きだった先生……「そもそも小学校のころの先生の名前さえ……」（そんな先生、覚えがないし、覚えている先生の名前も 1 人だけ……）

せめて自分で質問を作成できればよいのですが、そうなっていないので結局適当に答えを作り上げ、それを大事なことを記録している手帳に、パスワードとともにメモしておくことしかできませんでした。まったくもってパスワードや秘密の質問の意味がなく悲しい話です。なお、この手の質問にはロクなものがない印象です。

上図（右）も、とあるシステムのセキュリティ質問ですが、回答可能なものはほとんどなく（別荘持ってる人ってどれくらいの割合でいるんだろうか？）、回答できるものについては SNS などを見ればバレバレで（この手の質問は、SNS 上での情報発信でわかってしまうものが多くあります。例えば「今日は妹の誕生日のため家族で食事」みたいな情報を発信してしまうとすぐにバレてしまいます）、また最初のガールフレンドまたはボーイフレンドの名前みたいな古傷をえぐって黒歴史を思い出させてしまう困ったものでした。

こういった質問をするときは、もう少し回答可能性を考えるなど工夫してほしいものです。皆さんがこうした質問を考える立場になったら是非ユーザのことを考えてください。

心を折るBADUI

数値の入力方法：3兆円は誰のせい？

療養費支給額入力インタフェース
*必須
支給対象者氏名 *
療養費の支給年 *
療養費の支給月 *
療養費支給額欄 *
送信

療養費支給額入力インタフェース
*必須
支給対象者氏名 *
中村聡史
療養費の支給年 *
2013
療養費の支給月 *
8
療養費支給額欄(円) *
1351
送信

図9-5　(左) 療養費支給額入力インタフェース（イメージ）／（右）療養費支給額入力インタフェースへの入力例

BADUIはデザイナやエンジニアなど、ものを作る人だけではなく、誰もが関係する身近な問題であり、これまで何度も述べてきたように、BADUIが生まれた理由や、その対策を考えるのは大変重要なことです。次に紹介するのは、このことがよくわかる、実際に問題となった事例です。

まず、問題の事件が発生したシステムのユーザインタフェースを私が想像して作った、架空の入力フォームをご覧ください（上図（左））。さて、この入力フォームにおいて「支給対象者」が「中村聡史」で、「療養費の支給年月」が「2013年8月」「療養費の支給額」が「1351円」の場合、どのように入力するでしょうか？ 特に注意書きがない場合、多くの人は上図（右）のように入力するのではないでしょうか？

これをふまえ、この事件についての朝日新聞の報道をご覧ください。

> 東京都の区市町村で構成する都後期高齢者医療広域連合は、療養費の通知書1万879通について、実際の支給額より数十億倍も高い額が誤記された書面を送付した、と16日に発表した。実際の支給額は1351円なのに、ゼロが10個余分について数字も変わり、「3510000000000」、つまり3兆5100億円と誤記された例もあったという。
>
> 同広域連合企画調整課によると、誤記が見つかったのは後期高齢者医療制度にもとづく高額医療費の4月分の支給決定通知書。15日に発送した5万4009通のうち、大田区の一部と足立、葛飾、江戸川各区の対象者全員に送る分で誤りがあった。誤記された人にも実際は正しい額が支給されているという。
>
> 同広域連合によると、通知書を作る際、職員がパソコン操作を誤った。支給額欄には13桁の数字を入れることになっているが、1351円を支給する場合も千の位の「1」の前にゼロを9個入力しなければならないのに入力し忘れ、データ処理の過程で千の位の「1」が消えてゼロが後ろに10個加えられたという。支給の日付も「8月」の場合「08」と入力すべきなのにゼロを入力し忘れたため「80月」と記載された例が多いという[2]。

ポイントは次のとおりです。

- 通知書を作る際、職員がパソコン操作を誤った
- 支給額欄には13桁の数字を入れることになっており、1351円を支給する場合は千の位の「1」の前にゼロを9個入力しなければならないのに入力し忘れた
- 支給月も、「8月」の場合「08」と入力すべきなのにゼロを入力し忘れた

2　2011年8月17日付 朝日新聞デジタルより

療養費支給額入力インタフェース

*必須

支給対象者氏名 *

中村聡史

療養費の支給年 *

2013

療養費の支給月 *

08

療養費支給額欄(円) *

0000000001351

送信

療養費支給額入力インタフェース

*必須

支給対象者氏名 *

中村聡史

療養費の支給年 *

2013

療養費の支給月 *

1月の場合は「01」とするなど必ず2桁で入力してください.

08

療養費支給額欄(円) *

必ず13桁で入力するようにし，存在しない桁は「0」で埋めてください

0000000001351

送信

図9-6　(左) 2013年の08月に0000000001351円／(右) 注意書きを追加

この記事を読んだときに、どういった印象を受けるでしょうか？「操作を誤ってこんな問題を引き起こすなんて、ひどい職員もいたものだ！」「しっかりしろ！」という印象を持たれる方もいらっしゃるのではないでしょうか。しかし、ちょっと待ってください。記事に従えば、このシステムでは、上図（左）のように入力しなければいけないようです。

研修や入力用のマニュアルはあると思いますが、さすがに、何の説明もなくこのように入力させるのは難しいので、もしかしたら上図（右）のように、それぞれの入力フォームの部分に説明書きが付与されているのかもしれません。

さて、この入力結果を見てどう思われたでしょうか？ やはり、「入力ミスをするなんてあり得ない！」と思われるでしょうか？ それとも、「このシステム、ちょっとおかしいのではないか？」と思われるでしょうか？

私としては、そもそもこんなユーザインタフェースはあり得ないと考えます。療養費の支給額として兆単位の額を入力する機会はないでしょうし、システム的に金額を右詰めで処理すれば問題なかったはずです。また、金額についてはまだしも、80月というものは世の中に存在しないため、「8」と入力されているのに「80」と処理するシステムはどう考えてもおかしいと言えます。

人はただでさえ間違う生き物です。そうした人に対して、いかにも間違えやすいインタフェースを利用することを強いるのが問題だと言えます。

この事例に関しては、発注した人も、受注した会社も、納品および検品した人も、みんな問題であるように見えます。もし、記者の方が、「こういうおかしなユーザインタフェースを納品するなんて間違っている！」という報道をするようになったら、世の中のユーザインタフェースに対する考え方というのは変わっていくのではと期待しています。

ということで、入力した職員はまったく悪くないというBADUIのお話でした。なおこの件を色々調べたところ、この後期高齢者に対する療養費支給については法律制定から施行までの期間が短く、しかも主要な電算システムは国が委託開発し、その仕様の公開が大幅に遅れているのに、地方自治体はそれに向けて準備を進めなければならないという事情があったようです。つまり、トップダウンで納期が短いのに何も決まらないばかりか、色々な仕様変更があるなどすべてのしわ寄せが開発と運用側に来ていたようです。なんとも悲しくなる話です[3]。

さておき、人間は間違える生き物であることを前提に、ユーザに多くを要求するのではなく、システム側でできることは、できる限りシステム側で処理することが重要です。システムにとって必要なだけゼロを埋めるのは簡単な処理です。ユーザの負担を減らし、入力ミスを減らすためにも、そうした工夫をするべきという話でした。

なお、このようにある程度できてしまっているシステムに対して「使いやすくするためデザインしてほしい」とデザイナに依頼する案件をしばしば聞くのですが、その状況からは見た目を良くすることくらいしかできないものです。本当にユーザのことを思ったシステムのデザインを依頼する場合は、最初からそのメンバーに入ってもらい、一緒に進めていっていただければと思います。

3　「後期高齢者医療 電算」や「後期高齢者医療 インタフェース」などのキーワードでWeb検索してみると、様々な情報が出てきて一開発者としてつらい気持ちになってしまいます。

難易度の高い振り込みフォーム：どうやって半角カタカナで入力するのか？

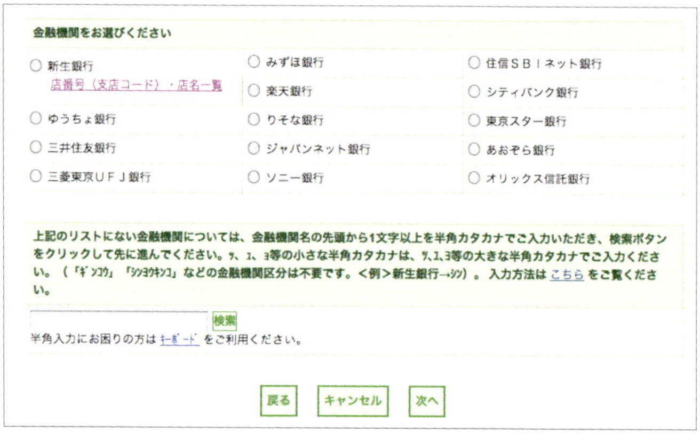

図 9-7　とある銀行の振り込みフォーム。振り込み先金融機関が一覧にない場合は、検索フォームに入力して検索しなければならないのだが、このフォームでは半角カタカナでの入力が必須（2011 年 11 月時点）

インターネット上での銀行振り込みは本当に便利で、それがなかった頃の大変さを思い出せないくらい、よく利用しています。さて、上図はとある銀行口座のオンラインシステムで振り込みを行おうとしたときの様子です。

金融機関を選ぶステップで、目的の沖縄銀行が選択フォームに存在しなかったため、その下部の「上記のリストにない金融機関については〜」という部分を見ると、検索フォームがありました。どう検索したらよいかがわからなかったので説明文を読むと、「上記のリストにない金融機関については、金融機関名の先頭から 1 文字以上を半角カタカナでご入力いただき、検索ボタンをクリックして先に進んでください」とあります。Windows では標準で半角カタカナを入力することが可能ですが、Mac だと標準設定では半角カタカナが入力できないため（今は、半角カタカナを入力できるように設定することは可能です）、どうするのかなと思ってページを見直すと、「半角入力にお困りの方はｷｰﾎﾞｰﾄﾞをご利用ください」とあります。

「ｷｰﾎﾞｰﾄﾞ」というリンクをクリックした状態が、下図になります。各文字を入力するためのボタンがずらっと並んでおり、これらのボタンを押すことで文字を入力できるようになっています。この入力インタフェース上で「ｵｷ」と入力して「Enter」ボタンを押すと、右ページ上図（左）のような画面に移動します。ここで「検索」ボタンを押したところ、「沖縄銀行」が候補として表示されたので、その「沖縄銀行」を選択して進んだ先が右ページ上図（右）になります。どうやら今度は、支店名を半角カタカナで入力しなければならないようです。

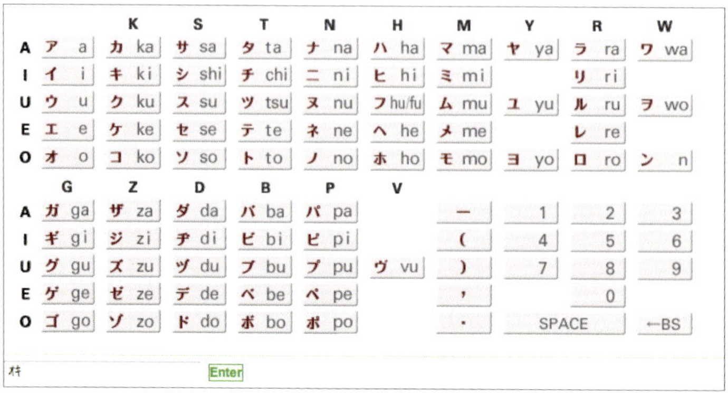

図 9-8　半角カタカナ入力のためのインタフェース（2011 年 11 月時点）

図 9-9 （左）「ｵｷ」と入力できた！／（右）次は支店名を半角カタカナで入力しなければならない（2011 年 11 月時点）

何とか支店名を入力すると、次は受取人を指定するフォームが表示されました（下図（左））。一番上のリストボックスは預金種目として「普通」「当座」「貯蓄」のいずれかを選択するものとなっていますが、何故か「(フ：普通、ト：当座、チ：貯蓄)」という説明書きがあり、それらを選択するリストボックスには「ﾌ」「ﾄ」「ﾁ」のみが並んでいます。リストボックスの項目を単純に「普通」「当座」「貯蓄」としておけばよいのにと思いつつ次に進むと、その下の口座番号の指定では、「6 桁の場合は 0、5 桁の場合は 00 を先頭につけてください」との説明があります。さらに、次の受取人名も半角で入力しなければなりません。そして、また半角入力のためのキーボードが用意されています。

さて、ここで悩んでしまったのは受取人名の入力です。このときは振り込み先の受取人名として「ソラーレマスターリース(有)ロワジール２ロ」と入力する必要があったのですが、そもそも半角カタカナで「(有)」という文字を入力するにはどうすればよいのかわかりません。そこで、「入力方法はこちらをご覧ください」という部分をクリックしたところ、下図（右）のような数ページにわたる入力方法に関する説明が提示されました。

どうやら、「ソラーレマスターリース(有)ロワジール２ロ」という受取人名は、「ｿﾗｰﾚﾏｽﾀｰﾘｰｽ(ﾕ)ﾛﾜｼﾞｰﾙ2ﾛ」と入力する必要があるようでした。あまりの手間に、うんざりしてしまいました。色々と仕方ない部分はあると思いますが、Webシステムなのですから全角カタカナから半角カタカナへの自動変換は簡単にできるはずです。大手の銀行なわけですから、もう少しユーザにやさしいユーザインタフェースをお願いしたいものです。

法人略語		先頭に使う時	中間に使う時	末尾に使う時
	株式会社	ｶ)	(ｶ)	(ｶ
	有限会社	ﾕ)	(ﾕ)	(ﾕ
	合名会社	ﾒ)	(ﾒ)	(ﾒ
	合資会社	ｼ)	(ｼ)	(ｼ
	医療法人（医療法人社団、医療法人財団含む）	ｲ)	-	-
	財団法人	ｻﾞｲ)	-	-
	社団法人	ｼﾔ)	-	-
	宗教法人	ｼﾕｳ)	-	-
	学校法人	ｶﾞｸ)	-	-
	社会福祉法人	ﾌｸ)	-	-
	更生保護法人	ﾎｺﾞ)	-	-
	相互会社	ｿ)	(ｿ)	(ｿ
	特定（特別）非営利活動法人（NPO）	ﾄｸﾋ)	-	-
	独立行政法人	ﾄﾞｸ)	-	-
	弁護士法人	ﾍﾞﾝ)	-	-
	有限責任中間法人 無限責任中間法人	ﾁﾕｳ)	-	-
営業所略語	営業所	-	(ｴｲ)	(ｴｲ
	出張所	-	(ｼﾕﾂ)	(ｼﾕﾂ
事業略語	連合会	ﾚﾝ		

図 9-10 （左）普通を選択する場合は半角カタカナの「ﾌ」を選択する。リストボックスに「普通」と書くだけではダメだったのだろうか？（2011 年 11 月時点）／（右）入力方法に関する細かい説明。どうやら（有）という文字を受取人名の「中間に使う」場合は「(ﾕ)」と入力する必要があるらしい（2011 年 11 月時点）

ネ申 Excel：マス目に従って200字以内で記述してください！

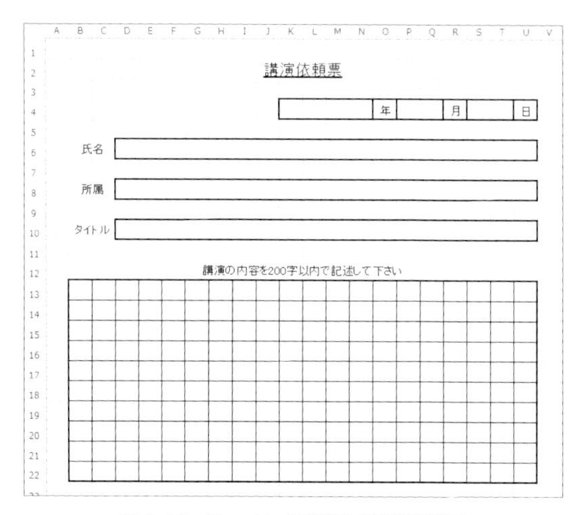
講演依頼票
年　月　日
氏名
所属
タイトル
講演の内容を200字以内で記述して下さい

図9-11　Excelによる架空の講演依頼票
講演の内容を200字以内でまとめ、Excelファイルで提出してくださいとの指示。
ええと、このマス目に1文字ずつ入力するのだろうか……

Microsoft OfficeのExcelやWordは、確かに使いにくい部分もありますが、様々な場面で使用でき、広く普及しているという点で我々の日常に欠かせないものになっています。私自身、この本を書くのにWordを利用していますし（最初に出版社の方に提出した時点でファイルサイズが300MBを超えていました）、学会発表でのプレゼンテーションや講義ではPowerPoint、予算執行計画、予算計画、会計処理などのときはExcelなど、本当に多種多様な用途に利用しています。もちろん、その細かな仕様などには色々と言いたいことはありますが、十分役に立っています。しかし、問題なのは、これらのソフトウェアが間違った用途に使われるケースがあるということです。

上図は、とある機関から記入を求められた講演の内容に関する調査依頼票を再現したものです。先方からは「このファイルに講演者の情報と講演のタイトル、講演の内容を記入し、メールに添付して送付してください」と指示されました。

さて、この依頼票ですが、年月日や氏名、所属、タイトルの部分はよいのですが、講演の内容については200字以内で記述してくださいという指示とともに、Excelのセルで作った20×10の方眼がぴったり200字分書き込めるように並んでいます。このファイルを印刷して、そこに手書きで記入して提出するのであれば問題はありません。しかし、Excelファイルとしてデータで提出する場合、連続的に入力した文字列は1つのセルの中に入力され続けてしまうため、この1マス1マスに、1文字1文字入力していかなくてはなりません。例えば「中村」と入力したい場合は、ローマ字入力で「なか」と入力して漢字変換し、エンターキーで「中」と確定してから右キーで右隣のマス目に移動し、次に「むら」と入力して漢字変換し、エンターキーで「村」を確定するという作業が入ります[4]。あまりの面倒さに発狂しそうになりました。

結局このときは、テキストエディタで文字数をカウントしつつ、200字以内に収めた「講演の内容」を作成し、そこから1文字ずつ転記するためのプログラムを作り、そのプログラムによって生成されたコピーアンドペースト可能なデータを丸ごと貼り付けるという遠回りなことをしてしまいました（考えるまでもなく、プログラムを作っている暇があったら、1文字ずつ転記したほうが早かったのですが、その1文字1文字の転記に耐えられませんでした）。

文字数をオーバーしたまま提出する人が多かったため、または、機関内で紙媒体として配付されているものを改変して使っているためこうなったのかもしれません。何にせよ、もう少し記入するユーザのことを考えて様式を用意してほしいものです。

4　こういった手間がどの程度なのかということを予測するための方法としてキーストロークレベルモデル（KLM）というのが知られています。これは、コンピュータの操作を人の基本的な動作（K: キーボードの1つのキーを押して離す（0.28秒）、P: 画面上のターゲットまでマウスを移動する（1.1秒）、B: マウスのボタンを押すまたは離す（0.1秒）、M: キーボードからマウスに手を移動する（0.4秒））を組み合わせて時間を予測するものです。かっこ内の秒数は環境により変化します。詳しくは『ヒューマンコンピュータインタラクション入門』をどうぞ。

	計	0	計	280

旅費等の明細（記入に当たっては、　研究計画調書作成・記入要領を参照してください。）

年度	国内旅費		外国旅費		人件費・謝金		その他	
	事　項	金額	事　項	金額	事　項	金額	事　項	金額
２５	成果発表 調査研究旅費 研究打合せ	250 100 200	成果発表	650	英文校閲 実験謝金	100 400	研究成果投稿 レンタル代	50 150
	計	550	計	650	計	500	計	200
２６	成果発表 研究打合せ	250 200	成果発表	920	英文校閲 システム開発 実験謝金	150 200 400	研究成果投稿 レンタル代	300 100
	計	450	計	920	計	750	計	400

図9-12　Wordによる予算申請書類

罫線を引いて、内容を書いて、金額、合計値を手で入力。もちろん、それぞれの金額を変更する場合は、影響する場所をすべて自分で修正しなければならない

上図はWordで作られた、とある予算申請書です。細目について金額や合計値などを入力する必要があるのですが、これらはすべて別の場所で計算して自分で入力する必要があります。もちろん、部分的に金額を修正した場合は、合計額などを自分で計算し直して再度入力しなければなりません。また、このファイルにはこの表以外にも旅費の総額を書く場所があり、修正がある場合は、そちらにも自分で内容を再入力しなければいけません。そのため、数値を変更した後で、それと関係する場所の数値を変更し忘れていることなどもあり、事務の方によく間違いをご指摘いただいていました（なお、同じ文書を作成するためのTeXのフォーマットは、この部分を自動計算してくれる優れものでした）。

このように、文書を書くためのソフトで表計算をさせたり、表計算をするためのソフトで文書を書かせるということは珍しくありません。おそらく、そのソフトウェアを使った方が様式を作りやすいからなのだと思いますが、計算ミスや面倒な入力操作を避けるためにも、そのソフトウェアの入力における得手不得手を考慮していただきたいものです。

世間には、Microsoft Officeを使いこなすための講座や資格試験なども数多くあります。そういったところでも「表計算をWordで行ったり、文書をExcelで書いたりすることを要求するような様式は作らないようにしましょう！」など、ユーザインタフェース上の問題についても簡単に触れていただけると、世の中からこうした困った書類は減っていくように思います。

この問題に関連して、奥村晴彦先生がWebで公開している「「ネ申エクセル（かみえくせる）」問題」[5]は、世の中にどれだけ困ったExcelの使い方があふれているのかということを収集していて、とても面白いものです。興味があればご一読されることをおすすめします。また、Excelなどでデータを管理する際に人にとっての見やすさだけを考慮しており、コンピュータで統計処理をしようとした際に困ることがあります。こうした話と対応策は『バッドデータハンドブック』[6]という書籍に紹介されていますので、興味がありましたら是非ご覧ください。

5　「「ネ申エクセル」問題」（http://oku.edu.mie-u.ac.jp/~okumura/SSS2013.pdf）、奥村晴彦（著）

6　『バッドデータハンドブック —— データにまつわる問題への19の処方箋』Q. Ethan McCallum（著）、磯 蘭水（監訳）、笹井 崇司（訳）、オライリージャパン

BADUI申請書：間違わないように記入してください！

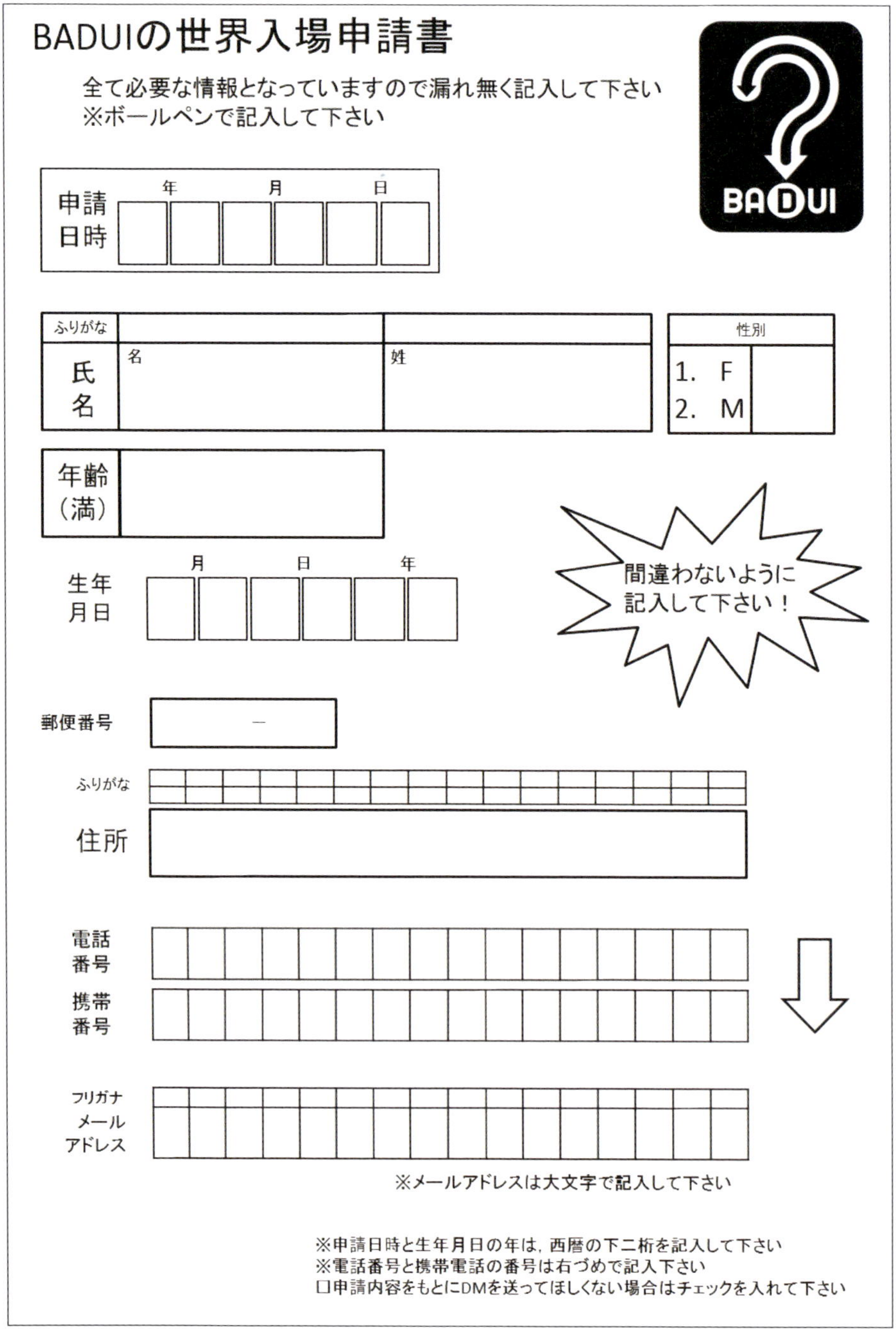

BADUIの世界入場申請書

全て必要な情報となっていますので漏れ無く記入して下さい
※ボールペンで記入して下さい

BADUI

申請日時　年　月　日

ふりがな
氏名　名　姓

性別
1. F
2. M

年齢（満）

生年月日　月　日　年

間違わないように
記入して下さい！

郵便番号　－

ふりがな
住所

電話番号
携帯番号

フリガナ
メールアドレス

※メールアドレスは大文字で記入して下さい

※申請日時と生年月日の年は，西暦の下二桁を記入して下さい
※電話番号と携帯電話の番号は右づめで記入下さい
□申請内容をもとにDMを送ってほしくない場合はチェックを入れて下さい

図9-13　BADUIの世界入場申請書

学校や会社、役所や何かの契約などで手続きを行う際に、手書き書類の様式で困った経験はないでしょうか？ ついつい書類を書き間違えてしまって、何度も二重線+印鑑で修正したり、別の用紙をもらって一から書き直したり、完璧だと思って持っていったのに窓口の人に誤りを指摘されたことはないでしょうか？

左ページの図は、プロローグでも登場したそうした手書きフォームの「困るポイント」を集約して作ったBADUI申請書です。筆者のサイト[7]からオリジナルのPDFを印刷できますので、是非とも印刷してボールペンで書き込んでみてください。あまり時間をかけず、3～5分程度で書いてもらえればよいかと思います。

ちなみに、この申請書自体は架空のものですが、私が日本国内で出会った様々な実在の書類のBADUIに関する要素を抜き出して作ったものです。さて、1ヶ所も書き間違えることなく記入できた方は、どれくらいいらっしゃいますか？

色々引っかかるポイントはあるかと思います。間違えそうなポイントについて説明すると下記のとおりとなります。

- 申請日時は年月日の順。年は2桁なので和暦（平成）で記入したくなるが、西暦の下2桁を記入しなければならない（申請書の最下段の※参照）
- 氏名は、名−姓の順。つまり、「中村聡史」の場合は、「聡史」「中村」と記入しなければならない（英語の申請書類で、First Name - Last Nameの順になっているものをそのまま流用したのかもしれない）
- 性別は、「Female=女性」「Male =男性」の頭文字のみが「F」「M」として提示されている。まず、この単語を覚えておく必要があるというのが日本国内ではハードルの1つとなる。さらに、その頭文字を記入すると見せかけて、この書類では「2」と書かなければならない（例えば、男性の場合は「M」ではなく「2」と書かなければならない）
- 年齢の部分は「(満)って何？」と悩まされることになる。また、満年齢ってどういう意味だったっけと悩む人も出てくる
- 生年月日の年は、申請日時と同じく西暦の下2桁を記入しなければならない。ただし、年月日は「月−日−年」の順番にしなければならない（申請日時と似たようなフォームでありながら順番が違うため、一貫性に問題があるものとなっている）
- 郵便番号は一見問題ないが、ハイフン以降がやたらに狭い。2014年現在、郵便番号はハイフン以前が3桁、後は4桁であるため、スペースのバランスが悪い。昔の郵便番号入力フォームをそのまま流用しているのだと考えられる[8]
- 住所記入欄はそこまで問題はないが、ふりがなの欄が2行にわたっており書き込みづらい
- 電話番号と携帯番号の欄は、通常左から詰めて書きたくなるが、最下段の※を読むと「電話番号と携帯電話の番号は右詰めで記入下さい」とあるので、右詰めで記入しなければならない（ハイフンの有無については指定がないが、どちらでもよいのだろうか？）
- メールアドレスは、大文字で書かなければならない。メールアドレスは大文字と小文字の区別がないが、小文字で書くのが普通なので、慣れている人ほど書き間違いやすい。また、メールアドレスの1文字1文字についてフリガナを書けという指定がある。フリガナは「MAIL」の場合「エム」「エイ」「アイ」「エル」とそれぞれのマス目に記入するのだが、ついつい「メ」「イ」「ル」などと記入しそうになってしまう。さらに、メールアドレスを記入するには文字数が全然足りない[9]
- 書類の一番下に「申請内容をもとにDMを送ってほしくない場合はチェックを入れて下さい」とあり、チェックを忘れると、色々な宣伝メールが届いてしまう。説明書きに潜むように存在するチェック欄からは、詐欺的な意図を感じてしまう[10]

いかがでしたか？ ゼミなどで学生さんに渡し、ボールペンで記入してもらっており、200人以上に挑戦してもらっていますが、今まで間違わずに記入できた人はいません。一方で、すべての項目を間違えて記入した学生さんもいました。こういった書類は観察対象としては面白いのですが、自分が書く立場になるとやはり勘弁してほしいものです。

7　http://badui.info/badui_form.pdf

8　1998年に7桁になるまで、日本の郵便番号はハイフンの前が3桁、後が2桁の計5桁だった。

9　こうした書類を送ってきたのがITとは無縁の団体ならよいのだが、これは実際にとあるIT系企業から送られてきた書類にあったもの。確実に間違わないようにという配慮かもしれないが、情報通信系の企業なのにと愕然としたことがある……。

10　Web上の予約・購入システムで「メールマガジンを受信する」という部分に最初からチェックが入っているものがあり、それに気付いてチェックを外さないとメールマガジンが自動配信されるようになる。

書類の作成時間と作業時間

Application form	
Date of Application	
First Name	
Middle Name	
Last Name	
Address	
Phone Number	
E-mail Address	
Date of Birth	(dd/mm/yyyy)
Signature	

申込用紙	
申請日時	
名	
姓	
住所	
電話番号	
メールアドレス	
誕生日	(dd/mm/yyyy)
印	

図9-14　（左）オリジナルの書類 ／（右）左の書類の書式を流用して作成した日本語の申請用書類
First Name と Last Name をそのまま翻訳したために、書き間違える人が多発。
また、「名」の後にミドルネーム分の空きスペースがあり「姓」の存在に気付きにくいため、
「名」の部分に名前をすべて記入する人がいる

さて、先ほどのような書類をプロのデザイナが作成することは滅多にありません。事務や総務担当、または特にそうした業務でもない人が上司に依頼されて作成することが多いのではと思います。繰り返しになりますが、BADUIは決してプロのデザイナやエンジニアだけが作るものではありません。WordやExcelなどで手軽に書類を作成できるようになり、安価なプリンタで大量に印刷できるようになった現在では、誰もがBADUIの作者になり得ます。だからこそ、誰もがBADUIに目を向け、BADUIの存在に気付き、観察し、どうやったら改善できるか、BADUIにしないようにするにはどうしたらよいかといったことを考えるのが重要になってくるわけです。

例えば、皆さんがある組織内で10人に記入してもらう書類の書式を作成するよう、上司から依頼されたとします。その際、どの程度しっかりと記入者のことを考え、書式を作成するでしょうか？

書類の作成を依頼されたAさんが、他の目的で使用されていた英語の書類（上図（左））を流用し、項目を書き換えただけの書式（上図（右））を10分で作成し、印刷して10人に配布したとします。

10人が書類の作成にかかった時間は平均5分です（上図の様式は簡単ですが、他にも記入内容があると考えてください）。その後、Aさんが10人から書類を回収し確認したところ、間違いやすい書式であったため、入力の不備や、誤記などが5人分ありました。そこで、Aさんはその5人の書類に修正点を記入し、修正をお願いすることになりました。ここで、1つの書類の確認に平均1分、1人に対する修正の指示に平均2分、各自が修正するのに平均3分かかるとします。この場合、Aさんが作業を開始してからすべての作業が終わるまでの実時間（印刷や配布などの時間は考慮していません）は43分、Aさんの合計作業時間は35分、Aさんと10人の合計作業時間は100分となります（下図）。

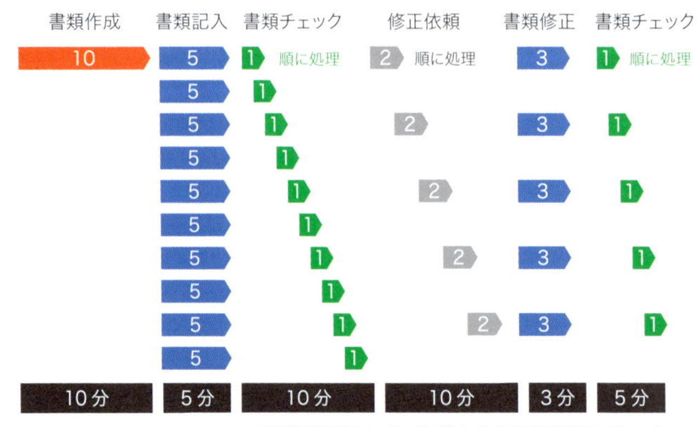

図9-15　作業時間の合計

申込用紙			
申請日時	年	月	日
氏名	姓	名	㊞
住所			
電話番号			
メールアドレス			
誕生日	年	月	日

図 9-16　ユーザのことを多少考慮して作成した日本語の申請用書類

仮に、A さんが 30 分考えて書式を作成（上図）して 10 人に配布した場合、書式がわかりやすくなったため書類の作成時間が平均 4 分に短縮され、間違える人も 10 人中 1 人になったとします。その 1 人を呼び出して修正してもらうのにかかる時間が先ほどと同じだとすると、A さんが作業を開始してからすべての作業が終わるまでの実時間は 50 分、A さんの作業時間は 43 分、A さんと 10 人の合計作業時間は 86 分となります（下図）。

実時間は微妙に長くなっていますし、A さんの作業時間も 8 分増えていますが、合計の作業時間は 14 分短縮することができています。さて、この例ではわかりやすくするため配布対象者が 10 人でしたが、100 人になるとどうなるでしょうか？

100 人の場合、改善前は、実時間が 268 分で合計作業時間は 910 分、改善後は、実時間が 167 分で合計作業時間が 590 分となります。つまり、組織としての作業時間を 910 分から 590 分に低減することに成功しています。ここで、A さんだけに注目しても、作業時間は 260 分から 160 分に同じく激減します。

つまり、書類作成者が 20 分多く考えることによって、組織内では 320 分（5 時間 20 分）も無駄な時間を短縮できることになります。仮に A さんがあと 30 分悩んで 1 時間かけて書類を作成したとしても、今回のように 1 人当たりの書類作成時間を 1 分短縮できるのであれば、合計作業時間は 1 時間以上短縮できることになります。

もちろん、世の中はこんなに単純ではありませんので、実際には 1 分を短縮するのはこれほど容易ではありません。また、間違える人を減らすのも難しいかもしれません。しかし、少し立ち止まって、自分が作った書類が、他の人から見て入力しやすいものかどうかを考えるだけで、間違う人も少なくなり、組織全体を効率化できる可能性があります。

書類を記入する人数が 100 人を超えるのであれば、一度作った書式を近くの数名に記入してもらい、間違いがちな部分はないか、わかりにくい部分はないかといったことを確認してから大量印刷（大量発注）するとよいと思います。また、仮に記入ミスがたくさん出るような書式を作ってしまった場合には、勇気をもってわかりやすくなるよう修正していただけると、間違いの訂正といった無駄な作業が減りますのでよいと思います。

是非、皆さんが書類を作成するときにはこうした点を考えてください。記入に困る書類が、世の中から少しでもなくなることを祈っています。

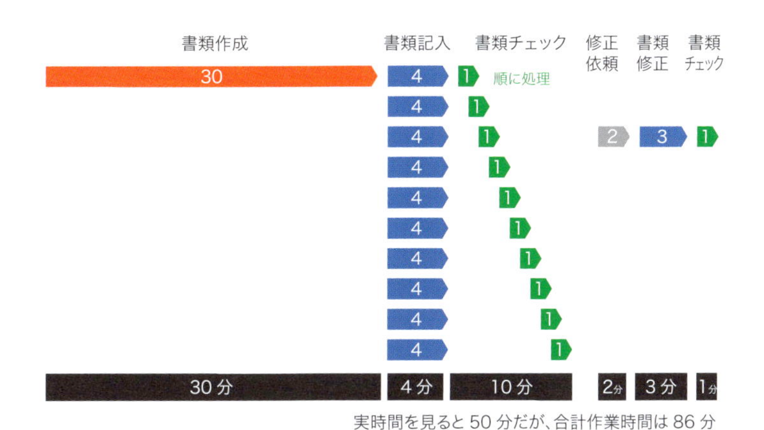

図 9-17　A さんが 30 分かけてわかりやすい書類を作った場合

CAPTCHA：あなたは人ではありません！

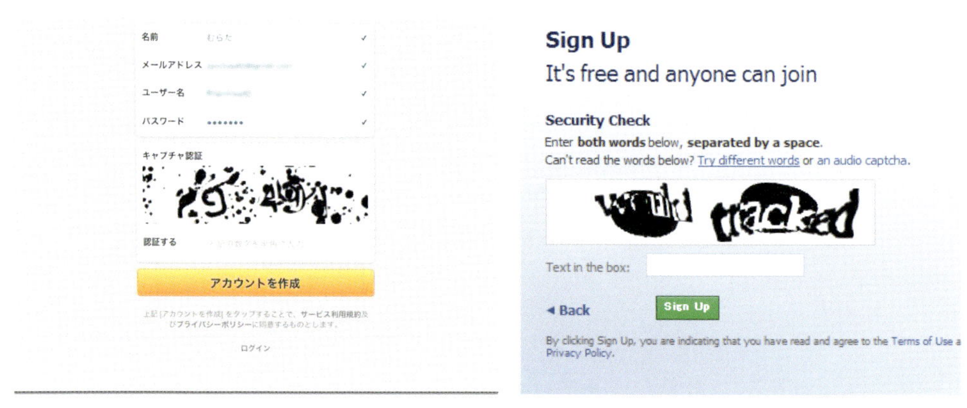

図9-18 (左) Twitter の CAPTCHA (提供：村田憲祐 氏、2013年1月時点) ／ (右) Facebook の CAPTCHA (2013年1月時点)

CAPTCHA[11] とは、人には理解できるけれど、コンピュータでの自動解析は難しい質問を出して、答えが正しければ人による操作と判断するシステムです。Webサービスへのアカウント登録や、ブログへのコメント投稿などにおいて、スパムアカウント（コンピュータでアカウントを自動生成し、そのアカウントを利用して様々な不正行為をすることを目的として作成されるアカウント）の作成や、スパムコメントの投稿（ブログなどにあるWebページへのリンクを付けたコメントを大量に投稿することで評価を上げ、そのページを検索語彙の上位に表示させたり、単に読者がそのリンクをクリックして流入する数を増やすことを目的とするもの）、コンピュータによるチケットの大量自動購入などを防ぐために導入されています。

ちなみに、Twitterのアカウント登録で表示されるCAPTCHA認証は上図（左）、Facebookのアカウント登録で表示されるCAPTCHA認証は上図（右）で、どちらも表示された文字を入力させるというものでした。

CAPTCHAの強度（難しさ）を高くすれば高くするほどコンピュータによる自動解析が難しくなるので、「プログラムによる大量の自動登録を防ぐ」という本来の目的を達するには難しさが重要になりますが、それに伴って人にとっても判断が難しいものになってしまいます。結果的に、人間に使ってもらうためのシステムが、人間も利用できないという本末転倒な現象がよく起きています。

実際私も、結構な頻度で入力に失敗しますし、サービスによっては面倒くさくなってしまい、登録を諦めてしまうこともあります。また、あまりコンピュータに詳しくない私の友人は、CAPTCHAによる入力を求められた時点でサービスの利用をすっかり諦めてしまいました。

迷惑な自動投稿プログラムなどからサービスを守るのは当然重要ではありますが、CAPTCHAに対応した新たな自動投稿プログラムなども登場していますし、何よりCAPTCHAでは人海戦術による攻撃（CAPTCHAを多数の人間にひたすら判定させることもやられているのだとか）には対処できないことを考えると、別の手立てはないものだろうかと思ってしまいます。イタチごっこの行き着く先は、人にとって使えないシステムでしかありません。また、面倒くさがり屋な人を排除してしまうシステムも考えものです。

CAPTCHA認証でそこに書いてあるものを認識できないと、「こんなものも読めないなんて、あなたは人ではありませんね！」と認証システムに判断されているわけで、何とも切なくなってしまいます。実際、上図に示す2つの事例ともに何と書いてあるのか認識できない私は人じゃないかもしれません……。

なお、CAPTCHA認証については、クリックするだけで人間かコンピュータかを判断するような研究[12]も進んでいます。人間にとって厳しいCAPTCHA認証が早くなくなってほしいものです。

11 Completely Automated Public Turing test to tell Computers and Humans Apart（コンピュータと人間を見分けるための完全自動公開チューリングテスト）の略とされている。

12 http://www.google.com/recaptcha/intro/

変換候補と送信ボタン：途中で送信してしまうのは何故？

図9-19　「へんかん」と文字入力し、「変換」を選択しようとしている様子。何故入力途中で送信してしまうのだろう？（提供：岩木祐輔 氏）

システムとしての動作はしっかりしているものの、画面スペースの都合などでとても使いにくいというユーザインタフェースは数多く存在します。ここで紹介するのはそういったユーザインタフェースです。

上図は、スマートフォン上で「へんかん」という語をローマ字入力し、その後で候補を利用して「変換」という漢字に変換しようとしている様子です。「変換」という候補の近くに、「Send」というボタンがあるのがわかるでしょうか。

提供者によれば、このメールソフトでは、文字を変換しようとして「Send」ボタンについつい触ってしまうので、文章の入力中にもかかわらずうっかりメールを送信してしまうことがたびたびあるそうです。スペースの都合で色々と仕方ない部分はあるのだと思いますが、ハードウェアのボタン（スマートフォン以前の携帯電話のような物理的なボタン）に比べ、ソフトウェアのボタン（画面上に表示されるボタン）は操作ミスがどうしても発生しやすいものです。そのため、こういったボタン配置には十分に注意してほしいと思います。

下図はキーボードを打ちやすくするためスマートフォンを横にしてディスプレイを180度回転させている様子です。この回転によってキーボードが広くなったのはよいのですが、入力欄が見えなくなってしまいました。

Androidスマートフォンのディスプレイサイズのバリエーション（iOS系もiPhone 6とiPhone 6 Plusの登場でサイズのバリエーションが徐々に増えています）の多さを考えると、アプリケーション開発者としてはすべてに対応するわけにもいかず、かなり厳しいというのも事実です。使いにくいと感じるAndroidアプリケーションに出会ったときは、その苦労についても少し考えてみると、不満もやわらぐかもしれません。そのスマートフォン用の公式アプリケーションの場合はしっかり調整しておいてほしいものですが……。

図9-20　スマートフォンを回転させると入力欄が消えてしまう。
現在は改善され、入力できるようになっている様子（提供：三吉貴大 氏）

非常出口の重要性：どうやったらキャンセルできるの？

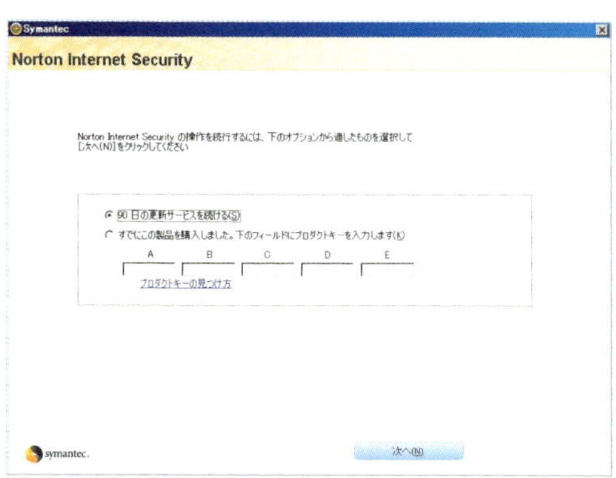

図 9-21　(左) 登録してください ／ (右) 90 日の更新サービスを利用する (2010 年 1 月時点)

ある日パソコンを設定していたときのこと、「ウィルス対策されていないよ」と、上図 (左) のように警告が表示されました。「あと何ステップかで Norton Internet Security がコンピュータを保護します」と表示されており、もしかしたら、しばらくフリーで試すことができるのかなと考え、「次へ」を押してみました。

すると、画面が上図 (右) のように変化し、「90 日の更新サービスを続ける」か「すでに製品を購入しました。下のフィールドにプロダクトキーを入力します」という選択肢が出てきました。「パソコンの購入時点で何かのサービスが登録されており、それを使うことができるのかな？」「90 日間は無料で利用できるのかな？」とあまり深く考えず、「次へ」をクリックしてみました。個人情報やクレジットカードなどの情報を一切要求されていないため、こういうとき私は気軽に操作してしまいがちです。

「次へ」を押した後には、下図のような画面が出てきました。既存のアカウントを使う場合は、そのメールアドレスとパスワードを入力するようにとのこと。アカウントを作った覚えはないなぁと思って下に目をやると、そちらには「Norton アカウントの作成」とあります。つまり、「登録しないとダメですよ」ということですね。「そりゃそうだよなぁ、でも個人情報とか登録したくないし、そもそも面倒だし、他のウィルス対策ソフトウェアを導入するからいいや」と、登録はやめてキャンセルしようとしました。

しかし、ここで問題が発生しました。なんと「キャンセル」ボタンや「戻る」ボタンが存在しません。また、上図では機能していた画面右上の「×」ボタンが下図では灰色になっており、押すことができなくなっています。キャンセルの意味を込めて「次へ」を押してみたのですが、「表示されるフィールドを完成または訂正してください」とメッセージが出てきて画面が変わりません。つまり、このユーザインタフェースには逃げ道が用意されていません。

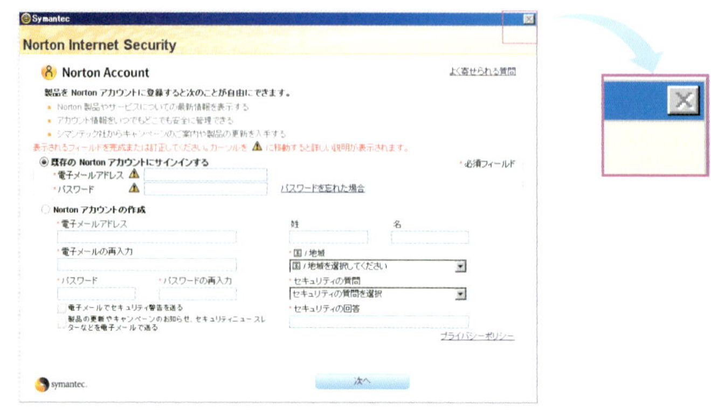

図 9-22　終了できない！(2010 年 1 月時点)

結局、私は「Ctrl＋Alt＋Delete」キーを同時押ししてタスクマネージャを起動し、このNorton Internet Securityを強制終了することで、ようやくウィンドウを消すことができました。こういう逃げ場をなくしてしまうシステムは、初心者の不安を煽る典型的なBADUIと言えます。

システムを設計するうえで、ユーザの「やっぱやめた」を可能とするインタフェースを用意しておくことはとても重要です。実際、ユーザビリティチェック（使用可能性の評価）を行う際の指針とされるヤコブ・ニールセンの「10ヒューリスティクス」というガイドラインには、「ユーザコントロールと自由度」という項目に、「非常出口は用意しましょうね」とちゃんと書かれています[13]（10ヒューリスティクスについては本章末で説明します）。非常出口とは、今やっている作業をすべて取り消したいと思ったときにいつでも手軽にそれを可能とするものです。例えば、何らかのWebサイトでユーザ登録を行っているときに、そのユーザ登録をやめようと考えたら、通常その登録が完了していなければ、Webページを閉じるだけで登録をやめることができます。また、スマートフォンでメールを作成している最中に友人に電話をかけなければいけないのを思い出したときには、ホームボタンを押すだけでホーム画面に戻り、そこから電話帳を呼び出すことができます。このような非常出口はユーザの不安を軽減できるものであり、とても重要なものです。

13 『ユーザビリティエンジニアリング原論――ユーザーのためのインタフェースデザイン』ヤコブ・ニールセン（著）、篠原稔和（翻訳）、三好かおる（翻訳）、東京電機大学出版会

非常出口つながりで困ってしまうBADUIに、様々なサービスをやめるときの手間があります。いつの間にか登録してしまっていたメールマガジン配信サービスや、何かの有料会員など、やめようとしたときに手間が多く悩まされた経験はないでしょうか？下図（左）は、とある有料サービスの解約時に出てきたアンケートフォームです。アンケートフォームのページがえらく長かったのでアンケートの回答をスキップしたところ、すべての質問に回答するよう要求されました。仕方がないなと面倒に思いつつ回答し、最後に出てきたのが下図（右）のような「もう一度登録！」の画面です。やめるときに多少なりとも面倒な思いをさせているのに、どれくらいの人が再入会したいと思うのでしょうか……。しかも、月末までは無料とはいえ自動的に解約されませんし、忘れてしまって翌月も支払うはめになるでしょう。

無料のサービスであればこの程度やられても仕方がないとは思うのですが、有料サービスは手軽に気持よくやめる方法を提供してほしいものです。

皆さんが何らかのユーザインタフェースを設計する際には、必ず逃げ道を用意してあげてください。

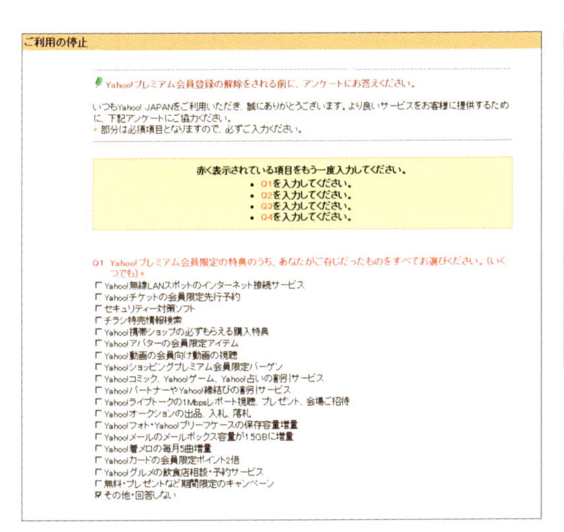

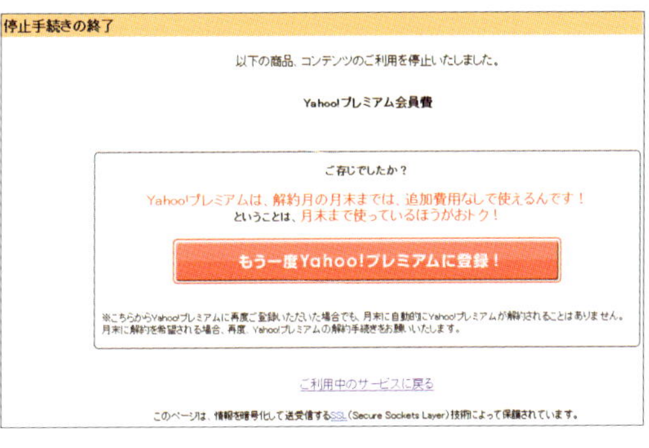

図9-23　（左）サービスを解約するときにアンケートへの記入（しかも必須）を要求する事例（2009年3月時点）／（右）やめるときに面倒な思いをすると、もう一度登録する気も失せる（2009年3月時点）

自動修正：何故意図しない方向に修正しちゃうの？

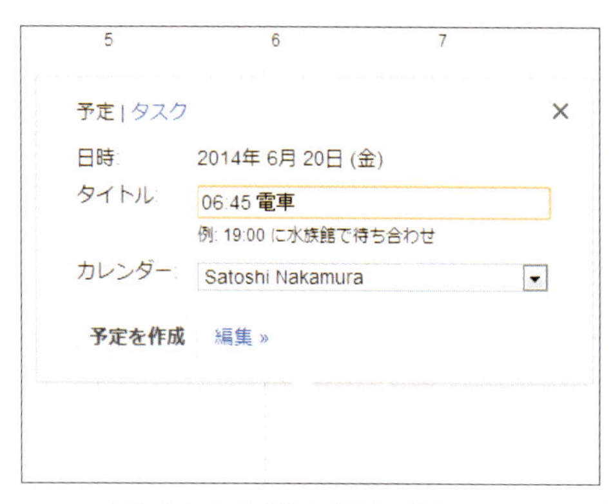

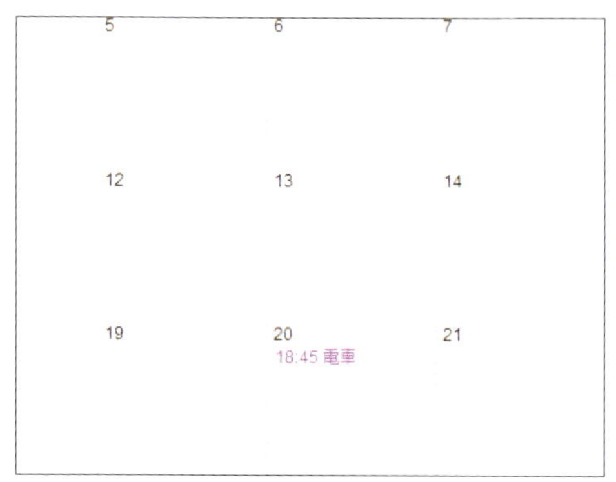

図 9-24　午前 6 時と明示的に指定しているのに、何故か 18 時に変換されてしまう（2014 年 6 月時点）

Google には様々なサービスで日ごろよりお世話になっております。これだけ安い年会費で様々なサービスを利用できるのは本当に凄いことだと思います（ちなみに、保存容量が少なくても問題なければ年会費無料です）。ただその中でも、どうしても納得できないのがここで紹介する Google Calendar の仕様です。

上図（左）では 20 日の午前 6 時 45 分に電車に乗るため、「06:45 電車」と例文のように入力しているのですが、何故か入力結果では午前 6 時の予定が午後 6 時（18:45 電車）に修正されてしまいます（上図（右））。どうやら、午前 6 時に予定が入るわけはないから、午後 6 時の間違いだろうということで登録いただいているのかもしれません。何とも困ったユーザインタフェースでした。

自動修正は役に立つことも多いのですが、「余計なお世話」になることも珍しくありません。下図は学生さんの勤務管理のために大学から配付されている Excel のシートで、先日来よく利用しているものです。60 時間という意味で「60:00」と入力したのに、何故か「12:00」と修正されてしまいます（一方、「60」と入力すると「00:00」と表示されます）。そのため、学生さんが毎回入力内容を「60 時間」などのように変更したり、入力のフォーマットを変更（Excel 2013 の場合は、［セルの書式設定］－［表示形式］タブ－［ユーザー定義］で "[h]:mm:ss" を選択）する必要があり、とっても面倒なユーザインタフェースと言えます。せめて公式で配布しているこうした書類様式では、設定をしっかりしておいてほしいものです（ついでに、せっかく Excel を使っているのですから、合計時間は自動計算していただきたいなと思います）。

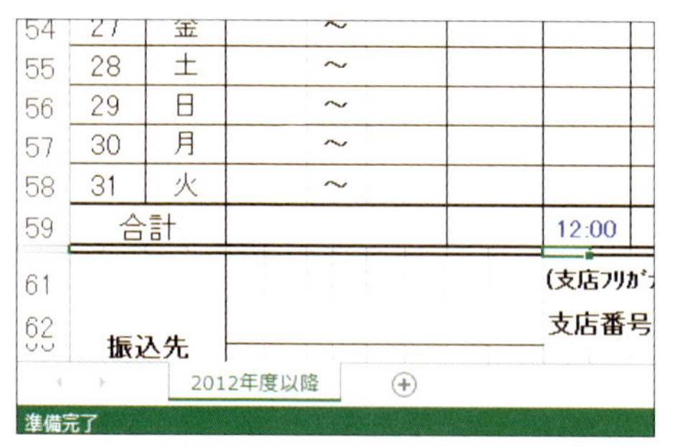

図 9-25　「60:00」と入力しているのに、何故か確定すると右図のように「12:00」と修正され確定されてしまう。正確には、「1900/1/2 12:00:00」に修正されてしまっていた。

詐欺的なユーザインタフェース

量をごまかす折れ線グラフ：B 氏の支持率の下がり方が緩やか？

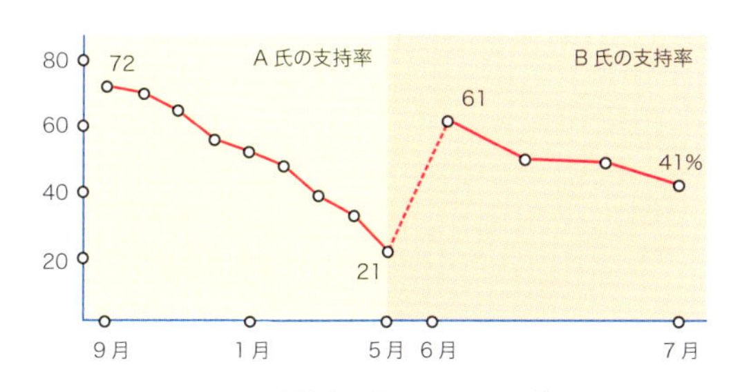

図 9-26　支持率に関するおかしなグラフ

テレビなどを見ていると、狙っているのか、それとも素なのか不明ですが、世論を誘導しようとしているかのように見えるグラフが散見されます。

上図はとあるテレビ局で報道された内閣支持率の変化を示す図のグラフ部分を抽出しイラスト化したものです。さて、A 氏と B 氏どちらの支持率の下がり方が急に見えるでしょうか？ 一見すると、B 氏の支持率の下がり方のほうが、A 氏の支持率の下がり方に比べ、緩やかであるように見えます。

しかし、注目すべきは横軸です。A 氏については 9 月から翌年の 5 月までの 8 ヶ月分なのに対し、B 氏については 6 月から同年の 7 月までとわずか 1 ヶ月足らずになっています。つまり、本当は B 氏の支持率はかなりの速度で下がっているのにもかかわらず、そうではないかのように見えるグラフとなっていました。

同じようにグラフがおかしなものに、下図の成長率に関するグラフがあります。このグラフ、これだけ見ると 2010 年 4 月から 10 月にかけて 3 倍位に増えているように見えます。また、そこから目標の 2011 年 3 月に向けての量と、2010 年 4 月からの 6 ヶ月の増加量を見比べると、2011 年の 3 月には十分目標を達成できそうに思えます。

しかし、このグラフの数値をよく見てください。2010 年 4 月の時点ですでに 60000 局、2010 年 10 月の時点で 71281 局なので 6 ヶ月で 1.1 万局しか増えていないため、目標の 12 万局まであと 4.9 万局が残されており、2011 年 3 月までの 5 ヶ月でこれを達成するのはかなり数を増やさなければならないことがわかります。

いくつか問題がありますが、1 つ目は棒グラフが何を表しているのかという点です。この図の場合はまず、グラフの最下部の値が 0 ではありません。また、「4 月から 10 月まで」と、「10 月から翌年 3 月まで」のグラフの高さの差はそれほど違わないように見えるのに、実際の値では 5 倍近い差があります。つまり、縦軸が線形に増えていません。なお、インターネットアーカイブから、この図がどのように変化したかということを示す図を持ってきたのが下図（右）になります。どうやら目標は達成したらしいのですが、縦軸の値が謎なものとなっています。

このグラフについても狙って作成されたのかどうかは不明ですが、このような間違った誘導をするようなグラフは多々ありますので気を付けたいところです。

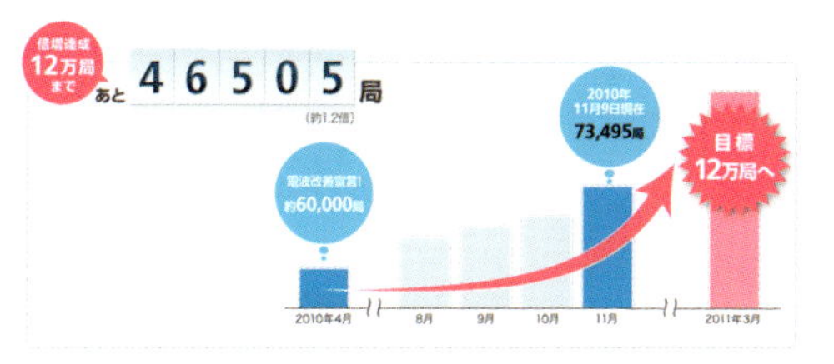

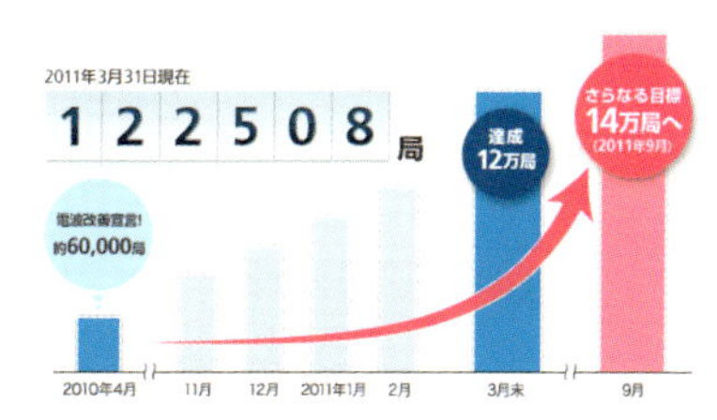

図 9-27　成長率に関するおかしなグラフ [14]

14 http://mb.softbank.jp/mb/special/network/pc/

量をごまかす 3D 円グラフ：我社のシェアのほうが多い？

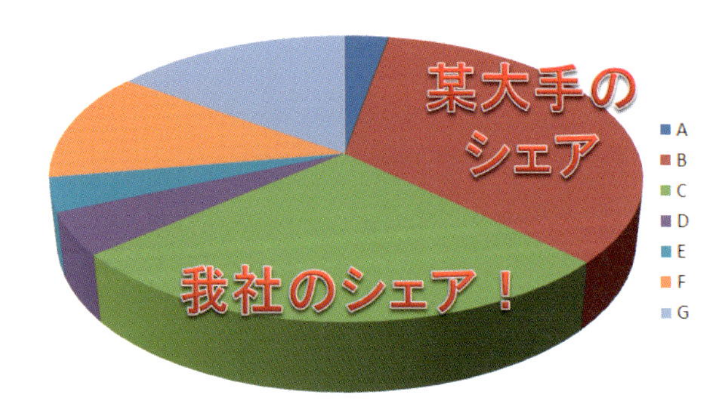

図 9-28　我が社のシェアはこれくらいです！某大手と我が社のどちらが多い？

現在、Excel などの表計算ソフトを使えば、誰でも簡単に見栄えのする 3D のグラフを作成することができます。表現の幅が広がるという意味では素晴らしいことなのですが、この 3D グラフが誤った方向で利用されることが多く悩ましいのが現状です。

例えば、上図はよくある 3D の円グラフです。このグラフ、営業さんが「某大手のシェア」と「我が社のシェア」を比較するのに使っていると思ってください。このグラフを見たとき、某大手のシェアと我が社のシェア、どちらが多く見えるでしょうか？ また、それはどれくらいの差でしょうか？

講義でこのグラフに関する質問をすると「我が社のシェアのほうが多い」と答える学生が半数以上います。実際、我が社のシェアのほうが、某大手のシェアより上回っているように見えますし、「ふむふむ、我が社さんは某大手と比較しても差がないどころか、上回りつつあるんですね。これは素晴らしい」などと考えてしまいそうです。さて、この印象は正しいと言えるのでしょうか？

右ページ上図は、このデータの比較グラフを、2 次元の棒グラフや、2 次元の円グラフにしたものです。B が某大手、C が我が社のシェアになります。棒グラフを見て驚いた方はいませんか？ 棒グラフを見ると B が C を大幅に上回っていることがわかります。

何故 3D の円グラフでは、某大手（B）のシェアが小さく、我が社（C）のシェアが大きく見えたのでしょうか？

理由は簡単です。3D の円グラフでは、円柱状の物体を斜め上から見る形になります。そのため、右ページ 2 段目の図のように手前にある円柱の側面がその上面の円グラフと一緒のスペースであると感じてしまい、結果として C が実際よりも大きく見えてしまうのです。しかもこの図の場合、「我社のシェア！」という文字が上面と側面の境界に配置されているため、そのことがより強調されています。

皆さんも 3D の円グラフを見かけたときや、3D の円グラフを使う際には注意してください。私はとある金融系の営業を受けたとき資料としてこの手の 3D の円グラフを出されたのですが、残念なことにそのグラフでは右上にその人の売りたいものが配置され、下に比較対象とするものが配置されており、「これ逆に少なく見えるのだけれどなぁ……気付いていないんだろうか？」と、少し悲しくなってしまったことがあります。また、別の機会に、研究発表会の場で学生さんが実際より悪くとられてしまう 3D の円グラフで必死に成果をアピールしており、何とも言えない気分になりました。皆さんは同じ失敗をしないよう、くれぐれもお気を付けください。

右ページ下図は、とあるテレビ番組で「警察官の世代別の懲戒処分者数」として紹介されていた、中心がずれた不思議な円グラフを再現したものです（この話を元ネタにした Web サービス「ワンダーグラフジェネレーター」[15] を利用して作成しました）。報道では中心のずれがこれより大きかったようですが、こんなグラフを作ってしまう人の感性って不思議です。

ちなみに、ジーン・ゼラズニー著の『say it with charts』[16] という書籍（訳書は『マッキンゼー流図解の技術』[17]）では、誤解を生むグラフを紹介しながら、グラフを利用していかに正しく物事を伝えるかという技法が紹介されています。グラフとして示されている例も多くわかりやすい本ですので、興味のある人はお手に取ってはいかがかと思います。

15 「Wonder Graph Generator」（http://aikelab.net/wdgg/）
16 『Say It With Charts：The Executive's Guide to Visual Communication』Gene Zelazny（著）、McGraw-Hill
17 『マッキンゼー流図解の技術』ジーン・ゼラズニー著、数江 良一／菅野 誠二／大崎 朋子（訳）、東洋経済新報社

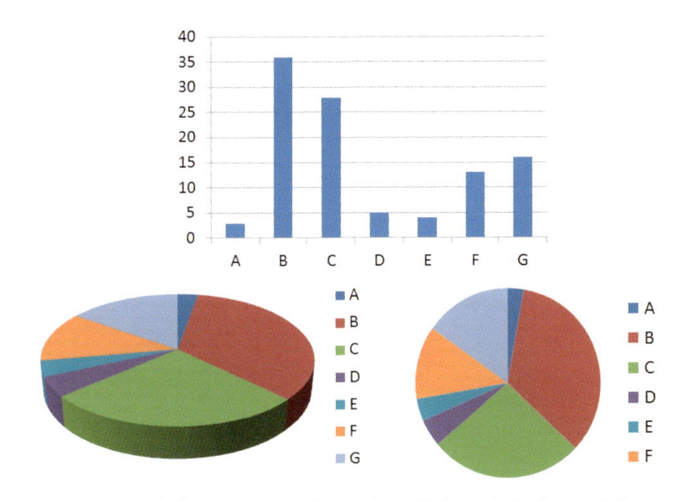

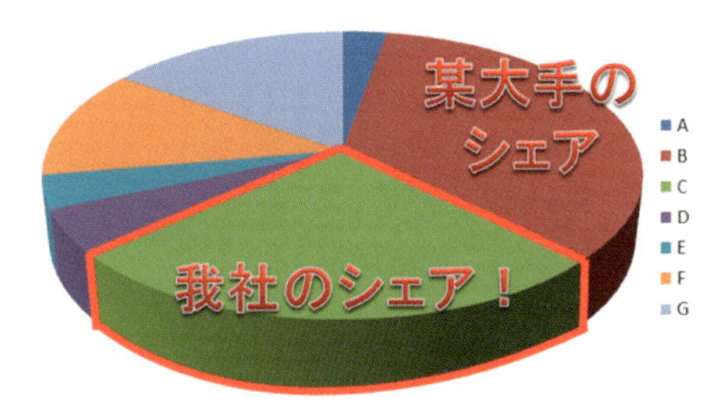

図 9-29　棒グラフと 3D の円グラフ、2D の円グラフで同じデータを表現

某大手の
シェア
我社のシェア！

図 9-30　何故我が社のシェアのほうが大きく見えるのか？
手前の側面部分もその領域として見えてしまう

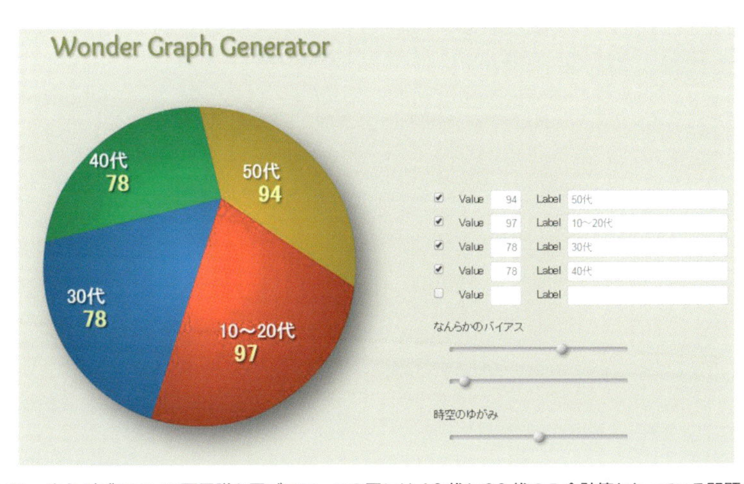

図 9-31　中心がずれている不思議な円グラフ。この図には 10 代と 20 代のみ合計値となっている問題もある

確認の重要性：候補を探しているだけなのに罰金が……

図9-32　スマートフォンやタブレットで予約可能な予約システムを再現したもの（情報提供：AY氏）

情報通信技術の進歩により、Webシステムを利用することで、いつでもどこでも手軽に物品の購入や新幹線や飛行機、ホテルや会議室の予約などができるようになりました。

ここで紹介するBADUIは、情報を提供してくれた学生さんが通っていた某自動車教習所の予約システムです。この教習所は、スマートフォンなどを利用して技能教習を予約できるようになっており、予約の取り消しも前日までであれば無料で行えるそうです。以前であれば教習所まで出向いて予約する必要がありましたし、変更なども営業時間内に電話で行わなければならなかったことなどを考えると、技術の進歩というのはつくづくありがたいなと思います。

その予約システム、ユーザインタフェースは上図のような感じです（再現イラスト）。縦に日にち、横に時間が並んでおり、その交差する場所が予約対象の日時となっています。ここで「予約可能」と濃青色で表記されている部分がボタンになっており、このボタンをスマートフォンのタッチ操作で押すと予約することができます。

問題なのはこの「予約可能」ボタンを押すと、即座に技能教習の予約が確定してしまうということです。通常の予約システムでは「この日時でよいですか？」などの予約の確認がなされますが、このシステムではそれがないそうです。スマートフォンやタブレットなどのタッチスクリーンで操作できるようになっているため、間違って触ってしまうこともあるわけで、何とも困ったシステムです。

さらにもっと大きな問題は、この自動車教習所の予約の取り消しが無料なのは前日までであり、当日のキャンセルには5000円の罰金を支払わなければならないということです。つまり、日にちをスクロールしようとしてうっかり当日の「予約可能」ボタンを触ってしまうと、その場で予約確定してしまい、その確定してしまった時間に間に合わない場合、5000円が飛んでいってしまう、とてつもなく困ったシステムでした。

先ほども登場したヤコブ・ニールセンの「10ヒューリスティクス」では、「エラーの防止」という項目で「ユーザの間違いを防ぐために確認するように！」とされています（「10ヒューリスティクス」については本章末を参照）。一般的なWebの予約システムでは、ユーザが予約ボタンを押した後、確認のためのページを表示し、ミスがないかを確認してくれるので、エラーの防止が徹底されています。このシステムはこのことを真っ向から無視しているため困ったことになるシステムでした。BADUIの教材としてはとても面白いのですが、罰金5000円を支払わされた側からするとたまったものじゃないと思います。

ユーザはどうしても間違って操作するものです。ユーザのミスを考慮したシステム設計をお願いしたいものです。皆さんも、ユーザは間違うということを前提にして、確認する仕組みのあるシステムを構築してください。

ボタン型の広告：ダウンロードボタンを押したはずなのに何故？

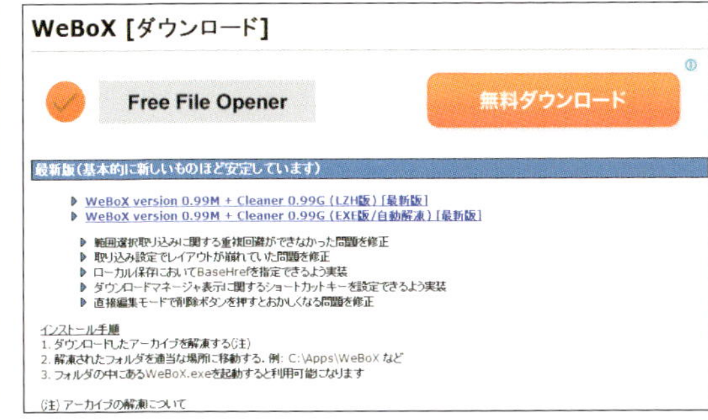

図 9-33　(左) Download ボタンを押すように誘導されてしまうが……／ (右) ふと我に返って自分の公開しているファイルのダウンロードサイト (5 年近く放置) を確認したところ、無料ダウンロードのボタンが追加されていて悲しくなった

上図 (左) はある Web サイトに提示されていた Web 広告です。これは前のページでダウンロードのボタンを押すと表示されるページであり、ユーザはダウンロードの開始を待っているだけの状態です。ただ、ダウンロード開始までに多少の時間があったり、ダウンロードが自動で開始しない場合などには、ユーザは「もしかしたら、ダウンロードに失敗しているのかな？」と、ダウンロードボタンを探そうとします。ここで、この図のように「DOWNLOAD」という大きなボタンが提示されていると、ユーザはついついこれをクリックしてしまいます (矢印もあるため強く誘導されます)。ユーザをだます気が満々という意味で、詐欺的なユーザインタフェースであると言えます。

上図 (右) は私の開発しているソフトウェアのダウンロードサイトです。しばらく放置していたのと、自分の Web ブラウザには広告を自動でフィルタするソフトウェアを導入していたので気付いていなかったのですが、こちらもまた「DOWNLOAD」というボタン広告が付与されており、人を間違って誘導してしまっています。こういうことが続くと、Web 広告はますます悪い方向に行ってしまうように思います (ということで、この広告は削除し、もう少しわかりやすく広告として表示されるようにしました)。

広告と言えば、iPhone や Android のアプリケーションで表示される Web 広告などにも操作ミスを狙ったひどいものが多くあります。例えば、下図のように操作ボタンの近くに広告を配置したり、スクロールの際に突如現れ、いかにも誤クリックしそうな位置に広告を表示するものなど、その手法は様々です。このような広告表示が横行するのは、広告主にとってもユーザにとっても好ましいものではありません。広告を組み込んだアプリケーション開発者のみが得をする、何とも言えないやり方です。

詐欺的なユーザインタフェースは悪質であり、そこに愛も感じないので、BADUI とは呼びたくないものです。

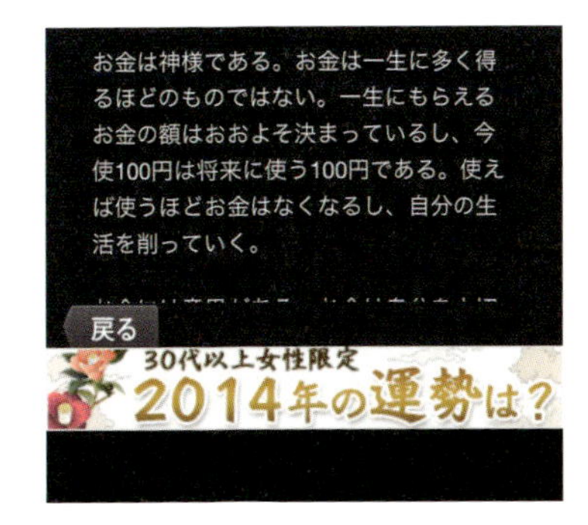

図 9-34　とあるアプリケーションの画面 (提供：永島択真 氏)
「戻る」ボタンのすぐ下に隣接して広告が表示されている。お金を稼ぐためとはいえ、さすがにこれはどうかと思う

うっかりミスを誘う契約：無料で解約できるのは2年後の1ヶ月だけ

私は某社のPHSを6年間近く愛用していました。ハードウェアのQWERTYキーボードがあること以外はとりたてて便利とは言いがたいものだったのですが、電話としては十分に役立っていたことと、短いメールを書くのが楽だったことと、福岡と東京で体験した大きな地震のときでもPHSは問題なく通話可能だったこと、そして番号を覚えやすかったため、他者のスマートフォンを購入してからもしばらく2台持ちしていました。しかし、あまりにぼろぼろになってしまい、結局電話としてもほぼ利用しなくなったことから解約しにいきました。

お店に着いて店員さんに解約することを伝え、色々と手続きを進めていたところ、ふいに「今ご解約いただいた場合、契約解除手数料として2100円かかります。あと2ヶ月使用いただき、10月に解約いただくと契約解除手数料は無料になりますがいかがされますか？」とまったく想定していなかったことを店員さんから伝えられ、かなり驚いてしまいました。

まず、6年も昔なので契約時どのような状況だったのかなど記憶しているはずはありません。そもそも2年契約にした覚えはないのですが、もしかしたらそれしか契約体系がなかったのかもしれません。ただ「2年どころでなく6年近くも利用しているのに（PHSとしての契約期間は、13年にもなるのに）、この仕打ちとは！」と何ともやるせない気分になってしまいました。

どちらにせよ、解約前の数ヶ月はまったく使っていませんでしたし、2ヶ月分の使用料金を考えると、契約解除手数料を払ったほうが安かったため、お金を払って契約を破棄しました。解約にいくまでは「それでも長く使ったしな、少しさびしいな」などと思っていたのですが、冷や水を浴びせられたような格好となり、何とも後味が悪くなりました。こういう契約って詐欺的だと思います。ちなみに、新しく購入したスマートフォンも2年縛りだそうで、2年後の1ヶ月間を狙って解約しないと、無料で契約解除できないのだとか。何とも嫌な世の中になってしまったものです。せめて2年後以降は無料で解約できるようにしてほしいものです。

同様の事例にスマートフォンなどの契約における初期のオプションがあります。契約時に、「これを入れると最初の手続きが安くなります！無料期間中に解約してくれれば問題ありません！」と言われるのですが、解約のための電話で待たされたり、ついつい忘れてしまって無駄にお金を払わされることがあります。実際私もそうしたサービスに入ってしまっており、無駄に数千円を払ってしまっていました。ああいうのは契約した日に解約しないといけませんね。

もちろん、こういった話は携帯電話の契約に限りません。Amazonのプライムアカウントは「30日間無料でお試しいただけます」とあるため体験登録してみたのですが、30日後に自動的に契約したことになり、いきなりプライムアカウント料金の請求が届いて悲しい思いをした覚えがあります。登録するときに、無料期間が終了すると自動で有料になるので、無料期間中に解約する方法が書いてあるのですが、ついつい忘れがちです。p.223で紹介したYahoo!プレミアムも契約を自動更新するもので、同じような問題を抱えています。他にも契約はインターネット上で手軽にできるのに解約は電話でしかできないなど情報が意図的に隠されていたり、残り件数や残り時間をリアルタイムに出すことで焦らせたりするある種詐欺的なサービスは多々あります。こうしたものはダークパターンと呼ばれ問題視されています。ダークパターンは儲けにつながるものですが、ユーザを裏切るものであるので、放置しているとそのうちしっぺ返しを食らうのではと思います。自浄作用に頼るしか今のところありませんが、ユーザのためにも何とかしてほしいものです。

BADUI と 10 ヒューリスティクス

ここまで色々書いてきましたが、BADUI を作らないようにするのは本当に難しく、ユーザの立場になって色々なユーザインタフェースを設計するのは簡単ではありません。私も、こういう本を書いていながら BADUI を量産しています。例えば、私の研究では実験のためにシステムを作ることがありますが、ラベルやボタンの配置などがわかりにくいために実験に協力してくれている人たちを混乱させてしまい、ユーザインタフェースを作り直した経験は 1 度や 2 度ではありません。また、講義でわかりにくい課題や試験を出して学生さんを混乱させてしまったこともあります。

こうした使いにくく、わかりにくいユーザインタフェースを作らないための方策として、ユーザインタフェースの設計および開発のガイドラインとされているものがいくつか公開されています。ここで紹介するのは、ヤコブ・ニールセン博士の 10 ヒューリスティクスです。その内容は次のとおりです（「ユーザビリティエンジニアリング」より抜粋）。

1. **システム状態の視認性：**システムは妥当な時間内に適切なフィードバックを提供して、今、何を実行しているのかをユーザに知らせなくてはいけない。
2. **システムと実世界の調和：**システムはユーザになじみのある用語、フレーズ、コンセプトを用いてユーザが理解できる言葉で話さなければならない。また、実世界の慣習に従い、自然で論理的な順番で情報を提示しなければならない。
3. **ユーザコントロールと自由度：**ユーザは間違って操作することがよくあるので、別の対話を通らずに抜け出す明確な非常出口を用意する。
4. **一貫性と標準化：**ユーザが疑問に感じるようにすべきではない。例えば、サイト内ではページデザインを統一する、リンクラベルとページタイトルを一致させる、未訪問リンクと訪問済リンクは色を変えて判別できるようにする、Windows 標準、Mac 標準、Web 標準などに従い設計するなど。
5. **エラーの防止：**適切なエラーメッセージよりも重要なのは、まず問題の発生を防止するような慎重なデザインである。例えば、初期値を設定したり、入力フォームの必須項目には印を付けて目立たせる、文字は全角でも半角でも入力を受け付けてシステムで変換する、重要な項目は確認のため二度入力してもらうなど。
6. **記憶を最小化：**オブジェクト・動作・オプションを可視化せよ。ユーザが対話のある部分から他の対話に移動する際に、情報を記憶しなければいけないようにすべきではない。例えば、ポップアップヘルプやリンクラベルにはフレーズを使用したり、ショッピングカートには品番や略号だけでなく正式な品名、数量、金額などを明示したりする必要がある。
7. **柔軟性と効率性：**初心者からは見えない効率的で高速な操作方法を上級者に提供することで対話をスピードアップ化する。また、頻繁に利用される動作は独自に設定可能とする。
8. **美的で最小限のデザイン：**対話には関連のない情報や滅多に必要としない情報を含めるべきではない。余分な情報は関連する情報と競合して、相対的に視認性を減少させる。Web ページは 10 秒以内にページが表示できるよう、ページサイズに配慮する。
9. **ユーザによるエラー認識、診断、回復のサポート：**エラーメッセージは平易な言葉で表現し、問題を的確に指し示し、建設的な解決策を提案するべきである。誤入力の項目がある場合は、メッセージを表示したうえで項目名に印を付けて目立たせる。綴りが間違っている場合、正しい入力候補を提示する。
10. **ヘルプとマニュアル：**マニュアルがなくても使えるシステムが理想ではあるが、ヘルプやマニュアルは時として必要である。このような情報は、検索可能かつユーザ側タスクに焦点を当てた具体的な手順を示すものでなければならないが、同時にコンパクトにまとめておく必要がある。

このガイドラインはコンピュータシステムを対象にしたものなので、本書で対象とするユーザインタフェースに適用できないものもありますが、合致しているところもあり参考になります。こうした点を考慮するだけでも BADUI を作ってしまうことは少なくなると思います。ここまでに紹介した BADUI がこのガイドラインのどの項目に反しているのかを是非考えてみてください。

そもそも、ユーザインタフェースの使いやすさ／使いにくさ、わかりやすさ／わかりにくさを客観的に測るのはとても難しいものです。様々な評価方法がありますが、それには専門的な知識が必要です。しかし、製品や商用のサービスを作るのでなければ、特別な方法に頼らなくても、上述のガイドラインを頭の片隅において、せめて誰か一人でも自分以外の人に使ってもらったりアドバイスをもらうだけで BADUI が予防できることもあります。

また、BADUI を作ってしまったとしても、その BADUI を放置せず修正して、他の人が戸惑ったり間違ったりすることなく使えるよう改善していただければと思います。

まとめ

本章では、記憶力が試されるBADUI、心を折るBADUIなどを紹介しました。短期作業記憶や長期作業記憶などの限界を超えたものが何をもたらすかご理解いただけたのではと思います。また、多くのユーザインタフェースが人を試すものであり、ユーザが大変な思いをすることをことをご理解いただけたのではと思います。

また、本章後半では詐欺的なユーザインタフェースについて紹介しました。自分の身を守るためにもこういった知識はもっておく必要があるものです。世間にはびこる様々な詐欺的手法、ダークパターンなどにだまされないよう、それらを見抜く力を養っていただければと思います。また、周囲にこうしたBADUIを作ろうとしている人がいたら、是非止めてあげてください。

さらに、章末ではヤコブ・ニールセンの「10ヒューリスティクス」を紹介しました。これは、ユーザがそのユーザインタフェースを使えるかどうかといった指標になるものです。ユーザにとって使えるものなのかを実験するのは大変ですが、こうした指標はある程度助けになりますので、今回紹介した話はほんの導入ですので興味があれば是非ユーザビリティ評価法[18、19]について調べてみてください。

18『ユーザビリティエンジニアリング原論――ユーザーのためのインタフェースデザイン』ヤコブ・ニールセン（著）、篠原稔和（翻訳）、三好かおる（翻訳）、東京電機大学出版会

19『ユーザビリティエンジニアリング ―― ユーザ調査とユーザビリティ評価実践テクニック』樽本徹也（著）、オーム社

演習・実習

☞ ユーザの記憶を要求するユーザインタフェースを集めてみましょう。また、記憶せずに使えるユーザインタフェースを集め、どういった点を工夫するとよいのか考えてみましょう。

☞ 様々なWeb広告ページの中から、ユーザの操作を引き出すようなものを集めてみましょう。また、そのような広告の問題点について考えましょう。

☞ 図9-4（p.209）で紹介したようなセキュリティ質問を作ってみましょう。また、どういった質問なら他者から回答を推測されず、問題なく回答できるかなどについて考えてみましょう。

☞ 身の回りの様々な申請書類を集め、間違いやすいものがないか探してみましょう。また、間違いやすい申請書類をどう修正したらよいか考えてみましょう。

☞ 第1章から第9章までの様々なBADUIについていくつか選び出し、10ヒューリスティクスの観点からどこが問題なのかを考えてみましょう。

☞ 第1章から第9章までに紹介した様々なBADUIについて、自分なりの観点で分類してみましょう。どんな軸で整理できるでしょうか？

エピローグ：楽しいBADUIの世界

これまでの内容

長々とBADUIについて紹介してまいりましたがいかがでしたでしょうか？ 本書では次の内容について取り扱ってきました。

第1章 手がかり

ドアの取っ手や蛇口のハンドル、タッチ式のボタンなど、様々なBADUIを紹介しながら、行為の可能性に関する手がかりの重要性を説明しました。手がかりがない場合や手がかりが間違っている場合に困ったことになるということを、これらの事例からご理解いただけたのではないかと思います。また、シグニファイアや知覚されたアフォーダンスという言葉についても紹介しました。

第2章 フィードバック

自動券売機やコンピュータシステム、風呂の自動湯はりシステムなどの様々なBADUIを紹介しながら、フィードバックの重要性について説明しました。フィードバックがないシステムは、ちゃんと動作しているか不安になってしまうものです。また、エラーなど重要なことをユーザに伝える場合は、ユーザが注目するよう目立つ形で、妥当なタイミングで理解しやすいメッセージにする必要があります。

第3章 対応付け

部屋のスイッチと照明の関係、ハンドルの操作方向と操作対象の関係、トイレのサインとその対象となるドアの関係など、対応付けがわかりにくい／間違っていることによってBADUIになっている様々な事例を紹介しながら、対応付け（マッピング）の重要性について説明しました。対応付けに問題があると、照明をつけようとして違う場所の照明を消してしまったり、歯を磨こうとしてシャワーを浴びてしまったり、間違った性別のトイレに入りそうになったりします。対応付けが明らかであるということは、ユーザインタフェースにとって本当に重要です。

第4章 グループ化

対象と矢印との関係がわかりにくい案内板、混乱するエレベータのボタン、勘違いしてしまう時刻表など、どこからどこまでが同じグループなのかがわかりにくいことによってBADUIになっている様々な事例を紹介しながら、グループ化の重要性について説明しました。また、グループ化に関連してゲシュタルト心理学を紹介し、グループとして形作られるには、距離が近いこと、類似していること、連続していること、閉じた空間に囲まれていることなどが重要だという点について、簡単に解説しました。

第 5 章
慣習

形や色がわかりにくいトイレのサイン、ON が赤色／ OFF が緑色の家電製品、「戻る」と「次へ」が逆転しているコンピュータシステムなど、今までユーザが経験してきたものとギャップがあるためわかりづらいユーザインタフェースを紹介し、慣習とかけ離れることの危険性について説明しました。慣習とは異なるユーザインタフェースを用意すると、ユーザは混乱してしまうということをご理解いただけたのではないかと思います。こういった問題に対応するためには、そのユーザインタフェースを利用するユーザをきちんと想定する必要がありました。また、昨今よく耳にするようになったヒューマンエラーという言葉について簡単な解説をしました。

第 6 章
一貫性

ある生活空間において同じ意味なのに違う色が利用されていたり、ボタンの位置が通常と違う事例、数字の並びがおかしい事例などをとおして、一貫性が欠けているために操作が困難な事例を紹介しながら、一貫性を守ることの重要性を説明しました。また、一貫性の欠如を防ぐ標準化に関する取り組みや、提供されているガイドラインについても簡単に紹介させていただきました。

第 7 章
制約

自動券売機での操作順、USB メモリや電池の向きなど、複数の操作の可能性があるユーザインタフェースにおいて、それらの操作順、操作方法といった制約をユーザに提示することの重要性について、様々な BADUI を紹介しながら説明しました。また、物理的な制約、意味的・文化的・論理的な制約があることを紹介しました。さらに、行為の 7 段階理論についても簡単に紹介しました。

第 8 章
メンテナンス

ユーザインタフェースにおけるメンテナンスの重要性について、経年劣化や文化の変容によって BADUI 化した事例を紹介しながら説明しました。その国に暮らす人のみを対象としたユーザインタフェースは、海外からの観光客が大量に訪れたりすると、大きな問題となってしまいます。そうした際にどのような対応が必要なのかについても取り上げました。また、現場でのメンテナンスによって、わかりにくいユーザインタフェースを何とかわかりやすくしようとしている DIY 事例と、その工夫を紹介しました。

第 9 章
人に厳しい BADUI

第 8 章までの分類とは別に、「記憶力が試される BADUI」「人の心を折る BADUI」「詐欺的なユーザインタフェース」など「人に厳しい」様々な BADUI を紹介しました。特に、詐欺的なユーザインタフェースについては、その問題点を理解し、対処する必要がありました。また、本章ではユーザインタフェースがユーザにとって使いやすいものかを判断する 1 つの方法として 10 ヒューリスティクスを紹介しました。

本書では、このような章立てで様々な BADUI を紹介してきましたが、いかがでしたか？ これまで説明した以外にも、BADUI には様々な側面があります。本章では、そのような「BADUI のその他の側面」に少しだけ注目してみたいと思います。

何故 BADUI ができてしまうのか？

図 10-1　（左）自転車道 ／（右）その先は……

色々と紹介してきましたが、BADUI ができる過程には様々な事情があります。ここでは、その理由について整理してみたいと思います。

BADUI ができる理由は、ざっとまとめると、次の 4 つに集約できます。

- 予算的な都合
- 納期的な都合
- トップダウンの問題
- ボトムアップの問題

予算的な都合とは、理想とするユーザインタフェースはとても良いものだったけれど、何らかの予算的な都合でそれが実現できず、結果的に BADUI ができあがってしまうケースです。例えば、予算が足りないために、他の用途で作られたユーザインタフェースを転用することになり、その結果、機能をもたない不要なボタンがあったり、逆に 1 つのボタンに複数の機能が割り当てられたりする場合などを指します。予算の都合なので仕方がないとも言えますが、ユーザインタフェースにもお金をしっかり使ってほしいとは思います。

納期的な都合とは、ユーザインタフェースの検討や開発、作成までの時間が短すぎたために、BADUI ができあがってしまうケースです。実際にシステムを使用するユーザを調査し、ある場面でユーザはどう考えるだろうか、正しい操作方法が伝わるだろうかという点をしっかり検証しないで、そうした手間を飛ばしてユーザインタフェースを作ると、どうしても BADUI になりがちです。

トップダウンの問題とは、現場やユーザを見ていない人が出した無茶なリクエストに従ったため、BADUI ができてしまうようなものです。例えば、上図（左）はある観光都市にできた自転車道です。もともと車道だったところに赤色の線が引かれ、自転車のサインが描かれていることで、これが自転車道であることをアピールしています。続いて、上図（右）を見てください。自転車道の先は電柱です。しかも、この電柱の太さと比較するとわかりますが、この自転車道がそもそもかなり細いものとなっています。そして、2 つの赤色の線の間は車道です。つまり、自転車はそのまま走って電柱にぶつかれと言われているようなものです。ちなみにこれ、左側はまだしも、右側の赤色の線と白色の線の間は、途中曲がってかなり狭くなっています。古いですが「BADUI は現場で起きてるんだ！」との絶叫が聞こえてきそうな BADUI です。このような BADUI、現場にいる人はその問題点を理解しているのですが、そうでない人の指示を「上からの命令だから」と従ったため生まれるケースが多いものです。もちろん、このケースがそうというわけではないかもしれませんが、それを匂わせる BADUI だったので紹介させていただきました。また、トップダウンの場合はメンテナンスがおろそかになっていることも多く、メンテナンス不足で BADUI 化することもあります。

ボトムアップの問題とは、ユーザからのリクエストをどんどん受け入れた結果、だんだんわけがわからないユーザインタフェースができあがってしまったケースです。面白いのは、良いユーザインタフェースを作るにはユーザを意識して、ユーザの立場で考える必要があるのに、ユーザ自身のリクエストをそのままひたすら受け入れていくと、BADUI 化しがちだということです。先述のとおり私はアプリケーションを開発してインターネット上で公開していますが、ユーザからのフィードバックに従い、確かにこういう機能があったら便利かもという要望をどんどんアプリケーションに加えていった結果、何が何やらわからないものになってしまった経験があります。ユーザのリクエストを聞き続けるというのも考えものだったりします。

最高のユーザインタフェースはありません

本書では様々なBADUIを紹介してきましたが、どんなに素晴らしいユーザインタフェースを作ったところで、私のようなおっちょこちょいなユーザがいる限り、操作をミスしたり使えなかったりして不満を言うユーザはいなくなりません。また、育った文化圏や左利きと右利きの違い、男女の差などによる使いやすさ、使いにくさなどもあります。例えば、99.9%のユーザが使いやすいと考えているユーザインタフェースでも、0.1%のユーザが使いにくいと不満をもらすことは珍しくなく、すべての人が使いやすいと感じる最高のユーザインタフェースというものはどこにも存在しません。今回紹介したいくつかのBADUIはもしかしたら1000人に1人の珍しい私が使いにくいと思っているだけかもしれません。

ここで重要なのは、現在作ろうと思っているユーザインタフェースのユーザはどのような人たちなのか、どれくらいの割合のユーザに受け入れてもらうべきなのか、受け入れられなかった人がいることによる不利益はどの程度のものなのかを考えることです。例えば、50%のユーザが使いにくいと感じてしまうユーザインタフェースは一般的に問題だと思いますが、10%や1%のユーザが使いにくいと感じる程度であれば問題がないかもしれません。

そこで、ユーザインタフェースを設計する際には、まずユーザはどのような人たちなのかをしっかり考え、そうしたユーザがどの程度失敗を許容するのか（その失敗によってどの程度面倒だと思うのか）、そしてどの程度の割合のユーザが使いやすいと感じるのかを考え、設計していくことが重要になります。例えば、想定するユーザのうち、99%が女性で1%が男性の場合、基本的には女性にとって使いやすいユーザインタフェースとしておき、1%の男性ユーザに対しては別の方法で支援するということも考えられるでしょう。

次に、その使いにくさや、使いにくいことによって生じる失敗がどの程度のレベルなのかという点を考慮することも重要になります。例えば、銀行のATMを例にとると、カードの挿入口を少し探してしまうのか、それともなかなか見つからないのか、カードを逆に挿入してしまって詰まらせてしまうのかという違いもありますし、暗証番号をついつい間違って入力してしまうものなのか、ついつい操作を取り消してしまうのか、引き出したお金を忘れてしまうほどのものなのかなどによっても変わってくるでしょう。10人中1人が暗証番号を間違って入力してしまうくらいであれば問題ないかもしれませんが、10人中1人が操作を取り消してしまうようだったら、その結果ATMに行列ができてしまうなどの問題が生じるでしょう。他にも、浴室のシャワーと蛇口の切り替えハンドルにおいて、少し悩むくらいであれば問題ないですが、間違った操作で服を着たままシャワーを浴びてしまったり、やけどしてしまったりすると問題になるでしょう。

また、こうした点を考えるときに、本書で紹介しているようなBADUIの多くの失敗事例が役に立ちます。過去のBADUIと照らし合わせて、現在設計しているユーザインタフェースによって引き起こされる失敗が許容可能なものかを考えること。さらに、その失敗が大変なこと（例えば、使うことができない、壊れてしまう、逮捕されてしまう、人命にかかわってしまう、大きな損失を招いてしまうなど）にならないように考え、失敗によって生じる手間が最小限となるようにするにはどうしたらよいのか、どういったサポートを行う必要があるのかなどを考えることが重要です。

ちなみに、できるだけ多くの人が使えるようにするため、ロナルド・メイスは**ユニバーサルデザイン**という概念を提唱しました（バリアフリーという意味で使われることが多いですが、概念的にはもっと広いものです。また、すべての人が使えることを目指すものでもありません）。このユニバーサルデザインには下記に上げる7原則[1]があります。

① Equitable Use：どんな人でも公平に使える
② Flexibility in Use：柔軟である
③ Simple and Intuitive Use：簡単で直感的である
④ Perceptible Information：情報が認知可能である
⑤ Tolerance for Error：失敗に対して寛大である
⑥ Low Physical Effort：身体的な負荷が少ない
⑦ Size and Space for Approach and Use：アクセスや利用に必要な大きさとスペースがある

これまでにBADUIで紹介してきたものはこの原則を無視していることが多く、どうしても使いにくく困ってしまうものになっています。

なお、このユニバーサルデザインという言葉は色々な意味で使われており、私は少し苦手です。また、その公平に対する配慮で「使える」ということを重視しすぎたために、使えはするものの使いにくいものになってしまっていることもあるなど、なかなか難しいものです。

繰り返しになりますが、最高のユーザインタフェースはありません。しかし、ユーザインタフェースを設計する際には、想定しているユーザを見極め、そのユーザにとって使いやすいものなのかどうかを判断してください。また、そのときにBADUIは参考になりますので、皆さんもBADUIを収集し、しっかり役立てていってください。

1　THE PRINCIPLES OF UNIVERSAL DESIGN（http://www.ncsu.edu/ncsu/design/cud/about_ud/udprinciplestext.htm）

BADUIと遊び心

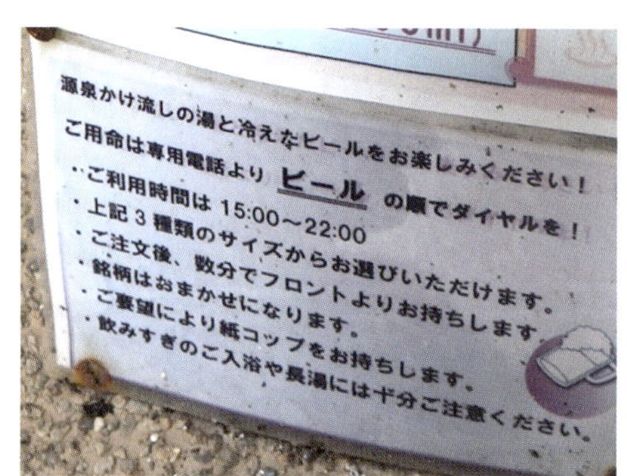

図 10-2　とある温泉の露天風呂のビール専用ダイヤル。「ビ」「ー」「ル」の順でダイヤルする

ここまで、様々な興味深いBADUIを紹介してきましたが、BADUIを活用すると楽しませることもできます。

上図はとある温泉旅館の露天風呂で出会ったビール購入専用電話です。ちなみに、「ビ」「ー」「ル」の順でダイヤルすると係の人に電話がつながってビールを購入することができます。実際は「1」「2」「3」をダイヤルするという意味なのですが、それをあえて隠して操作させています。これを判断できるくらいの人じゃないと露天風呂でお酒を飲んだらまずいからかもしれませんが、何とも面白い仕組みだと思います。

下図（左）は「金の延べ棒を取り出すことができたらプレゼントします」という遊び心のある箱です。手の大きさと金の延べ棒の大きさ、穴の大きさを考えるとどうがんばっても延べ棒を取り出すことはできないのですが、それを楽しみたくなるくらい面白いしかけであると言えます。

下図（右）は、とある魚のおいしい居酒屋の靴箱です。靴箱には魚へんの漢字がずらっと並んでおり、鍵にはその漢字と読みが記載されています。海外からのお客さんを連れていったときには、かなり喜ばれました。

BADUIの良い活用事例としてはパズルがあります。目の前にジグソーパズルがあって完成させなさいと言われたら、皆さん、どういった順序で組み合わせていくでしょうか？パズル内に絵や色が特徴的な部分があればそこから作っていくという方法もあると思いますが、そうでない場合、四隅となる直角のピースと一辺が直線となった端っこのピースを探し、周辺の枠組みから作っていく人も多いのではないでしょうか。そんなやり方の裏をかくような面白い仕組みが、LIBERTY PUZZLES（右ページの図）という木製のパズルで使われていました。もともとこのパズル、ピースが動物の形や人の形をしていたりするなど、色々な形があってパズルのピース自体も面白いものです。

それ以上に面白いのが、「周囲から作っていく」というパズルの一般的な戦略で作り上げるのがとても難しくなっているところです。例えば右ページ下図（左）の、左側の1ピースと、右側にあるいくつか連なったピースはそれぞれパズル周囲の辺に当たることは想像がつきますが、90度の直角を形成するとはなかなか気付きにくいのではないでしょうか。

図 10-3　（左）金の延べ棒、ここから取り出せたらプレゼント！／（右）扉の1つずつに魚へんの漢字が書かれた靴箱。鍵には同じ漢字とその読みが記されている

図 10-4　(左) LIBERTY PUZZLES のパズルのピース。動物の形や人の形などあり、見た目にもとても楽しい／(右) 完成間近のもの

図 10-5　上図とは異なる LIBERTY PUZZLES のパズルのピース　(左) この 2 つのパズルのピースの間には、何らかの直線があるパズルのピースが当てはまりそうなのだけれど……／(右) 実際にここに入るのは直線部分がほとんど存在しないピースだった

図 10-6　(左) この絵はそろそろ角近くなので、そこに当てはまる直角をもつパズルのピースがほしいのだけれど見つからない／(右) 直角の部分を持つピースではなく、一辺だけ直線をもつパズルのピースを組み合わせて角を構成する

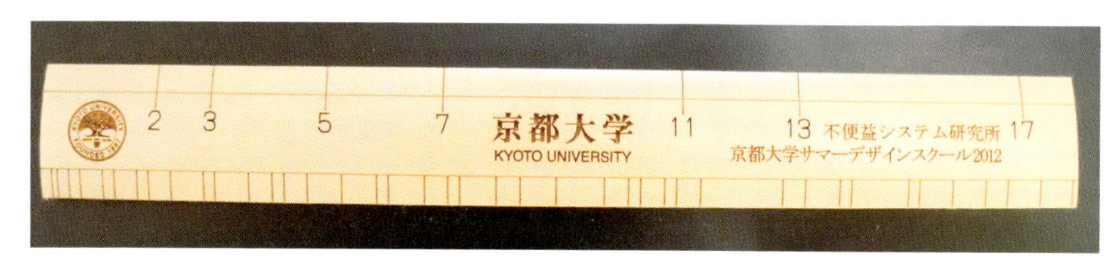

図 10-7　素数ものさし（提供：大西洋 氏）

わかりやすいユーザインタフェースがいつでも良いわけではなく、BADUI も使える場合があるという考え方が京都大学の川上浩司先生らが中心として取り組まれている「不便益」です。様々な工業製品などによって便利になったが、それによって失われた益があるのではないかということを考える概念です。誤解されがちなのですが、不便益は技術を否定したり、ロハスを奨励したり、過去に戻ろうと過去を賛美したりしているものではありません（詳しくは書籍『不便から生まれるデザイン』[2]、Web サイト「不便益システム研究所」[3] を参照してください）。

不便益システム研究所で研究され販売されているものの中にある「素数ものさし」はかなり面白いユーザインタフェースです（上図）。このものさし、「2、3、5、7、11」と、素数（1 とその数以外の整数の約数を持たない 2 以上の整数）以外の数字に該当する目盛りがありません。そのため、「1cm や 4cm、6cm をどうやって測るか？」と悩むわけですが、1 は「3-2」で計算できるため、1cm は「2cm と 3cm の間」で計測。4 は「7-3」で計算できるため、4cm は「3cm と 7cm の間」で計測。そして、6 は「11-5」で計算できるため、6cm は「5cm と 11cm」の間で計測といったように、考えながら柔軟に使わなければいけないとても面白い定規です。もちろん、単純に 1 や 4 や 6 が計測できたほうが楽ではありますが、こちらのほうが頭の体操になりますし、数字を楽しむことができるという意味で不便ですが益があります。

そういう意味では、先述の LIBERTY PUZZLES は、あえてパズルとしては不便にすることによって、楽しみを向上させる面白い試みと言えます。BADUI はその要素をうまく使うと、面白い仕組みを作ることができます。

一方で、BADUI は詐欺や人をだますことにも使えてしまいます。自己防衛のためにも、BADUI についての知識は是非身につけておいていただければと思います。

2　『不便から生まれるデザイン：工学に活かす常識を超えた発想』川上浩司（著）、化学同人

3　「不便益システム研究所」(http://fuben-eki.jp/)

BADUI を教育に

私はこれまで、京都大学、明治大学で毎年のように BADUI に関する講義を実施し、ユーザインタフェースについて学んでもらっています。この BADUI に関する講義の良さは、まず見た目に面白いこと、そして、考え、探し、他者へ伝えるのが面白いことです。色々と突っ込みどころ満載なのでワイワイ対話的に講義ができるというメリットがあります。また、BADUI を探すというレポート課題を与えられ、次の講義でそれについて説明をするというのは、わかりにくいもの、使いにくいものを発見し、それを伝えるという意味でとても良い練習になると考えています。BADUI を探す過程で、現実社会に目を向け、観察する目を養うことにもつながります。また、縁あって高校などでも数度講義しましたが、皆さん、ユーザインタフェース自体にかなり興味をもって聞いてくれたことを考えると、BADUI には幅広い層に訴える魅力があると思われます。

ちなみに、他の大学でも、関西学院大学の河野恭之先生、京都工芸繊維大学の倉本到先生、関西大学の松下光範先生、東京学芸大学の加藤直樹先生、T-D-F の園山隆輔さんなども BADUI を利用した講義を実践されていると伺っています。是非とも、みなさまの大学や高校、中学校、小学校、勤務先などでも、BADUI を教育にご利用いただければと思います。

BADUI の事例については、楽しい BADUI の世界 [4] およびタレコミ投稿サイト [5] にこの書籍で扱った BADUI の多くが掲載されています。講義などで利用されるだけであれば特に許可など必要ありませんので、どんどんご利用いただければと思います。なお、その際は「このように利用したよ」と教えていただけますと、サイトを運営する力になりますのでよろしくお願いします。さらに、面白い BADUI を発見されましたら、是非タレコミ投稿サイトにご投稿ください。

4　楽しい BADUI の世界」(http://badui.org/)

5　「タレコミ投稿サイト」(http://up.badui.org/)

おわりに

世の中には様々なBADUIがあり、デザイナやエンジニアに責任があるものもあれば、彼らにはまったく責任がなく設置者やそれ以外の人に問題があるものもあり、一口にBADUIと言っても色々なものがあるということをご理解いただけたでしょうか？

中には、「これはBADUIではないのでは？」と感じるものも多かったのではないかと思います。

ユーザインタフェースの使いやすさは人に依存します。例えばエレベータのボタン配置について、「縦方向に複数列」並んでいるのがよいのか「横方向に複数列」並んでいるのがよいのかというのは、そのユーザが普段どういったエレベータに乗り慣れているのかということにも強く依存します。また、一般に売られている右利き用のハサミは左利きの人にとっては使いにくいものです。そのため、そもそもすべての人が使いこなせる最高のユーザインタフェースはあり得ません。ただ、対象とするユーザを明確化し絞り込んで、どうしたほうがよいかを考え追い求めるのは重要です。

さて、この本をここまで読み進めた方にはご理解いただけていると思うのですが、例えばシューティングゲームなど、ゲームとしての操作が難しく難易度が高いものはBADUIとは呼びません。ゲームの難易度とは違う部分で、ゲームの設定画面がわかりにくかったり、何らかの選択肢がシステム的に選びにくいなどの問題があるユーザインタフェースをBADUIと呼んでいます。また、安全のためにアクセスを制限されているものや、セキュリティを考慮して複雑な操作を要求されるものも、やはりBADUIとは呼びません。

本書のタイトルにある「失敗」という言葉は、必ずしもユーザインタフェース作成者の失敗だけを指すものではありません。使ってみて失敗した、設置して失敗した、そして設計して失敗した、そうした失敗から学ばせていただくものです。**成功にはしばしば理由がありませんが、失敗には必ず理由があります。**是非、皆さんにはBADUIを楽しみ、何故これが生まれたのか、その理由を考えていただければと思います。そこにこそ、本当のBADUIの面白さがあり、多くのものを学ぶきっかけになると思います。

中には腹が立つものもありはしますが、何故これがBADUIになってしまったのかを妄想し、それに納得できれば、BADUIに出会ってもイライラせずそれを愛することができるようになると思います。また、BADUIになった経緯を妄想することは、一種のトレーニングとなり、自分が何らかのユーザインタフェースを設計したり、作成したりする際に活きてくると考えています。

繰り返しになりますが、是非、BADUIを楽しんでください。そして、面白いBADUIを発見されましたら、是非http://up.badui.org/まで報告いただければと思います。それでは皆さん、楽しいBADUIライフを。

謝辞

まず、本書で紹介するユーザインタフェースを作った方々、そして設置した方々に深く感謝します。また、本書で紹介した様々なBADUIを収集する手助けをしてくれた明治大学総合数理学部先端メディアサイエンス学科の学生さんたち、京都大学大学院情報学研究科の学生さんたち、そしてヒューマンコンピュータインタラクション業界の様々な研究者のみなさまに謝意を表します。特に、BADUIという言葉を最初に使い始めた東京大学の暦本純一先生、そしてBADUI診療所というヒューマンインタフェース学会の連載を書くきっかけをいただいたMicrosoft Research Asiaの福本雅朗さま、BADUIアワーというBADUIに関する放送の機会をいただいた明治大学の福地健太郎先生とニコニコ学会のみなさま、BADUIを探す仲間であるT-D-Fの園山隆輔さま、ISIDの綾塚祐二さま、京都工芸繊維大学の倉本到先生、筑波大学の大槻麻衣先生、そして講義などでご活用いただいている関西学院大学の河野恭之先生、関西大学の松下光範先生他、多くのみなさまに支えられて本書はできあがっております。また、こうした本を書く機会を与えてくれるとともに索引を作成いただいた高屋卓也さま、本書をていねいに編集いただいた勝野久美子さま、文章のチェックをいただいた大西洋さま、安川英明さまにも深く感謝します。

最後に、本書を書くことにとても協力的だった妻・美和と、色々な気付きをくれた娘に感謝します。

ユーザインタフェース関係の書籍

最後に、ユーザインタフェースについてさらに学ぶため、いくつかの本を紹介したく思います。なお、ここに記載する以外にも様々な良書が存在します。どういった本が合うかは人それぞれだと思いますので、図書館などでパラパラ立ち読みしたり、Webのレビューを読んだりして、自分に合った本を探していただければと思います。

- **『誰のためのデザイン？ —— 認知科学者のデザイン原論』ドナルド・A. ノーマン（著）、野島久雄（訳）、新曜社、1990年**
  本書にも何度か登場しているドナルド・ノーマンが、使いにくい、わかりにくいユーザインタフェースについて熱く語っている本。多くの人に読まれている良書です。20年以上前の本なので例が古いことと、写真が白黒なのが残念ですが、語られている話はとても面白く、この分野では必読と言えます。

- **『ほんとに使える「ユーザビリティ」—— より良いデザインへのシンプルなアプローチ』エリック・ライス（著）、浅野紀予（訳）、ビー・エヌ・エヌ新社、2013年**
  ユーザビリティ（使いやすさ）に関する本。カラーでとても見やすく、また語り口も面白くてスイスイ読めてしまいます。紹介される様々な悪いユーザインタフェースは私がBADUIと呼んでいるものに通じるものがあり、とても興味深く感じます。なお、Webのインタフェースを対象とした本です。

- **『デザイニング・インタフェース 第2版』Jenifer Tidwell（著）、ソシオメディア株式会社（監訳）、浅野紀予（訳）、オライリージャパン、2011年**
  ユーザインタフェースを様々なパーツについて分解し、事例をベースに紹介する本。第2版では分量が大幅に増えており、全部に目をとおそうと思うと大変ですが、資料集として使うにはとても良いと思います。

- **『コンピュータと人間の接点』黒須正明、暦本純一（著）、放送大学教育振興会、2013年**
  接点とはインタフェースに該当するものであり、人とコンピュータの間のインタフェースに関して体系的に学ぶことができる本です。放送大学の書籍なので、放送授業を視聴しながら勉強できるのもメリットです。

- **『ヒューマンコンピュータインタラクション入門』椎尾一郎（著）、サイエンス社、2010年**
  ヒューマンコンピュータインタラクションとは、人とコンピュータとのやりとりのこと。つまり、本書で扱っている操作対象がコンピュータになったものです。人のインタフェース特性や本書でも紹介しているインタフェースにまつわる制約やマッピングなどや、インタフェースの評価手法、次世代インタフェースについても扱われており、インタフェースに関する知識を広く得ることができます。

- **『イラストで学ぶヒューマンインタフェース』北原義典（著）、講談社、2011年**
  ユーザインタフェースについて、多くのイラストをとおして学ぶことができます。また、最新の研究にも触れつつ広い分野の話が紹介されていますので、全体を俯瞰するのにいい本だと思います。

- **『UIデザインの基礎知識』古賀直樹（著）、技術評論社、2010年**
  例として出てくる画面デザインなどが少し古いことと、白黒なので色がわからない点が残念ではありますが、アプリケーション開発におけるユーザインタフェースについて体系的に学べる本です。

- **『認知インタフェース』加藤隆（著）、オーム社、2002年**
  ユーザを理解し、ユーザのことを考えてインタフェースを設計しようと思った場合、どうしても人間について深く知ることが必要になります。この本は、人の認知に注目し、「人がどのように世界を見ているのか」「人にはどのような機能が備わっているのか」「人は見たものをどのように判断しているのか」などを深く掘り下げる内容となっており、非常に興味深い一冊です。やや教科書的な本になります。

- **『ゲームインターフェイスデザイン』ケヴィン・D・サーンダース、ジーニー・ノバック（著）、ボーンデジタル、2012年**
  様々なゲームをとおしてユーザインタフェースを学ぶことができる本。ゲーム内でプレイヤの分身が操作するユーザインタフェースのことを、ダイジェティックインタフェースというのだとか。値段は高めですが、ゲーム業界に興味がある人は買っても損はしないかと。

- **『SF映画で学ぶインタフェースデザイン』Nathan Shedroff、Christopher Noessel（著）、安藤幸央（監訳）、丸善出版、2014年**
  SF映画の中に登場する様々な未来のユーザインタフェースを紹介しながら、それがどういった基礎技術から成り立っているのか、またそういったユーザインタフェースを実現するにはどうしたらよいのかといったことを、数多くのレッスンをとおして想像しながら考えることができる本。

- **『マイクロインタラクション —— UI/UXデザインの神が宿る細部』Dan Saffer（著）、武舎広幸／武舎るみ（訳）、オライリージャパン、2014年**
  ユーザインタフェースの中でも、1つの作業だけをこなすという最小単位のインタラクション（やりとり）に注目し、その小さなインタラクションが何をもたらすのかといったことをまとめている本です。事例もかなり新しいものであり、その重要性がわかりやすいです。

- **『インタフェースデザインの心理学 —— ウェブやアプリに新たな視点をもたらす100の指針』Susan Weinschenk（著）、武舎広幸／武舎るみ／阿部和也（訳）、オライリージャパン、2012年**
  インタフェースに関する様々な心理学的知見をまとめている本。わかりやすい事例を多く紹介し、読みやすく参考になる本で、本書のBADUIと対応付けると色々腑に落ちる点もあると思います。部分的に根拠が示されていないものもあり少し注意が必要です。

- **『ユーザビリティエンジニアリング —— ユーザ調査とユーザビリティ評価実践テクニック』樽本徹也（著）、オーム社、2005年**
  いかにしてシステムに関するユーザ調査を行うのかということをわかりやすく書いてくれている本です。どのようにして評価したらよいのかということに興味のある方は是非どうぞ。

- **『錯覚の科学』クリストファー・チャブリス、ダニエル・シモンズ（著）、木村博江（訳）、文春文庫、2014年**
  注意や記憶、原因や可能性などに関する錯覚について、実際の事例や実験などをもとに科学的に解説している本で、いかに人間が間違うのか、勘違いしてしまうのか、記憶はあてにならないのかなどを教えてくれます。本書の事例ももしかして私の錯覚かも？

- **『考えなしの行動？』ジェーン・フルトン・スーリ／IDEO（著）、森博嗣（訳）、太田出版、2009年**
  人が無意識のうちにやってしまっていることを写真で紹介し、考えることを目的としている本で、色々と世の中に目を向け、観察したくなる面白い本。

- **『ライト、ついてますか —— 問題発見の人間学』ドナルド・C・ゴース、ジェラルド・M・ワインバーグ（著）、木村泉（訳）、共立出版、1987年**
  どのようにしたら問題の定義ができるかということを、様々なストーリーをとおして学ぶことができる本。ただ、イラストや事例などは読者を選ぶような気がします。私自身はちょっと苦手な本です。

他にも以下のような本があります。

- **『インタフェースデザインの実践教室 —— 優れたユーザビリティを実現するアイデアとテクニック』Lukas Mathis（著）、武舎広幸／武舎るみ（訳）、オライリージャパン、2013年**
- **『ウェブユーザビリティの法則 改訂第2版』スティーブ・クルーグ（著）、中野恵美子（訳）、ソフトバンククリエイティブ、2007年**
- **『About Face 3 —— インタラクションデザインの極意』Alan Cooper、Robert Reimann、David Cronin（著）、長尾高弘（訳）、ASCII、2008年**
- **『ユーザ中心ウェブサイト戦略 —— 仮説検証アプローチによるユーザビリティサイエンスの実践』武井由紀子／遠藤直紀（著）、ソフトバンククリエイティブ、2006年**
- **『複雑さと共に暮らす —— デザインの挑戦』ドナルド・A. ノーマン（著）、伊賀聡一郎／岡本明／安村通晃（訳）、新曜社、2011年**
- **『ヒューマンコンピュータインタラクション』岡田謙一／葛岡英明／塩澤秀和／西田正吾／仲谷美江／情報処理学会（著）、オーム社、2002年**
- **『The Psychology of Human-Computer Interaction』Stuart K. Card、Thomas P. Moran、Allen Newell（著）、CRC Press、1983年**
- **『ユーザビリティエンジニアリング原論』ヤコブ・ニールセン（著）、篠原稔和（監訳）、三吉かおる（訳）、電機大出版局、1999年**
- **『インタラクションの理解とデザイン』西田豊明（著）、岩波書店、2005年**

索引

記号・数字

アルファベット

あ行

か行

さ行

た行

な行

は行

ま行

や行

ら行

■著者プロフィール

中村 聡史（なかむら　さとし）

明治大学総合数理学部教授

1976年長崎県生まれ。大阪大学工学部卒業後、2004年同大工学研究科博士後期課程修了。博士（工学）。情報通信研究機構専攻研究員、京都大学特定准教授を経て2013年より現職。専門はユーザインタフェースで、研究としては人のための検索、ライフログ、ネタバレ防止、平均文字などに従事。BADUI収集と人間観察が趣味で、その趣味を活かした講義や講演、連載などを行っている。

メール：satoshi@snakamura.org　Twitter: @nakamura

◆本文設計・組版・編集：株式会社トップスタジオ
◆装丁：萩原弦一郎（株式会社デジカル）
◆イラスト：園山隆輔
◆担当：高屋 卓也

失敗（しっぱい）から学（まな）ぶユーザインタフェース
世界（せかい）はBADUI（バッド・ユーアイ）であふれている

2015年 2月20日 初 版 第1刷発行
2021年 7月17日 初 版 第2刷発行

著 者 中村聡史（なかむらさとし）
発行者 片岡 巌
発行所 株式会社技術評論社
東京都新宿区市谷左内町21-13
電話 03-3513-6150 販売促進部
03-3513-6170 雑誌編集部
印刷／製本 昭和情報プロセス株式会社

定価はカバーに表示してあります。

ISBN978-4-7741-7064-0 C3055
Printed in Japan

●問い合わせについて

本書に関するご質問は，FAXか書面でお願いいたします。電話での直接のお問い合わせにはお答えできませんので，あらかじめご了承ください。また，下記のWebサイトでも質問用フォームを用意しておりますので，ご利用ください。

ご質問の際には，書籍名と質問される該当ページ，返信先を明記してください。e-mailをお使いになられる方は，メールアドレスの併記をお願いいたします。ご質問の際に記載いただいた個人情報は質問の返答以外の目的には使用いたしません。

お送りいただいたご質問には，できる限り迅速にお答えするよう努力しておりますが，場合によってはお時間をいただくこともございます。なお，ご質問は，本書に記載されている内容に関するもののみとさせていただきます。

◆問い合わせ先
〒162-0846
東京都新宿区市谷左内町21-13
株式会社技術評論社　雑誌編集部
「失敗から学ぶユーザインタフェース」係
FAX：03-3513-6173
Web：http://gihyo.jp/book/2015/978-4-7741-7064-0